U0211664

国家出版基金资助项目

"十三五"国家重点出版物出版规划项目

现代土木工程精品系列图书·建筑工程安全与质量保障系列

土木工程地质与选址

Geology and Geo-environment for Civil Engineering

汤爱平 文爱花 孙殿民 编著

哈尔滨工业大学出版社
HARBIN INSTITUTE OF TECHNOLOGY PRESS

内 容 提 要

本书以工程动力地质学为重点,对土木工程地质及工程选址的基础理论和解决实际工程问题的途径、手段、方法做了较为全面、系统、深入的介绍,重点阐述了与土木工程相关的地质学的基本知识和基础理论、工程地质问题研究和工程地质技术与方法,书中融入了本学科最新科研成果和技术方法,可为工程地质模拟与评价、工程地质测试与试验、工程地质选址、工程地质监测与预警提供参考。

本书体系合理,内容充实,深入浅出,实用性强,可作为土木工程、地质工程、环境工程、城市规划等相关领域教学、科研、设计和勘测人员的参考书,也可作为相关专业的研究生教材。

图书在版编目(CIP)数据

土木工程地质与选址/汤爱平,文爱花,孙殿民编著. —哈尔滨:哈尔滨工业大学出版社,2021.6

建筑工程安全与质量保障系列

ISBN 978 - 7 - 5603 - 9311 - 7

Ⅰ.①土… Ⅱ.①汤… ②文… ③孙… Ⅲ.①土木工程-工程地质 ②土木工程-选址 Ⅳ.①P642

中国版本图书馆 CIP 数据核字(2021)第 017220 号

策划编辑   王桂芝   丁桂焱

责任编辑   张　颖   周一瞳   那兰兰   马　媛

出版发行   哈尔滨工业大学出版社

社　　址   哈尔滨市南岗区复华四道街 10 号   邮编 150006

传　　真   0451 - 86414749

网　　址   http://hitpress.hit.edu.cn

印　　刷   辽宁新华印务有限公司

开　　本   787 mm×1092 mm 1/16   印张 17   字数 435 千字

版　　次   2021 年 6 月第 1 版   2021 年 6 月第 1 次印刷

书　　号   ISBN 978 - 7 - 5603 - 9311 - 7

定　　价   98.00 元

国家出版基金资助项目

建筑工程安全与质量保障系列

编审委员会

序

党的十八大报告曾强调"加强防灾减灾体系建设,提高气象、地质、地震灾害防御能力",这表明党和政府高度重视基础设施和建筑工程的防灾减灾工作。而《国家新型城镇化规划(2014—2020年)》的发布,标志着我国城镇化建设已进入新的历史阶段;习近平主席提出的"一带一路"倡议,更是为世界打开了广阔的"筑梦空间"。不论是国家"新型城镇化"建设,还是"一带一路"伟大构想的实施,都迫切需要实现基础设施的建设安全与质量保障。

哈尔滨工业大学出版社出版的《建筑工程安全与质量保障系列》图书是依托哈尔滨工业大学土木工程学科在与建筑安全紧密相关的几大关键领域——高性能结构、地震工程与工程抗震、火灾科学与工程抗火、环境作用与工程耐久性等取得的多项引领学科发展的标志性成果,以地震动特征与地震作用计算、场地评价和工程选址、火灾作用与损伤分析、环境作用与腐蚀分析为关键,以新材料/新体系研发、新理论/新方法创新为抓手,为实现建筑工程安全、保障建筑工程质量打造的一批具有国际一流水平的学术著作,具有原创性、先进性、实用性和前瞻性。该系列图书的出版将有利于推动科技成果的转化及推广应用,引领行业技术进步,服务经济建设,为"一带一路"和"新型城镇化"建设提供技术支持与质量保障,促进我国土木工程学科的科学发展。

该系列图书具有以下两个显著特点:

(1)面向国际学术前沿,基础创新成果突出。

哈尔滨工业大学土木工程学科面向学术前沿,解决了多概率抗震设防水平决策等重大科学问题,在基础理论研究方面取得多项重大突破,相关成果获国家科技进步一、二等奖共9项。该系列图书中《黑龙江省建筑工程抗震性态设计规范》《岩土工程监测》《岩土地震工程》《土木工程地质与选址》《强地震动特征与抗震设计谱》《活性粉末混凝土结构》《混凝土早期性能与评价方法》等,均是基于相关的国家自然科学基金项目撰写而成,为推动和引领学科发展、建设安全可靠的建筑工程提供了设计依据和技术支撑。

(2)面向国家重大需求,工程应用特色鲜明。

哈尔滨工业大学土木工程学科传承和发展了大跨空间结构、组合结构、轻型钢结构、预应力及砌体结构等优势方向,坚持结构理论创新与重大工程实践紧密结合,有效地支撑了国家大科学工程500 m口径巨型射电望远镜(FAST)、2008年北京奥运会主场馆国家体育场(鸟巢)、深圳大运会体育场馆等工程建设,相关成果获国家科技进步二等奖 5 项。该系列图书中《巨型射电望远镜结构设计》《钢筋混凝土电化学研究》《火灾后混凝土结构鉴定与加固修复》《高层建筑钢结构》《基于 OpenSees 的钢筋混凝土结构非线性分析》等,不仅为该领域工程建设提供了技术支持,也为工程质量监测与控制提供了保障。

　　该系列图书的作者在科研方面取得了卓越的成就,在学术著作撰写方面具有丰富的经验,他们治学严谨,学术水平高,有效地保证了图书的原创性、先进性和科学性。他们撰写的该系列图书,反映了哈尔滨工业大学土木工程学科近年来取得的具有自主知识产权、处于国际先进水平的多项原创性科研成果,对促进学科发展、科技成果转化意义重大。

中国工程院院士

2019 年 8 月

前　言

　　我国目前正处于一个经济与工程建设飞速发展的时期,经济圈、城市群的规划与建设日新月异。在土木工程中,大型而复杂的建筑结构体系、生命线工程、水电工程、跨江越岭的大型桥隧工程如火如荼地建设着,这些都给土木工程带来了极佳的发展契机。然而,我国地域辽阔,地质环境复杂,地质灾害发生频度大、损失严重,如唐山地震、汶川地震等。西南地区复杂的高地应力、高海拔差、高温差和高地震烈度的地质环境是世界少有的不利工程地质环境,这也给我国工程建设带来了巨大的挑战。确保经济和工程建设的可持续发展,合理的城市规划、工程建设安全与选址是首先要考虑的问题,城市不能建在活动断层区也成为我国21世纪以来启动的全国性的重大决策。一带一路、川藏铁路、高速路网、水电与核电等能源工程,以及深部市政工程等生命线工程已经在复杂的地质、地貌区开展建设,新形势下的需求给我国工程建设提出了更高的要求。

　　本书主要从工程地质角度出发,紧密结合我国经济建设的需要,应用现代土木工程发展的最新理论和方法,阐述土木工程建设中主要的工程地质问题,分析合理选址的原则与方法,以期在工程建设的前期准确评估建设场地的地质灾害风险,为合理的建设场址选择、结构类型遴选与设计、施工期灾害的避免与预测预防、工程全寿命周期内灾害风险的降低提供一定的理论和方法支持。

　　本书基于作者多年教学与科研实践撰写而成,以工程动力地质学、新构造运动、地质灾害机理与防治为重点,系统全面地介绍工程地质学的基础知识、基本理论和基本方法,同时反映本学科最新科研成果和技术方法。

　　全书共分11章:第1章为绪论,主要阐述工程地质学含义、工程地质条件、工程地质学的发展;第2章为地质学基本理论,主要阐述内、外地质作用对地质条件形成的关键作用,揭示了工程地质条件的形成和演化的本质因素;第3章为岩石与岩体,主要阐述岩体结构的理论体系,包括岩体的不同结构、不同物理力学性质以及岩体的工程分类与工程特性;第4章为区域稳定性理论与方法,主要阐述区域稳定性基本理论与区划方法、我国与世界的区域构造活动性规律;第5章为新构造运动和活动断层,主要阐述新构造运动的特点、活动断层含义、判断活动断层的地质标志、活动断层区工程选址原则等理论与方法;第6章为地应力,主要阐述地应力场的分布、变化规律及工程意义;第7章为水的地质作用,主要阐述地下水、地表水的分布规律及对工程选址的影响;第8章为斜坡工程与斜坡稳定性分析,主要阐述斜坡的应力分布特征、稳定性评价方法以及失稳的防治原则,可为斜坡灾害的预防与治理提供理论基础;第9章为主要地质灾害类型,主要阐述泥石流、岩溶、地面沉降、岩爆和地震工程地质的成因及灾害作用特点;第10章为地下工程围岩稳定性,主要阐述围岩稳定性的分析方法、工程灾害预防等内容;第11章为工程地质测试技术,主要阐述土体、岩体的原位测试技术和当今地质监测技术及大数据信息技术在工程中的应用。本书主要包括工程地质条件成因演化论、区域稳定性理论、岩体结构控制论、活动断层与地震、斜坡工程、地下工程、岩溶、泥石流、地面沉降、渗透变形、工程地质模拟与评价、工程地质测试与试验、工程地质监测与预测、工程地质信息技术等内容,为工程合理选址提供理论与方法支持。

通过本书的学习,读者可以全面掌握内、外动力及人类活动引起的有关物理地质现象方面的基本知识,以及从工程地质角度去研究动力地质现象(问题)的基本方法,初步具备解决重大工程地质实际问题的能力,为从事生产实际工作和科学研究打好基础。本书也可用于工程地质课程教学,通过基本概念、基本理论、基本方法的教学,培养学生发现问题、分析问题和解决工程地质问题的能力。课程可以讲授为主,以必要的习题、作业为辅,配备一定的实践性教学内容,注重理论与实践相结合。考虑到授课学时的限制,部分章节可根据需要选修,也可列为专题讲座。

作者力图贯彻全书的中心思想,把工程地质学的基本理论知识与工程选址等实际工程应用相互融合在一起,使工程地质学得以快速而健康地发展。除此基本目的外,本书也介绍了目前工程地质学的一些新进展,让读者不仅能了解本学科的现有知识,也能了解当前的问题及不同的观点。

本书由汤爱平、文爱花和孙殿民撰写,黄德龙、李智明、穆殿瑞、刘强、王中岳、渠海港、黄子渊、朱德祺等参与完成了本书相关理论和技术的研究工作,为本书提供了大量的素材,在此一并表示感谢。

限于作者水平,书中难免有疏漏及不足之处,恳请广大读者批评指正。

作　者
2021 年 4 月

目　　录

第1章 绪   论

1.1   工程地质学的研究对象、任务与分析

1.1.1   工程地质学定义

工程地质学是解决工程规划、选址、建设和运维安全过程中地质问题的一门科学,其核心内容是确保工程全寿命周期内的地质安全及地质资源和谐发展。工程地质学是一门应用性很强的学科,各种建筑的规划与选址、设计、施工和运行都需要做工程地质研究,才能使工程建筑与地质环境互相协调,既要保证工程建筑安全可靠、经济合理、运行正常,又要保证地质环境不会因工程的兴建而恶化,造成对工程建筑本身及周围环境的危害。

1.1.2   研究对象

地球上的一切工程建筑物都建造于地壳表层一定的地质环境中。地质环境包括地壳表层和深部的地质条件,以一定的作用方式影响建筑物的安全、经济和正常使用;而建筑物的兴建又反馈作用于地质环境,使自然地质条件发生变化,最终影响建筑物本身。二者处于相互联系又相互制约的矛盾之中。工程地质学研究地质环境与工程建筑物之间的关系,促使二者之间的矛盾转化、解决,最终达到工程与环境的和谐共处。

一项工程建筑在兴建之前必须研究能否适应其所处的地质环境,分析在其兴建之后会如何作用于地质环境、引起哪些变化,预测它们对建筑物自身稳定性造成的危害,对此做出评价,并研究采取怎样的措施才能消除这种危害;还要预测它们对建筑周围环境造成的危害,并对此做出评价,制定保护环境的对策。这一整套研究的核心就是工程建筑与地质环境之间的相互联系、相互制约,也就是工程地质学的研究对象。

1.1.3   研究任务

工程地质学为工程建设服务是通过工程地质勘查实现的,通过勘查和分析研究,阐明建筑地区的工程地质条件,指出并解决存在的工程地质问题,为建筑物的设计、施工以及使用提供所需的地质资料,工程地质学的主要研究任务如下:

(1)阐明建筑地区的工程地质条件,并指出对建筑物有利和不利的因素。

(2)论证建筑物所存在的工程地质问题,进行定性和定量的评价,给出确切的结论。

(3)选择地质条件优良的建筑场址,并根据场址的地质条件合理配置各个建筑物。

(4)研究工程建筑物兴建后对地质环境的影响,预测其发展演化趋势,并提出对地质环境合理利用和保护的建议。

(5)根据建筑场址的具体地质条件,提出有关建筑物类型、规模、结构和施工方法的

合理建议,以及保证建筑物正常使用应注意的地质要求。

(6) 为拟定改善和防治不良地质作用的措施方案提供地质依据。

1.1.4　两个重要概念

实践表明,工程地质条件的阐明是工程地质工作的基础,而工程地质问题的论证和解决则是工程地质工作的核心。因此,明确工程地质条件和工程地质问题的含义是很有必要的。

1. 工程地质条件

工程地质条件(engineering geological condition)是指与工程建筑有关的地质因素的综合。地质因素包括岩土类型及其工程性质、地质结构、地貌、水文地质、工程动力地质作用和天然建筑材料等方面,它是一个综合概念,其中的某一因素不能概括为工程地质条件,而只是工程地质条件的某一方面。兴建任何一类建筑物,首要任务就是查明和认识建筑场区的工程地质条件,合理选址和进行结构体系设计。由于不同地域的地质环境不同,因此工程地质条件不同,对工程建筑物有影响的地质因素主次也不相同。工程地质条件是在自然地质历史发展演化过程中形成的,是客观存在的。

工程地质条件是自然地质历史的产物,反映了该地区的地质演化规律。工程地质条件的形成受大地构造、地形地势、气候、水文、植被等自然因素的控制。各地的自然因素不同,地质演化规律不同,其工程地质条件也就不同,要素的性质、主次关系也有所差异。工程地质条件各要素之间是相互联系、相互制约的,这是因为它们受同一地质发展历史的控制,形成一定的组合模式。例如,平原区必然是碎屑物质的堆积场所,土层较厚,基岩出露较少,地质结构比较简单,没有形成复杂的物理地质现象,地下水以孔隙水为主,天然建筑材料土料丰富,石料缺乏。还有许多其他模式,不同的模式对建筑的适宜性相差甚远,存在的工程地质问题也不一致。

工程地质条件的优劣在于其各个要素是否对工程有利。首先是岩土类型及其性质的好坏。坚硬完整的岩石如花岗岩、厚层石英砂岩、花岗片麻岩等,强度高,性质良好;页岩、黏土岩、碳质岩及泥质胶结的砂砾岩,以及遇水膨胀、易溶解的岩类,软弱易变,性质不良,断层岩和构造破碎岩更软弱,这类岩石都是不利于地基稳定的,是岩体研究中的重点。松软土中的特殊土如黄土、膨胀土、淤泥等也是不利因素,需要特别注意。岩土性质的优劣对建筑物的安全经济具有重要意义,大型建筑物一般要建在性质优良的岩土上,软弱不良的岩土体工程事故不断,地质灾害多发,常需避开。地形地貌条件对建筑场地的选择,特别是对线性建筑如铁路公路、运河渠道等的线路方案选择意义最为重大。若能合理利用地形地貌条件,不仅能大量节省挖填方量,节约投资,而且对建筑物群体的合理布局、结构形式、规模及施工条件等也有直接影响。例如,施工场地是否足够宽阔、材料运输道路是否方便等都取决于地形地貌条件。

土体结构主要是指地质结构和地应力,其主要包含地质构造、岩体结构、土体结构及地应力等,含义较广,是一项具有控制性意义的要素,对岩体尤为重要。地质构造确定了一个地区的构造格架、地貌特征和岩土分布。断层,尤其是活动断层,是工程人员最为担心的,会给建筑带来一定的危害。在选择建筑物场地时必须注意断层的规模、产状及其活动情况,并考虑不同土层的组合关系、厚度及其空间变化。岩体结构除岩层构造外,更主要的是各种结构面的类型、特征和分布规律。不同结构类型的岩体的力学性质和变形破坏的力学机制是不同的,结构面越发育,特别是含有软弱结构面的岩体,其性质越差。岩体的地应力状态对建筑物的施工和稳定性影响不容忽视。

水文地质条件是决定工程地质条件优劣的重要因素。地下水位较高一般对工程不利,地基土含水量大,黏性土处于塑态甚至流态,容许承载力降低,道路易发生冻害,水库常造成浸没,隧洞及基坑开挖需进行排水。滑坡、地下建筑事故、水库渗漏、坝基渗透变形及许多地质灾害的发生都与地下水的参与有关,甚至起到主导作用。

物理地质现象是指对建筑物有影响的自然地质作用与现象。地壳表层经常受到内动力地质作用和外动力地质作用的影响,给建筑物的安全造成很大威胁,所造成的破坏往往是大规模的,甚至是区域性的。例如,地震的破坏性很大;滑坡、泥石流、冲沟的发生也给工程和环境造成无穷的灾难。在这些物理地质现象面前,只考虑工程本身的坚固性还远远不够,必须充分注意其周围有哪些物理地质现象存在,对工程的安全有何影响,以及如何防治。只要注意研究其发生和发展的规律,及时采取措施,可怕的物理地质现象是可以克服的。

天然建筑材料是指供建筑用的土料和石料。土坝、路堤需用大量土料,海堤、石桥、堆石坝等需用大量石料,拌和混凝土需用砂、砾石作为骨料。为节省运输费用,应该遵循"就地取材"的原则,用料量大的工程尤其应该如此。所以天然建筑材料的有无,对工程的造价有较大的影响,其类型、质量、数量及开采运输条件往往成为选择场地、拟定工程结构类型的重要条件。

工程地质条件和选址评价往往从上述各个要素的单独分析说明工程地质条件的优劣,并从整体着眼,结合建筑物的特点和存在的工程地质问题加以综合分析论证。工程地质条件都是长期地质历史发展演化的结果,而促使其发展演化的则是不断进行的内动力地质作用和外动力地质作用,两类作用既相互联系又相互制约。

2. 工程地质问题

工程地质问题(engineering geological problem)是指工程地质条件与建筑物之间存在的矛盾或问题。优良的工程地质条件能适应建筑物安全、经济和正常使用的要求,其矛盾不会激化到对建筑物造成危害;但是,工程地质条件往往有一定的缺陷,对建筑物产生严重甚至是灾难性的危害。因此,一定要将矛盾的两个方面联系起来进行分析。工程地质问题的主要类型概括为区域稳定性问题、地基稳定性问题、斜坡稳定性问题、围岩稳定性问题四个方面。由于工程建筑的类型、结构形式和规模不同,对地质环境的要求不同,因此实际的工程地质问题也是复杂多样的。例如,工业与民用建筑的主要工程地质问题是地基承载力和沉降问题;道路建筑的工程地质问题有路堤的地基稳定性问题、道路冻害问题、边坡稳定性问题、隧道围岩稳定性问题和桥墩台地基稳定性问题;各种地下洞室的主要工程地质问题是围岩稳定性问题;露天采矿场的主要工程地质问题是采坑边坡稳定性问题;水利水电工程中的主要工程地质问题有水库渗漏问题、库岸稳定性问题、水库浸没问题、水库淤积问题、水库诱发地震问题、坝基抗滑稳定问题、坝基渗漏问题、坝基渗透稳定问题、坝肩稳定问题、船闸高边坡稳定性问题、输水隧洞围岩稳定性问题等。工程地质问题的分析、评价是工程地质工程师的中心任务。

工程地质问题分析的结果,无论是定性分析还是定量分析,都可以根据其严重程度的不同做出不同的评价。综合工程地质条件和所有工程地质问题分析的结果对建筑场地所做出的评价称为场地综合评价,以此可达到场地工程地质勘查的目的。例如,在工程的可行性研究阶段,勘查的目的就是为选定建筑物的地址,初步拟定建筑物的型式、规模及建筑物群体的布置方案进行地质论证,提供地质资料,做出工程地质评价。由此可见,工程地质勘查,无论任何阶段,都要通过各种工作完成该阶段的勘查任务,对工程地质条件和各个工程地质问题做出工程地质评价,并对整个场地、各建筑物的适宜性做出总的工程地质评价,作为勘查工作的结论。工程地质勘查的目的在于为工程建筑做出正确可靠的工程地质评价,同时也为工程建筑对周围环境的影响做出环境工程地质评价。

工程建筑类型众多,有民用建筑、铁路、公路建筑、水运建筑、水利水电建筑、矿山建筑、海港工程和近海石油开采工程、国防工程等。每一类型建筑又是由一系列建筑物群体组成的,如高楼大厦、工业厂房、道路、桥梁、隧道、地铁、运河、海港、堤坝、电站、矿井、巷道、油库、飞机场等,不胜枚举。这些建筑物有的位于地面,有的埋于地下,但都脱离不开地壳,因此无不与地质环境息息相关,它们的形式不同,规模各异,对地质环境的适应性及对地质环境的作用也不同。随着科学技术的发展,工程建筑物也向着高、深、大、精变化,与地质环境的相互作用也越来越强烈和复杂。

工程建筑对地质环境的作用,是通过应力变化和地下水动力特征的变化表现出来的。建筑物自身质量对地基岩土体施加荷载,坝体所受库水的水平推力,开挖边坡和基坑形成的卸荷效应、地下洞室开挖对围岩应力的影响,都会引起岩土体内的应力状况发生变化,造成变形甚至破坏,一定量值的变形是允许的,过量的变形以至破坏则会使建筑物失稳。建筑物的施工和建成经常引起地下水的变化,给工程和环境带来危害,如岩土的软化泥化、地基砂土液化、道路冻害、水库浸没、坝基渗透变形、隧道涌水、矿区地面塌陷等。

显然,工程建筑物对地质环境作用的性质和强度决定于建筑物的类型、规模和结构,同时也决定于场地的工程地质条件,而且在某种程度上工程地质条件起着决定性的作用。

1.1.5 研究内容

工程地质学的任务决定了它的研究内容,归纳起来主要有以下四个方面。

(1)岩土工程性质的研究。

地球上任何类型的建筑物均离不开岩土体,无论是分析工程地质条件,还是评价工程地质问题,首先都要对岩土的工程性质进行研究,研究岩土的工程地质性质及其形成变化规律、各项参数的测试技术和方法、岩土体的类型和分布规律,以及对其不良性质进行改善等内容。有关这方面的研究是由工程地质学的分支学科工程岩土学(science of engineering rock and soil)进行的。

(2)工程动力地质作用的研究。

由于地壳表层受到各种自然营力,包括地球的内力和外力及受到人类工程-经济活动的作用,因此一定程度上影响了建筑物的稳定和正常使用。这种对工程建筑有影响的地质作用即工程动力地质作用。习惯上将由自然营力所引起的各种地质现象称为物理地质现象,由人类工程-经济活动所引起的地质现象称为工程地质现象。研究工程动力地质作用(现象)的形成机制、规模、分布、发展演化的规律,所产生的工程地质相关问题,对它们进行定性和定量的评价,以及有效地进行防治、改造,成为工程地质学的另一分支学科 —— 工程动力地质学(engineering dynamic geology)的研究内容。

（3）工程地质勘查理论和技术方法的研究。

为查明建筑场区的工程地质条件，论证工程地质问题，正确地评价工程地质条件与问题，以提供建筑物设计、施工和使用所需的地质资料，需要进行工程地质勘查。不同类型、结构和规模的建筑物，对工程地质条件的要求及所产生的工程地质问题各不相同，因此勘查方法的选择、工作的布置原则及工作量的使用也是不相同的。为保证各类建筑物的安全和正常使用，首先必须详细地深入地研究所能产生的工程地质问题，在此基础上安排勘查工作。应制订适用于不同类型工程建筑的各种勘查规范或工作手册，作为勘查工作的指南，以保证工程地质勘查的质量和精度。在当前工程地质勘查中，尤其要研究新颖的勘查理论和新技术方法的应用，使勘查工作更为快速、轻便、有效。有关这方面的研究是专门工程地质学（special engineering geology）这一分支学科的研究内容。

（4）区域工程地质的研究。

区域工程地质是为工程规划设计提供地质依据的。不同地域的自然地质条件不同，其工程地质条件也不相同。认识并掌握广大地域工程地质条件的形成和分布规律，预测这些条件在人类工程 - 经济活动影响下的变化规律，并按工程地质条件进行区划，编制工程地质区划图，就是区域工程地质研究的内容。区域工程地质学（regional engineering geology）即为这方面研究的分支学科。

工程地质学是一门应用性非常强的地质科学，它在工程建设中的地位相当重要，服务对象非常广泛，所研究的内容也十分丰富。

1.2　工程地质学的研究方法及与其他学科的关系

1.2.1　研究方法

工程地质学的研究方法与研究内容相适应，主要有自然历史分析法、数学力学分析法、模型模拟试验法和工程地质类比法。

1. 自然历史分析法

自然历史分析法即地质学的方法，它是工程地质学最基本的一种研究方法。工程地质学所研究的对象 —— 地质体和各种地质现象，是自然地质历史过程中形成的，而且随着所处条件的变化，还在不断地发展演化。因此，对一个动力地质作用或建筑场地进行工程地质研究时，首先要做好基础地质工作，查明各项自然地质条件、各种地质现象及它们之间的关系，预测其发展演化的趋势及结果。只有这样，才能真正查明研究地区的工程地质条件，并作为进一步研究工程地质问题的基础。例如，对斜坡变形与破坏问题进行研究时，要从研究形态入手，确定斜坡变形与破坏的类型、规模及边界条件，分析斜坡变形、破坏的机制及各项影响、控制因素，以展现其空间分布格局，进而分析其形成、发展演化过程和发育阶段，从空间分布和时间序列上揭示其内在的规律，并且还要预测在人类工程 - 经济活动下的变化情况，为深入进行斜坡稳定性工程地质评价奠定基础。

又如，在研究坝基抗滑稳定性问题时，首先必须查明坝基岩体的地层岩性特点、地质结构及地下水活动条件，尤其要注意研究软弱泥化夹层的存在和岩体中其他各种破裂结构面的分布及其组合关系，找出可能的滑移面、切割面及它们与工程作用力的关系，研究滑移面的工程地质习性，作为进一步研究坝基抗滑稳定的基础。

但是,仅有地质学的方法不能完全满足工程地质评价的要求,因为它终究属于定性研究的范畴,并没有数量的概念。因此,在深入研究某一工程地质问题时,还必须采用定量研究的方法。数学力学分析法、模型模拟试验法都属于定量研究的范畴。

2. 数学力学分析法

数学力学分析法是在自然历史分析的基础上开展的,对某一工程地质问题或工程动力地质现象,在进行自然历史分析之后,根据所确定的边界条件和计算参数,运用理论公式或经验公式进行定量计算的一种方法。例如,在斜坡稳定性计算中通常采用的刚体极限平衡理论法,即在假定斜坡岩土体为刚体的前提下,将各种作用力以滑动力和抗滑力的形式集中作用于可能的滑移破坏面上,求出该面上的边坡稳定系数,作为定量评价的依据。为搞清边界条件和合理地选用各项计算参数,需要进行工程地质勘探、试验,有时需要耗费巨大的资金和人力。因此,除大型或重要的建筑物外,一般建筑物往往采用经验数据类比进行计算。

由于自然地质条件比较复杂,因此在计算时常需要把条件适当简化,并将空间问题简化为平面问题来处理。一般的情况是,先建立地质模型(物理模型),然后抽象为数学模型,代入各项计算参数进行计算。随着现代电子计算技术的发展,各种数学、力学计算模型越来越多地运用于工程地质领域中,弹性力学和弹塑性力学理论的有限单元法也日益广泛地应用于斜坡稳定性、坝基抗滑稳定性、地面沉降及水库诱发地震危险性等的分析计算中。这种方法在计算空间问题和非均一、非线性的复杂课题时更显示出其优越性。此外,模糊数学、数量化方法、灰色理论、逻辑信息法等的引入也为工程地质定量评价开辟了新的途径。

3. 模型模拟试验法

模型模拟试验法在工程地质研究中也常被采用,它可以帮助人们探索自然地质作用的规律,揭示某一工程动力地质作用或工程地质问题产生的力学机制和发生、发展演化的全过程,以便对其做出正确的工程地质评价。由于有些自然规律或建筑物与地质环境相互作用的关系可以用简单的数学表达式来表示,而有些数学表达式则十分复杂而难解,甚至因不易发现其作用的规律而无法用数学表达式来表示,因此在这种情况下,采用模型模拟试验法更为有益。

进行模型模拟试验必须有理论作为指导,除工程力学、岩体力学、土力学、水力学、地下水动力学等理论指导外,还必须有量纲原理和相似原理作为指导。

模型试验与模拟试验的区别在于试验所依据的基础规律是否与实际作用的基础规律一致。例如,用渗流槽进行坝基渗漏试验属于模型试验的方法,因为试验所依据的是达西定律,与实际控制坝基渗漏的基础规律相同。但若用电网络法进行这种试验,则属于模拟试验的方法,因为试验是以电学中的欧姆定律为依据的。欧姆定律与达西定律形式上虽然相似,但本质上则不同。

在工程地质中常见的模型试验有地表流水和地下水渗流作用下的斜坡稳定、地基稳定、水工建筑物抗滑稳定及地下洞室围岩稳定等工程岩土体稳定性试验,常用的模拟试验有光测弹性和光测塑性模拟试验、模拟地下水渗流的电网络模拟试验等。

4. 工程地质类比法

工程地质类比法在工程地质研究中也是常用的一种方法,可以用于定性评价,也可以做半定量评价。它是将已建建筑物工程地质问题的评价经验运用到自然地质条件与之大致相同的拟建的同类建筑物中去。很显然,这种方法的基础是相似性,即自然地质条件、建筑物的工作方式、所预测的工程地质问题性质都应大致相同或近似。它往往受研究者的经验限制。由于自然地质条件等不可能完全相同,类比时又往往把条件加以简化,因此这种方法是较为粗略的,一般适用于小型工程或初步评价。目前在评价斜坡稳定性中常用的标准边坡数据法即属此法。

上述四种研究方法各有特点,应互为补充、综合应用。其中,自然历史分析法是最重要和最根本的研究方法,是其他研究方法的基础,作为工程地质工程师是必须明确的。

1.2.2 与其他学科的关系

综上可知,工程地质学所涉及的知识范围很广泛,必须有许多学科的知识作为理论基础。工程地质学除与地质学的各分支学科有密切关系外,还与其他许多学科相联系。

动力地质学、矿物学、岩石学、构造地质学、地史学、第四纪地质学、地貌学和水文地质学、地球物理学、地球化学等,都是工程地质学的地质基础学科。工程地质研究没有上述各学科的知识基础,是无法进行的。在工程地质研究中,各地质学分支学科的理论和方法常为工程地质学所应用。但是,工程地质学是为工程建设服务的,其研究目的性非常明确而实际,所以在研究的深度和方法上与地质学的其他分支学科有所不同。例如,动力地质作用都是动力地质学和工程地质学研究的对象,但前者主要是定性地研究其形态、分布、产生条件等方面内容,而后者不仅要进行定性的研究,而且还要更深入地研究其形成机制,定量地研究其发生、发展演化的规律,对工程建筑物的影响程度,以及有效的防治措施等。

为定量评价工程地质问题,先要回答何谓不良地质条件,为什么不良地质条件会导致建筑工程事故,并且要合理评估工程建设不利或有不良影响的动力地质现象,如崩塌、滑坡、泥石流等对场地稳定性、地基基础、边坡工程、地下洞室等具体工程的安全、经济和正常使用等的定量影响。因此,工程地质学需要数学和力学学科知识作为基础,所以高等数学、应用数学、工程力学、弹性力学、土力学和岩体力学等都与工程地质学有着十分密切的关系。工程地质学中的大量计算问题,实际上就是土力学和岩体力学中所研究的课题。因此,在广义的工程地质概念中,甚至将土力学和岩体力学也包含进去。土力学和岩体力学是从力学的观点研究土体和岩体的,它们应属力学范畴的分支学科。

工程地质学也以其他基础学科作为基础,如物理学、普通化学、物理化学和胶体化学等。此外,工程地质学还与工程建筑学、环境学、生态学及其他应用技术学科有密切的联系。

1.3 工程地质学的历史、现状与展望

20 世纪初期,工程地质学作为地质学的分支学科,独立形成一门学科。

20 世纪 20 年代,欧洲开始了工程地质学的研究。1929 年,奥地利的 K. 太沙基出版了世界上第一部《工程地质学》。

20 世纪 30 年代初,苏联开展了大规模国民经济建设,促使了地质学与建筑工程科学的相互渗透,工程地质学由此作为一门独立学科而得到了进一步发展。1932 年,莫斯科

地质勘探学院成立了由萨瓦连斯基领导的工程地质教研室,培养工程地质专业人才,并奠定了工程地质学的理论基础。与此同时,在欧美地区的一些国家中,工程地质工作也有所开展,但它是附属于土木建筑工程中的,并未成为独立完整的科学体系,这些国家的学者们主要从事一般地质构造和地质作用与工程建设关系的研究。而有关岩土工程地质性质和力学问题的研究是由土力学和岩石力学来进行的,称为岩土工程(geotechnical engineering)。

我国古代许多巨大的工程建设,已经初步具有一些工程地质的知识和经验。例如:公元前256年修建四川都江堰分水灌溉工程时,地形的利用很巧妙,能按照河流侵蚀堆积的规律制定"深淘滩、低作堰"的治理法则,又使用当时最先进的技术方法,针对岩体结构特征,开凿出宝瓶口输水渠段,引岷江水灌溉川西平原,造福人民。公元前200多年,在广西兴安县修建了灵渠,沟通了湘江和漓江,这是连接长江和珠江的跨流域工程。2 000多年以来,航运不断,这一工程在地质地貌的利用方面是符合工程地质原理的。许多古代桥梁、宫殿、庙宇、楼阁、院塔的修建更是考虑到地震和地下水的问题,选定了良好的地基,进行了合适的加固处理,采用了各种坚固美观的石料,使这些建筑物坚实稳定,历经千百年依然屹立。

中国的工程地质学是在中华人民共和国成立以后才发展起来的,经历了从无到有,从小到大,从所知甚少到内容丰富多彩、独具特色、达到国际先进的过程。发展的动力在于社会主义大规模经济建设的需要。1952年地质部成立,设有水文地质工程地质局,大量工厂、矿山、铁路、水利项目开始建设,根据苏联经验,需要进行地质勘查,很多老地质学者投入到这方面的工作中。国家需要工程地质技术人才,1952年成立的北京地质学院和长春地质学院均设有水文地质工程地质专业,南京大学地质系也设立了这一专业,水电、铁道、建筑、冶金、机械等部门也相继设立了工程地质处或勘测队。1956年,成都地质学院成立,加上同济大学、唐山铁道学院(现为西南交通大学),全国已有六所培养工程地质人才的高等学校,势头很足。此外,西安、宣化、南京等中等地质学校也设有此专业。改革开放以后,又成立了西安和河北两个地质学院,有的水利水电学院、铁道学院、冶金学院、建工学院和一些大学地质系也都增设专业培养工程地质人才。加上研究生和留学生的培养,全国的工程地质队伍不断壮大,素质不断提高,科研机构相继成立。1956年,地质部设立了水文地质工程地质研究所,中国科学院地质研究所设立了水文地质工程地质研究室,许多工程部门的科学研究院也相继设立了工程地质研究室或土工组。生产、教学、科研三个方面互相结合,团结一致,推动着我国工程地质事业的发展。1978年,由谷德振主持,在苏州召开了首届全国工程地质大会,成立了中国地质学会工程地质专业委员会,并建立了国家小组,参加了国际工程地质与环境协会,这一学术组织对工程地质的发展起到了重要作用。1985年,中国科学院地质研究所设立了工程地质力学开放研究实验室,获得了许多优秀成果,培养了不少青年学者,起到了全国地质学研究中心的作用。

中华人民共和国成立初期,老一辈工程地质工作者地质基础知识较为坚实,重视基础地质研究,在地质调查和物探与勘探的配合下,对工程场地的工程地质条件研究得较为透彻。20世纪60年代起,工程地质工作者开始重视工程地质问题的分析,测试技术进一步提高,所提出的参数较准确,计算方法有所改进,做出的评价更为正确。以上的进步为重大工程的修建奠定了基础。例如,治淮和治理海河的系列工程,长江、黄河、珠江、黑龙江四大流域的水利水电开发,宝成、成昆、襄渝、湘黔、兰新等铁道干线的建设,武汉长江大桥、南京长江大桥和黄河大桥的修建,鞍钢、武钢、攀钢、金川、白银等矿山开采及石油、煤炭基地的建设,港口和海岸工程、国防及尖端技术工程建设及攀枝花、嘉峪关、白银、三门峡、金昌、大庆等城市的扩建改建等,都做了详细的工程地质工作。我国广大工程地质工作者所做的贡献,是工程地质学的突出成就。改革开放以来,建设的规模更大,大型工程更多,如龙羊峡、乌江渡、鲁布革、天生桥、五强溪、二滩、三峡等水利水电工程,秦山、大亚湾核电站、焦柳线、黔桂线、大秦线、京九线等铁道线路及许多大桥、长隧道工程,新的大型矿山油田建设,深圳和一大批经济开发城市建设,高速公路和高层建筑、立交桥的建设等。在这些现代化的工程中,同样洒下过工程地质工作者的汗水,他们都在做着默默的贡献。

随着生产和教学经验的积累,我国开始出版自己编写的地质学方面的教材。第一部《工程地质学》(上、下册) 是由北京地质学院工程地质教研室编写的,于20世纪60年代初正式出版,书中强调了以工程地质问题分析为中心的学术思想。改革开放以后,我国又连续出版了一大批教材,如《工程岩土学》《土力学》《岩体力学》等。其中,成都地质学院编著的《工程地质分析原理》内容丰富,水平较高。其他院校还编写了《专门工程地质学》《工程地质学》《工程地质学基础》等教材,以及一些教学参考书。同济大学还编写了一套岩土工程专业教材。这些教材对培养专业人才起到了重大作用,也显示了我国工程地质学教育的水平。随着社会主义市场经济的需要,工程地质学教育正处于大力改革和发展之中。

第一,在科技成就方面,谷德振和中国科学院地质研究所的学者根据多年实践经验,进行地质和力学相结合的研究,创立了岩体工程地质力学,提出了"岩体结构"的概念,强调岩体结构及其对岩体稳定性的控制作用。他在所著的《岩体工程地质力学基础》一书中充分论述了岩体结构类型及其力学性质和变形破坏机制,以及岩体质量及其稳定性评价,形成了系统理论,表现出我国在岩体工程地质研究方面的特色。

此外,我国在软弱、破碎岩体的研究方面也取得了较大进展,如断层岩的分类及其物理力学特性和稳定性评价的研究,泥化夹层的成因、特性和稳定性评价方法,膨胀岩的物质与结构特征、膨胀机理和处理措施等。

第二,在土体研究方面,对土的微观结构开展了广泛研究,有了深入的了解。黄土、多年冻土和季节冻土、大陆架海洋土(尤其是太平洋底细粒土) 等土类的研究近年来进展较大。我国东南沿海分布很广的花岗岩残积土,适于用静荷载试验、旁压试验、微型荷载试验求取地基承载力,扰动小,结果可靠。深圳市原先将花岗岩残积土定为高压缩低承载力土,一般高层建筑均采用桩基,费用高昂。1983 年,经系统研究,得出了低压缩高承载力的结论:20 层以下一般高层建筑不必用桩基。

第三,区域地壳稳定性研究取得重大成就。在三峡、二滩、金沙江中下游等水利水电工程和苏南、辽南、大亚湾等核电站工程中,区域地壳稳定性研究进展较大,发展了相对稳定区和"安全岛"等理论,其核心问题是断层发育情况与活动性、地应力状况及区域地震危险性分析,据此做出区域地壳稳定性的分区和评价。

第四,地质灾害意识和研究工作的加强。滑坡、泥石流、地裂缝、喀斯特地表塌陷及地面沉降、水库诱发地震等地质灾害的频繁发生早已引起我国工程地质界的注意。"国际减轻自然灾害十年"的联合国大会决议更促进了防灾减灾意识的增强,把过去工程动力地质现象的研究引向偏重地质灾害方面,并与环境工程地质研究结合起来。1989 年,中国地质灾害研究会成立,这推进了地质灾害的调查研究与防灾减灾的对策制定,许多部门对不同灾种做了调查建档工作,并规定工程建筑需先做环境评价,研究部门进行地质灾害的监测、预测预报及防治措施研究,取得了较大进展。

第五,工程地质勘查质量提高。以长江三峡为例,对这一举世瞩目的特大综合性水利水电工程,在详细可靠的基础地质工作和大量勘探试验工作的基础上,近年来又使用各种新技术、新方法,做了较充分的地质分析和定量评价。长江三峡在区域地壳稳定性方面属于稳定地区,近坝区无活动性强的区域性大断裂,处于弱震的良好地质环境中。选定的坝址位于深成中酸性火成岩体上,经定量计算岩体弱风化带下部加固灌浆后能满足大坝建基要求;微风化及新鲜岩体做局部处理后船闸高边坡角可采用90°,详细勘查证明库区工程地质问题不大。三峡工程的勘查研究在深度、广度和质量等方面均达到了国际先进水平。

中华人民共和国成立以来,我国各项工程建设得以顺利进行,地质事故较少,这与工程地质工作分不开。我国广大的工程地质工作人员付出了艰辛的劳动,做出了巨大的贡献,同时也在实践中积累了丰富的经验,取得了大量的成果,创造了具有中国特色的工程地质学。

工程地质学经过了近百年的发展,学科体系逐渐完善,已形成有多个分支学科的综合性学科。

当前我国工程地质界在能源和矿产资源开发的工程地质、经济开发区和城市环境工程地质、地质灾害预测预报、工程地质图系编规范及工程地质测试技术方法等方面开展了广泛而深入的研究。工程地质学科正朝着宏观研究和微观、超微观研究相结合,基础研究和定量研究相结合的道路前进。同时,系统论、信息论、控制论、耗散结构等现代科学方法论已渗透到工程地质学科的研究领域内。

工程地质学作为一门独立的科学体系,正在向前发展着。从当今的发展趋势来看,现代工程地质学的发展方向如下。

(1)环境工程地质是现代工程地质研究的热点。由于人类工程 - 经济活动对地质环境影响日益广泛而深刻,使地质环境出现不良后果,甚至地质灾害频发,环境的恶化将严重威胁人类的生存和未来,因此促使国际工程地质界开展此项研究工作。应建立起地质环境与人类活动之间的理论模式关系和合理利用及保护地质环境的理论,科学、合理地预测因人类活动而引起地质环境的区域性变化。今后在水利水电工程、矿产开发和城市建设方面的环境工程地质研究势必会更深入地开展起来。

(2)矿山工程地质近代矿山开采的特点是开采深度和范围越来越大,地质条件越来越复杂。深、露采的高边坡、深矿井强大的山岩压力,使岩体的工程地质条件发生一系列变化,给工程地质研究提出了重要的新课题。

(3)地震是人类所面临的最严重的地质灾害,因此地基抗震工程地质研究也是现代工程地质学的重要课题,包括地震断层活动特性、震源机制、地震效应和地震危险性小区划的研究等方面。

(4)海洋工程地质向海洋索取资源和开辟建设空间,是人类面临的重大抉择。大陆架海底资源的开发、海洋工程、海底隧道和海岸工程的兴建,促使海洋工程地质研究的开展。其中,海底现代沉积物及工程地质探测技术的研究是重要的课题。

21世纪可以预计的大型工程建设,如跨流域的调水工程、大型水电工程、深部露天采矿工程、地下工程、海洋工程等,其可能发生复杂的工程地质问题,从理论到设计、施工实践,从预测到防治,需要作为重要研究方向,在原有认识和经验的基础上,进一步去创新发展,与其他多学科联合攻关。

（1）岩、土体工程地质力学的理论方法体系还应进一步发展。工程地质力学具有我国特色,并在工程实践中获得了广泛的应用。岩、土体稳定性中的关键问题,如节理面的各种工程地质特性、区域构造应力场和工程区实测点地应力场的研究、岩体稳定性的时间尺度、根据岩体变形破坏的实例建立"地质模型"等应进一步研究。此外,还应进行工程地质技术的开发研究,包括地质探测技术、岩组物理力学测试技术、岩体变形观测技术和变形破坏模拟试验技术等。

（2）环境工程地质将获得迅速的发展。目前大型工程建设涉及的环境工程地质问题很多,如大型露天开采、地下开挖、深埋长隧道工程、大型水利枢纽、地下硐室、城市垃圾处置和卫生填埋工程等的建设遇到前所未有的更加复杂的情况。例如,深埋长隧道工程的开挖,需要查明其所遇到的地质灾害问题的形成条件和发生机理,做出科学的评价预测。大型水域水岩相互作用导致水库诱发地震、库岸崩滑、大坝溃决、水库淤积、大面积环境恶化等问题,水库诱发地震产生的可能性及发震强度的预测难度较大。现在我国学者建立了两种震级预测的神经网络模型,具有较高的预测能力。新的动向是引入突变理论,分析水库诱震机制,建立诱震的充要条件判据和地震能量的表达式,提出断层带弱化和岩体软化效应诱震的新假说。

当前环境工程地质的研究又进一步延伸向环境地质工程,即主要研究解决和处理地质环境问题的假说和方法。20 世纪 90 年代,国际环境地质工程的热点领域是各国城市化和资源开发中固体、液体、气体废弃物的排放、填埋处理,以及与城市工程建设有关的环境工程问题研究。总体来说,环境工程地质还有些基本问题,如工程环境影响场问题,工程建筑的适应度与环境灵敏度之间关系问题,环境容量问题,监测技术、环境综合分析及反信息技术等问题的研究还有待深入。

（3）区域地壳稳定性的研究。目前应进一步加深对影响和制约稳定性因素的认识。如何分析、确定和量化这些因素直接关系到区域地壳稳定性评价由定性到定量方向发展的问题。近年来,有学者用分数维理论描述断裂和地震的分形结构,用耗散、混沌和协同学等描述地壳结构及其动态自组织过程,探讨其内部的相关性并得到了进一步发展,但这些探索尚处于初始阶段。此外,在技术方法方面,应大力开展深部探测、监测、遥感、计算机、制图技术和深部地应力测试技术等应用研究,提高区域地壳稳定性诸因素时空变化的量测精度。

工程地质学发展至今日,需要与现代系统科学理论思维相结合,尤其是非线性科学对于工程地质学的提高和发展具有重要意义。黄润秋根据系统科学原理结合工程地质的应用与实践,提出了工程地质问题的系统分析原理。应用这些原理可以建立地质过程的机制分析－定量评价,建立过程地质模型和模拟再现,建立过程地质分级、分类系统,认识过程地质体(或环境)和人类活动的相互作用,认识灾害地质作用发展过程,描述地质体复杂的结构和工程地质问题过程,研究过程预报等。在工程地质学拓展到地质工程的新领域时,要做好施工监测与信息反馈,这就是以监控－反馈原理为核心指导思想的"信息化施工"。总之,系统科学的引入,必将把传统的工程地质学推向新的阶段和新的水平。

工程地质学发展的前景广阔,在它发展的道路上将不断充实和成熟自己的体系,为人类做出更大的贡献。

第2章　地质学基本理论

2.1　地球结构基本知识

固体地球是一个椭圆形球体,长轴指向西经 20° 和东经 160° 方向,长短轴之差为 430 km。 地球具有圈层结构,外圈分为大气圈、水圈和生物圈,固体部分由地表至地心依次分化为地壳(crust)、地幔(mantle) 和地核(core) 三个圈层。

(1) 大气圈。

大气圈是地球外圈中最外部的气体圈层,它包围着海洋和陆地。大气圈没有确切的上界,在 2 000 ~ 16 000 km 高空仍有稀薄的气体和基本粒子。在地下,土壤和某些岩石中也会有少量空气,它们也可认为是大气圈的一个组成部分。地球大气的主要成分为氮、氧。由于地心引力作用,因此几乎全部的气体集中在离地面 100 km 的高度范围内,其中 75% 的大气又集中在地面至 10 km 高度的对流层范围。根据大气分布特征,在对流层之上还可分为平流层、中间层、高层大气等。大气圈主要成分中,氮占 78%、氧占 21%,其他是二氧化碳、水蒸气、惰性气体、尘埃等,占 1%。大气圈是地球的重要组成部分,大气是地质作用的重要因素之一。

(2) 水圈。

水圈包括海洋、江河、湖泊、大气中的小水滴和小冰晶,沼泽、冰川以及地下水等,是一个连续但不很规则的圈层,地球上的液态水和固态水都属于水圈。从距地球表面数万千米的高空看地球,可以看到覆盖大部分地表的蓝色海洋及大气中的小水滴和小冰晶组成的白云,它使地球成为一颗"蓝色的行星"。其中,海洋水质量约为陆地(包括河流、湖泊和表层岩石孔隙和土壤中) 水质量的 35 倍。大气圈和水圈相结合,组成地表的流体系统。水圈主要呈液态,部分呈固态。水是改造与塑造地球面貌的重要动力,水圈的质量约为 1.41×10^{18} t,占地球总质量的 0.024%。其中海水约占 97.2%,陆地水约占 2.8%,而在陆地水中冰川约占水圈总质量的 2.2%。

(3) 生物圈。

由于存在地球大气圈、地球水圈和地表的矿物,因此在地球上这个合适的温度条件下形成了适合于生物生存的自然环境。人们通常所说的生物是指有生命的物体,包括植物、动物和微生物。据估计,现有生存的植物约有 40 万种,动物有 110 万种,微生物至少有 10 万种。 据统计,在地质历史上曾生存过的生物有 5 亿 ~ 10 亿种之多,然而在地球漫长的演化过程中,绝大部分已经灭绝了。现存的生物生活在岩石圈的上层部分、大气圈的下层部分和水圈的全部,构成了地球上一个独特的圈层,称为生物圈。生物圈与其他圈层相比,其不同点在于:首先,其他圈层是由无机物组成的,而生物则构成了生物圈的主体,是一个非常活跃的圈层;其次,其他圈层都具有相对独立的空间结构,而生物圈则渗透于其他圈层之中,形成一个特殊的结构。在太阳系所有行星中,生物圈仅在地球上存在。

（4）地壳。

地壳是固体的外壳,其厚度是不均匀的,平均厚度约为 17 km。地壳可分为大陆壳和洋壳两类(图 2.1)。地壳中 O、Si、Al、Fe、Ca、Na、K、Mg 八种主要元素占 98% 以上。化学元素在地壳中平均含量称为克拉克值。地壳可以分为上下两层,中间被康拉德面(conrad discontinuity) 分开,但这一界面在海洋部分不明显或者不存在。上层地壳的成分以 O、Si、Al、K 及 Na 等为主,矿物成分主要由硅 – 铝氧化物构成,与花岗岩相似,所以称为花岗岩层,也称硅铝层,在这一层的表层部分常分布有 0 ~ 10 km 厚的沉积岩层,平均密度为 2.6 ~ 2.7 g/cm³。下层地壳的成分也以 O、Si、Al 等为主,但 Mg、Fe、Ca 等成分则显著增加,矿物主要由玄武岩或辉长岩类组成,所以称为玄武岩层,又称硅镁层,平均密度为 2.9 ~ 3.0 g/cm³,此层在海洋地壳部分平均厚度为 5 ~ 8 km,在大陆部分则延伸至花岗岩层之下。海洋地壳几乎在玄武岩上覆盖着一层厚 0.4 ~ 0.8 km 的沉积岩。大陆部分地壳平均厚度约为 33 km;高山、平原地区地壳厚度可达 60 ~ 70 km;海洋地壳较薄,平均厚度约为 6 km。地壳厚度的变化有一定的规律性:地球大范围固体表面的海拔越高,地壳越厚;海拔越低,地壳越薄。地壳的物质组成除沉积岩外,基本上是花岗岩、玄武岩等。花岗岩的密度较小,分布在密度较大的玄武岩之上,而且大都分布在大陆壳,特别厚的地方则形成高山。地壳温度一般随深度的增加而逐步升高,平均深度每增加1 km,温度升高 30 ℃。

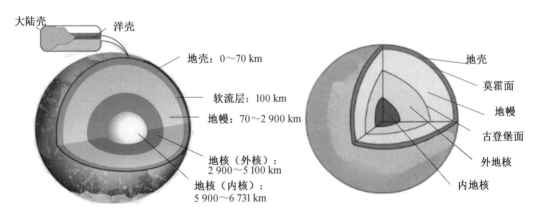

图 2.1　地球内部圈层及分界面

（5）地幔。

地幔是介于地表和地核之间的中间层,厚度约为 2 900 km,其体积占地球总体积的 82%,质量为 4.05×10^{21} t,占地球总质量的 67.8%,物质密度大约从3.32 g/cm³ 递增到 5.7 g/cm³,在地幔下部的物质密度接近于地球的平均密度。地幔主要由致密的造岩物质 (超基性岩) 构成,是地球内部体积最大、质量最大的一层,岩石中镁元素含量高,SiO_2 的质量分数低于45%,它的物质组成具有过渡性。靠近地壳部分,主要是硅酸盐类的物质;靠近地核部分,则与地核的组成物质比较接近,主要是铁、镍金属氧化物。地幔又可分成上地幔和下地幔两层。下地幔顶界面距地表 1 000 km,密度为 4.7 g/cm³;上地幔顶界面距地表33 km,密度为 3.4 g/cm³。因为上地幔主要由橄榄岩组成,故又称橄榄岩圈。一般认为上地幔顶部存在一个软流层,是放射性物质集中的地方,整个地幔因放射性物质分裂反应的不断进行而导致高温(1 000 ~ 3 000 ℃),这些熔化的岩石很可能是岩浆房所在地,但这里的压力很大,为 50 万 ~ 150 万个标准大气压,这样大的压力会导致物质熔点升高,因此这种环境下的地幔物质具有一定的可塑性,但没有熔成液体,局部处于熔融状态。下地幔温度、压力和密度均增大,物质呈可塑性固态。从莫霍面到古登堡面,地震波传播速度大体是缓慢而均匀变化的,中间缺少一级不连续面,说明地幔物质有很大的均匀性。约 400 km 和 1 000 km 深处各有一个次一级不连续面存在,即拜尔勒面和雷波蒂面,并据此划分为 B、C、D 层。410 ~ 660 km 的深度范围内称为过渡带,这个过渡带也是一个地震波速的突增带,一般把过渡带也划分为上地幔的一部分。在 660 km 以下至 2 900 km 处是下地幔。地幔都是固体,只是在上地幔的低速带(100 ~ 300 km 深度)内有少许液体,这里被认为是地球玄武质岩浆的来源。

(6)地核。

地核的物质组成以铁、镍为主,又分为内核和外核。内核的顶界面距地表5 100 ~ 5 155 km,约占地核直径的 1/3,可能是固态的,其密度为 10.5 ~ 15.5 g/cm^3。外核的顶界面距地表 2 900 km,可能是液态的,其密度为 9 ~ 11 g/cm^3。推测外地核可能由液态铁组成,内核被认为是由刚性很高,在极高压下结晶的固体铁镍合金组成的。地核中心的压力可达到 350 万个大气压,温度是 6 000 ℃。在这样高温、高压的条件下,地球中心的物质的特点是在高温、高压长期作用下,犹如树脂和蜡一样具有可塑性,但对于短时间的作用力来说,却比钢铁还要坚硬。

(7)莫霍面。

地壳和地幔的分界面为莫霍面,如图 2.1 所示。莫霍面是由南斯拉夫地震学家莫霍洛维奇(Andrija Mohoroviic)于 1909 年发现的,故称为莫霍面。在莫霍面上下侧,地震波的速度发生了一个突越。在下地壳,P 波的速度一般为 6 ~ 7 km/s,而在这个面以下,突然增加到 8 km/s 以上,且波在该面存在强反射,莫霍面的厚度大都小于 1 km。莫霍面是一个突变的边界,矿物的化学成分和晶体结构存在变化。莫霍面的深度各地不同,一般大洋较浅,为 5 ~ 15 km;大西洋和印度洋为 10 ~ 15 km;太平洋中央部分只有5 km;岛弧地区为 20 ~ 30 km;大陆一般深为 30 ~ 40 km;高山地区最深,我国西藏高原及天山地区深达 60 ~ 80 km。

(8)古登堡面。

地幔与地核的分界面称为古登堡面,位于地下 2 885 km 处左右,由美国学者古登堡(Gutenberg)于 1914 年发现。纵波速度经过古登堡面由 13.6 km/s 突然降低为 7.98 km/s,而横波则突然消失。在该不连续面上,地震波出现极明显的反射、折射现象。

(9)岩石圈。

特殊地,对于固体地球部分,由地壳和上地幔的顶部岩层组成的圈层称为岩石圈,它从固体地球表面向下穿一直延伸到软流圈。岩石圈厚度不均一,平均厚度约为 100 km。岩石圈为固态,可以分为大约 12 个单独的刚性块或板块。由于岩石圈及其表面形态与现代地球物理学、地球动力学有着密切的关系,因此岩石圈是现代地球科学中研究得最多、最详细、最彻底的固体地球部分。

（10）软流层。

在岩石圈之下是软流层,埋深不一,一般在 100 ~ 700 km 范围内,为地幔的热液流体,其由幔源内部的放射性加热形成(图 2.2)。软流层被认为是火山岩浆的主要来源和通道及海底扩展带形成和板块运动的原动力。普遍认为地球自转运动、围绕太阳系的公转运动速度的改变,引起了软流层的流体产生缓慢对流,从而驱动了上浮的刚性岩石圈或板块的水平运动。对流速度的不一致,导致不同地区的板块运动方式、运动幅度的显著差异。

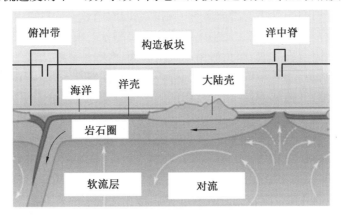

图 2.2　岩石圈和软流层结构图

2.2　矿物与主要岩石类型

地壳中的各种化学元素,在各种地质作用下不断进行化合,形成各种矿物。矿物按照一定的规律结合起来形成各种岩石。顾名思义,矿物是在各种地质作用下形成的具有相对固定化学成分和物理性质的均质物体,是岩石的基本组成单位。因此,地质学认为,矿物一般是自然产出且内部质点(原子、离子)排列有序的均匀固体,其化学成分一定并可用化学式表达。所谓自然产出,是指地球中的矿物都是由地质作用形成的。

地壳中存在的自然化合物和少数自然元素具有相对固定化学成分和性质,都是固态的(自然汞常温液态除外)无机物。矿物是组成岩石的基础(地质博物馆中有明确概念:一般而言矿物必须是均匀的固体)。矿物必须具有特定的化学成分,一般而言矿物必须具有特定的结晶构造(非晶质矿物除外),矿物必须是无机物,所以煤和石油不属于矿物。

根据化学成分,矿物分为自然元素矿物、硫化物及其类似化合物矿物、卤化物矿物、氧化物及氢氧化物矿物、含氧盐矿物(包括硅酸盐、硼酸盐、碳酸盐、磷酸盐、砷酸盐、钒酸盐、硫酸盐、钨酸盐、钼酸盐、硝酸盐、铬酸)和单质矿物等几大类。这些矿物中,硅酸盐矿物种数最多,占整个矿物种类的 24%,占地壳总质量的 75%;硫卤化物最少,只有 1 种。

自然元素矿物超过 50 种,约占地壳总质量 0.1%,不均匀分布,部分可富集成具有工业意义的矿床。根据化学特性,自然元素矿物可以分为金属元素矿物(典型的矿物有 Fe、Pt、Au、Cu、Ag 等)、半金属元素矿物(典型的矿物有 As、Sb、Bi)、非金属元素矿物(典型的矿物有金刚石、自然硫）等。金属元素矿物的特性是金属色、反射力强而不透明、金属光泽、强延展性、导电性和导热性、硬度低、无解理、密度大。半金属元素矿物的特性是金属性较强者，其物理性质趋向于接近金属自然元素矿物。自然铋、自然锑、自然砷这三种矿物非金属性依次增加，硬度趋向于加大，脆性趋向于增高，金属光泽则趋向于减弱，密度趋向于降低。非金属元素矿物的特性是自然硫具有分子键，表现为硬度低、密度小、性脆、熔点低并易升华；金刚石和石墨的物理性质差异较大。

岩石是矿物的集合，是由一种或多种矿物组成的固结或不固结体，为具有稳定外形的固态集合体，在自然界大量存在，是构成地壳的重要部分。由一种矿物组成的岩石称为单矿岩，如大理岩由方解石组成，石英岩由石英组成等；由数种矿物组成的岩石称为复矿岩，如花岗岩由石英、长石和云母等矿物组成，辉长岩由基性斜长石和辉石组成等。没有一定外形的液体如石油，气体如天然气，以及松散的沙、泥等，都不是岩石。作为地壳的主体组成物质，岩石是构成地球岩石圈的主要成分。长石是地壳中最主要的造岩成分（占地壳总质量的60%），是一族含钙、钠和钾的铝硅酸盐类矿物的统称；其次是石英（占地壳总质量的12%），其主要成分是二氧化硅。

根据成因、构造和化学成分特性，岩石分为岩浆岩、沉积岩和变质岩三大类。整个地壳中，岩浆岩大约占95%，沉积岩只有不足5%，变质岩最少。在不同的圈层，三种岩石的分布比例相差很大。地表的岩石中有75%是沉积岩，岩浆岩只有25%。距地表越深，则岩浆岩和变质岩越多。地壳深部和上地幔主要由岩浆岩和变质岩构成。岩浆岩占整个地壳体积的64.7%，变质岩占27.4%，沉积岩占7.9%。其中，玄武岩和辉长岩又占全部岩浆岩的65.7%，花岗岩和其他浅色岩约占岩浆岩的34%。这三种岩石之间的区别不是绝对的。随着构成矿物的变化，它们的性质也会发生变化。随着时间和环境的变迁，它们会转变为另外一种性质的岩石。

2.2.1 矿物主要的物理化学特性与识别方法

1. 矿物的基本特性

（1）晶质体和非晶质体。

所谓晶质体，是化学元素的离子、离子团或原子按一定规则重复排列而成的固体。矿物的结晶过程实质上是在一定介质、一定温度、一定压力等条件下，物质质点有规律排列的过程。由于质点规则排列的结果，因此晶体内部具有一定的晶体构造，称为晶体格架。具有良好几何外形的晶质体统称为晶体。

有少数矿物呈非晶质体结构。凡内部质点呈不规则排列的物体都是非晶质体，如天然沥青、火山玻璃等。这样，矿物在任何条件下都不能表现为规则的几何外形。

（2）晶形。

晶形可分为两类：一类是由同形等大的晶面组成的晶体，称为单形，单形的数目有限，只有47种；另一类是由两种以上的单形组成的晶体，称为聚形，聚形的特点是在一个晶体上具有大小不等、形状不同的晶面。在自然晶体中，常发现两个或两个以上的晶体有规律地连生在一起，称为双晶。最常见的有三种类型：接触双晶，由两个相同的晶体，以一个简单平面相接触而成；穿插双晶，由两个相同的晶体，按一定角度互相穿插而成；聚片双晶，由两个以上的晶体，按同一规律，彼此平行重复连生一起而成。

（3）结晶习性。

同一种物质在一定的外界条件下趋向于某一种形态的特性称为结晶习性。结晶习性大体可以分为三种类型：矿物晶体常形成柱状、针状、纤维状，即晶体沿一个方向特别发育，称为一向延伸型；矿物晶体常形成板状、片状、鳞片状，即晶体沿两个方向特别发育，称为二向延伸型；有的矿物晶体常形成粒状、近似球状，即晶体沿三个方向特别发育，称为三向延伸型。

2. 矿物的化学成分

（1）矿物的化学组成类型。

单质矿物基本上是由一种自然元素组成的，如金、石墨、金刚石等。自然界的矿物绝大多数都是化合物，但化合物是多种多样的，按组成情况又可分为以下几种。

① 简单化合物、络合物、复化物。

② 发生类质同象化合物。所谓类质同象，是指在结晶格架中，性质相近的离子可以互相顶替但并不破坏其结晶格架的现象。类质同象中离子置换又有两种情况：一是互相置换的离子电价相等，称为等价类质同象；二是几种离子同时置换，置换的离子电价各异，但置换后的总电价必须相等。置换结果有的组分是在一定限度内进行离子置换，称为不完全类质同象；有的没有一定限制，即两种组分可以以任何比例进行离子置换，形成一个连续的类质同象系列，称为完全类质同象。

③ 含水化合物。含水化合物一般指含有 H_2O 和 OH^-、H^+、H_3O^+ 的化合物，又可分为含有吸附水和结构水的两类化合物。

（2）矿物的同质多象。

同一化学成分的物质，在不同的外界条件（温度、压力、介质）下，可以结晶形成两种或两种以上不同构造的晶体，构成结晶形态和物理性质不同的矿物，这种现象称为同质多象。

（3）胶体矿物。

一种物质的微粒分散到另一种物质中的不均匀分散体系称为胶体。胶体矿物在形态上一般呈鲕状、肾状、葡萄状、结核状、钟乳状和皮壳状等，表面常有裂纹和皱纹，这是由胶体失水引起的。

3. 矿物的集合体形态和物理性质

（1）矿物的集合体形态。

① 粒状集合体。由粒状矿物组成的集合体称为粒状集合体。粒状集合体多半是从溶液或岩浆中结晶而成的，当溶液达到过饱和或岩浆逐渐冷却时，其中即发生许多"结晶中心"，晶体围绕结晶中心自由发展，及至进一步发展受到周围阻碍，便开始争夺剩余空间，结果形成外形不规则的粒状集合体。

② 片状、鳞片状、针状、纤维状、放射状集合体。石墨、云母等常形成片状、鳞片状集合体；石棉、石膏等常形成纤维状集合体；还有些矿物常形成针状、柱状、放射状集合体。

③ 致密块状体。由极细粒矿物或隐晶矿物组成的集合体称为致密块状体，表面致密均匀，肉眼不能分辨晶粒彼此间的界限。

④ 晶簇。生长在岩石裂隙或空洞中的许多单晶体组成的簇状集合体称为晶簇。

⑤杏仁体和晶腺。矿物溶液或胶体溶液通过岩石气孔或空洞时,常常从洞壁向中心层层沉淀,最后把孔洞填充起来。小于 2 cm 者通称为杏仁体;大于 2 cm 者可称为晶腺。

⑥结核。结核又称鲕状体。矿物溶液或胶体溶液常常围绕着细小岩屑、生物碎屑、气泡等由中心向外层层沉淀而形成球状、透镜状、姜状等集合体,称为结核。

⑦钟乳状、葡萄状、乳房状集合体。这些形态大多数是某些胶体矿物所具有的特点。胶体溶液因蒸发失水逐渐凝聚,所以在矿物表面围绕凝聚中心形成许多球形、葡萄状、乳房状的小突起。

⑧土状体。土状体为疏松粉末状矿物集合体,一般无光泽。

⑨被膜。因受风化作用,在矿物表面往往形成一层次生矿物的皮壳,称为被膜。

(2) 矿物的物理性质。

①颜色。因矿物本身固有的化学组成中含有某些色素离子而呈现的颜色,称为自色。具有自色的矿物,颜色大体固定不变,如橄榄石的绿色,因此自色是鉴定矿物的重要标志之一。有些矿物颜色与本身化学成分无关,而是矿物中所含的杂质成分引起的,称为他色。有些矿物的颜色是由某些化学的和物理的原因引起的。例如,片状集合体矿物常因光程差而引起干涉色,称为晕色,如云母;容易氧化的矿物在其表面往往形成具一定颜色的氧化薄膜,称为锖色,如斑铜矿。以上统称为假色。

②条痕。矿物粉末的颜色称为条痕。通常利用条痕板(无釉瓷板)观察矿物在其上划出的痕迹的颜色。由于矿物的粉末可以消除一些杂质和物理方面的影响,比矿物颜色更为固定,因此条痕在鉴定矿物上具有重要意义。

③光泽。矿物表面的总光量或者矿物表面对于光线的反射形成光泽。

a.金属光泽。金属光泽是矿物表面反光极强,如同平滑的金属表面所呈现的光泽。

b.半金属光泽。半金属光泽较金属光泽稍弱,暗淡而不刺目。

c.非金属光泽。非金属光泽是一种不具金属感的光泽。非金属光泽又可分为:金刚光泽,光泽闪亮耀眼,如金刚石、闪锌矿等的光泽;玻璃光泽,像普通玻璃一样的光泽,如水晶、萤石、方解石等具此光泽。此外,矿物表面的平滑程度或集合体形态的不同会引起一些特殊的光泽,如脂肪光泽、珍珠光泽、丝绢光泽、土状光泽等。

d.透明度。透明度指光线透过矿物多少的程度。矿物的透明度可以分为三级:透明矿物,矿物碎片边缘能清晰地透见他物;半透明矿物,矿物碎片边缘可以模糊地透见他物或有透光现象;不透明矿物,矿物碎片边缘不能透见他物。

e.硬度。硬度指矿物抵抗外力刻划、压入、研磨的程度。德国摩氏选择了 10 种矿物作为标准,将硬度分为 10 级,这 10 种矿物称为"摩氏硬度计"。摩氏硬度计只代表矿物硬度的相对顺序。在野外工作,还可利用指甲(2 ~ 2.5)、小钢刀(5 ~ 5.5)等来代替硬度计。硬度是矿物识别的重要指标之一。滑石、石膏、方解石、萤石、磷灰石、长石、石英、黄玉、刚玉、金刚石的硬度依次是 1 ~ 10。

f.解理。在力的作用下,矿物晶体按一定方向破裂并产生光滑平面的性质称为解理,沿着一定方向分裂的面称为解理面。解理是由晶体内部格架构造决定的。大多数矿物具有一向解理,但是有的矿物具有二向、三向、四向或六向解理。解理也是矿物识别的重要指标之一。

解理可分为下列等级:最完全解理、完全解理、中等解理、不完全解理、极不完全解理

（无解理）。

g. 断口。矿物受力破裂后出现的没有一定方向的不规则断开面称为断口。断口出现的程度与解理的完善程度互为消长，即一般来说，解理程度越高的矿物越不易出现断口，解理程度越低的矿物才越容易形成断口。根据形状，断口可以分为贝壳状断口、锯齿状断口、参差状断口、平坦状断口等。

h. 脆性和延展性。矿物受力极易破碎，不能弯曲，称为脆性；矿物受力发生塑性变形，如锤成薄片、拉成细丝，称为延展性。

i. 弹性和挠性。矿物受力变形，作用力失去后又恢复原状的性质称为弹性；矿物受力变形，作用力失去后不能恢复原状的性质称为挠性。

矿物的其他特性包括密度、磁性、导电性、发光性、易燃性、特殊味道（咸、苦、涩等）、滑腻感、特殊气味等。

2.2.2　岩石成因类型与物理化学特性

岩石是组成地壳的主要物质成分，是矿物组合的集合体，是地壳中各种地质作用形成的地质体，并具有一定的结构、构造和变化规律。大多数岩石是由若干种矿物组成的。根据岩石的形成机制，岩石可划分为岩浆岩、沉积岩和变质岩三大类。由于成因的差异，因此不同类型岩石的物理力学特性和化学特性显著不同。

1. 岩浆岩

岩浆岩又称火成岩，是由岩浆喷出地表或侵入地壳冷却凝固形成的岩石，有明显的矿物晶体颗粒或气孔，是组成地壳的主要岩石。岩浆是在地壳深处或上地幔产生的高温炽热、黏稠、含有挥发分的硅酸盐熔融体，是形成各种岩浆岩和岩浆矿床的母体。岩浆的发生、运移、聚集、变化及冷凝成岩的全部过程称为岩浆作用。

根据成因，岩浆岩分为侵入岩和喷出岩两大类。侵入岩是指在地壳一定深度上的岩浆经缓慢冷却而形成的岩石。侵入岩冷却成岩需要的时间很长。地质学家们曾做过估算，一个2 000 m厚的花岗岩体完全结晶大约需要64 000年。岩浆喷出或者溢流到地表冷凝形成的岩石称为喷出岩。喷出岩由于岩浆温度急剧降低，因此固结成岩时间相对较短。1 m厚的玄武岩全部结晶需要12天，10 m厚需要3年，700 m厚需要9 000年。

根据化学成分的差异，岩浆岩可以根据二氧化硅质量分数分为四类：超基性岩（＜45%）、基性岩（45%～52%）、中性岩（52%～66%）和酸性岩（＞66%）。

超基性岩颜色较深，大部分都是黑灰色、墨绿色，密度也很大，一般都在3 g/cm³以上，因此很坚硬，常具致密块状构造。它的化学成分特征是酸度最低，SiO_2质量分数小于45%，$K_2O + Na_2O$质量分数不足1%，但铁、镁质量分数高，通常$FeO + Fe_2O_3$质量分数在8%～16%，MgO质量分数范围较宽，为12%～46%。

超基性岩类在地表分布很少，是四大岩类中最小的一个分支，仅占岩浆岩总面积的0.4%。超基性岩体的规模也不大，常形成外观像透镜状、扁豆状的岩体，它们像一串大小不同的珠子一样沿着一定方向延伸，断断续续排列，有时可以追索上千千米。

超基性岩基本上由暗色矿物组成，主要是橄榄石和辉石，二者质量分数可以超过70%；其次为角闪石和黑云母；不含石英，长石也很少。这类岩石中最常见的侵入岩是橄榄岩类，喷出岩是苦橄岩类。

基性岩颜色比超基性岩浅,密度也稍小,一般在 3 g/cm³ 左右,侵入岩很致密,喷出岩常具有气孔状和杏仁状构造,其化学成分的特征是 SiO_2 质量分数为 45% ~ 52%,Al_2O_3 质量分数可达15%,CaO 质量分数可达10%,而铁和镁质量分数各占6% 左右。在矿物成分上,铁镁矿物质量分数约为40%,而且以辉石为主,其次是橄榄石、角闪石和黑云母。基性岩和超基性岩的另一个区别是出现了大量斜长石。这类岩石的侵入岩是辉长岩和玄武岩。玄武岩分布广,海洋底部岩石几乎全部是玄武岩,陆地的火山和台地也有许多产出。

中性岩颜色较浅,多呈浅灰色,密度比基性岩要小,化学成分特征是 SiO_2 质量分数为 52% ~ 65%,铁、镁、钙质量分数比基性岩的低,Al_2O_3 质量分数为 16% ~ 17%,比基性岩的略高,而 $Na_2O + K_2O$ 质量分数可达 5%,比基性岩的明显增多,属于基性岩和酸性岩中间的过渡类型。侵入岩是闪长岩,相应的喷出岩是安山岩。闪长岩既可以向基性岩辉长岩过渡,也可以向酸性岩花岗岩过渡。同样,喷出岩之间也关系密切,安山岩和玄武岩、流纹岩也常常共生在一起。

酸性岩的 SiO_2 质量分数最高,一般超过66%,$K_2O + Na_2O$ 的质量分数在6% ~ 8% 范围内,铁、钙质量分数不高,是在大陆壳中分布最广的一类深成岩,常形成巨大的岩体。喷出岩是流纹岩和英安岩,矿物成分的特点是浅色矿物大量出现,主要是石英、碱性长石和酸性斜长石,暗色矿物质量分数很小,大约只有 10%。

岩浆岩中的主要造岩元素包括 O、Si、Al、Fe、Mg、Ca、K、Na、Ti 等,其质量分数占岩浆岩的99% 以上,其次为少量的 P、H、N、C、Mn 等。岩浆岩中的主要化合物由 SiO_2、Al_2O_3、Fe_2O_3、FeO、MgO、CaO、Na_2O、K_2O、H_2O 等氧化物组成。SiO_2 是最重要的一种氧化物,它是反映岩浆性质和直接影响矿物成分变化的主要因素。随着 SiO_2 含量的增加,FeO 和 MgO 逐渐减少,而 Na_2O 和 K_2O 则渐趋增加。 CaO 和 Al_2O_3 在纯橄榄岩中含量很低,但在辉长岩中则随 SiO_2 含量的增加而增加,尤其是后者更为显著,而后随着 SiO_2 含量的增加又逐渐降低。

岩浆岩的主要矿物成分分为主要矿物、次要矿物、副矿物。主要矿物是指在岩石中含量多,并在确定岩石大类名称上起主要作用的矿物;次要矿物是指在岩石中含量少于主要矿物的矿物;副矿物是指在岩石中含量很少,在一般岩石分类命名中不起作用的矿物。

岩浆岩的矿物颜色分明。硅铝矿物又称浅色矿物,指 SiO_2 和 Al_2O_3 的质量分数较高,不含铁镁的矿物,如石英、长石等;铁镁矿物称暗色矿物,指 FeO 与 MgO 质量分数较高,SiO_2 质量分数较低的矿物,如橄榄石、辉石、角闪石及黑云母等矿物。

岩浆岩矿物按成因可分为原生矿物、他生矿物及次生矿物。 原生矿物是指在岩浆结晶过程中形成的矿物;他生矿物是指由岩浆同化围岩和俘虏体使其成分改变而形成的矿物;次生矿物是指在岩浆形成后,受到风化作用和岩浆期后热液蚀变作用,原来的矿物发生变化而形成的新矿物。

岩浆岩的结构根据岩石中矿物结晶程度、结晶物质和非结晶玻璃质的含量比例分为三类:全晶质结构、半晶质结构和玻璃质结构。岩浆岩的几种典型结构如图 2.3 所示。

① 全晶质结构。岩石全部由结晶矿物组成。

② 半晶质结构。岩石由结晶矿物和玻璃质两部分组成。

③ 玻璃质结构。岩石全部由玻璃质组成。

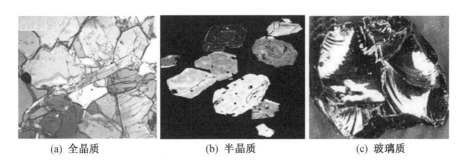

| (a) 全晶质 | (b) 半晶质 | (c) 玻璃质 |

图 2.3　岩浆岩的几种典型结构

全晶质结构按颗粒的绝对大小分为伟晶结构(颗粒直径大于 1 cm)、粗晶结构(颗粒直径为 5 mm ~ 1 cm)、中晶结构(颗粒直径为 2 ~ 5 mm)、细晶结构(颗粒直径为 0.2 ~ 2 mm)、微粒结构(颗粒直径小于 0.2 mm)。按大小颗粒的相对质量分为:等粒结构,是指岩石中同种主要矿物颗粒大小大致相等;不等粒结构,是指岩石中同种主要矿物颗粒大小不等;斑状结构,岩石中矿物颗粒分为大小截然不同的两群,大的为斑晶,小的及未结晶的玻璃质为基质;似斑状结构,外貌类似于斑状结构,只是基质为显晶质。

还可以根据岩浆岩的成因过程中的构造特性将岩浆岩分类。岩浆岩几种典型构造如图 2.4 所示。

| (a) 气孔构造 | (b) 杏仁构造 | (c) 流纹构造 |

图 2.4　岩浆岩的几种典型构造

岩浆岩的构造主要有以下几种类型。

(1) 喷出岩。

① 流线和流面构造。火山岩体的流线和流面构造与侵入岩体流线和流面的成因类似。流线由针状、柱状矿物及长条状火山碎屑定向排列形成,它可以指示熔岩流的相对流动方向。流面由片状、板状矿物及扁平状火山碎屑定向排列形成,流面大致与火山熔岩流底面平行。

② 气孔构造和杏仁构造。岩浆从火山口溢出时,由于温度降低,因此岩浆中的挥发分向外逸出,有的被存留在冷凝的火山岩中,形成圆形、串珠状、管状及不规则形状的气孔,这种气孔称为气孔构造。如果气孔构造内被方解石、沸石等矿物等充填,则成为杏仁构造。气孔构造和杏仁构造多分布在火山岩层的顶部且平行底层面处。

③ 流纹构造。流纹构造是由熔浆流动形成的,是由不同颜色的条带或矿物及拉长的气孔等呈平行排列的一种构造。流纹构造可以指示熔岩的流动面产状,它主要发育在流纹岩等酸性或碱性火山熔岩中。

④ 绳状构造。熔岩流的表面外壳受其下流动的熔岩流影响形成的绳状卷曲称为绳状构造,它表示熔岩的顶面。

⑤ 枕状构造。枕状构造是水下火山喷发形成的一种构造。其特点为顶部是椭圆形的凸形表面,而底面是平坦的。枕状构造由玻璃质的外壳和显晶质的内核组成,其内部有气孔构造和放射节理。

(2)侵入岩。

① 线状流动构造。针状、柱状、长条状矿物(角闪石、辉石、长石等),长条状析离体和捕房体等长轴呈定向平行排列称为流线。岩浆早期流动过程中,早期结晶的矿物、析离体和捕房体悬浮在未冷凝的岩浆中,由于岩浆流速的变化,因此不同方向分布的早期晶出矿物、析离体和捕房体趋近定向平行排列。流线一般平行于岩浆流动的方向,反映岩浆的流动状态,但不能反映岩浆流动指向。

② 面状流动构造。面状流动构造简称流面,主要由岩浆结晶出的片状、板状矿物(云母、长石等)、扁平状析离体和捕房体在流动时平行阻力最大的围岩接触面方向排列而成。面状流动构造有时由不同成分的矿物相对集中而呈层状或带状,所以又称流层。流面的形成与岩浆流动有关。岩浆运移过程中与围岩的摩擦作用及向外挤压作用使已冷凝结晶的片状、板状矿物及析离体和捕房体平行围岩接触面排列。因此,面状流动构造常发育在侵入岩体的边部和顶部。

不同成因的岩浆岩有显著的结构和构造特征,岩石的力学和变形特性与这些结构和构造密切相关。

岩浆岩的空间产状包括岩基、岩株、岩墙或岩脉、岩床、火山锥、火山道、熔岩被等。岩浆岩的产状示意图如图 2.5 所示。

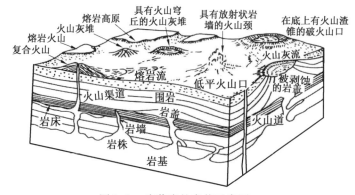

图 2.5　岩浆岩的产状示意图

岩基指规模较大的侵入体,其横截面积大于 100 km²,长达数百到数千平方千米,形态不规则,通常略向一个方向伸长,其边界弯曲,边缘常以较小规模的岩脉或岩株形式穿插到围岩中。岩基主要由花岗岩组成,常有花岗岩岩基之称。岩脉指狭长形的侵入体。当围岩是成层的岩石时,岩脉切割围岩的成层方向,其规模变化大,宽为数厘米(或更小)到数十米(或更大),长为数米(或更小)到数千米或数十千米。岩脉是岩浆沿围岩的裂缝挤入后冷凝形成的。岩床是指围岩为成层的岩石,侵入体为层状或板状,其延伸方向与围岩层解理平行,是岩浆沿围岩的等间空隙挤入后冷凝形成的。岩浆的成分常为基性,其规模差别很大,通常为数米到数百米。岩盆是指围岩为近于水平延伸的成层的岩石,侵入体的展布与围岩的成层方向吻合,其中间部分略向下凹,似盆状,其底部有管状通道,与下部更大的侵入体相通。岩盖是指底平而顶凸,并与围岩的成层方向吻合,似蘑菇状的侵入体。岩株是指横截面积为数十平方千米以内的侵入体,其形态不规则,与围岩的接触面不平直,边缘常有规模较小、形态规则或不规则的分枝侵入体贯入体围岩中。岩株的成分多样,但以酸性与中性较为普遍。

熔透式(面式)喷发、裂隙式喷发的岩浆岩火山口常呈带状或串珠状分布,向下则连成岩墙状通道。岩浆沿裂隙溢出,向四周广泛流动而形成熔岩被或熔岩高原,流纹质火山碎屑物沿裂隙喷发形成火山碎屑流。中心式喷发形成岩浆沿颈状通道喷发,在地表常有一个上陡下缓的火山锥,由熔岩构成的称为熔岩锥,由火山碎屑物构成的称为碎屑锥,由熔岩和火山碎屑物互层构成的称为复(混)合锥。火山锥中间有一个盆状的凹陷,称为火山口,也有少数火山口周围没有火山锥。由于大量火山物质喷出,岩浆房空虚及受到上覆岩层的压力,因此火山口周围岩层沿环状断裂向下塌陷,形成破火山口。破火山口也可由火山猛烈爆发破坏或侵蚀扩大而成。塌陷破火山口最常见,一般呈圆形或椭圆形,有的火山口中蓄水,称为火口湖,如长白山天池、镜泊湖等。

常见的岩浆岩如下。

① 玄武岩。深灰和黑色,具斑状结构、隐晶质结构、气孔和杏仁构造,为基性喷出岩。

② 花岗岩。灰白、肉红色,成分以正长石、石英为主,以黑云母、角闪石等为辅,等粒结构,块状构造,酸性侵入岩,陆壳分布广泛,是花岗岩石材的原料。

③ 安山岩。深灰、褐灰色,风化或蚀变后呈灰绿、紫红色,斑状结构,气孔和杏仁构造,斑晶主要为斜长石及暗色矿物。常见暗色矿物有辉石(普通辉石、紫苏辉石)、角闪石和黑云母,基质主要为交织结构及安山结构(玻基交织结构),由斜长石微晶、辉石、绿泥石、安山质玻璃等组成,为中性喷出岩。

④ 辉长岩。灰黑、暗绿,主要成分是辉石、斜长石,次要成分为角闪石和橄榄石,等粒结构,块状构造,基性深成岩。

⑤ 辉绿岩。灰绿或深灰色,辉石充填于斜长石的空隙中,构成辉绿结构,为基性浅成岩。

⑥ 花岗斑岩。流纹岩颜色多样,浅灰、灰绿、灰紫等,斑状结构,块状构造,浅成脉岩,斑晶为透长石、石英,具流纹构造或气孔构造,酸性喷出岩。

岩石的力学特性与矿物成分、孔隙与含水率、形成过程等密切相关,常见的岩浆岩分类和典型力学特性见表 2.1 和表 2.2。

2. 沉积岩

沉积岩又称水成岩,是在地表不太深的地方,将岩石的风化产物、火山物质、有机质等松散的沉积物、溶解的物质,经过水流或冰川、风等介质的搬运、沉积、固结成岩作用、生物作用和生物化学作用等形成的岩石。

沉积岩在地壳表层分布广,大约四分之三的陆地面积被沉积物(岩)覆盖着,而海底的面积几乎全部被沉积物(岩)覆盖。沉积岩在地壳表层的具体厚度变化很大,有的地方可达几十千米,如高加索地区,仅中生代和新生代的厚度达 20 ~ 30 km;但有的地方则很薄,甚至没有沉积岩的分布,直接出露岩浆岩和变质岩。地球物理和深井钻探证实:现代和古代沉积物大量沉积的场所为大陆边缘和大陆内部的拗陷带,在这些地方可以形成巨厚的沉积岩层。

表 2.1　常见的岩浆岩分类

岩浆岩分类	SiO$_2$ 质量分数 /%	矿物成分	深成岩 块状构造 全晶质中 - 粗粒结构	喷出岩 气孔、流纹 构造 斑状、玻璃质 隐晶质结构	浅成岩 块状或 气孔构造 细粒、斑 状结构	浅成岩 块状构造 细晶	浅成岩 块状构造 伟晶	浅成岩 块状构造 煌斑
超基性岩	< 45	橄榄石 辉石	橄榄岩 辉岩	金伯利岩 苦橄岩	苦干玢岩	—	—	—
基性岩	45 ~ 52	斜长石 辉石	辉长岩	玄武岩	辉绿岩	细晶岩	伟晶岩	煌斑岩
中性岩	52 ~ 66	斜长石 角闪石 （黑云母、辉石）	闪长岩	安山岩	闪长玢岩	细晶岩	伟晶岩	煌斑岩
中性岩	52 ~ 66	钾长石 角闪石 （黑云母、辉石）	正长岩	粗面岩	正长斑岩	细晶岩	伟晶岩	煌斑岩
酸性岩	> 66	钾长石、斜长石 黑云母、石英	花岗闪长岩 花岗岩	英安岩 流纹岩	花岗闪长 斑岩 花岗斑岩	细晶岩	伟晶岩	煌斑岩

表 2.2　常见岩浆岩的典型力学特性

名称	容重 γ/(kN · m^{-3})	抗压强度 R_c/MPa	抗拉强度 R_t/MPa	抗剪强度 τ/MPa
花岗岩	25.8 ~ 26.8	75 ~ 110	2.1 ~ 3.2	5.0 ~ 7.4
花岗岩	27.5 ~ 30.0	120 ~ 180	3.3 ~ 5.0	8.8 ~ 11.8
花岗岩	30.0 ~ 32.4	180 ~ 200	5.0 ~ 5.6	11.8 ~ 13.2
正长岩	24.5	80 ~ 100	2.3 ~ 2.7	5.3 ~ 6.7
正长岩	26.5 ~ 27.5	120 ~ 180	3.3 ~ 5.0	7.9 ~ 11.8
正长岩	27.5 ~ 32.4	180 ~ 200	5.0 ~ 5.6	11.8 ~ 16.7
闪长岩	24.5 ~ 26.5	80 ~ 100		
闪长岩	24.5 ~ 26.5	120 ~ 180	3.3 ~ 5.6	7.9 ~ 13.2
闪长岩	26.5 ~ 32.5	180 ~ 200	5.6 ~ 7.0	13.2 ~ 16.7
斑岩	27.5	160	5.3	10.1
安山岩、玄武岩	24.5 ~ 26.5	120 ~ 160	3.3 ~ 4.4	7.9 ~ 10.6
安山岩、玄武岩	26.5 ~ 32.4	160 ~ 250	4.4 ~ 7.0	10.6 ~ 16.7
辉绿岩	26.5	160 ~ 180	4.4 ~ 5.0	10.6 ~ 11.8
辉绿岩	28.4	200 ~ 250	5.6 ~ 7.0	13.2 ~ 16.7
流纹岩凝灰岩	24.5 ~ 32.4	120 ~ 250	3.3 ~ 7.0	7.9 ~ 16.7
火山角砾岩、火山块集岩	24.5 ~ 32.4	120 ~ 250	3.3 ~ 7.0	7.9 ~ 16.8

　　沉积岩的物质成分、结构构造、形成作用、沉积环境决定了沉积岩分类、物理力学性质和工程特性。

沉积岩的物质成分主要与母岩密切相关。沉积岩的矿物有 160 多种,常见的有 20 余种。沉积岩的原始物质有母岩的风化产物、火山物质、有机物质以及宇宙物质等,其中母岩的风化产物是最主要的。按矿物来源,沉积岩分成两类:陆源矿物(他生矿物),来源于陆源区,由母岩风化形成的碎屑矿物,如石英、长石、白云母等;自生矿物,在沉积成岩过程中形成的新矿物,主要有方解石、白云石、菱铁矿、黏土矿物、褐铁矿、黄铁矿、海缘石、石膏等。各种造岩矿物抵抗风化作用的能力不同。石英抗风化作用能力强,一般只发生机械破碎作用,化学溶解作用弱,因此石英为碎屑沉积岩中的最主要造岩矿物;长石的风化稳定性次于石英,其中钾长石的稳定性较高,酸性和中性斜长石的稳定性次之,钙质的基性斜长石的稳定性最低;暗色矿物中,橄榄石最易风化,辉石次之,角闪石稳定性相对好,但橄榄石、辉石、角闪石等在沉积岩中均很少;黏土矿物抗风化能力也相当稳定;碳酸盐类矿物(如方解石、白云石等)抗风化能力弱,很易溶于酸性水;各种硫酸盐矿物、卤化物矿物的风化稳定性最低,最易溶于水。而在岩浆岩及变质岩中常见的一些矿物,其风化稳定性的差别很大,石榴石、锆英石、刚玉、电气石、锡石、金红石、磁铁矿、榍石、十字石、蓝晶石、独居石、红柱石等稳定性好,因此在沉积岩中常作为碎屑重矿物出现。

沉积岩的结构主要包括碎屑结构、生物结构和结晶结构。碎屑结构是碎屑岩具有的结构,包括碎屑颗粒和胶结物,根据碎屑颗粒大小分为以下几类:砾状结构,粒径大于 2 mm;砂状结构,粒径为 0.05 ~ 2 mm;粉砂状结构,粒径为 0.005 ~ 0.05 mm;泥质结构,粒径小于 0.005 mm。碎屑和填隙物之间的关系又称胶结类型,主要有以下四种情况:① 基底胶结,填隙物为杂基且含量多,碎屑颗粒呈星点状分布;② 孔隙胶结,胶结物含量少,只充填在碎屑之间的孔隙中;③ 接触胶结,胶结物含量更少,只分布在颗粒之间接触的地方;④ 镶嵌结构,颗粒之间呈凹凸线状接触,似乎没有胶结物。生物结构由大量生物化石组成,如生物灰岩。结晶结构由结晶的颗粒组成,属于化学岩类,如白云岩、结晶灰岩。沉积岩典型的碎屑结构如图 2.6 所示。

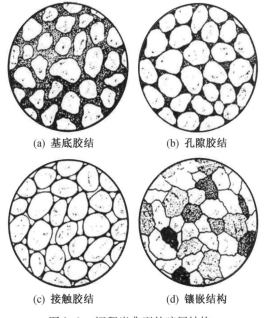

(a) 基底胶结　　　　　　　(b) 孔隙胶结

(c) 接触胶结　　　　　　　(d) 镶嵌结构

图 2.6　沉积岩典型的碎屑结构

沉积岩物质的空间分布和排列方式称为沉积岩的构造。沉积岩具有层理构造和层面构造,反映沉积物在沉积作用过程中所处的构造环境。层理构造是沉积岩中最常见的原生构造,它是通过岩石成分、结构、构造和颜色在剖面上的突然变化或渐变所显示出来的一种成层性构造。层面构造指在层面上出现的一些同沉积构造现象,包括波痕、泥裂和雨痕等。

按照层理的形态,可以将层理构造分为平行层理(平行状)、波状层理(波浪状)和斜层理或交错层理(与层面斜交)。对于层理的识别,岩石成分、结构和构造的变化及岩层层面上原生构造的存在(波痕、底面印模等)都是最直接的标志。沉积岩的典型构造如图2.7所示。

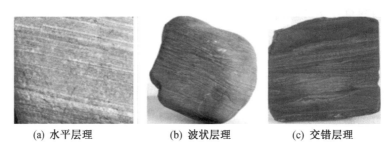

(a) 水平层理   (b) 波状层理   (c) 交错层理

图 2.7　沉积岩的典型构造

沉积岩的沉降环境主要包括河流、海洋和湖泊,一般用沉降描述。沉积方式有三种:① 机械沉积作用,由于搬运能力减弱或停止,因此被搬运的碎屑物质按颗粒大小、密度、形状依次沉积下来,结果形成各种碎屑岩,有用矿物富集形成重砂矿床;② 化学沉积作用,呈真溶液或胶体溶液被搬运的化学溶解物质,因溶解度的改变或正负胶体的电性中和等而发生沉积,形成化学岩及化学沉积矿床;③ 生物沉积作用,生物活动直接或间接地影响沉积作用,如生物遗体的直接堆积导致煤和礁灰岩的形成。

松散的沉积物转变成坚硬的沉积岩的过程称为固结成岩作用,主要有三种变化:① 固结作用,在上覆岩层的压力作用下,松散的沉积物挤出水分,缩小体积,逐渐被压突,固结成沉积岩;② 胶结作用,在松散的沉积物间,有化学沉淀物质或细小的碎屑物充填并将其胶结起来,从而固结成岩石,如砾石被胶结成砾岩,常见的胶结物有硅质、钙质、铁质、黏土质等;③ 重结晶作用,在温压作用下,沉积物质的质点发生重新排列组合,颗粒长大而不改变化学成分的作用,如石灰岩中方解石。

常见沉积岩有砾岩、砂岩、粉砂岩、石灰岩、泥岩、页岩、白云岩等,典型沉积岩的力学特性见表2.3。砾岩由砾石和胶结物两部分组成:砾石占岩石的50% 以上,主要是岩屑;胶结物主要是硅质、铁质、钙质、黏土质等。砂岩主要由沙砾组成,颗粒直径范围为 0.05 ~ 2 mm;主要成分是石英、长石、云母和岩屑。按成分,砂岩可以分为石英砂岩、长石砂岩、岩屑砂岩及其过渡类型。粉砂岩中直径在 0.000 5 ~ 0.05 mm 的颗粒占50% 以上。泥岩和页岩主要由黏土矿物组成,颗粒细小,粒径小于0.005 mm。页理明显者称为页岩,不明显者称为泥岩,统称黏土岩。石灰岩主要以方解石为主(质量分数大于50%),致密块状,加盐酸起泡,按结构分成普通灰岩、泥晶灰岩、鲕状灰岩、生物灰岩等。白云岩中白云石质量分数大于50%,遇冷盐酸起泡速度慢。

表 2.3　典型沉积岩的力学特性

名称	容重 γ/(kN·m^{-3})	抗压强度 R_c/MPa	抗拉强度 R_t/MPa	抗剪强度 τ/MPa
砾岩	21.6 ~ 24.5	40 ~ 100	1.1 ~ 2.7	2.6 ~ 6.6
	27.5 ~ 28.4	120 ~ 160	3.3 ~ 4.4	7.9 ~ 10.6
	28.4 ~ 32.4	160 ~ 250	4.4 ~ 7.0	10.6 ~ 16.8
石英砂岩	25.5 ~ 26.6	68 ~ 102	1.9 ~ 2.9	5.2 ~ 7.8
砂岩	21.6 ~ 29.4	4.5 ~ 10	0.2 ~ 0.3	0.3 ~ 0.8
		47 ~ 110	1.4 ~ 5.1	3.1 ~ 13.7
片状砂岩	27.1	80 ~ 130	2.3 ~ 3.7	6.1 ~ 9.8
炭屑砂岩	21.6 ~ 29.4	50 ~ 140	1.5 ~ 4.1	3.8 ~ 11.1
炭质页岩	19.6 ~ 25.5	25 ~ 80	1.8 ~ 5.5	2.1 ~ 6.5
黑页岩	26.6	66 ~ 130	4.6 ~ 8.9	5.4 ~ 9.9
带状页岩	15.2 ~ 16.2	6 ~ 8	0.4 ~ 0.6	0.5 ~ 0.7
砂质页岩、云母页岩	22.6 ~ 25.5	60 ~ 120	4.2 ~ 8.4	4.9 ~ 9.8
页岩	19.6 ~ 26.5	20 ~ 40	1.4 ~ 2.7	1.7 ~ 3.2
泥岩	22.6 ~ 23.1	3.5 ~ 20	0.3 ~ 1.4	0.3 ~ 1.7
	24.5	40 ~ 60	3.7 ~ 4.1	3.2 ~ 4.9
石灰岩	16.7 ~ 21.6	10 ~ 17	0.6 ~ 1.0	0.9 ~ 1.4
	24.5 ~ 27.0	70 ~ 200	4.2 ~ 10.5	5.7 ~ 10.4
白云岩	21.6 ~ 26.5	40 ~ 120	1.1 ~ 3.3	2.1 ~ 7.9
	26.5 ~ 29.4	120 ~ 140	3.3 ~ 3.9	8.5 ~ 9.3

　　碎屑岩的力学特性与碎屑颗粒的大小、形状和胶结物类型密切相关。硅质胶结的石英砂岩强度大、抗风化强,泥质胶结的碎屑岩强度低。碎屑岩在化学、生物化学的作用下易溶于水形成溶洞,含黏土的碎屑岩强度降低,石灰岩类抗酸性物质侵蚀能力弱。页岩有页理,易风化,有的具有可塑性和膨胀性,强度差。泥岩遇水软化,可塑性强,强度差。

3. 变质岩

　　变质岩是由变质作用形成的岩石,是自然界主要的岩石类型之一。变质作用是指在地球内力作用下,早先形成的各种岩石(沉积岩、岩浆岩、变质岩)基本上在固态下发生矿物成分和结构、构造的变化而变成一种新岩石的过程。几乎所有变质岩都来自地壳深部,大多数变质岩都产于造山带,它们是研究许多深部构造、深部物质物理化学性质和造山带演化的重要依据。

　　变质作用的影响因素主要有压力、温度和具有化学活动性的流体三种。高温是引起岩石变质最基本、最积极的因素。促使岩石温度增高的原因有三种:一是地下岩浆侵入地壳带来的热量;二是随地下深度增加而增大的地热,一般认为自地表常温带以下,深度每增加 33 m,温度提高 1 ℃;三是地壳中放射性元素蜕变释放出的热量。高温使原岩中元素的化学活泼性增大,使原岩中矿物重新结晶,隐晶变显晶,细晶变粗晶,从而改变原结构,并产生新的变质矿物。压力分静压力和动力两种。静压力是由上覆岩石自重应力产生的,随深度而增大,静压力使岩石体积受到压缩而变小,密度变大,从而形成新矿物;动力是由地壳运动产生的,动力作用下原岩中各种矿物发生不同程度变形甚至破碎的现象,并形成垂直压应力方向的定向构造,如层理、线理、片理构造等。化学活动性流体这种流体在变质过程中起溶剂作用。化学活泼性流体包括水蒸气、O_2、CO_2,含 B 和 S 等元素的气体和液体。这些流体是岩浆分化后期产物,它们与周围原岩中的矿物接触发生化学交替或分解作用,形成新矿物,从而改变了原岩中的矿物成分。

（1）变质岩作用划分。

根据变质因素及变质机理,变质岩作用划分为下述五种类型。

① 接触变质作用。接触变质作用又称热力变质作用,指岩浆岩侵入体和围岩接触,岩体带来的高温和挥发组分的影响使围岩发生的质变,如煤变质为石墨、石灰岩变质成大理岩、页岩变质为角岩或片岩。

② 交代变质作用。交代变质作用主要受化学活泼性流体因素影响而变质的作用,又称汽化热液变质作用,主要使原岩矿物和结构特征发生改变。

③ 区域变质作用。区域变质作用包括埋深变质作用、区域低温动力变质作用、区域动力热流变质作用和区域中高温变质作用,是因区域性地壳运动的影响而在大面积范围内发生的一种变质作用,温度、压力流体都起作用,规模大,分布广,一般该区域内地壳运动和岩浆活动都较强烈。

④ 动力变质作用。动力变质作用是由构造运动产生的定向压力使岩石磨碎的一类变质作用,发生在新层带附近,主要使原岩结构和构造特征发生改变,特别是产生了变质岩特有的片理构造。

⑤ 混合岩化作用。混合岩化作用是一种介于高度变质作用和岩浆作用之间的地质作用。在这种作用过程中有广泛的流体相存在,温度的升高导致原岩的局部重熔,因此形成一种深熔结晶岩与变质岩相互复杂组合的岩石 —— 混合岩。冲击变质作用是宇宙物质冲击地球表面产生高温高压所形成的瞬间变质作用。

（2）变质岩结构按成因分类。

变质岩的结构、构造和变质矿物是识别变质岩的重要手段。变质岩的典型结构如图 2.8 所示。

 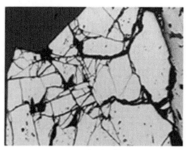

(a) 变余结构　　　　　　　　　　(b) 破裂结构

图 2.8　变质岩的典型结构

变质岩结构按成因可以分为以下三种类型。

① 变晶结构。变晶结构是原岩中的矿物同时再结晶形成的结构,又可分为等粒变晶结构,组成岩石的矿物颗粒大致相等,如石英岩、大理岩;不等粒变晶结构,矿物颗粒大小

不一,有明显差别;斑状变晶结构,大的变晶分布在小的变晶基质中,变斑晶和变晶基质同时结晶,但变斑晶的结晶力强;鳞片变晶结构,鳞片状矿物沿一定的方向平行排列,如云母、绿泥石、滑石等。

② 变余结构。变余结构是原岩在变质过程中,因变质作用不彻底而保留了原岩的结构,如变余砂状结构、变余斑状结构等。

③ 破裂结构。破裂结构因动力变质作用形成,是原岩被破碎而成的结构,如断层角砾岩的角砾状结构、糜棱岩的糜棱结构等。

(3) 变质岩构造按成因分类。

变质岩的构造指变晶矿物之间排列方式和填充方式反映的外部特征。按成因,变质岩构造一般分为以下四种。

① 变余构造。变余构造是在变质作用过程中保留下来的原岩的构造,如变余层理构造。

② 片理构造。片理构造是在应力作用下,片柱状矿物定向排列而成的构造,又可分为板状和千枚状构造,为板岩和千枚岩所具有;片状构造,大量片状柱状矿物定向排列而成,为片岩所具有;片麻状构造,以粒状矿物为主,片柱状矿物断续定向排列,为片麻岩所具有。

③ 条带状构造。条带状构造是暗色矿物和浅色矿物分别集中,组成不同的条带,如磁铁石英岩。

④ 块状构造。块状构造矿物分布均匀,无定向排列,成块状,如大理岩、石英岩。

变质岩中特有的矿物为变质矿物,如变质作用中产生的新矿物,如石榴石、红柱石、蓝晶石、十字石、夕线石、硅灰石、阴起石、透闪石、滑石、绿泥石等。变质矿物是鉴别变质岩的重要标志。

(4) 典型的变质岩。

典型的变质岩有片岩、片麻岩、大理岩和石英岩。

① 片岩。片岩是完全重结晶、具有片状构造的变质岩,片理主要由片状或柱状矿物(云母、绿泥石、滑石、角闪石等)呈定向排列构成。片柱状矿物含量[①]较高,常大于30%。粒状矿物以石英为主,可含一定量的长石,一般少于25%。片岩常为低级区域变质作用的产物。

② 片麻岩。片麻岩是主要由长石、石英组成,中粗粒变晶结构和片麻状或条带状构造的变质岩。在我国,片麻岩指矿物组成中长石和石英含量大于50%,其中长石含量大于25%的变质岩。片麻岩可做建筑石材和铺路原料。

③ 大理岩。大理岩是主要由方解石、白云石等碳酸盐类矿物组成的变质岩。大理岩由石灰岩、白云质灰岩、白云岩等碳酸盐岩石经区域变质作用和接触变质作用形成,方解石和白云石的含量一般大于50%,有的可达99%。大理岩有纯白色、浅灰色、浅红色、浅黄色、绿色、褐色、黑色等,产生不同颜色和花纹的主要原因是大理岩中含有少量的有色矿物和杂质。

④ 石英岩。石英岩是主要由石英组成的变质岩,是石英砂岩及硅质岩经变质作用形

①　除特殊说明外,均指质量分数。

成的,常为粒状变晶结构,块状构造。按石英含量,石英岩可分为两类:长石石英岩,石英含量大于75%,常含长石及云母等矿物,长石含量一般少于20%,若长石含量增多,则过渡为浅粒岩;石英岩,石英含量大于90%,可含少量云母、长石、磁铁矿等矿物。石英岩的主要用途是做冶炼有色金属的溶剂、制造酸性耐火砖(硅砖)和冶炼硅铁合金等。纯质的石英岩可制石英玻璃、结晶硅、硅酸盐等。

(5)变质岩的力学特性。

变质岩的物理力学性质与其原岩性质及变质程度密切相关,典型变质岩的力学特性见表2.4。深变质岩性质均一,构造简单,坚硬,为全晶质,成分均一,孔隙度小,力学强度高,节理少,基本不透水,其工程条件好,如石英岩、片麻岩等;浅变质岩则强度不一,一般较软,影响其工程地质条件,如片岩、薄层板岩等。

表2.4 典型变质岩的力学特性

名称	容重 $\gamma/(kN \cdot m^{-3})$	抗压强度 R_c/MPa	抗拉强度 R_t/MPa	抗剪强度 τ/MPa
花岗片麻岩	26.5 ~ 28.4	180 ~ 200	5.0 ~ 5.6	12.0 ~ 13.2
片麻岩	24.5 ~ 27.5	80 ~ 100 140 ~ 180	2.2 ~ 2.7 3.9 ~ 5.0	5.3 ~ 6.6 9.3 ~ 12.0
石英岩	21.6 ~ 29.4	4.5 ~ 10 47 ~ 110	0.2 ~ 0.3 1.4 ~ 5.1	0.3 ~ 0.8 3.1 ~ 13.7
大理岩	24.5 ~ 32.4	70 ~ 140	2.0 ~ 3.9	4.7 ~ 9.4
千枚板岩	24.5 ~ 32.4	120 ~ 140	3.3 ~ 3.9	7.9 ~ 9.3

2.3 地层与地史学

2.3.1 地层

1.地层的划分和对比

地层是在地壳发展过程中形成的各种成层岩石的总称,不仅包括沉积岩,还包括变质的和火山成因的成层岩石。从时代上讲,地层有老有新,具有时代的概念,但岩层不具有时代的概念。

由于地层具有时代的概念,因此地层有上下或者新老关系,称为地层层序。如果地层没有受过扰动,下部的地层时代老,上部的地层时代新,则称为正常层位。在层状岩层的正常序列中,先形成的岩层位于下面,后形成的岩层位于上面,这一原理称为地地层序律。

地层划分是把地球的岩层按其原来的顺序,系统地组织成具有某种特征、性质或属性的地层单位。换言之,既要把地层整理出上下顺序,又要划分出不同等级的阶段和确定其时代。划分地层的主要根据如下。

(1)沉积旋回和岩性变化。

对于一个地区的地层进行划分时,一般是先建立一个标准剖面。凡是地层出露完全、顺序正常、接触关系清楚、化石保存良好的剖面均可以作为标准剖面。

（2）地层接触关系。

岩层之间的不整合面是划分地层的重要标志,不整合(平行不整合和角度不整合)反映了地理环境的重大变化。地层划分的对象一般是沉积岩,但对于火成岩也必须确定其新老顺序。

（3）古生物(化石)。

凡是保存在地层中的地质时期的生物遗体(如动物骨骼、硬壳等)和遗迹(如动物足印、虫穴、蛋、粪便、人类石器等)都称为化石。其中,演化最快、水平分布最广、生存时间短的化石称为标准化石。凡是代表特殊的地理环境,而且指示特殊岩相的化石或化石群,都称为指相化石或指相化石群。一定种类的生物或生物群总是埋藏在一定时代的地层里,而相同地质年代的地层里必定保存着相同或近似种属的化石或化石群,这种现象称为生物层序律。

化石形成的条件有:生物本身具有硬壳、骨骼等不易毁坏的硬体部分容易形成化石;生物死后必须尽快掩埋;埋藏下来的生物遗体必须有一个石化作用。

2. 地层的对比

地层的划分是指对于一个地区的地层进行时代的划分,而地层的对比是指不同地区的地层进行时代的比较。地层对比首先是地质时代的对比,而地质时代的划分和确立则首先必须以古生物化石为根据。生物演化是不可逆的,又是阶段性的,每一个生物的种属在地球上只能出现一次,不可能有任何重复。因此,每一个生物种属只能出现在一定地质时代的地层里。地层的划分和对比的原则和方法主要是根据生物地层学和岩性地层学的原理,也是传统地层学的普遍性原理,但这只是对沉积地层纵向堆积作用的划分原则。

2.3.2 　岩相古地理分析

沉积相是反映一定自然环境特征,具有一定岩性和古生物标志的地层单元。沉积相主要分为陆相、海陆过渡相和海相,主要取决于这些岩石的生成环境。

1. 沉积相的分类

（1）陆相。陆相一般包括沙漠相、冰川相、河流相、湖泊相、沼泽相、洞穴相等。

（2）海陆过渡相。海陆过渡相一般包括湖相、三角洲相、滨岸相等。

（3）海相。海相一般包括浅海相、半深海相、深海相等。

2. 岩相分析的主要根据

化石可以用来指示古地理环境。标准化石和指相化石结合起来,是确定地层时代、岩相和重塑古地理环境的重要依据。

（1）岩性特征、结构和构造。

岩性特征、结构和构造等是一定环境下沉积物的表现形式,因此可以作为岩相分析的重要根据。例如,红色岩层指示氧化环境;黑色页岩并含黄铁矿指示还原环境;交错层、不对称波痕等反映流动浅水地区;干裂反映滨海、滨湖等环境;鲕状赤铁矿和石灰岩反映温暖气候条件下的动荡浅海环境;竹叶状灰岩反映波浪作用所及的潮上和潮间带、浅海环境,有的还可反映风暴环境;盐假象反映气候干燥环境;等等。

（2）特殊矿物。

有些矿物是在一定环境下形成的,可以起指相作用,这种矿物即特殊矿物。例如,海绿石代表较深浅海环境;石膏、石盐等代表干燥环境;白云岩(指形成于古生代以后者)并少含化石往往代表咸化海或潟湖环境;等等。

3. 岩相分析的原则(现实类比方法)

现实类比时,必须注意以下事实。

（1）自然界演化的不可逆性。

（2）时间因素。

（3）沉积物的后生变化。

4. 古地理图

对一定地区一定时代的地层进行岩相分析之后,把当时的海陆分布、地形、气候等情况综合起来绘成图件,就是古地理图。有时利用岩性及古生物资料划分出更详细的单位,如滨海碎屑相、潟湖黑色页岩相、浅海灰岩相、山麓角砾岩相等,借以表明古自然环境和岩相空间分布的变化规律,这种在古地理图基础上添加补充性资料的图件称为岩相 – 古地理图,它是岩相分析的总结。

2.3.3　构造历史分析

构造历史分析在于进一步研究地壳构造运动的历史及发展规律。重塑地壳构造运动可以根据岩相的垂直变化、岩层厚度、岩层接触关系等分类。地壳运动是长期性和阶段性发展的,所以地壳构造的发展也具有旋回性。地壳的发展都是从一个旋回向另一个旋回发展的过程,每一个旋回所形成的全部地层称为一个构造层,两个构造层之间总是被广泛的区域性不整合分开。

2.3.4　地层系统

地层的划分和对比问题已如前述,由于地层划分的目的、根据和适用范围不同,因此地层划分系统可有两类:一类是区域性或地方性的,以岩性变化为主的地层划分,称为岩性地层分类系统,地层单位为群、组、段等;另一类是国际性、全国性或大区域性的,以时代为准的地层划分,称为年代地层分类系统,地层单位为宇、界、系、统、阶等,与其相对应的地质时代为宙、代、纪、世、期等。

1. 岩性地层单位

组是地方性最基本的地层单位。凡是岩相、岩性和变质程度大体一致、与上下地层之间有明确界限、在一定地理范围内比较稳定的地层,都可以划分为一个组,组采用最初建组的地名命名。组还可以根据岩性特征进一步划分为段。

比组大的地方性地层单位称为群。凡是厚度巨大、岩性较复杂而又具有一定的相似性,但又无明确界限可以分组的一套岩系,或者是连续的、在成因上互相联系的几个组的组合,都可以划分成一个群,群也可以用专门的地理名称来命名。

2. 年代地层单位

白垩系代表白垩纪地质时代所形成的地层总和,不同地区白垩系的岩性、厚度、化石分布状况等可能有很大差异,但其所代表的时间长度必须是相等的,其上下界面必须是等时面。由于这种地层划分是以地质时代为标准,因此称其为年代地层单位。

可以利用同位素年龄、地磁倒转时间表等方法确定和对比地层的时代,其基本方法是生物地层学方法。由于生物界发展的不可逆性和阶段性,因此在同一时期生物界总体面貌大体具有全球或大区域的一致性,这就有可能根据生物门类(纲、目、科、属、种)的演化阶段,把地层划分为大小不同的年代地层单位,如宇、界、系、统、阶等。根据地层中标准化石和化石组合,可以把地层划分为阶(每一个阶还可以包括几个生物带)。

阶与阶之间的生物在属和种的范围内有显著差异。阶是全国性或大区域性的年代地层单位。比阶更高一级的年代地层单位称为统。一个统可以包括数目不等的阶。由于统所代表的时间较长,因此统与统之间的生物在科、目范围内有显著的变化,统是全球性的年代地层单位。一个系可以分为 2～3 个统。系与系之间的生物在目、纲范围内有很大变化。系一般是根据首次研究的典型地区的古地名、古民族名或岩性特征等命名的。根据生物界重大门类的演化阶段划分的单位称为界,最高级的年代地层单位称为宇。根据生物的出现和最低硬壳化石带以及较高级动物的大量出现,把全部地层分为 3 个宇,即太古宇、元古宇和显生宇,显生宇包括古生界、中生界和新生界。地史单位表见表 2.5。

表 2.5　地史单位表

国际性				地方性
时间(年代)地层单位		地质(年代)时代单位		岩石地层单位
宇(Eonthem)		宙(Eonthem)		群(Group)
界(Erathem)		代(Erathem)		
系(System)		纪(Period)		组(Formation)
统(Series)	上(Upper)	世(Epoch)	晚(Late)	
	中(Middle)		中(Middle)	段(Member)
	下 Lower		早(Early)	
阶(Stage)		期(Age)		层(Bed)
时带(Chronozone)		时(Chron)		

3. 地质时代单位

地质时代单位是从年代地层单位(它们都代表地层的实体)概括抽象出来的时间概念,所以年代地层单位都有一个层型,作为比较研究的根据。组成地壳的全部地层(从最老到最新)所代表的时代称为地质时代,不同级别的年代地层单位所代表的时代称为地质时代单位。形成一个宇的地层所占的时间称为宙;形成一个界的地层所占的时间称为代;形成一个系的地层所占的时间称为纪;形成一个统的地层所占的时间称为世;形成一个阶的地层所占的时间称为期。地质时代表见表 2.6。

表 2.6　地质时代表

宙	代	纪	世	代号	距今大约年代/百万年	主要生物进化 动物		植物
显生宙	新生代（Kz）	第四纪	全新世	Q	—1—	人类出现		现代植物时代
			更新世		—2.5—			
		新近纪	上新世	N	—5—	哺乳动物时代	古猿出现	被子植物时代 草原面积扩大
			中新世		—24—			
		古近纪	渐新世	E	—37—			
			始新世		—58—		灵长类出现	
			古新世		—65—			
	中生代（Mz）	白垩纪		K	—137—	爬行动物时代	鸟类出现 恐龙繁殖	被子植物繁殖 裸子植物时代 被子植物出现 裸子植物繁殖
		侏罗纪		J	—203—		恐龙、哺乳类出现	
		三叠纪		T	—251— —295—			
	古生代（Pz）	二叠纪		P	—355—	两栖动物时代	爬行类出现 两栖类繁殖	裸子植物出现 大规模森林出现 小型森林出现 陆生维管植物
		石炭纪		C	—408—			
		泥盆纪		D	—435—	鱼类时代	陆生无脊椎动物发展和两栖类出现	孢子植物时代
		志留纪		S	—495— —540—			
		奥陶纪		O	—650— —1 000—	海生无脊椎动物时代	带壳动物爆发	
		寒武纪			—1 800—			
远古宙	新远古	震旦纪		Z	—2 500—		软躯体动物爆发	
	中远古			Pt	—2 800— —3 200—	低等无脊椎动物出现		高级藻类出现 海生藻类出现
	古远古				—3 600—			
太古宙	新太古			Ar	—4 600—	原核生物（细菌、蓝藻）出现 （原始生命蛋白质出现）		
	中太古							
	古太古							
	始太古							

4.岩层产状

地层在地壳中的空间方位称为岩层产状。岩层的产状要素包括走向、倾向和倾角。倾斜地层中岩层面与任一水平面相交的线(或同一岩层面相同高度的两点连线)称为走向线,走向线所指的地理方位角称为岩层的走向,岩层的走向表示该岩层空间延展的方向,走向线两端所指方向用方位角来表示。沿着地层中岩层面倾斜方向向下引出垂直走向线的直线称为倾斜线,倾斜线在水平面的投影地理方位称为倾向,用方位角表示,倾向只有一个方向,且与走向垂直。地层中岩层面上的倾斜线与其在水平面上投影线之间夹角或层面与水平面最大锐角称为岩层倾角,倾角是指岩层面与水平面之间的夹角,最大倾斜线与其在水平面上投影线之间的夹角在 $0 \sim 90°$ 范围内变化。地学上一般有两种岩层产状表示法:走向 $\angle$ 倾角倾向,如 N30°E $\angle$ 60°SE;倾向 $\angle$ 倾角,如 120° $\angle$ 60°,表示同一岩层产状。岩层产状示意图如图 2.9 所示。

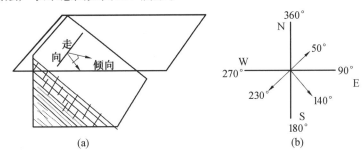

图 2.9　岩层产状示意图

产状要素的测定有直接的和间接的测定方法。在野外可以用地质罗盘直接在面状构造上测得,也可以在地形地质图上用作图方法求得,或利用钻孔资料用三点法求得,还可以根据视倾斜用正投影法和赤平投影法求得。

2.4　地　质　构　造

构造地质学是从空间和时间演化上再现了岩石圈与各种规模地质体的几何形态、分布规律、形成与演化的动力学条件与过程的一门学科,它是进一步探讨地壳运动与发展规律的基础。地质构造与地壳运动的分析与研究对于指导地球资源开发、工程建设与环境保护都具有重要的指导意义。工程地质中的构造地质学是研究地球岩石圈内岩石变形形成的褶皱、断层、节理、劈理、线理等几何学特点和这些地质构造的运动学和动力学条件,以及这些地质构造形成的基本过程(或形成机制)与演化规律的科学。

地质构造的规模变化很大,从地壳尺度或全球规模、地区尺度或中比例尺区域规模、露头或手标本规模、显微乃至亚微尺度,在不同的尺度上,地质构造的表现形式具有一定的差异。传统构造地质学研究多限于对中比例尺区域规模、露头尺度和手标本尺度地质构造的描述、分析。现代科学技术的发展及其在构造地质学学科研究中的渗透与应用大大地拓宽了构造地质学的研究尺度与研究领域。现代构造地质学的研究领域特点表现为:与传统构造地质学相比,现代构造地质学在宏观上更加宏观,微观上更加微观。从应用显微镜的微观尺度到利用电子显微镜的亚微尺度的研究,现代构造地质学包括几个主要方面:① 地质构造的几何学,主要包括地质构造的几何形态描述、产状与形体方位分析及各种地质构造的组合形式和组合规律;② 地质构造形成的运动学,主要指地质构造形成过程中物质的运动方式、运动方向与基本规律;③ 地质构造形成的动力学,包括地质构造形成的动力学条件及其变化、动力来源;④ 地质构造的成因分析,主要讨论地质构造的形成环境、形成条件、岩石变形机制与地质构造的演化过程。

一般而言,构造地质学可分为大地构造学(如板块构造学、槽台学、地质力学等)和狭义的地质构造学。大地构造学的研究内容更多地包括全球构造的基本构造型式、全球构造的基本理论及其形成、演化的动力学过程。狭义的地质构造学主要介绍和研究区域制图尺度、露头尺度和手标本尺度地质构造的基本特点、组合关系与规律及成因机制。

内力引起地壳乃至岩石圈变形、变位的作用称为构造运动。按照构造运动的方向,大致可分为水平运动和垂直运动。水平运动是指地壳或岩石圈物质大致沿地球表面切线方向进行的运动,一般称为造山运动;垂直运动是指地壳或岩石圈物质沿地球半径方向的运动,也称升降运动,一般称为造陆运动。

构造运动具有周期性和阶段性,称为构造旋回,一次构造旋回往往要经历 2 亿年左右的时间。构造运动控制了岩层的产状、地层厚度和接触关系、成岩环境、地层岩石的变形特性等。与工程密切相关的地质构造类型有水平构造、倾斜构造、褶皱构造、断裂构造和不整合构造。

2.4.1 水平构造与倾斜构造

水平构造主要是由岩层的成层特性控制,岩层层面为水平状态的岩层称为水平岩层,一般认为水平岩层倾角小于5°。成层性是沉积岩、火山岩和变质岩共有的特点。对于沉积岩与火山岩的成层性,一般认为是岩石沉积、成岩过程中产生的主要构造形式,称为原生构造;而变质岩的成层性,不仅与原岩的成层性(变质沉积岩和变质火山岩)有关,而且常常与后期变形 – 变质作用具有密切的成因联系。这种成层性及相关的构造形式称为次生构造。沉积岩是地壳岩石成层性表现最具特征的岩石类型,沉积岩的特征是存在层理与层面。层面是限定岩性层的上、下界面:下界面称为底面,形成在先;上界面称为顶面,形成在后。正常的水平岩层(没有发生倒转)具有以下特征。

(1)地质时代较新的岩层位于较老的岩层之上,因此当地表切割轻微时,地表只出露最新岩层,在地形切割较深的地区,自山谷至山顶,水平岩层在剖面上,低处出露的岩层时代老,高处出露的岩层时代新。

(2)水平岩层的出露和分布状态受地形控制。水平岩层的出露界线随着地形等高线弯曲而弯曲。在地形地质图上,水平岩层的地质界限与地形等高线平行或重合。地形上相同高度的地方,岩层时代相同,露头分布呈孤岛状,地形切割比较深时岩层出露形态呈云朵状。

(3)水平岩层上、下层面出露界线之间的水平距离的变化受岩层的厚度和地形坡度的影响。如果岩层厚度一致,地形缓露头宽度就大,地形陡露头宽度就窄;如果地形坡度一致,岩层厚度大露头宽度就大,岩层厚度小露头宽度就小。

(4)水平岩层的厚度就是该岩层上下层面的高差。受地壳运动影响,水平岩层会受到变形而产状发生改变,形成与水平面有一定交角并朝一个方向倾斜的岩层,称为倾斜岩层。倾斜岩层露头形态取决于地形、岩层产状及二者的相互关系,岩层界线与地形等高线相交,对于地形与岩层之间的不同产状关系表现出不同的"V"字形形态,称为"V"字形法则,主要有两种基本情况。

① 岩层倾向与地面坡向相反时,岩层界线与地形等高线的弯曲方向相同,称为"相反相同",但是岩层界线的曲率比地形等高线的曲率要小。岩层界线表现出的"V"字形尖端在沟谷处指向上坡,而在山梁处指向下坡。

② 岩层倾向与地面坡向相同时,岩层界线与地形等高线的弯曲方向有两种情况。岩层的倾角大于地面坡度角,岩层露头界线与地形等高线呈相反方向弯曲,称为"相同相反",岩层界线表现出的"V"字形尖端在沟谷处指向下坡,而在山梁处则指向上坡;岩层倾角小于地面坡度角,岩层界线与地形等高线的弯曲方向相同,但是岩层界线的曲率比地形等高线的曲率要大,岩层界线表现出的"V"字形尖端在沟谷处指向上坡,而在山梁处则指向下坡。

岩层与地形的关系所表现出的地质界线与地形等高线的弯曲情况表现出的"V"字形法则适用于所有面状构造,包括倾斜岩层、断层面、不整合面和岩体与围岩接触面等。

水平构造如果为正常层序,则在工程建设中,可以利用承载能力强的深层岩石为持力层。如果层序发生了倒转,新岩层在下则需考虑采用浅基础。对于倾斜岩层,在地形起伏区,如果岩层倾向与坡一致,则易发生顺层边坡失稳,尤其存在顺层的软弱带。隐伏的倾斜岩层易导致地基的不均匀沉降或基础整体向倾向的滑移。

2.4.2　褶皱构造

褶皱构造是常见的岩石或地层的弯曲现象,它作为一种基本构造型式在地壳岩石中普遍存在,是地壳上最基本的构造型式。褶皱构造是由岩石中的各种面(如层面、面理等)和岩层的弯曲而显示的变形。褶皱构造千姿百态、复杂多样。褶皱的规模差别极大,小至手标本或显微镜下的显微褶皱,大至卫星像片上的区域性褶皱。褶皱构造的研究有助于揭示一个地区地质构造的形成和发展。褶皱与生产实践的关系极为密切。褶皱对许多矿产的形成及其产状、分布起控制作用。褶皱的基本类型有两种,即背斜和向斜。背斜是核部由老地层组成、翼部由新地层组成的,岩层凸向地层变新方向弯曲的褶皱;向斜是核部由新地层组成、翼部由老地层组成的,岩层凸向地层变老方向弯曲的褶皱。一般情况下,在剖面上,背斜表现为地层向上拱起的弯曲,两翼地层自核部向两侧倾斜;而向斜表现为地层向下坳的弯曲,两翼地层自两侧向核部倾斜。在平面上经地表风化、剥蚀后露出地面的地层,背斜表现为老地层在中间,新地层在两侧,对称出现;向斜表现为新地层在中间,老地层在两侧,对称出现。自然界中的背斜和向斜常常相互连接,相间排列,多个连续出现。

褶皱的要素是褶皱的基本组成部分(图 2.10),主要如下。

(1)核部。核部是指褶皱的中心部位的岩层。背斜核部是该褶皱中最老地层,向斜核部是该褶皱中最新地层。

(2)翼部。翼部泛指褶皱两侧比较平直的部位。当背斜和向斜相连时,有一翼是二者共用的。

(3)转折端。转折端是指褶皱面(如岩层面)从一翼过渡到另一翼的弯曲部分。转折端的形态有圆弧状、尖棱状、箱状和膝状等,据此分别将褶皱描述为圆弧褶皱、尖棱褶皱、箱状褶皱和挠曲等。

(4)枢纽。枢纽是指单一褶皱面(如岩层面)上最大弯曲点的连线。枢纽可以是直线,也可以是曲线或折线。枢纽的空间产状可以是水平的、倾斜的或直立的。

(5)轴面与轴线。各相邻褶皱面(如岩层面)的枢纽连成的面称为轴面,可以是平直面,也可以是曲面。轴面与地面或其他任何面的交线称为轴线或轴迹。

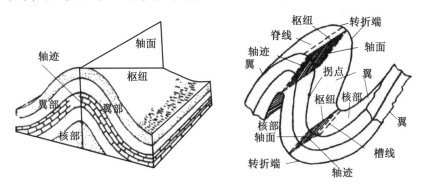

图 2.10 褶皱基本组成部分

根据褶皱的要素,可将褶皱分成不同的类型(图 2.11)。轴面直立,两翼倾向相反,倾角近似相等时,称为直立褶皱;轴面倾斜,两翼倾向相反,但倾角不等时,为斜歪褶皱;轴面倾斜,两翼倾向相同时,称为倒转褶皱;轴面水平时,称为平卧褶皱。褶皱岩层的厚度变化和弯曲曲率变化也是褶皱形态变化的一个重要方面。传统上,据此描述褶皱基本上是围绕两个几何模式,即平行褶皱和相似褶皱。在平行褶皱中,同一岩层垂直岩层层面的厚度在整个褶皱中是恒定不变的,称为等厚褶皱。同心褶皱是平行褶皱的一个特例,即褶皱的各单个褶皱面几乎具有相同的曲率,在横截面上呈圆弧状。在相似褶皱中,同一岩层的厚度变化相当大,褶皱转折端的厚度大,翼部的厚度小,这样的褶皱也称为顶厚褶皱。相似褶皱各褶皱面的弯曲形态相似,在平行轴面方向上量度同一褶皱层顶底面间的距离处处相等,因此相似褶皱为顶厚褶皱的一种特例。此外,还有一种褶皱,转折端厚度小,翼部厚度大,称为顶薄褶皱。

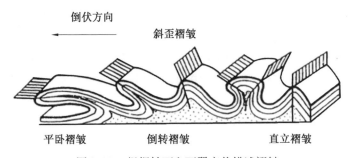

图 2.11 根据轴面和两翼产状描述褶皱

褶皱的变化与褶皱成因的复杂性密切相关。褶皱成因的研究是构造地质学的重要内容,即分析应力水平、岩石的力学性质、变形环境等诸多因素在褶皱形成过程中的作用。形成褶皱的地质作用主要包括以下几种类型。

1. 纵弯褶皱作用

受顺层挤压应力作用导致岩层弯曲而形成褶皱的作用称为纵弯褶皱作用,其最大特征是岩层垂直轴向发生缩短。地壳水平运动是造成这类褶皱作用的主要条件,地壳中多数褶皱与这种褶皱作用有关。在褶皱作用过程中,岩层的弯曲往往通过顺层简单剪切作用来调节,这种顺层简单剪切作用有两种方式:弯曲滑动和弯曲流动。

纵弯褶皱作用过程中,岩层间力学性质的差异在褶皱形成过程中起主导作用。岩层中的各向异性是褶皱形成的基础,而各向异性的物质在变形期间的失稳是导致褶皱形成的原因。Biot 和 Ramberg 在 20 世纪 60 年代对岩层力学性质在纵弯褶皱形成过程中的作用进行了系统分析,提出了褶皱发育的初始波长理论,阐明了初始褶皱波长与岩层厚度和黏度反差的关系,这一理论较好地解释了自然界褶皱的形态及内部构造特征。

对于单一岩层褶皱的发育机制,褶皱的初始波长与所受作用力的大小没有直接关系,而是与强硬岩层的厚度和强硬岩层与基质的黏度比有关。当岩性一致时,强硬岩层与基质的黏度比为常数,如果岩层的厚度大,则其弯曲形成褶皱的波长也大。因此,一套褶皱中的各岩层因其厚度差而形成紧闭程度不同的褶皱,层厚的岩层形成的褶皱相对宽缓,而层薄的岩层形成的褶皱相对紧闭,因此形成不协调褶皱。而有特殊意义的是,波长与黏度的绝对值无关,这意味着,如果黏度比类似,地壳浅部层呈低韧性的岩石可能与地壳深部层次高韧性岩石具有相似的褶皱方式。单层纵弯褶皱中,黏度反差的不同导致褶皱形态不同。当强硬岩层与基质的强度反差很大时,变形初期,形成波长厚度比大的褶皱,强硬岩层的顺层缩短很小或可忽略不计,而褶皱初始的扩幅速率很大,随着整个系统逐渐压扁,褶皱面上的扩幅速率逐降低,代之以两翼岩层向轴面旋转和翼间角的变小,当进一步压扁时,翼部可能旋转超过 10° 而相互压紧,形成典型的肠状褶皱;当强硬岩层与基质的强度反差很小时,变形初期,形成波长厚度比小的褶皱,与高反差的情况相反,褶皱的扩幅速率很小,整个系统的侧向压缩使强硬岩层和基质一起发生明显的顺层缩短,不同物质的黏度越接近,顺层缩短越明显,随着整个系统缩短变形,顺层缩短继续进行,褶皱逐渐变得显著,但不能形成肠状褶皱,而是发育明显的圆滑和尖棱转折端相间排列的褶皱,称为尖圆褶皱。当总体收缩量很大时,大致垂直褶皱轴面方向的缩短常使褶皱转折端厚度进一步增大,并使翼部岩层变薄。

在多层岩层褶皱系统中,一套强弱岩层相间所形成的褶皱,其形态不仅与各层的能干性有关,而且也取决于相邻强硬岩岩层(或能干层)的互相影响程度,后者又取决于强硬岩层间的距离及褶皱应变带的宽度。当夹于弱基质中的强硬岩层发生褶皱时,与强硬岩层相邻的软弱岩层受强硬岩层的影响一起弯曲,而远离强硬岩层则均匀地加厚调节整个系统的顺层压缩,没有受到强硬岩层褶皱弯曲的影响,强硬岩层周围受该强硬岩层纵弯影响的软弱岩层所造成的带状区称为接触应变带。如果两强硬岩层相隔很远,超过接触应变带的范围,则两层各自弯曲而互不影响,各自形成具有与自身厚度和基质黏度差相关的特征波长的褶皱,由此构成不协调褶皱。如果强硬岩层之间的距离很近,会使各层周围的接触应变带互相重叠,则可能出现两种类型的几何影响:① 如果各强硬岩层厚度和之间的距离大致相近,而且强弱岩层的黏度差相似,则形成协调褶皱;② 如果各强硬岩层的厚度不同或强弱岩层韧性差明显不同,则各个强硬岩层很可能使自己的特征波长影响总的褶皱形式,形成多种波长的褶皱复合岩层,称为多级协调褶皱。

岩层在发生褶皱的过程中经常受到垂直轴面方向的挤压,导致岩层受到压扁作用。压扁作用贯穿整个褶皱作用过程,按褶皱发育的不同阶段可分为前褶皱压扁作用、同褶皱压扁作用和后褶皱压扁作用。

① 前褶皱压扁作用。前褶皱压扁作用指褶皱形成之前,即岩层受力但尚未弯曲时的压扁作用,所产生的结果是岩层均匀缩短而厚度增大。普遍认为,岩层间的韧性差较小而平均韧性较大时,前褶皱压扁作用显著。很显然,在高温高压的环境中,前褶皱压扁作用产生的效果要大得多。

② 同褶皱压扁作用。同褶皱压扁作用指岩层弯曲褶皱的同时出现的压扁作用。岩层内部各点的应变状态也随之发生变化,褶皱岩层内部各点的应变椭圆不断压扁,其长轴方位也逐渐旋转到与轴面平行的方向上,在近平行于褶皱轴面方向上就可形成新的叶理,称为轴面叶理。压扁越强烈,应变椭球越扁,整个褶皱也越扁平,轴面叶理也越发育。与此同时,随着压扁作用的增强,褶皱层的厚度也相应发生变化,翼部岩层越压越薄,转折端的岩层则越来越厚,从而使整个褶皱从等厚向顶厚褶皱发展。

③ 后褶皱压扁作用。后褶皱压扁作用指出现于褶皱晚期阶段的压扁作用。这个阶段,岩层不再发生进一步的弯曲,继而代之的是平行轴面的新的面状结构(轴面叶理)的形成和低韧性岩层(较刚性岩层)被拉断形成石香肠构造(或构造透镜体)和无根钩状褶皱。

在褶皱作用过程中,压扁作用的影响效果受岩层的流变学特征(或力学性质)和变形环境所控制。如果褶皱岩层整体上呈刚性(低韧性),则压扁作用的效果不明显;如果褶皱岩层整体上显韧性,则压扁作用的效果十分显著。

2. 横弯褶皱作用

岩层受到与岩层面垂直的外力作用而发生弯曲形成褶皱的过程称为横弯褶皱作用。地壳物质的垂直升降运动是造成这种作用的地质条件。其中,岩浆的上升顶托,岩盐、石膏或黏土等低黏度、低密度易流动物质的上拱穿刺,基底的断块升降等都是导致横弯褶皱作用的重要因素。横弯褶皱作用的一般特征是:受褶皱的岩层整体处于拉伸状态,各层都没有中和面;横弯褶皱作用往往形成顶薄褶皱;在横弯褶皱作用中,如果岩层呈低韧性状态,褶皱顶部的岩层则因顺层拉伸而断裂,于背斜顶部形成地堑,如果是穿形隆起,则可形成放射状或环状正断层;在横弯褶皱作用过程中,也可发生弯滑和弯流作用,但与纵弯褶皱作用相比,滑动方式相反,所形成的褶皱多是轴面向外倾倒的平卧或斜卧不对称褶皱。

底辟褶皱是地下深处的高塑性物质(岩盐、石膏等)在重力差异作用下呈圆柱状或厚塞状向上流动刺穿上覆岩层而形成的一种构造现象。底辟褶皱一般包括三部分:高塑性物质组成的底辟核,核内物质往往呈现复杂的塑性变形;核上构造(上覆岩层),往往是外形不规则的穿隆或短轴背斜,其内部构造特征如上述横弯褶皱的基本特征;核下构造一般比较简单。当底辟核为岩盐时,称为岩丘构造,典型的盐丘直径为 2 ~ 3 km,边部陡倾,可以向下延伸达几千米。内部构造通常十分复杂,存在大量发育紧闭的陡倾伏褶皱、重褶皱和多次重褶皱。普遍认为,盐丘的形成是盐层与其上覆密度较大的围岩间密度差异所引起的浮力使盐层多次向上运动造成的结果。

如果底辟核是侵入岩,岩浆上升侵入围岩,并使上覆岩层上拱形成穿隆,这种作用过程又称岩浆底辟作用。岩浆底辟作用是一种重要的地质作用,它不仅导致广泛的沉积岩层发育地区形成以岩浆岩为底辟核的穹隆,太古宙高级变质岩区发育的典型构造样式"卵形构造"或称"片麻岩穹隆"也多认为与岩浆底辟作用有关。此外,岩浆底辟作用也是一些造山前伸展体制的构造形式的基本动力。

3. 剪切褶皱作用

因切层或顺层剪切而导致褶皱形成的作用为剪切褶皱作用。为此,根据剪切作用面和参与褶皱的面状组构(层理、劈理、片理等)的关系及剪切方向与褶皱枢纽的关系,可把剪切褶皱作用分为两类:切层剪切褶皱作用与顺层剪切褶皱作用。

(1)切层剪切褶皱作用。

切层剪切褶皱作用即传统意义的剪切褶皱作用,又称滑褶皱作用,指沿着一系列垂直或斜交岩层层面的密集叶理或破裂面发生不均匀剪切使岩层层面错动弯曲而形成褶皱的一种作用。其中,作为褶皱面的各种面状构造(层理、劈理等)仅作为反映滑动结果的被动标志,因此又称被动褶皱作用。切层剪切褶皱作用的主要变形特征:无论剪切作用面与褶皱面斜交还是垂直,必定有一组透入性的面状构造(劈理、片理、片麻理等)与褶皱构造共存,这组面状构造为褶皱的轴面叶理;从理论模式看,切层剪切作用为简单剪切变形,剪切面就是褶皱中每一点应变椭球的圆切面,每一点的应变都是平面剪切应变;平行轴面方向上岩层的厚度不变,但垂直厚度在褶皱转折端变厚,在翼部减薄,形成相似褶皱;褶皱岩层中没有中和面,任一剪切面上所有各点的应变都是相等的;剪切面上剪切作用的方向不一定与褶皱轴直交,唯一的条件是不能与层平行,与层成任何角度的剪切都会有褶皱发育,但如果剪切量一定,则当剪切方向与褶皱枢纽垂直时,褶皱幅度最大;对原来垂直剪切面的岩层来说,在褶皱枢纽线两侧的剪切方向相反。

(2)顺层剪切褶皱作用。

顺层剪切褶皱作用指平行于面状构造(层理、片理、糜棱叶理等)的简单剪切而导致早期面状构造发生褶皱的一种作用。顺层剪切褶皱作用的主要变形特征:所形成的褶皱往往局限于某一固定的岩层或某一岩性层中,或者单个零星发育,或者呈数个褶皱组合的形式发育,并在纵向上或横向上延伸不远即消失,规模较小,常为手标本规模(几厘米)或露头规模(几十米、上百米);褶皱一翼长、一翼短,为不对称非圆柱状褶皱,轴面往往与褶皱周围的岩层层面等面状构造斜交。鞘褶皱是顺层剪切褶皱作用的典型褶皱形式。顺层剪切褶皱作用所形成的褶皱或者作为纵弯褶皱的内部小构造附存于强硬岩层之间的软弱岩层之中,或者产于大型韧性剪切带之中。

4. 柔流褶皱作用

高塑性岩层(高塑性体)受力的作用时,呈类似黏稠的流体而发生变形形成形态复杂、褶皱要素产状变化大、不协调性普遍的流动褶皱。底辟作用形成的底辟核内的褶皱、高级变质岩石,尤其是麻粒岩相变质岩石中的褶皱都具有强烈塑性流动的特征,这种褶皱机制强调高塑性物质的流动对褶皱形成和褶皱样式的影响,与前述几种成因机制并不矛盾,但显然不是一种独立的成因机制,而是对前述几种成因机制的补充。

褶皱构造在野外常采用穿越法和追索法进行观察。

(1)穿越法。

穿越法是沿着选定的调查路线,垂直岩层走向进行观察,便于了解岩层的产状、层序及其新老关系的方法。如果在路线通过地带的岩层呈有规律的重复出现,则必为褶皱构造。再根据岩层出露的层序及其新老关系,判断是背斜还是向斜。然后进一步分析两翼岩层的产状和两翼与轴面之间的关系,这样就可以判断褶曲的形态类型。

(2)追索法。

追索法是平行岩层走向进行观察的方法,可便于查明褶曲延伸的方向及其构造变化的情况。当两翼岩层在平面上彼此平行展布时,为水平褶曲;当两翼岩层在转折端闭合或呈 S 形弯曲时,则为倾伏褶曲。穿越法和追索法不仅是野外观察褶曲的主要方法,同时也是野外观察和研究其他地质构造现象的一种基本的方法。在实践中一般以穿越法为主、追索法为辅,根据不同情况穿插运用。

褶皱构造的背向斜与地形的山谷是不一样的,因为背斜遭受长期剥蚀,在一定的外力条件下可以发展成谷地,形成负地形,因此不能完全以地形的起伏情况作为识别褶曲构造的主要标志。研究褶皱的基本要点不外乎褶皱的形态、产状、类型、形成的方式及分布的特点。褶皱的基本形态只有两种:背斜和向斜。认识背斜和向斜构造以后,就可以按照褶皱要素即核部、翼部、转折端、轴向、倾伏等进行具体的描述。怎样研究褶皱呢?首先应查明褶皱的位置、产状、规模、形态和分布特点,探讨褶皱形成的方式和形成的时代,了解褶皱与工程的关系等,查明地层的层序并追索标志层,褶皱的产状也可根据标志层予以确定;其次是观察褶皱出露的形态,也就是从褶皱在地面出露的形态做纵横方面的观察,再次对褶皱内部的小构造研究也应注意小构造分布于主褶皱的不同部位,各自从一个侧面反映出主褶皱的某些特征,这些内部构造由于规模较小、易于观察,因此以小比大,通过对褶皱内部小构造的研究能进一步了解和阐明主褶皱的某些特征。

褶皱对工程选址、施工和地质灾害防御意义重大。褶皱构造中,岩层褶皱后原有的空间位置和形态都已发生改变,但其连续性未受到破坏。根据褶皱两翼对称重复的规律,褶皱背斜部位的岩层常常较为破碎,如果水库位于此就易于漏水,工程建设须避开这种构造部位。褶皱构造中,倾斜岩层的产状与路线或隧道轴线走向有很大关系。倾斜岩层对建筑物的地基、深路堑、挖方高边坡及隧道工程等,需要根据具体情况做具体的分析。对于深路堑和高边坡来说,路线垂直岩层走向,或路线与岩层走向平行但岩层倾向与边坡倾向相反时,对路基边坡的稳定性是有利的;路线走向与岩层的走向平行,边坡与岩层的倾向一致时,特别在松软岩石分布地区,坡面容易发生剥蚀并产生严重碎落坍塌,对路基边坡及路基排水系统会造成经常性的危害;路线与岩层走向平行,岩层倾向与路基边坡一致,而边坡的坡角大于岩层的倾角,特别在石灰岩、砂岩与黏土质页岩互层且有地下水作用时,容易引起斜坡岩层发生大规模的顺层滑动,破坏路基稳定。褶皱核部岩层由于受水平挤压作用,因此产生许多裂隙,直接影响到岩体的完整性和强度。褶皱的核部是岩层强烈变形的部位,变形强烈时,沿褶皱核部常有断层发生,造成岩石破碎或形成构造角砾岩带。地下水多聚积在向斜核部,背斜核部的裂隙也往往是地下水富集和流动的通道,必须注意岩层的坍落、漏水及涌水问题,在石灰岩地区还往往因为地下水的流动而使石灰岩地区的岩溶较为发育。由于岩层构造变形和地下水的影响,因此公路、隧道工程或桥梁工程在褶皱核部容易遇到工程地质问题。褶皱的翼部不同于核部,在褶皱翼部布置建筑工程时,如果开挖边坡的走向近于平行岩层走向,且边坡倾向与岩层倾向一致,边坡坡角大于岩层倾角,则容易造成顺层滑动现象。在褶皱两翼形成倾斜岩层容易造成顺层滑动,特别是当岩层倾向与临空面坡向一致,且岩层倾角小于坡角时,或当岩层中有软弱夹层,如有云母片岩、滑石片岩等软弱岩层存在时应慎重对待。对于隧道等深埋地下的工程,从褶皱的翼部通过一般是比较有利的,因为隧道通过均一岩层有利稳定,而背斜顶部岩层受张力作用可能塌落,向斜核部则是储水较丰富的地段,但如果中间有松软岩层或软弱构造面,则在顺倾向一侧的洞壁有时会出现明显的偏压现象,甚至会导致支撑破坏,发生局部坍塌。褶皱构造的规模、形态、形成条件和形成过程各不相同,而工程所在地往往只是褶皱构造的局部部位。对比和了解褶皱构造的整体乃至区域特征,对于选址、选线及防止突发性事故十分重要。

2.4.3　断裂构造

断裂构造是岩层脆性破坏的结果。断裂构造一般分为节理、裂隙和断层。

1. 节理与裂隙

节理是岩石中的裂隙,是没有明显位移的断裂,也是地壳上部岩石中发育最广的一种构造。节理的研究在理论上和生产上都具有重要意义。节理有时被作为有用矿物的运移通道,有时也是含矿构造。节理也是岩石中地下水运移、渗透的通道和储聚场所。大量发育的节理常常引起水库的渗漏和岩体的不稳定,给水库和大坝等工程带来隐患。理论上,研究节理的形态特征、产状、成因、展布规律及与其他构造的关系有助于探讨区域地质构造特征,揭示构造演化历史和恢复古构造应力场。

节理和裂隙是在一定的力学条件下产生的破裂构造,与岩石破裂的两种主要方式对应,可分为剪节理和张节理。

（1）剪节理。

剪节理是由剪应力产生的破裂面,具有以下主要特征:剪节理产状稳定,沿走向和倾向延伸较远;剪节理面平直光滑,有时剪节理面上具有滑动留下的擦痕,剪节理未被矿物质充填时是平直闭合裂隙,如被充填,则脉宽较均匀,脉壁较为平直;发育于砾岩和砂岩等岩石中的剪节理,一般穿切砾石和胶结物;典型的剪节理常常组成共轭 X 型节理系,X 型节理发育良好时,则将岩石切成菱形、棋盘格式,如果只一组节理发育,则构成平行延伸或斜列式延伸的节理组,剪节理往往成等距排列;主剪裂面由羽状微裂面组成,往往一条剪节理经仔细观察并非单一的一条节理,而是由若干条方向相同首尾相近的小节理呈羽状排列而成,沿小节理走向向前观察,后一条小节理重叠在前面一条小节理的左侧,为左行（或称左旋）,反之为右行（或称右旋）,由此可以判断两侧岩石相对运动方向,羽状微裂面与主剪裂面交角一般为 $10°$ ~ $15°$,相当于内摩擦角的一半。

X 型节理系是剪节理的典型形式,两组剪节理的夹角为共轭剪裂角,交线代表 σ_2,节理的夹角平分线分别代表 σ_1 和 σ_3。X 型节理与主应力的关系是对节理进行应力状态分析和探求应力场的依据。多年来地质学家几乎总认为 X 型节理的锐角分角线与 σ_1 一致,即剪裂角小于 $45°$。可是实际观察发现,共轭剪节理的共轭剪裂角有时可能等于甚至大于 $90°$,即剪裂角等于或大于 $45°$。

（2）张节理。

张节理是由张应力产生的破裂面,具有以下主要特征:产状不稳定,延伸不远,单条节理短而弯曲,节理常侧列出现;张节理面粗糙不平,无擦痕;在胶结不甚坚实的砾岩或砂岩中,张节理常常绕砾石或粗砂粒而过,如果穿切砾石,则破裂面也凹凸不平;张节理多开口,一般被矿脉或岩脉充填,脉宽变化较大,脉壁平直或粗糙不平,脉内矿物(如石英)常呈梳状结构;张节理有时呈不规则树枝状、网络状,有时也追踪 X 型节理形成锯齿状张节理,单列或共轭雁列式张节理有时也呈放射状或同心状组合形式。

2. 断层

断层指发生相对移动的岩块之间的不连续面状构造,岩块之间的相对运动方向平行于断层面,这种狭义断层属于地壳浅层岩石脆性变形的产物。许多相互平行或多条断层分割的条带状岩块区称为断层带。一些断层不见断层面,但可见明显位移,称为韧性断层或韧性剪切带。断层在地壳中分布非常广泛,规模可大可小,大者具有全球规模,小者可见于手标本上。断层切割地壳的深度也有很大不同,小规模断层仅切穿地壳浅层,而一些深大断层可以延伸到下地壳乃至上地幔。断层与褶皱是密切伴生的地质构造,一些具有区域性规模的断层不仅控制着区域地质构造的发生和发展,而且常常控制着区域地震的发生。现代活动断层则直接影响工程建筑和控制地震活动。

(1)断层的几何要素。

断层的几何要素主要包括断层面、断层线以及断盘(图 2.12)。

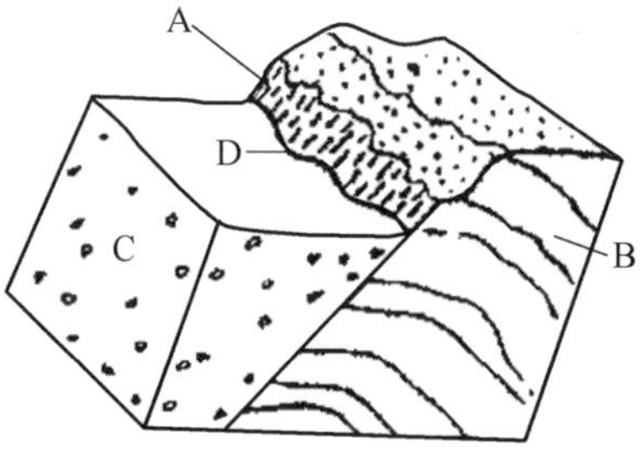

① 断层面。断层面是岩层或岩体被断开后发生错动位移的不连续面。它是面状构造的一种,可以用走向、倾向和倾角确定其产状。断层面往往不是一个产状稳定的平直面,沿走向和倾向都会发生变化以致形成曲面。

② 断层线。断层线是断层面与地面的交线,即断层在地面的出露线。断层线的弯曲形态遵循"V"字形法则。

图 2.12 断层的几何要素
A— 断层面;B— 下盘;C— 上盘;D— 断层线

③ 断盘。断盘是断层面两侧发生位移的岩块。如果断层面是倾斜的,则位于断层面上侧的一盘为上盘,位于断层面下侧的一盘为下盘。如果断层面直立,则按断盘相对于断层走向的方位描述,如东盘、西盘或南盘、北盘。在断层错动过程中,断层两盘的位移是相对的,两盘可能是同时错动,也可能是其中一盘相对于另一盘运动。凡沿断层面上升的一盘称为上升盘,沿断层面相对下降的一盘称为下降盘。大的断层一般不是一个简单的面,而是由一系列破裂面或次级断层组成的带,即断层(裂)带。断裂带中还夹杂有搓碎的岩块、岩片及各种断层岩。断层规模越大,断裂带越宽越复杂,大断裂带还常具有分带性。断层面与地面的交线即断层在地面的出露线。

断层两盘相互错动位移时,便会产生摩擦,断层面因此被磨得平滑并产生光滑的镜面,同时伴有擦痕和阶步出现(图 2.13)。擦痕和阶步可以给出两盘相对位移方向。擦痕是断层存

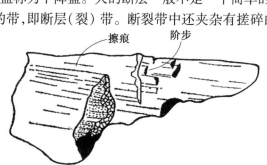

图 2.13 断层擦痕和阶步

在的一个极为重要的标志,是确定断层相对运动和确定断距不可缺少的线状要素。断层擦痕的产状一般用擦痕的倾伏(在竖直面内量度)和侧伏(在擦痕面上量度其与断层走向所夹锐角)来表示。

断层两盘的相对运动可分为直移运动和旋转运动。在直移运动中,两盘相对平直滑动而无转动,两断盘上错动前的平行直线,运动后仍然平行。在旋转运动中,两盘以断层面法线为轴相对转动滑移,断盘上错动前的平行直线运动后不再平行。多数断层常兼具有两种运动。

测定断层位移的途径主要有两种:一是利用相当点,即断层面上断层发生之前的一个点,断层位移后变为两个点,此点称为相当点(或称撕裂点);二是利用相当层,即断层位移前一个层,断层位移后变为两个层,这两个层称为相当层。

断层两盘相当点之间移动的距离称为总滑距,总滑距在断层面倾斜线上的分量称为倾向滑距,在断层面走向线上的分量称为走向滑距。走向滑距与总滑距之间的锐夹角为总滑距或擦痕的侧伏角,总滑距在水平面上的投影长度称为水平滑距。断距是指断层两盘上对应层之间的相对距离。在不同方位的剖面上,断距也不同。

(2)断层的分类。

断层分类是一个涉及较多因素的问题,包括地质背景、力学机制和各种几何关系等因素,因此有各种不同的断层分类。工程上一般按照按断层两盘相对运动分类,分为正断层、逆断层和平移断层(图 2.14)。

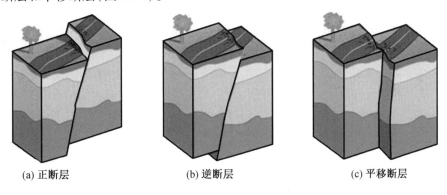

(a) 正断层　　　　　　　　(b) 逆断层　　　　　　　　(c) 平移断层

图 2.14　按断层两盘相对运动划分的断层

① 正断层。正断层是断层上盘相对下盘沿断层面向下滑动的断层。正断层产状一般较陡,倾角多在 45° 以上,以 60° 左右者较为常见。不过近年的研究发现,一些正断层的倾角也很缓,尤其是一些大型正断层,往往向地下深部变缓,总体呈铲状。

② 逆断层。逆断层是断层上盘相对下盘沿断层向上滑动的断层,根据断层倾角大小而分为高角度逆断层和低角度逆断层。高角度逆断层倾斜陡峻,倾角大于 45°,常常在正断层发育区产出。因此,有些学者将高角度逆断层和正断层统归属于高角度断层。倾角小于 45° 的逆断层称为低角度逆断层。逆冲断层是一种位移量很大的低角度逆断层,倾角一般在 30° 左右或更小,位移量一般在数千米以上,逆冲断层常常显示出强烈的挤压破碎现象,形成角砾岩、碎裂岩和超碎裂岩等断层岩,以及反映强烈挤压的揉皱和劈理化等现象。

③ 平移断层。平移断层是断层两盘顺断层面走向相对移动的断层(图 2.15)。规模

巨大的平移断层常称为走向滑动断层(走滑断层)。根据两盘相对滑动方向,又可进一步命名为右行平移断层(即顺时针方向旋转)和左行平移断层(即逆时针方向旋转)。平移断层面一般产状较陡,近于直立。

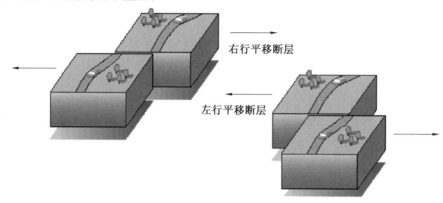

右行平移断层

左行平移断层

图 2.15　平移断层

　　断层两盘往往不是完全顺断层面倾向滑动或顺走向滑动,而是斜交走向滑动,于是断层常兼具正、逆滑动和平移滑动。这类断层采用组合命名,称为平移－逆断层、逆－平移断层、平移－正断层和正－平移断层,组合命名中以后者为主。

　　构造地质学研究一般按断层成因分类,分为压性断层、张性断层和剪切断层。

　　① 压性断层。压性断层是地块或岩块受到水平挤压作用时,垂直于压应力 σ_1 方向产生的断层。此类断层发育地区的地壳显示缩短,所以又称收缩断层。它经常显示断层上盘相对于下盘做向上运动,因此该类断层主要为逆断层及逆掩断层。

　　② 张性断层。张性断层是地块或岩块受到水平拉伸作用时,垂直于张应力 σ_3 方向产生的断层。此类断层发育地区地壳显示伸展,又称伸展型断层。它经常显示断层上盘相对下盘做向下运动,或者是单纯的地壳拉开。该类断层主要由正断层组成,并经常为岩墙充填。

　　③ 剪切断层。剪切断层是地块或岩块受到简单剪切作用产生的断层,断层面陡,沿断层面两盘发生相对水平位移。

　　在地壳浅部构造层次里,发育着类型不同、样式各异的断裂构造,它们在空间组合成各种几何形态。产生这种情况的原因是多方面的,其中有些可能与岩石流变学和断裂形成时所处应力状态有关,有些则与断裂运动有关。

　　断层的组合方式可分为对称式和非对称式(图 2.16),主要取决于一对共轭断层是否以同等程度发育。两组断层以同等程度发育时构成对称式,一组断层优先发育时构成非对称式。正断层、逆断层和平移断层及其各自的构造样式也千差万别,然而归根结底,都是因单个断层面的产状形态差异和断层组合方式的不同而互为区分。

　　正断层、逆断层和走滑断层的对称组合形态分别为地堑－地垒式、背冲式－对冲式和共轭走滑系。在理想情况下,表现为地堑－地垒、背冲－对冲和两组共轭断裂各自大体上以等间距交替出现,这显然是两组共轭断层以同等程度发育引起的,这样的理想情形并不常见。正断层、逆断层和走滑断层的非对称式组合形态,平面状断层面组合分别为阶梯式、半地堑式及书斜式(正)、单冲式(逆)及平行式、羽状及雁行式(走滑);具曲面状断层面时分别为叠瓦式(正和逆)和正或负花状构造(走滑)。

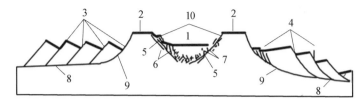

图 2.16　对称式和非对称式断层组合综合剖面图(以正断层为例)

对称式:1— 地堑;2— 地垒

非对称式:3— 书斜式的半地堑;4— 叠瓦式的半地堑;5— 主断层;6— 同向断
层;7— 反向断层;8— 拆离断层;9— 铲式断层;10— 共轭断层

一般情况下,在正断层、逆断层的非对称式组合里,每种构造样式中的所有断层面倾向与同名断盘(意指或均为上盘或均为下盘)运移方向,或者共具相同优势方向(如书斜式或叠瓦式的正断面倾向与上盘滑向共具相同优势方向),或者各具相反优势方向(如单冲式或叠瓦式的逆断面倾向与上盘滑向各具相反优势方向)。至于走滑断层的非对称式组合,其断层走向和滑移方向也具优势方向。这显然都是一对共轭断层中只有一组断层优先发育造成的。

(3) 断层的形成机制与力学模型。

断层形成机制包括断层破裂的发生和断层的形成、断层作用过程与应力状态、岩石力学性质,以及断层作用与断层形成环境的物理状态等问题。

从断层破裂的微观机制来看,当岩石受力超过岩石的强度极限时,破裂首先从微裂隙开始,微裂隙逐渐发展,相互联合和扩展,形成明显的破裂面,即断层两盘借以相对滑动的破裂面。断裂开始出现时的微裂隙一般呈羽状散布排列。微裂隙或者属于剪裂性质,或者属于张裂性质。扫描电子显微镜观察揭示出大多数微裂隙具张裂性。当断裂面一旦形成而且差应力超过摩擦阻力时,两盘就开始相对滑动,形成断层。随着应力释放或差应力趋向于零,一次断层作用即告终止。

Anderson 等从断层形成的应力状态方面分析了断层的成因,他认为形成断层的三轴应力状态中的一个主应力轴趋于垂直水平面,以此为依据提出了形成正断层、逆断层和平移断层的三种应力状态(图 2.17)。Anderson 模式基本上为地质学家所接受,作为分析解释地表或近地表脆性断裂的依据。一般认为,断层面是一个剪裂面,σ_1 与两剪裂面的锐角等分线一致,σ_3 与两个剪裂面的钝角等分线一致。断层两盘垂直于 σ_2 方向产生相对滑动。

正断层或重力断层的应力状态是 σ_1 直立,σ_2 和 σ_3 水平,σ_2 与断层走向一致,上盘顺断层倾斜向下滑动。形成正断层的应力状态和莫尔圆表明,引起正断层作用的有利条件是最大主应力 σ_1 在铅直方向上逐渐增大,或者是最小主应力 σ_3 在水平方向上减小。因此,水平拉伸和垂直上隆是最适于发生正断层作用的应力状态。

低角度逆断层或逆掩断层(冲断层)的应力状态是最大主应力 σ_1 和中间主应力 σ_2 水平,最小主应力 σ_3 直立。逆掩断层的应力状态和莫尔圆表明,适于逆掩断层形成的可能情况是 σ_1 在水平方向逐渐增大,或者是最小应力 σ_3 逐渐减小。因此,水平挤压有利于逆掩断层的发育。

平移断层的应力状态是最大主应力 σ_1 和最小主应力 σ_3 是水平的,中间主应力 σ_2 是直立的,断层面走向垂直于 σ_2,滑动方向也垂直于 σ_2,两盘顺层走向滑动。

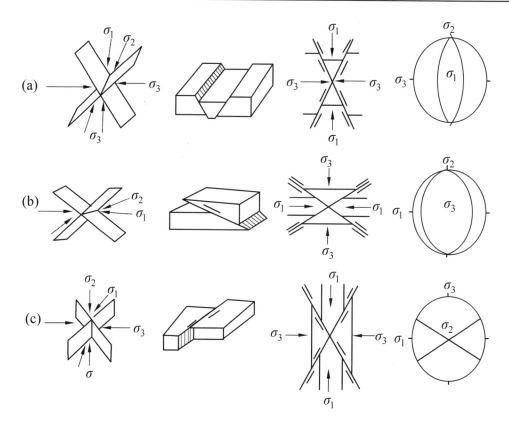

图 2.17　三类断层的三种应力状态及其表现形式
1— 正断层;2— 逆断层;3— 平移断层

（4）断层的野外识别。

在自然界,大部分断层由于后期遭受剥蚀破坏和覆盖,在地表上暴露得不清楚,认识它们比较困难,因此需根据地层、构造等直接证据和地貌、水文等方面的间接证据来证实判断断层的存在,判断断层存在的标志及断层类型。

① 直接标志。地层、构造不连续的各种地质体,如地层、矿层、矿脉、侵入体与围岩的接触界线等都有一定的形状和分布方向。一旦断层发生,它们就会突然中断、错开,即造成构造（线）的不连续现象,这是判断断层现象的直接标志。地层的重复或缺失是很重要的断层证据,虽然褶皱构造也有地层的重复现象,但它是对称性的重复,而断层的地层重复却是单向性的。沉积间断或不整合构造也可造成地层缺失,但这两类地层缺失都是区域性的,而断层造成的地层缺失则是局部性的。

断层面（带）上的构造特征由于断层面两侧岩块的相互滑动和摩擦,因此在断层面上及其附近留下的各种证据,这是识别断层的直观证据,即在眼前“方寸”之地内所能见到的若干构造现象,最常见的有断层擦痕与阶步。

断层擦痕就是断层两侧岩块相互滑动和摩擦时留下的痕迹,由一系列彼此平行而且较为均匀的细密线条组成,或由一系列相间排列的擦脊与擦槽构成,有时可见擦痕一端粗而深,另一端细而浅,则由粗的一端向细的一端的指向即为对盘运动方向。在坚脆岩石的断层擦痕的表面,往往平滑明亮,发光如镜,并常覆以炭质、硅质、铁质或碳酸盐质的薄膜。有时也在断层的擦面上见到不规则的阶梯状断口,其上覆以纤维状的矿物(如方解石)晶体。

断层擦痕对于决定两盘位移方向颇有用处,如用手抚摸时,感到光滑的方向是对盘活动位移的方向;自粗而细、自深而浅的方向是对盘活动位移的方向;利用阶梯状断口,阶梯形陡坡的倾向指示对盘相对滑动的动向。

阶步是指断层面上与擦痕垂直的微小陡坡,在平行运动方向的剖面上其形状特征呈不对称波状,陡坡倾斜方向指示对盘错动方向。当断层两壁相对移动之时,岩石发生破碎,在强大的压力下,矿物出现定向排列,并有重结晶作用,形成一系列新的岩石,地质学上称为构造岩。构造岩的种类很多,如构造角砾石(角砾形状不规则,大小不一)、碎裂岩(破碎的程度比前者更高,主要是原岩中的矿物颗粒的破碎,常见于逆断层或平移断层的断裂带中)、糜棱岩(破碎极细,用显微镜观察)、更进一步的破碎即片理化岩(具有片状构造的构造岩)。

② 牵引构造。牵引构造是断层两盘相对运动时,段层附近岩层受断层面摩擦力拖曳发生弧形弯曲现象,是断层带中的一种伴生构造,它是断层两壁发生位移时使地层造成弧形的弯曲现象,可以指示断层的位移方向。与断层带有关的还有一种断层的伴生构造,主要是断层旁侧的节理,这些节理常与断层斜交,其锐角所指的方向指示本盘滑动的动向。

③ 地貌与水文标志。地貌与水文等标志主要是指地貌或水文上的一些特征。不过,这种地质现象只能说明有断层存在,不易说明其两盘的运动方向。较大的断层由于断层面直接出露,因此在地貌上形成陡立的峭壁,或当断层崖遭受与崖面垂直的水流侵蚀切割后,可形成一系列的三角形陡崖,称为断层崖和断层三角面。断层的存在常常控制和影响水系的发育,河流的突然改向,山脊的突然中断,众多的温泉或泉水的定向分布,小型的火成岩体的入侵及其伴生的变质作用、矿化现象及矿脉的定向分布等均表明了断层的存在,特别是从较大的地貌现象所反映的断层特征。

④ 地球物理与地球化学标志。地球物理与地球化学标志是指在断层面附近,存在电场、磁场、温度场和重力场的突变,地震波的折射、反射异常,还有在断层面上有汞、氡等化学场、化学晕的异常分布。

3. 断裂的工程地质评价

(1) 节理与裂隙对工程的影响。

岩体中的节理和裂隙破坏了岩体的整体性,促进岩体风化,增强岩体的透水性,使岩体的强度和稳定性降低,对岩体的强度和稳定性均有不利的影响。裂隙主要发育方向与路线走向平行、倾向与边坡一致时,无论岩体的产状如何,路堑边坡都容易发生崩塌等不稳定现象。在施工中,如果岩体存在大量裂隙,还会影响爆破作业的效果。因此,当裂隙有可能成为影响工程设计的重要因素时,应当对裂隙进行深入的调查研究,详细论证裂隙对岩体工程建筑条件的影响,采取相应措施,以保证建筑物的稳定和正常使用。气温升降和岩石干湿变化,都会使岩石沿着已有的联结软弱部位,如未开裂的层理、片理、劈理、矿物颗粒的集合面及矿物解理面等形成新的裂隙,即风化裂隙,或者对原有裂隙进一步增宽、加深、延展和扩大。这种岩石裂隙的生成或加剧主要是水的楔入和冻胀作用的结果。节理构造的产状、性质、发育程度、分布规律对于地下工程施工方案选择、支护系统设计都有很大影响。与褶皱或断层伴生的节理常有规律地分布于大尺度地质构造的不同部位,反映了各部分的应变状态。节理过多发育会影响到水的渗漏和岩体的不稳定,给水库和大坝或大型建筑带来隐患。岩体裂隙的存在给工程带来了很多问题,但不能完全说岩石中的裂隙都会产生副作用,在能源方面也可能带来好处。以干热岩为例说明,干热岩是一种没有水或蒸汽的热岩体,普遍埋藏于距地表 2.6 km 的深处,其温度范围很广,为 150 ~ 650 ℃。通过深井将高压水注入地下 2 000 ~ 6 000 m 的岩层,使其渗透进入岩层的缝隙并吸收地热能量,再通过另一个专用深井(相距 200 ~ 600 m)将岩石裂隙中的高温水、汽提取到地面,取出的水、汽温度可达 150 ~ 200 ℃,通过热交换及地面循环装置用于发电,冷却后的水再次通过高压泵注入地下热交换系统循环使用。因此,干热岩的利用不会出现像热泉等常规地热资源利用的麻烦,即没有硫化物等有毒、有害或阻塞管道的物质出现。

(2)断层对工程的影响。

断层是在构造应力作用下积累的大量应变能在达到一定程度时导致岩层突然破裂位移而形成的。岩层破裂时释放出很大能量,其中一部分以地震波形式传播出去造成地震,会对工程造成影响。由于岩层发生强烈的断裂变动,因此岩体裂隙增多、岩石破碎、风化严重、地下水发育充分,从而降低了岩石的强度和稳定性,对工程建筑造成了不利的影响。岩层(岩体)被不同方向、不同性质、不同时代的断裂构造切割,如果发育有层理、片理,则情况更复杂。作为不连续面的断层是影响岩体稳定性的重要因素,这是因为断层带岩层破碎强度低,它对地下水、风化作用等外力地质作用也往往起控制作用。断层的存在降低了地基岩体的强度稳定性。断层破碎带力学强度低、压缩性大,建于其上的建筑物因地基的较大沉陷而易造成断裂或倾斜。断裂面对岩质边坡、坝基及桥基稳定常有重要影响。断裂带在新的地壳运动影响下可能发生新的移动,从而影响建筑物的稳定。跨越断裂构造带的建筑物,由于断裂带及其两侧上、下盘的岩性均可能不同,因此易产生不均匀沉降。隧道工程通过断裂破碎时易发生坍塌。在断层发育地段修建隧道是最不利的一种情况。由于岩层的整体性遭到破坏,加之地面水或地下水的侵入,因此其强度和稳定性都是很差的,容易产生洞顶塌落,影响施工安全。当隧道轴线与断层走向平行时,应尽量避免与断层的破碎带接触。隧道横穿断层时,虽然只有个别断落受到断层影响,但因为工程地质及水文地质条件不良,所以必须预先考虑措施,保证施工安全。如果断层破碎带规模很大,或者穿越断层带,会使施工十分困难,在确定隧道平面位置时要尽量设法避开。断层构造地带沿断裂面附近的岩块因强烈挤压而产生破碎,往往形成一条破碎带。因此,隧道工程通过断层时必须采取相应的工程加固措施,以免发生崩塌,水库等大型工程选址应避开主干断层带或断层的交叉位置,以免诱发断层活动,同时防止因坝基或地基不稳固产生地震、滑坡、渗漏等不良后果。

2.4.4　不整合构造

地壳时刻都在运动中,同一地区在某一时期可能是以上升运动为主,形成高地,遭受风化剥蚀;另一时期可能是以下降运动为主,形成洼地,接受沉积;也可能是在长时期内下降运动、接受沉积。在地质历史发展演化的各个阶段,构造运动贯穿始终,构造运动的性质不同或所形成的地质构造特征不同,往往造成早晚形成的地层之间具有不同的相互关系。地层接触关系是指不同时代地层之间在垂直方向上的相互关系,即上、下地层之间在空间上的接触形式,是地质构造运动的集中表现。不同类型的接触关系反映不同类型的地壳运动和演化历史,它是研究地壳运动的发展和地质构造形成历史的一个重要依据。

根据成因特征,地层接触关系可分为整合接触和不整合接触两种基本类型。

（1）整合接触。

整合接触是在构造运动处于持续下降或者持续上升的背景下发生连续沉积而形成的。在地壳上升的隆起区域发生剥蚀,在地壳下降的凹陷区域产生沉积,沉积区处于相对稳定阶段时,沉积区连续不断地进行堆积,堆积物的沉积次序是衔接的,产状是彼此平行的,在形成的年代上是顺次连续的,岩石性质与生物演变连续而渐变,沉积作用没有间断。

（2）不整合接触。

在沉积过程中,如果地壳发生上升运动,沉积区隆起,则沉积作用即为剥蚀作用所代替,发生沉积间断,其后若地壳又发生下降运动,则在剥蚀的基础上又接受新的沉积。由于沉积过程发生间断,因此岩层在形成年代上是不连续的,中间缺失沉积间断期的岩层,岩层之间的这种接触关系称为不整合接触,存在于接触面之间因沉积间断而产生的剥蚀面称为不整合面。在不整合面上,有时可以发现砾石层或底砾岩等下部岩层遭受外力剥蚀的痕迹。

不整合构造的工程影响在于:地层不连续,导致地基附加应力作用的不均匀和变形的不均匀;不整合接触带往往是薄弱的结构面,一定的边坡条件易发生滑坡、崩塌等灾害;地下水容易富集的地方,岩石强度降低,也易引发突水事故。

不整合接触根据上下地层的产状,分为平行不整合和角度不整合两类(图 2.18)。

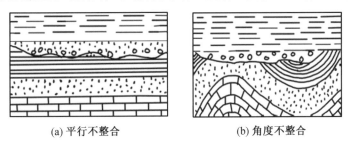

| (a) 平行不整合 | (b) 角度不整合 |

图 2.18　不整合接触关系示意图

1. 平行不整合

平行不整合是指不整合面上下的岩层彼此平行排列,岩层产状一致。底砾岩、古风化壳及风化残余型矿床,如褐铁矿、铝土矿或磷矿等是不整合存在的直接标志。不整合面上的沉积物成分常常与下伏地层的成分有关。不整合面上下的两套岩层在岩性和岩相以及所含化石的演化上都是截然不同的,是突变的,反映了因长时间的沉积间断而造成的部分地层缺失与上下两套岩层之间沉积环境的变化。

2. 角度不整合

角度不整合是指不整合面上下新老岩层之间产状明显不同,二者呈一定交角接触,在地形地质图上,不整合面以上新岩层的地质界线与下伏不同时代层位地质界线相交截。不整合面上下的新老岩层之间缺少一定时期的地层,存在沉积间断,不整合面上常发育有底砾岩和风化残余矿产。由于新老两套岩层之间存在长时期的风化剥蚀和沉积间断,因此在不整合面上、下的新老岩层的岩性、岩相及古生物演化上都截然不同。不整合面以下老岩层的构造(褶皱、断裂等)常常比上覆新岩层相对强烈且复杂,岩浆活动和变质作用也具有类似的特点。

深成侵入岩体与围岩之间的接触关系一般也是一种角度不整合,是构造地质学研究的一个重要方面。根据岩体与围岩形成的先后顺序可以识别出两种基本类型:侵入接触关系和沉积接触关系。

(1)侵入接触关系。

岩浆岩体形成晚于围岩,岩体与围岩接触的部位称为接触带,接触带靠近岩体一侧为内接触带,靠近围岩一侧为外接触带。在内、外接触带上,侵入接触关系表现出如下特点:块状岩体切穿围岩岩层,包括岩层层理、层面和各种围岩构造,当然,某些顺层侵入岩体也常常表现出顺层性;从岩体中心向接触带,岩体内表现出显著相带分布,岩体岩石成分、结构和构造等有规律地变化。在岩体内接触带发育有冷凝边,是岩体快速冷凝结晶的结果;外接触带围岩常常受到炽热岩体烘烤加热而发育有烘烤边和接触变质带或矿化蚀变现象,接触变质带表现出晕圈状分布;在岩体侵入过程中经常有围岩碎块或捕房体掉落到未冷凝的岩浆中,并在内接触带产生同化和混染现象。

(2)沉积接触关系。

岩体的形成往往伴随着造山运动或造陆运动,使之出露地表,经受风化和剥蚀作用。之后区域性沉降又使得新的沉积物质覆盖在风化面之上,此时岩体与围岩之间的接触关系称为沉积接触关系。沉积接触关系表现为:围岩覆盖在岩体之上,接触面上常常发育有风化剥蚀面和古风化壳,而不具有冷凝边、烘烤和接触变质或矿化蚀变现象;上覆沉积岩层的底层常常含有岩体的成分(砾石或碎屑);岩体内部结构和构造往往被接触面截切。

2.5 大地构造学说

大地构造学说是关于地壳构造发生、发展、分布规律形成机制和地壳运动的各种学说,主要关注地球表面山脉的形成和演化,在20世纪60年代之前流行的是地槽地台学说,在20世纪70年代之后流行的是板块构造学说。尽管对地球上地壳形成和演化有多种学说,但基本上可以归结为固定论和活动论两种。固定论以地槽地台学说为代表,认为大陆岩石圈的水平位置保持不变,只是局部地区出现线状乃至带状的下降(地槽)或者隆升(地台)。板块构造学说由大陆漂移、海底扩张和板块俯冲三个部分组成,三者"三位一体"相互联动,认为:大陆岩石圈的水平位置随时间而变化,在地质历史上出现过超大陆;海底扩张不仅产生新的地壳,而且推动大洋岩石圈俯冲;大洋岩石圈地壳岩石在下地壳深度发生榴辉岩化而密度增加,结果在大陆边缘可以俯冲进入地幔。

2.5.1 地槽地台学说

1.地槽区

地槽区代表地壳上构造运动强烈活动的地带,垂直运动速度快、幅度大,沉积作用、岩浆作用、构造运动和变质作用都十分强烈。地槽区的发展过程包括:下降阶段,整个地槽区以下降运动为主,下降速度快、幅度大;上升阶段,整个地槽区以上升运动为主,又称回返阶段。

地槽区的特征如下。

（1）巨厚的沉积建造，沉积厚度很大，表现为由陆相到海相，又由海相到陆相的一套完整的沉积系列，具有明显的节奏和清楚的韵律。

①旋回开始，下部陆屑建造（陆屑指由陆地供给的碎屑）。

②随着地层下降，形成海底火山岩建造。

③下降占优势阶段，石灰岩建造。

④回返开始，上部陆屑建造，在上部陆屑建造中经常出现一种主要由砂、泥质层交替组成的、具有明显韵律的海相陆源碎屑沉积岩层，称为复理石建造，是一种典型的地槽型沉积建造。地壳表现为频繁的振荡运动，因此形成一套独特的建造。

⑤地槽区回返后期，蒸发盐和化学沉积岩为主（如岩盐、钾盐、石膏、白云岩等）的潟湖建造。

⑥地槽区普遍回返之后，磨拉石建造（由 molasseformation 一词翻译而来）。这种建造自下而上，往往由细碎屑过渡到粗碎屑，分选很差，层理不规则（反映山地急剧上升，剥蚀加剧）、常夹红色岩层（反映气候由海洋性气候转变为大陆性干燥气候），是地槽区发展后期的产物。

（2）强烈的构造运动，地槽区的构造运动非常强烈。

（3）频繁的岩浆活动。

（4）显著的区域变质作用。

（5）丰富多样的矿产资源。

2. 地台区

地台区代表地壳上构造活动微弱、相对稳定地区，垂直运动速度缓慢、幅度小，沉积作用广泛而较均一，岩浆作用、构造运动和变质作用也都比较微弱。地台区的外形呈近似圆形，直径可达数千千米，是地壳大地构造中相对稳定的构造单元。

地台区的发展过程包括：形成地盾，地台区中有大面积基底岩石出露的地区，没有盖层；台向斜，地台区长期趋向下降的次一级构造单元；台背斜，地台区与台向斜相对应的长期趋向隆起的次一级构造单元；沉降带。

地台区的特征如下。

（1）厚度较小的沉积建造。

①地台开始下降，海水侵入，形成地台浅海。由于地台基底经过长期风化剥蚀，地势逐渐低平，特别是在湿热气候条件下，可溶物质大多淋失，而往往残余下来黏土、铝土、铁矿一类物质，因此在侵蚀面上形成铝土或铁质岩建造。如果当时植物丛生，堆积泥沙和植物遗体，则可形成砂页岩夹煤层的可燃有机岩建造。

②地台继续下降，海侵范围扩大，陆屑物质减少，而石灰岩等碳酸盐成分增加，形成石灰岩建造。

③地台回升，海水后退，陆地面积扩大，往往形成陆相碎屑建造（如砂、页岩），有时含有盐及石膏等蒸发盐。

（2）不太强烈的构造变动。

（3）微弱的岩浆活动。

（4）不太显著的变质作用。

（5）丰富的沉积矿产。

2.5.2　板块构造学说

板块构造学说在20世纪60年代建立之时,认为大陆岩石圈由于其上部地壳岩石密度低于大洋地壳,因此不能俯冲到地幔深度。但是,变质岩石学家于20世纪80年代在地壳变质岩中发现柯石英,在20世纪90年代初又发现金刚石,证明大陆地壳能够俯冲到80～120 km的地幔深度,这个认识成为发展板块构造理论的第一个里程碑。这样大洋板块俯冲形成增生造山带,大陆板块俯冲形成碰撞造山带。

无论是增生造山带还是碰撞带,它们在形成之时都经历了岩石圈加厚,形成造山带的根部,这样造山带岩石圈就厚于其两侧的非造山带岩石圈。这种加厚的岩石圈处于重力不稳定状态,在一定的时间之后发生去根作用,其拆沉原因可以是地幔侧向对流或者重力牵引。一旦加厚的造山带岩石圈发生减薄,岩石圈／软流圈边界升高,下伏的软流圈地幔就会上涌,将软流圈的高热量传导给上覆业已减薄的岩石圈,引起高温低压巴肯式变质作用乃至部分熔融,产生麻粒岩 – 混合岩 – 花岗岩组合乃至变质核杂岩侵位。类似的过程也发生在洋中脊之下软流圈地幔的降压熔融过程中,引起麻粒岩相变质和大洋核杂岩侵位。前者发生在汇聚板块边缘,后者发生在离散板块边缘,二者都出现在岩石圈伸展构造体制下,结果形成裂熔造山带。由于传统的板块构造学说是针对汇聚板块边缘的挤压构造作用,因此这种伸展体制下的板块构造作用成为发展板块构造理论的又一个里程碑。

板块构造学说的基础是大陆漂移学说和海底扩张学说。

1. 大陆漂移学说

1912年,德国气象学家魏格纳提出一种大地构造假说 —— 大陆漂移学说。魏格纳认为,在3亿年前的古生代后期,地球上所有的大陆和岛屿是连在一起的,构成一个庞大的联合古陆,称为泛大陆,周围的海洋称为泛大洋。从中生代开始,泛大陆逐渐分裂、漂移,一直漂移到现在的位置,大西洋、印度洋、北冰洋就是在大陆漂移过程中出现的,太平洋则是泛大洋的残余。

大陆漂移学说认为,较轻的花岗岩质(sial)大陆是在较重的玄武岩质(sima)底上漂移的,并列举了许多事实来证明这种漂移。例如,大洋两岸特别是大西洋两岸的轮廓凹凸相合,只要把南北美洲大陆向东移动,就可以和欧非大陆拼在一起。又如,在为大洋所分割的大陆上,地层、构造、岩相、古生物群、古气候等也都具有相似性和连续性。以古构造而论,如非洲的开普山和南美的布宜诺斯艾利斯山可以连接起来,被看作同一地质构造的延续。以古气候而论,如在南美洲、非洲、印度、澳大利亚洲都发现有石炭二叠纪的冰川堆积物,说明它们当初是连在一起的,并正好处于极地位置,是之后经过分裂、漂移才形成目前这种分布形势的。

大陆漂移学说还认为大陆漂移有两个明显的方向性:一方面,是从两极向赤道的离极运动,是由地球自转所产生的离心力引起的,东西向的阿尔卑斯山脉、喜马拉雅山脉等就是大陆壳受到从两极向赤道的挤压的结果;另一方面,是从东向西的运动,是日月对地球的引力所产生的潮汐(摩擦力)作用引起的,美洲西岸的经向山脉如科迪勒拉山脉和安第斯山脉就是美洲大陆向西漂移受到硅镁层阻挡,被挤压褶皱形成的,亚洲大陆东缘的岛弧群、小岛是陆地向西漂移时留下的残块。

该学说在当时有两点引起人们的兴趣:一是地球自转所产生的水平运动对地壳构造

形成的主导作用;二是大陆和大洋的位置并不是固定不变的。

1965 年,E. C. 布拉德重新研究了这一问题。他认为大陆的边界不应当以海岸线为准,而应当以大陆壳的边界即大陆坡的坡脚为准,并应考虑消除在大陆分裂后陆壳的增建。大陆拼接以后,在岩石、构造、地层、古生物等方面也应该对应连接在一起,这如同把一张报纸撕成碎片,不仅可以按碎片形状拼合复原,而且复原后其上面的文字也应该是连贯的。

磁极迁移曲线也证明大陆漂移是确实存在的。把已经测出的不同时代磁极迁移轨迹在图上用曲线表示出来,这一曲线称为极移曲线。

2. 海底扩张学说

若干世纪以来,地质工作都局限于大陆上。第二次世界大战后,随着科学技术的发展,各种科学深入到占地球总面积 71% 的"禁区"——海洋,展开了多方面的调查工作,并获得了大量海洋科学的资料。例如,发现或进一步弄清了大洋中脊的形态、海底地热流分布异常、海底地磁条带异常、海底地震带及震源分布、岛弧及与其伴生的深海沟、海底年龄及其对称分布、地幔上部的软流圈等。在这些新资料的基础上,1960—1962 年,赫斯(H. H. Hess)和迪茨(R. S. Deitz)首先提出了一个崭新的学说——海底扩张学说,主要包括以下内容。

(1) 地球表面最长的山脉——大洋中脊。

(2) 大洋中脊两侧的地质特征:地质现象的对称性;海底磁条带的对称排列;洋底年龄的特征。

(3) 切穿岩石圈的巨型断裂——海沟。海沟是切穿岩石圈的深大断裂;海沟是陆壳和洋壳交叉重叠的复杂地带;海沟是不对称的地热流异常区。

海底扩张学说认为,密度较小的大洋壳浮在密度较大的地幔软流圈之上,地幔温度的不均一性导致地幔物质密度的不均一性,从而在地幔或软流圈中引起物质的对流,形成若干环流,在两个向上环流的地方使大洋壳受到拉张作用,形成大洋中脊,中脊被拉开形成两排脊峰和中间谷,来自地幔的岩浆不断从洋脊涌出,冷凝后形成新的洋壳,所以大洋中脊又称生长脊,温度和热流值都较高。新洋壳不断生长,随着地幔环流不断向两侧推开,也就是如传送带一样不断向两侧扩张,因此就产生了地磁异常条带在大洋中脊两旁有规律地排列及洋壳年龄离洋脊越远则越老的现象。大洋中脊两侧向外扩张速度(半速度)为每年 1 ～ 2 cm,有的可达每年 3 ～ 8 cm。在向下环流或在不断扩张的大洋壳与大陆壳相遇的地方,前者密度较大,位置较低,便向大陆壳下俯冲,形成海沟或贝尼奥夫带。向大陆壳下面倾斜插入的大洋壳远离中脊,温度已经变冷,同时海底沉积物中的水分也被带入深部,形成海沟低热流值带。另外,由于深部地热作用,再加上强大的摩擦,在深150 ～ 200 km 处,大洋壳局部或全部熔融,形成岩浆,岩浆及挥发成分的强大内压促使其向上侵入,并携带大量热能上升,因此在海沟向陆一侧一定距离处形成高热流值。大洋壳俯冲带,由于其下部逐渐熔化、混合而消亡,因此贝尼奥夫带又称大洋壳消亡带。

海底扩张学说对于许多海底地形、地质和地球物理的特征都能做出很好的解释,特别是它提出一种崭新的思想,即大洋壳不是固定的和永恒不变的,而是经历着"新陈代谢"的过程。地表总面积基本上是一个常数,既然有一部分洋壳不断新生和扩张,那就必然有一部分洋壳逐渐消亡,这一过程大约需 2 亿年,这就是在洋底未发现年龄比这更老的岩石的缘故。

3. 板块构造学说的诞生

1967年,美国普林斯顿大学的摩根(J. Morgan)、英国剑桥大学的麦肯齐(D. P. Mekenzie)和法国的勒皮顺(X. LePichon)等把海底扩张学说的基本原理扩大到整个岩石圈,同时总结了各国学者们对岩石圈运动和演化总体规律的认识,这种学说被命名为板块构造学说,又称新的全球构造理论。

（1）构造的基本思想（板块构造学说）。

地球表层的硬壳 —— 岩石圈,相对于软流圈来说是刚性的,其下面是黏滞性很低的软流圈。岩石圈并非是整体一块,它具有侧向的不均一性,被许多活动带如大洋中脊、海沟、转换断层、地缝合线、大陆裂谷等分割成大大小小的块体,这些块体就是所说的板块。大陆漂移、海底扩张和板块构造为不可分割的"三部曲"。

（2）岩石圈板块的划分。

1968年,勒皮顺根据各方面的资料,首先将全球岩石圈划分成六大板块。随着研究工作的进展,又有人进一步在大板块中划分出许多小板块。如美洲板块分为北美板块和南美板块,印度洋板块分为印度板块和澳大利亚板块,东太平洋单独划分为一个板块,欧亚板块中分出东南亚板块以及菲律宾、阿拉伯、土耳其、爱琴海等小板块。

（3）板块的边界及类型。

① 拉张型边界,又称分离型边界,主要以大洋中脊为代表。

② 挤压型边界,又称汇聚型边界或消亡带,也称贝尼奥夫带。

③ 剪切型边界,又称平错型边界,这种边界是岩石圈既不生长,也不消亡,只有剪切错动的边界,转换断层就属于这种性质的边界。

（4）板块运动与海洋演化。

按照板块构造理论,不仅在海洋中有洋壳分裂、地幔物质涌出、新洋壳的生长,而且在大陆上也有同样的现象,前面提及的大陆裂谷就是这样的地带。东非大裂谷正处于陆壳开始张裂,即大洋发展的胚胎期。若裂谷继续发展,海水将侵入其间,像红海和亚丁湾一样,被认为是大洋发展的幼年期。如果再继续扩张,基性岩浆不断侵入和喷出,新洋壳把老洋壳向两侧推移,就会形成一个新的"大西洋"。板块构造学说认为大西洋正处于大洋发展的成年期;而太平洋的年龄比大西洋要老,它正处于大洋发展的衰退期;地中海是宽阔的古地中海经过长期发展演化的残留部分,代表大洋发展的终了期;印巴次大陆长期北移,最后和欧亚板块相撞,二者熔合在一起,形成喜马拉雅山脉以及地缝合线的形迹,地缝合线代表大洋发展的遗痕。大陆裂谷 → 红海型海洋 → 大西洋型海洋 → 太平洋型海洋 → 地中海型海洋 → 地缝合线,这一过程称为大洋发展旋回或威尔逊旋回。

（5）板块的驱动力问题。

大陆漂移学说曾认为大陆是在某些原因下主动漂流;而海底扩张和板块说则认为,新洋壳驮在软流圈上,随着对流被动移动,从洋脊起像传送带一样运载到海沟,俯冲入地幔并局部熔融,最终消失于软流圈中,构成一个封闭的循环系统。从洋脊到海沟,板块有数百到数千千米的水平运动。也有人认为地幔是固体,热只能靠传导来传递,就像对铁加热一样,而不可能产生对流。1972年,摩根(W. J. Morgan)根据卫星资料发现在全球重力图上,重力高的地方往往是板块生长和活火山分布的地方。

　　板块构造学说也能解释现代地槽形成、造山作用、海底浊流沉积和混杂堆积、蛇绿岩套、双变质带(又称成对变质带)、板块边界的火山活动性和地震活动分带性等大型地质现象。

思　考　题

　　1. 固体地球内部层圈结构及其特性是什么?

　　2. 外动力地质作用和内动力地质作用对地球表面形态的改变有何异同?

　　3. 主要的大地构造学说有哪些?

　　4. 矿物的光学性质、物理力学性质有哪些?

　　5. 常见鉴定矿物的方法有哪些? 肉眼鉴定矿物的一般方法和程序是什么? 举例说明。

　　6. 简述三大岩石的主要鉴定特征与方法。

　　7. 三大岩石的主要矿物成分、结构、构造特点及分类是什么? 常见岩石有哪些? 工程特性分别是什么?

　　8. 简述地球的地层时间单位和时间地层单位。

　　9. 地质构造分哪几种类型? 简要介绍其特征。

　　10. 影响岩石工程地质性质的因素有哪些?

第3章 岩石与岩体

3.1 岩石的物理性质与测试方法

3.1.1 岩石的基本物理性质

岩石是由固体、液体和气体组成的集合体,它的物理性质是指在岩石中三相组分的相对含量不同时所表现的物理状态。与工程相关的基本物理性质有密度、空隙性及水理性质。

1. 岩石的密度

岩石的密度是指单位体积内岩石的质量,单位为 g/cm^3,是研究岩石风化、岩体稳定性、围岩压力和选取建筑材料等必需的参数。岩石密度又分为颗粒密度和块体密度。

（1）颗粒密度。

岩石的颗粒密度(ρ_s)是指岩石固体相部分的质量与其体积的比值。它不包括空隙,因此其大小仅取决于组成岩石的矿物密度及其含量。例如,基性、超基性岩浆岩,含密度大的矿物比较多,岩石颗粒密度也偏大,其 ρ_s 值一般为 $2.7 \sim 3.2\ g/cm^3$;酸性岩浆岩,含密度小的矿物较多,岩石颗粒密度也小,其 ρ_s 值多在 $2.5 \sim 2.85\ g/cm^3$ 范围内变化;而中性岩浆岩则介于前二者之间。又如,硅质胶结的石英砂岩,其颗粒密度接近于石英密度;石灰岩和大理岩,其颗粒密度多接近于方解石密度;等等。岩石的颗粒密度属于实测指标,常用比重瓶法进行测定。

（2）块体密度。

块体密度(或岩石密度)是指岩石的单位体积质量,按岩石试件的含水状态,又有干密度(ρ_d)、饱和密度(ρ_{sat})和天然密度(ρ)之分,在未指明含水状态时一般是指岩石的天然密度。

岩石的块体密度除与矿物组成有关外,还与岩石的空隙性及含水状态密切相关。致密而裂隙不发育的岩石,块体密度与颗粒密度很接近,随着空隙、裂隙的增加,块体密度相应减小。

岩石的块体密度可采用规则试件的量积法及不规则试件的蜡封法测定。

2. 岩石的空隙性

岩石是有较多缺陷的矿物材料,在矿物间往往留有空隙。同时,岩石又经受过多种地质应力作用,往往发育有不同成因的结构面,如原生裂隙、风化裂隙及构造裂隙等。因此,岩石的空隙性比土复杂得多,即除孔隙外,还有裂隙存在。另外,岩石中的空隙有些部分往往是互不连通的,而且与大气也不相通。因此,岩石中的空隙有开型空隙和闭型空隙之分,开型空隙按其开启程度又有大、小开型空隙之分。

岩石的空隙性对岩块及岩体的水理、热学性质影响很大。一般来说,空隙率越大,岩块的强度越低,塑性变形和渗透性越大,反之亦然。同时,岩石由于空隙的存在,因此更易遭受各种风化营力作用,导致岩石的工程地质性质进一步恶化。对可溶性岩石来说,空隙率大,可以增强岩体中地下水的循环与联系,使岩溶更加发育,从而降低岩石的力学强度并增强其透水性。当岩体中的空隙被黏土等物质充填时,则又会给工程建设带来诸如泥化夹层或夹泥层等岩体力学问题。因此,对岩石空隙性的全面研究,是岩体力学研究的基本内容之一。

3. 岩石的水理性质

岩石在水溶液作用下表现出来的性质称为水理性质,主要有吸水性、软化性、抗冻性、膨胀性及崩解性等。

(1)岩石的吸水性。

岩石在一定的试验条件下吸收水分的能力称为岩石的吸水性,常用吸水率、饱和吸水率与饱水系数等指标表示。

(2)岩石的软化性。

岩石浸水饱和后强度降低的性质称为软化性,用软化系数 K_R 表示。K_R 定义为岩石试件的饱和抗压强度 R_{cw} 与干压强度的比值。研究表明,岩石的软化性取决于岩石的矿物组成与空隙性。当岩石中含有较多的亲水性和可溶性矿物,且大开型空隙较多时,岩石的软化性较强,软化系数较小。例如,黏土岩、泥质胶结的砂岩、砾岩和泥灰岩等岩石,软化性较强,软化系数一般为 0.4 ~ 0.6,甚至更低。常见岩石的物理性质见表 3.1。可知,岩石的软化系数都小于 1.0,说明岩石均具有不同程度的软化性。一般认为,软化系数 $K_R > 0.75$ 时,岩石的软化性弱,同时也说明岩石抗冻性和抗风化能力强。

表 3.1　常见岩石的物理性质

岩石类型	颗粒密度 $\rho_s/(\mathrm{g \cdot cm^{-3}})$	块体密度 $\rho_s/(\mathrm{g \cdot cm^{-3}})$	空隙率 $n/\%$	吸水率 /%	软化系数 K_R
花岗岩	2.50 ~ 2.84	2.30 ~ 2.80	0.4 ~ 0.5	0.1 ~ 4.0	0.72 ~ 0.97
闪长岩	2.60 ~ 3.10	2.52 ~ 2.96	0.2 ~ 0.5	0.3 ~ 5.0	0.60 ~ 0.80
辉绿岩	2.60 ~ 3.10	2.53 ~ 2.97	0.3 ~ 5.0	0.8 ~ 5.0	0.33 ~ 0.90
辉长岩	2.70 ~ 3.20	2.55 ~ 2.98	0.3 ~ 4.0	0.5 ~ 4.0	—
安山岩	2.40 ~ 2.80	2.30 ~ 2.70	1.10 ~ 4.5	0.3 ~ 4.5	0.81 ~ 0.91
玢岩	2.60 ~ 2.84	2.40 ~ 2.80	2.1 ~ 5.0	0.4 ~ 1.7	0.78 ~ 0.81
玄武岩	2.60 ~ 3.30	2.50 ~ 3.10	0.5 ~ 7.2	0.3 ~ 2.8	0.3 ~ 0.95
凝灰岩	2.56 ~ 2.78	2.29 ~ 2.50	1.5 ~ 7.5	0.5 ~ 7.5	0.52 ~ 0.86
砾岩	2.67 ~ 2.71	2.40 ~ 2.66	0.8 ~ 10.0	0.3 ~ 2.4	0.50 ~ 0.96
页岩	2.57 ~ 2.77	2.30 ~ 2.62	0.4 ~ 10.0	0.5 ~ 3.2	0.24 ~ 0.74
石灰岩	2.48 ~ 2.85	2.30 ~ 2.77	0.5 ~ 27.0	0.1 ~ 4.5	0.70 ~ 0.94
泥灰岩	2.70 ~ 2.80	2.10 ~ 2.70	1.0 ~ 10.0	0.5 ~ 3.0	0.44 ~ 0.54

续表 3.1

岩石类型	颗粒密度 $\rho_s/(g \cdot cm^{-3})$	块体密度 $\rho_s/(g \cdot cm^{-3})$	空隙率 $n/\%$	吸水率/%	软化系数 K_R
白云岩	2.60 ~ 2.90	2.10 ~ 2.70	0.3 ~ 25.0	0.1 ~ 3.0	—
片麻岩	2.63 ~ 3.01	2.30 ~ 3.00	0.7 ~ 2.2	0.1 ~ 0.7	0.75 ~ 0.97
石英片岩	2.60 ~ 2.80	2.10 ~ 2.70	0.7 ~ 3.0	0.1 ~ 0.3	0.44 ~ 0.84
绿泥石片岩	2.80 ~ 2.90	2.10 ~ 2.85	0.8 ~ 2.1	0.1 ~ 0.6	0.53 ~ 0.69
千枚岩	2.81 ~ 2.96	2.71 ~ 2.86	0.4 ~ 3.6	0.5 ~ 1.8	0.67 ~ 0.96
泥质板岩	2.70 ~ 2.85	2.30 ~ 2.80	0.1 ~ 0.5	0.1 ~ 0.3	0.39 ~ 0.52
大理岩	2.80 ~ 2.85	2.60 ~ 2.70	0.1 ~ 6.0	0.1 ~ 1.0	—
石英岩	2.53 ~ 2.84	2.40 ~ 2.80	0.1 ~ 8.7	0.1 ~ 1.5	0.94 ~ 0.96

软化系数是评价岩石力学性质的重要指标,特别是在水工建设中,对评价坝基岩体稳定性具有重要意义。

（3）岩石的抗冻性。

岩石抵抗冻融破坏的能力称为抗冻性,常用冻融系数和质量损失率来表示。

冻融系数（R_d）是指岩石试件经反复冻融后的干抗压强度 R_{c2} 与冻融前干抗压强度 R_{c1} 之比。

岩石在冻融作用下强度降低和破坏的原因:一是岩石中各组成矿物的体膨胀系数不同,以及在岩石变冷时不同层中温度的强烈不均匀性,因此产生内部应力。二是岩石空隙中冻结水的冻胀作用。水冻结成冰时,体积增大达 9% 并产生膨胀压力,使岩石的结构和联结遭受破坏。据研究,冻结时岩石中所产生的破坏应力取决于冰的形成速度及其局部压力消散的难易程度间的关系,自由生长的冰晶体向四周的伸展压力是其下限（约 0.05 MPa）,而完全封闭体系中的冻结压力,在 −22 ℃ 温度作用下可达 200 MPa,使岩石遭受破坏。

（4）岩石的膨胀性。

岩石的膨胀性是指岩石浸水后体积增大的性质。某些含黏土矿物（如蒙脱石、水云母及高岭石）成分的软质岩石,经水化作用后在黏土矿物的晶格内部或细分散颗粒的周围生成结合水溶剂膜（水化膜）,并且在相邻近的颗粒间产生楔劈效应,只要楔劈作用力大于结构联结力,岩石就显示膨胀性。大多数结晶岩和化学岩是不具有膨胀性的,这是因为岩石中的矿物亲水性小和结构联结力强。如果岩石中含有绢云母、石墨和绿泥石一类矿物,则由于这些矿物结晶具有片状结构的特点,因此水可能渗进片状层之间,同样产生楔劈效应,有时也会引起岩石体积增大。

岩石膨胀性一般用膨胀力和膨胀率两项指标表示,这些指标可通过室内试验确定。目前国内大多采用土的固结仪和膨胀仪测定岩石的膨胀性。

（5）岩石的崩解性。

岩石的崩解性是指岩石与水相互作用时失去黏结性并变成完全丧失强度的松散物质的性能。这种现象是水化过程中削弱了岩石内部的结构联络引起的,常见于由可溶盐和黏土质胶结的沉积岩地层中。

3.1.2　岩石物理力学性质的测试方法

1. 岩石的质量指标

与岩石的质量有关的指标是岩石最基本,也是在岩石工程中最常用的指标。

(1)岩石的颗粒密度。

岩石的颗粒密度是指岩石固体物质的质量与其体积的比值。岩石颗粒密度通常采用比重瓶法来求得,其试验方法见相关的国家标准。岩石颗粒密度计算公式为

$$\rho_s = \frac{m_s}{m_1 + m_s - m_2} \cdot \rho_0 \tag{3.1}$$

式中,m_s 为固体颗粒质量;m_1 为瓶、水加和质量;m_2 为瓶、水、试样加和质量;ρ_0 为与试样温度相同的蒸馏水的密度。

(2)岩石的块体密度。

岩石的块体密度是指单位体积岩块的质量。按照岩块含水率的不同,可分成干密度、饱和密度和湿密度。

① 岩块的干密度。岩石的干密度通常是指在烘干状态下岩块单位体积的质量。该指标一般采用量积法求得,即将岩块加工成标准试件(满足圆柱体直径为 48 ~ 54 mm,高径比为 2.0 ~ 2.5,含大颗粒的岩石,其试件直径应大于岩石最大颗粒直径的 10 倍,并对试件加工具有以下的要求:沿试件高度,直径或边长的误差不得大于 0.3 mm,试件两端面的不平整度误差不得大于 0.05 mm,端面垂直于试件轴线,最大偏差不得大于 0.25)。测量试件直径或边长以及高度后,将试件置于烘箱中,在 105 ~ 110 ℃ 的恒温下烘 24 h,再将试件放入干燥器内冷却至室温,最后称量试件的质量。岩块干密度计算公式为

$$\rho_d = \frac{m_s}{HA} \tag{3.2}$$

式中,H 为试样平均高度;A 为试样平均底面积。

② 岩块的饱和密度。岩块的饱和密度是指在岩块的空隙中充满水的状态下(饱和状态)所测得的密度。饱和密度的试验方法通常也可采用量积法,只是在岩块称重前,使试件成为饱和状态。一般可采用真空抽气法和水浸法两种方法使试件饱和,建议采用真空抽气法,由此求得的指标偏差较小。

③ 岩块的湿密度。湿密度一般认为是指岩块在天然状态下的密度。由于岩块在取样、加工过程中都用水来冷却切割工具,因此在工程中不太采用这个参数,而很少求该指标。但是,在有些工程对岩块的湿密度有特殊需要,必须提供该指标时,通常采用蜡封法求该指标。蜡封法可按下式计算岩块的干密度与湿密度(ρ),即

$$\rho = \frac{m}{\dfrac{m_1 - m_2}{\rho_w} - \dfrac{m_1 - m}{\rho_p}} \tag{3.3}$$

$$\rho_d = \frac{\rho}{1 + 0.01w} \tag{3.4}$$

式中,m 为试样的烘干质量;蜡封试样在空气中的质量;m_2 为蜡封试样在水中的质量;ρ_p 为石蜡的密度;ρ_w 为水的密度;ρ_d 为干密度;ρ 为天然密度;w 为含水量(百分数形式)。

2. 岩石的水理指标

(1) 岩石的含水率。

岩石的含水率是指岩石试件中含水的质量与固体质量的比值。由于岩块的含水率大都较小,因此对岩块含水率试验也提出了相对比较高的要求,采集试样不得采用爆破或钻孔法。在试件采取、运输、储存和制备过程中,其含水率的变化不得大于 1%。岩块的含水率试验采用烘干法,即将从现场采取的试件加工成不小于 40 g 的岩块,放入烘箱内在 105 ~ 110 ℃ 的恒温下将试件烘干,然后将其放置在干燥器内冷却至室温称其质量,重复上述过程直至将试件烘干至恒重为止。恒重的判断条件是相邻 24 h 两次称量之差不超过后一次称量的 0.1%,最后可按下式计算岩石的含水量,即

$$w = \frac{m_0 - m_s}{m_s} \times 100\%$$ (3.5)

(2) 岩石的吸水性。

岩石的吸水性主要采用其吸水率来表示。岩石的吸水率是指岩石在某种条件下吸入水的质量与岩石固体质量的比值,它是一个间接反映岩石中孔隙多少的指标。岩石的吸水率按其试验方法的不同可分为岩石吸水率和岩石饱和吸水率两个指标。

① 岩石吸水率。岩石吸水率一般都采用规则试件进行试验(规则试件的具体要求同前所述的标准试件要求)。该试验方法是先将试件放入烘箱,在 105 ~ 110 ℃ 烘 24 h,取出后放入干燥器内冷却至室温后称量 m_s。将试件放入水槽,先放入 1/4 试件高度的水,然后每隔 2 h 将水分别增至试件高度的 1/2 和 3/4 处,6 h 后将试件全部浸入水中,放置 4 h 后,擦干表面水分称量 m_0。岩石吸水率计算公式为

$$W_a = \frac{m_0 - m_s}{m_s} \times 100\%$$ (3.6)

② 岩石饱和吸水率。岩石饱和吸水率是采用强制方法使岩石饱和,通常采用煮沸法或真空抽气法。当采用煮沸法饱和试件时,要求容器内的水面始终高于试件,煮沸时间不得小于 6 h;当采用真空抽气法时,同样要求容器内水面始终高于试件,真空压力表面读数为 100 kPa。直至无气泡逸出为止,并要求真空抽气时间不得小于 4 h。最后擦干饱和试件表面水分称量,其饱和吸水率计算公式为

$$W_{sa} = \frac{m_p - m_s}{m_s} \times 100\%$$ (3.7)

(3) 岩石的膨胀性和耐崩解性。

① 岩石的膨胀性。岩石的膨胀性是指在天然状态下含易吸水膨胀矿物岩石的膨胀特性,这主要反映含有黏土矿物的岩石的性质。由于黏土矿物遇水后颗粒之间的水膜将增厚,因此最终将导致其体积增大,这对于岩石的力学特性以及岩石工程的施工将造成较大的影响,有必要掌握这类岩石遇水时的膨胀性,以改进施工与支护设计的参数。岩石的膨胀性通常可用自由膨胀率、侧向约束膨胀率和膨胀压力来表示。

a. 自由膨胀率。自由膨胀率是表示易崩解的岩石在天然状态下不受任何条件的约束,岩石浸水后自由膨胀(径向和轴向)变形量与试件原尺寸之比。

　　自由膨胀率试验一般是将采用干法加工成的试件放入自由膨胀率试验仪器（图 3.1），按图示的方法放置好试件及其量测仪表，最后缓慢地向盛水容器四周注入纯水，直至淹浸上部透水板，随后测度千分表的变形读数。开始的 1 h 内，每隔 10 min 测读一次，以后每小时测读一次，直至 3 次读数差不大于 0.001 mm 后终止试验。另外，要求浸水后试验时间不得小于 48 h。岩石的自由膨胀率计算公式为

$$\begin{cases} V_H = \dfrac{\Delta H}{H} \times 100\% \\[2mm] V_P = \dfrac{\Delta p}{p} \times 100\% \end{cases} \tag{3.8}$$

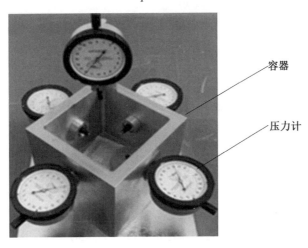

图 3.1　自由膨胀率试验仪器

　　b. 岩石侧向约束膨胀率。岩石侧向约束膨胀率是岩石试件在有侧限条件下，轴向受有限荷载时，浸水后产生的轴向变形与试件原高度的比值。岩石侧向约束膨胀试验，一般将加工好的试件放入内涂有凡士林的金属套环内，并在试件上下分别设置薄型滤纸和透水板，随后在试件顶部放上能对试件持续施加 5 kPa 压力的金属荷载块，并在上面安装垂直千分表，安装完毕后可按上述自由膨胀率的试验方法及终止试验条件进行试验。岩石侧向约束膨胀率的计算公式为

$$V_{\mathrm{HP}} = \dfrac{\Delta H_1}{H} \times 100\% \tag{3.9}$$

　　c. 膨胀压力。岩石的膨胀压力是指岩石试件浸水后保持原表体积不变所需的压力。岩石的膨胀压力通常是将按要求加工成的试件放入金属套环内，并在试件上下两端放置薄型滤纸和金属透水板，随后安装加压系统及位移量测系统。可利用测得的荷载按下式计算膨胀压力，即

$$p_{\mathrm{s}} = \dfrac{F}{S} \tag{3.10}$$

　　② 岩石的耐崩解性。岩石的耐崩解性是表示黏土类岩石和风化岩石抗风化能力的一个指标，是模拟日晒雨淋的过程，在特定的试验设置中，经过干燥和浸水两个标准循环后，试件残留的质量与原质量的比值。岩石的耐崩解性用岩石耐崩解性指数（I_{d2}）表示。甘布尔耐崩解性分级见表 3.2。岩石耐崩解性指数计算公式为

$$I_{d2} = \frac{m_\gamma}{m_s} \times 100\% \tag{3.11}$$

表 3.2　甘布尔耐崩解性分级

组名	一次 10 min 旋转后留下的百分数（按干重计）/%	两次 10 min 旋转后留下的百分数（按干重计）/%
极高的耐久性	> 99	> 98
高耐久性	98 ~ 99	95 ~ 98
中等高的耐久性	95 ~ 98	85 ~ 95
中等的耐久性	85 ~ 95	60 ~ 85
低耐久性	60 ~ 85	30 ~ 60
极低的耐久性	< 60	< 30

（4）岩石的超声波波速。

岩石的超声波波速是利用超声波在岩石中的传播过程中，其微裂隙和孔隙的存在影响其传播的速度特性，进而评价岩石致密程度的一个指标。

岩石超声波可根据质点的振动方向与其传播方向的异同分成两类波速。当给予岩石一个脉冲后，质点振动的方向与其传播的方向垂直的波速称为横波或剪切波；岩质点的振动方向与传播的方向一致的波速称为纵波或压缩波。

岩石的超声波波速一般在规则试件上进行。根据换能器布置的方法，波速测试有直透法或平透法两种。其中，直透法是最常用的方法。试验时要求将试件放置于测试架中，并对换能器施加约 0.15 MPa 的压力，测试纵波或横波在试件中行走的时间，最后将发射、接收换能器对接，测读零延时。超声波波速的计算公式为

$$\begin{cases} v_p = \dfrac{L}{t_p - t_0} \\ v_s = \dfrac{L}{t_s - t_0} \end{cases} \tag{3.12}$$

3. 岩石的强度特性

岩石的强度分成单轴抗压强度、抗拉强度、抗剪强度及三轴压缩强度等。下面主要介绍岩石在前三种不同荷载作用下的强度特性。

（1）岩石的单轴抗压强度。

岩石的单轴抗压强度是指岩石试件在无侧限条件下，受轴向力作用破坏时，单位面积上所施加的荷载，其计算公式为

$$R_c = \frac{p}{A} \tag{3.13}$$

① 岩石单轴抗压强度的试验方法。　按照国家《工程岩体试验方法标准》（GBT 50266—2013）中的要求，岩石试件的加工应满足前面所叙述的标准试件的要求，并将其放在试验机中心，以 0.5 ~ 1.0 MPa/s 的速度加载至破坏。同时，要求在试验前对试件进行详细的描述，内容包括岩性和岩石中所包含的节理之间的关系、含水状态等项目，并记录试件破坏后的形态。

② 岩石在单轴抗压试验破坏后的形态特征。在外荷载作用下,岩石试件破坏后的形态是表现岩石破坏机理的重要特征,它不仅表现出岩石受力过程中的应力分布状况,还反映了不同试验条件对它的影响。岩石在单轴抗压强度试验中出现的破坏形态可分成以下两种。

a. 圆锥形破坏。圆锥形破坏如图 3.2(a) 所示,这类破坏形态的试件,由于中间的岩石被剥离,因此岩石破坏后呈两个尖顶在一起的圆锥体。经分析可知,产生这种破坏形态的主要原因是上、下压板在施加荷载时,与岩石试件端面之间产生了较大的摩擦力,促使岩石端部产生了一个相当于箍的约束作用。此时,岩石试件内的应力 – 应变分布如图 3.2(b) 所示。拉应力的作用使得这部分岩石被剥离而形成圆锥体,因此从某种意义上来说,圆锥体的破坏形态并没有真正反映其破坏特征,而是带有试验系统所给予的影响。

b. 柱状劈裂破坏。柱状劈裂破坏如图 3.2(c) 所示,在发现圆锥形破坏的真正原因之后,有人在上下压板与试件端面之间涂上了一层薄薄的凡士林以减小接触面之间的摩擦力,最终岩石试件因产生平行于所施加的轴向力的裂缝而破坏。对于不同的岩石所含的矿物成分和所含裂隙不同,局部还会出现一些较小的斜向裂缝。应该说柱状劈裂破坏是真正反映岩石单轴压缩破坏的形态。

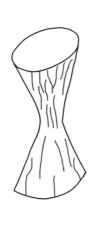 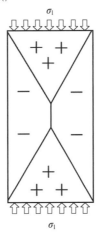 

(a) 圆锥形破坏　　　　(b) 应力-应变分布　　　　(c) 柱状劈裂破坏

图 3.2　单轴抗压试验

③ 岩石单轴抗压强度的影响因素。

a. 承压板给予单轴抗压强度的影响。除上述试件端面与承压板之间的摩擦力影响试件的破坏形态外,承压板的刚度也将影响试件端面的应力分布状态。由研究可知,当承压板刚度很大时,在刚性承压板之间压缩时岩石端面的应力分布很不均匀,呈山字形(图 3.3)。显然,这将影响整个试件的受力状态。

因此,试验机的承压板(或者垫块)应尽可能采用与岩石刚度相接近的材料,避免因刚度的不同而引起变形不协调造成应力分布不均匀的现象,减少对强度的影响。

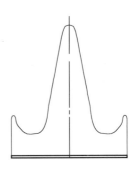

图 3.3　在刚性承压板之间压缩时岩石端面的应力分布

b. 试件尺寸及形状对单向轴抗压强度的影响。

岩石力学试验最早采用边长为 5 cm 的立方体试件。经研究发现,试件的尺寸、形状、高径比都将影响岩石的强度值。

ⅰ. 岩石试件的形状。方形试件的四个边角会产生很明显的应力集中现象,这将影响整个试件在受力后的应力分布状态。此外,从另外一个角度来说,方柱体的试件加工要比圆柱形试件困难得多,不易达到有关加工精度的要求。因此,目前绝大多数的国家都采用圆柱形的岩石试件。

ⅱ. 岩石试件的尺寸。试件的强度通常随其尺寸的增大而减小,这就是岩石力学中的尺寸效应。据研究发现,试件的尺寸对其强度的影响在很大程度上取决于组成岩石的矿物颗粒的大小。研究结果表明,岩石试件的直径为 4 ~ 6 cm,且满足试件直径大于其最大矿物颗粒直径的 10 倍以上的岩石试件,强度值较为稳定。因此,目前采取直径为 4.8 ~ 5.4 cm 且直径大于最大矿物颗粒直径 10 倍以上的岩石试件作为标准尺寸。

ⅲ. 岩石试件的高径比。在图 3.4(a) 中,可以看到由于高径比 h/d 的不同,对岩石强度产生的影响不同。从曲线的特征中明显地看出了高径比在 2 ~ 3 时,岩石单轴抗压强度值已趋于稳定的特性。可见,取高径比为 2 ~ 3 时,对其强度来说是比较合理的。

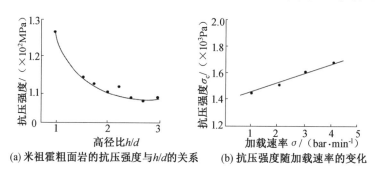

(a) 米祖霍粗面岩的抗压强度与h/d的关系   (b) 抗压强度随加载速率的变化

图 3.4 岩石的单向轴抗压强度的影响因素

一般采用直径为 4.8 ~ 5.4 cm、高度为直径的 2.0 ~ 2.5 倍的圆柱形试件进行岩石室内力学试验,不仅考虑尺寸、形态、高径比对其强度的影响,同时还考虑岩石力学试验结果的可比性。

c. 加载速率对单轴抗压强度的影响。岩石的单轴抗压强度通常随加载速率的提高而增大,如图 3.4(b) 所示。在很高的加载速率下,如冲撞等试验所求得的单轴抗压强度甚至可数倍于缓慢加载的试验结果。经微观分析发现,由于矿物在高速率加载时未充分变形而提高了它抗外荷载的能力,因此选择适当的加载速率对其试验结果来说是比较重要的。我国有关岩石力学试验标准中规定,加载速率应控制在 0.5 ~ 10 MPa/s,且按岩石的软硬不同可取其不同的加载速率,这一加载速率与国外的许多试验标准中所提出的要求是一致的。

d. 环境对岩石单轴抗压强度的影响。

ⅰ. 岩石的软化系数。在完全烘干状态下与饱和状态下所求得的单轴抗压强度值有着一定的差别,这一差别在软岩中表现得更为突出,即前者的值往往比后者大得多。岩石的软化系数是岩石中的不同含水率影响单轴抗压强度的一个具体的反映。由于孔隙中的水对岩石中的矿物的风化、软化、膨胀以及溶蚀作用,因此在饱和状态下岩石单轴抗压强度有所降低。对于泥岩、黏土岩、页岩等软弱的岩石,二者的差值甚至可达 2 ~ 3 倍;而对于致密坚硬的岩石,二者的差别甚小。典型岩石的抗压强度与软化特性见表3.3。

表3.3　典型岩石的抗压强度与软化特性

岩石名称	抗压强度/MPa		软化系数 η
	干抗压强度 R_{cd}	饱和抗压强度 R_{cs}	
花岗岩	40.0 ~ 220.0	25.0 ~ 205.0	0.75 ~ 0.97
闪长岩	97.7 ~ 232.0	68.8 ~ 159.7	0.60 ~ 0.74
辉绿岩	118.1 ~ 272.5	58.0 ~ 245.8	0.44 ~ 0.90
玄武岩	102.7 ~ 290.5	102.0 ~ 192.4	0.71 ~ 0.92
石灰岩	13.4 ~ 206.7	7.8 ~ 189.2	0.58 ~ 0.94
砂岩	17.5 ~ 250.8	5.7 ~ 245.5	0.44 ~ 0.97
页岩	57.0 ~ 136.0	13.7 ~ 75.1	0.24 ~ 0.55
黏土岩	20.7 ~ 59.0	2.4 ~ 31.8	0.08 ~ 0.87
凝灰岩	61.7 ~ 178.5	32.5 ~ 153.7	0.52 ~ 0.86
石英岩	145.1 ~ 200.0	50.0 ~ 176.8	0.96
片岩	59.6 ~ 218.9	29.5 ~ 174.1	0.49 ~ 0.80
千枚岩	30.1 ~ 49.4	28.1 ~ 33.3	0.69 ~ 0.96
板岩	123.9 ~ 199.6	72.0 ~ 149.6	0.52 ~ 0.82

岩石的软化系数的计算公式为

$$\eta = \frac{R_{cs}}{R_{cd}} \tag{3.14}$$

式中, η 为岩石的软化系数; R_{cs} 为饱和状态下岩石的单轴抗压强度,MPa; R_{cd} 为干燥状态下岩石的单轴抗压强度,MPa。

ⅱ.温度对岩石单轴抗压强度的影响。

岩石力学试验一般是在室温条件下进行的。温度对岩石强度的影响并不是很明显。然而,若对岩石试件进行加温,则岩石轴向压缩强度将产生明显的变化。地热的利用以及在核电工程中核废料处置等具体问题中,温度对岩石力学性质的影响成为非常重要、急于解决的研究课题之一。近年来,人们很重视温度对岩石的力学特性的影响的研究。据最新的研究报道,温度对岩石强度的影响主要表现为两个方面:一是温度的升高使岩石内的化学成分、结晶水等产生变化,进而影响了岩石的强度,由试验结果可知,当温度加至180 ℃ 左右时,岩石中矿物周围的部分结晶水会消失,使强度降低,当加温高达380 ℃ 左右时,石英等矿物会发生晶变而使强度急剧下降;二是随着温度的提高,岩石内将储存一定的热应力,进而使岩石的抵抗外荷载的能力降低,温度对岩石强度的影响是一个很复杂的问题,从总体上来说,温度的增加会使岩石强度降低,但也有人提出,在180 ℃ 左右时,对强度影响不大的说法,因此是一个有待于进一步深入研究的课题。除以上的影响因素外,岩石矿物成分、颗粒尺寸、孔隙率等也都将影响岩石的强度。

(2) 岩石的抗拉强度。

岩石的抗拉强度是指岩石试件在受到轴向拉应力后其试件发生破坏时的单位面积所

能承受的拉力。岩石是一种具有许多微裂隙的介质,在进行抗拉强度试验时,岩石试件的加工和试验环境的易变性使人们不得不对其试验方法进行大量的研究,并提出了多种求抗拉强度值的方法。以下对目前常用的四种方法做简要介绍。

① 直接拉伸法。直接拉伸法是利用岩石试件与试验机夹具之间的黏结力或摩擦力,对岩石试件直接施加拉力,测试岩石抗拉强度的一种方法。通过试验可按下式求得其抗拉强度值 R_t,即

$$R_t = \frac{P}{A} \tag{3.15}$$

式中,P 为试件破坏的轴向抗荷载,N;A 为试件横戴面积,mm。

进行直接拉伸法试验的关键在于:一是岩石试件与夹具间必须有足够的黏结力或者摩擦力;二是所施加的拉力必须与岩石试件同轴心。否则,会出现岩石试件与夹具脱落,或者偏心荷载,试件的破坏断面不垂直于岩石试件的轴心等现象,致使试验失败。

② 抗弯法。抗弯法是利用结构试验中梁的三点或四点加载的方法,使梁的下沿产生纯拉应力,使岩石试件产生断裂破坏的原理,间接地求出岩石的抗拉强度值。此时,其抗拉强度值可按下式求得,即

$$\sigma_t = \frac{MC}{I} \tag{3.16}$$

式(3.16)的成立是建立在以下四个基本假设基础之上的:梁的截面严格保持为平面;材料是均质的,服从胡克定律;弯曲发生在梁的对称面内;拉伸和压缩的应力 – 应变特性相同。对于岩石而言,第四个假设与岩石的特性存在较大的差别。因此,利用抗弯法求得的抗拉强度也存在一定的偏差,且试件的加工也远比直接拉伸法麻烦。此方法应用比直接拉伸法相对少些。

③ 劈裂法(巴西法)。劈裂法又称径向压裂法,因为是由南美洲巴西人杭德罗斯(Hondros)提出的试验方法,故被称为巴西法。这种试验方法是用一个实心圆柱形试件,使其承受径向压裂线荷载直至破坏,求出岩石的抗拉强度。按我国《工程岩体试验方法标准》规定,圆柱体试件的直径应为48 ~ 54 cm,其厚度为直径的0.5 ~ 1.0倍,并应大于岩石最大颗粒的10倍。根据布辛奈斯克(Bousinesq)半无限体上作用着集中力的解析解,求得试件破坏时作用在试件中心的最大拉应力为

$$\sigma_t = \frac{2P}{\pi d t} \tag{3.17}$$

式中,σ_t 为岩石的抗拉强度,MPa;P 为试件的破坏荷载,N;t 为试件直径,mm。

根据解析解的结果,要求试验时所施加的线荷载必须通过试件的直径,并在破坏时其破裂面亦通过该试件的直径。否则,试验结果将带来较大的误差。

④ 点荷载试验法。点荷载试验法是一种简便的现场试验方法。该试验方法最大的特点是可利用现场取得的任何形状的岩块,可以是 5 cm 的钻孔岩芯,也可以是开挖后掉落下的不规则岩块,不做任何岩样加工直接进行试验。该试验装置是一个极为小巧的设备,其加载原理类似于劈裂法,不同的是劈裂法所施加的是线荷载,而点荷载法施加的是点荷载,点荷载强度指数 I 可按下式求得,即

$$I = \frac{P}{D^2} \tag{3.18}$$

式中，I 为未经修正的岩石点荷载强度，MPa；P 为破坏荷载，N；D 为等价岩石直径，mm。

经过大量试验数据的统计分析，提出了表示点荷载强度指数与岩石抗拉强度之间的近似的关系式，即

$$R_t = 0.96I = \frac{0.96P}{D^2} \tag{3.19}$$

由于点荷载试验的结果离散性较大，因此要求每组试验必须达到一定的数量，通常进行 15 个试件的试验，最终按其平均值求得其强度指数并推算出岩石的抗拉强度。最近，由于许多岩体工程分类中都采用了荷载强度指数作为一个定量的指标，因此有人建议采用直径为 5 cm 的钻孔岩芯作为标准试样进行试验，使点荷载试验的结果更趋合理，且具有较强的可比性。

（3）岩石的抗剪强度。

岩石的抗剪强度是指岩石在一定的应力条件下（主要指压应力）所能抵抗的最大剪应力，通常用 τ 表示。

岩石的抗剪强度有三种：抗剪断强度、抗切强度和弱面抗剪强度（包括摩擦强度）。这三种强度试验的受力条件不同（图 3.5）。室内的岩石剪切强度测定，最常用的是测定岩石的抗剪断强度，一般用楔形剪切仪（图 3.6）。

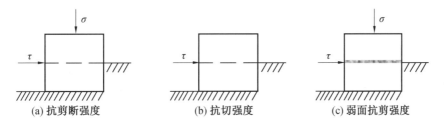

(a) 抗剪断强度　　　　　(b) 抗切强度　　　　　(c) 弱面抗剪强度

图 3.5　岩石的抗剪强度试验

把岩石试件置于楔形剪切仪中，并放在压力机上进行加压试验，则作用于剪切平面上的法向压力 N 与切向力 Q 可按下式计算，即

$$\begin{cases} N = P\cos \alpha + f\sin \alpha \\ Q = P\sin \alpha - f\sin \alpha \end{cases} \tag{3.20}$$

试件剪切面积 A 除上式，即可得到受剪面上的法向应力 σ 和剪应力 τ（试件受剪破坏时，即为岩石的抗剪断强度），即

$$\begin{cases} \sigma = \dfrac{N}{A} = \dfrac{1}{A}(P\cos \alpha + f\sin \alpha) \\ \tau = \dfrac{Q}{A} = \dfrac{1}{A}(P\sin \alpha - f\cos \alpha) \end{cases} \tag{3.21}$$

一般采用 α 角度为 30° ~ 70°（以采用较大的角度为好），分别按上式求出相应的 α 值及 τ 值，就可以在 $\alpha - \tau$ 坐标纸上作出它们的关系曲线。

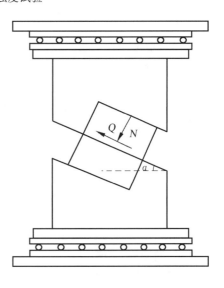

图 3.6　岩石抗剪断试验

岩石的抗剪断强度关系曲线是一条弧形曲线,一般把它简化为直线形式。这样,岩石的抗剪断强度 τ 与压应力 α 之间有

$$\tau = \sigma \tan \varphi + c \tag{3.22}$$

3.2 岩体的变形与破坏

3.2.1 结构体与结构面

岩体是指地质体中与工程建设或地质灾害发生有关的那部分岩石,它是由结构面与结构体组成的地质体。结构面是指具有一定方向性、力学强度相对较低、两向延伸的地质界面,如岩层层面、裂隙、断层面、软弱夹层、不整合面等。结构体是指不含结构面的岩石块体,由结构面在空间上切割成不同形状。

结构面的规模大小不仅影响岩体的力学性质,而且影响工程岩体力学作用及其稳定性。按结构面延伸长度、切割深度、破碎带宽度及其力学效应,可将结构面分为以下五级。

Ⅰ 级,指大断层或区域性断层,一般延伸约数千米至数十千米以上,破碎带宽约数米至数十米乃至几百米以上。有些区域性大断层往往具有现代活动性,给工程建设带来很大的危害,直接关系着建设地区的地壳稳定性,影响山体稳定性及岩体稳定性。因此,一般的工程应尽量避开,当不能避开时,也应认真进行研究,采取适当的处理措施。

Ⅱ 级,指延伸长而宽度不大的区域性地质界面,如较大的断层、层间错动、不整合面及原生软弱夹层等。其规模贯穿整个工程岩体,长度一般为数百米至数千米,破碎带宽数十厘米至数米。常控制工程区的山体稳定性或岩体稳定性影响工程布局,具体建筑物应避开或采取必要的处理措施。

Ⅲ 级,指长度数十米至数百米的断层、区域性节理、延伸较好的层面及层间错动等,宽度一般为数厘米至 1 m。它主要影响或控制工程岩体,如地下洞室围岩及边坡岩体的稳定性等。

Ⅳ 级,指延伸较差的节理、层面、次生裂隙、小断层及较发育的片理、劈理面等,长度一般数十厘米,小者仅数厘米至十几厘米,宽度为零至数厘米不等,是构成岩块的边界面,破坏岩体的完整性,影响岩体的物理力学性质及应力分布状态。该级结构面数量多,分布具有随机性,主要影响岩体的完整性和力学性质,是岩体分类及岩体结构研究的基础,也是结构面统计分析和模拟的对象。

Ⅴ 级,又称微结构面,指隐节理、微层面、微裂隙及不发育的片理、劈理等,其规模小,连续性差,常包含在岩块内,主要影响岩块的物理力学性质。

不同级别的结构面,对岩体力学性质的影响及在工程岩体稳定性中所起的作用不同。如 Ⅰ 级结构面控制工程建设地区的地壳稳定性,直接影响工程岩体稳定性;Ⅱ 级结构面控制工程岩体力学作用的边界条件和破坏方式,它们的组合往往构成可能滑移岩体(如滑坡、崩塌等)的边界面,直接威胁工程的安全稳定性;Ⅲ 级结构面主要控制岩体的结构、完整性和物理力学性质,是岩体结构研究的重点;Ⅳ 级结构面数量多且具有随机性,其分布规律一般用统计方法进行研究;Ⅴ 级结构面控制岩块的力学性质。各级结构面互相制约、互相影响。同时,结构面的产状(尤其倾向和倾角)、连续性、密度、张开度、形状、

充填物特性等也对岩体的变形和破坏有很大作用。

结构体因结构面的级别不同导致其规模不同,一般将结构体划分为四级。Ⅰ级结构面所切割的Ⅰ级结构体,规模大,达数平方千米,甚至更大,称为地块或断块;Ⅱ、Ⅲ级结构面切割的Ⅱ、Ⅲ级结构体规模又相应减小;Ⅳ级结构面切割Ⅳ级结构体,称为岩块,是组成岩体最基本的单元体,Ⅳ级结构体规模最小,其内部还包含微裂隙、隐节理等Ⅴ级结构面。较大级别的结构体是由许多较小级别的结构体组成的,并存在于更大级别的结构体之中。结构体的特征常用其规模、形态及产状等进行描述。结构体的规模取决于结构面的密度,密度越小,结构体的规模越大,常用单位体积内的Ⅳ级结构体数(块度模数)来表示,也可用结构体的体积表示。结构体的规模不同,在工程岩体稳定性中所起的作用也不同。

3.2.2　结构体的变形特性

结构体在外荷载作用下,首先产生变形,随着荷载的不断增加,变形也不断增加,当荷载达到或超过某一定限度时,将导致岩块破坏。结构体变形分为弹性变形、塑性变形和流变变形,但由于结构体的矿物组成及结构构造的复杂性,因此结构体的变形性质比较复杂。结构体的变形性质是岩体力学研究的一个重要方面,且常可通过结构体变形试验所得到的应力 – 应变 – 时间关系及变形模量、泊松比等参数来进行研究。

1. 单轴压缩条件下的岩块变形性质

在单轴连续加载条件下,对结构体试件进行变形试验时,可得到各级荷载下的轴向应变 ε_L 和横向应变 ε_d,其体积应变 ε_V 为

$$\varepsilon_V = \varepsilon_L \varepsilon_d \tag{3.23}$$

通过单轴试验可绘制出反映岩块变形特征的应力 – 应变曲线。用含微裂隙且不太坚硬的岩块制成试件,在刚性压力机上进行试验时,可得到如图 3.7 所示岩块的应力 – 应变全过程曲线,据此可将岩块变形过程划分成不同的阶段。

(1)孔隙裂隙压密阶段(图 3.7,*OA* 段)。

试件中原有张开性结构面或微裂隙逐渐闭合,岩石被压密,形成早期的非线性变形。$\sigma – \varepsilon$ 曲线呈上凹型,曲线斜率随应力增加而逐渐增大,表明微裂隙的闭合开始较快,随后逐渐减慢。本阶段变形对裂隙化岩石来说较明显,而对坚硬少裂隙的岩石则不明显,甚至不显现。

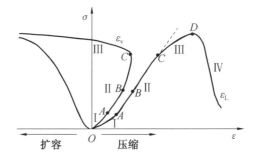

图 3.7　岩块的应力 – 应变全过程曲线

（2）弹性变形至微破裂稳定发展阶段（图 3.7，AC 段）。

弹性变形至微破裂稳定发展阶段的 $\sigma - \varepsilon_L$ 曲线呈近似直线关系，而曲线 $\sigma - \varepsilon_V$ 开始（AB 段）为直线关系，随 σ 增加逐渐变为曲线关系，据其变形机理又可细分弹性变形阶段（AB 段）和微破裂稳定发展阶段（BC 段）。弹性变形阶段不仅变形随应力成比例增加，而且在很大程度上表现为可恢复的弹性变形，B 点的应力可称为弹性极限。微破裂稳定发展阶段的变形主要表现为塑性变形，试件内开始出现新的微破裂，并随应力增加而逐渐发展，当荷载保持不变时，微破裂也停止发展。由于微破裂的出现，因此试件体积压缩速率减缓，$\sigma - \varepsilon_V$ 曲线偏离直线向纵轴方向弯曲。这一阶段的上界应力 C 点应力称为屈服极限。

（3）非稳定破裂发展阶段（或称累进性破裂阶段，图 3.7，CD 段）。

进入非稳定破裂发展阶段后，微破裂的发展出现了质的变化。由于破裂过程中所造成的应力集中效应显著，因此即使外荷载保持不变，破裂仍会不断发展，并在某些薄弱部位首先破坏，应力重新分布，其结果又引起次薄弱部位的破坏。依次进行下去，直至试件完全破坏，试件由体积压缩转为扩容，轴向应变和体积应变速率迅速增大。试件承载能力达到最大，本阶段的上界应力称为峰值强度或单轴抗压强度。

（4）破坏后阶段（图 3.7，D 点以后段）。

岩块承载力达到峰值后，其内部结构完全破坏，但试件仍基本保持整体状。到本阶段，裂隙快速发展、交叉且相互联合形成宏观断裂面。此后岩块变形主要表现为沿宏观断裂面的块体滑移，试件承载力随变形增大迅速下降，但并不降到零，说明破裂的岩石仍有一定的承载能力。

从以上试验结果可知，岩块试件在外荷载作用下由变形发展到破坏的全过程，是一个渐进性逐步发展的过程，具有明显的阶段性。就总体而言，可分为两个阶段：一是峰值前阶段（或称前区），以反映岩块破坏前的变形特征，它又可分为若干个小的阶段；二是峰值后阶段（或称后区）。目前，对前区曲线的分类及其变形特征研究较多，资料也比较多，而对后区的变形特征则研究不够。

迪尔（Deere）和米勒（Miller）提出以岩块的单轴抗压强度（σ_c）和模量比（E_t/σ_c，为 $\sigma_c/2$ 处的切线模量 E_t 与 σ_c 的比值）作为分类指标。分类时首先按 σ_c 将岩块分为五类，岩块抗压强度（σ_c）分类见表 3.4，然后按 E_t/σ_c 将岩块分为表 3.5 中的三类，最后综合二者，将岩块划分成不同类别，如 AH（高模量比极高强度岩块）、BL（低模量比高强度岩块）等。

表 3.4　岩块抗压强度（σ_c）分类

类别	岩块分类	σ_c/MPa	岩石类型举例
A	极高强度	> 200	石英岩、辉长岩、玄武岩
B	高强度	$100 \sim 200$	大理岩、花岗岩、片麻岩
C	中等强度	$50 \sim 100$	砂岩、板岩
D	低强度	$25 \sim 50$	煤、粉砂岩、片岩
E	极低强度	$1 \sim 25$	白垩、盐岩

表 3.5　岩块模量(E_t/σ_c)分类表

类别	E_t/σ_c 分类	E_t/σ_c
H	高模量比	> 500
M	中等模量比	200 ~ 500
L	低模量比	< 200

2. 三轴压缩条件下的结构体变形性质

实际工程中,工程岩体常常处于三向应力状态中。为此,研究结构体在三轴压缩条件下的变形与强度性质将具有更重要的实际意义。三轴压缩条件下的结构体变形与强度性质主要通过三轴试验进行研究。三轴试验分为真三轴试验($\sigma_1 > \sigma_2 > \sigma_3$)和常规三轴试验($\sigma_1 > \sigma_2 = \sigma_3$)。目前国内外普遍使用的是常规三轴试验,取得的成果也较多。真三轴试验较少,仅在一些科研院所及巨型工程中采用,并取得了一些成果。这里主要介绍常规三轴试验及其成果。

三轴试验在加轴压的过程中同时测定试件的变形值,一般根据一组试件(4个以上试样)的试验可得到如下成果:不同围压σ_3下的三轴压缩强度σ_{1m};强度包络线及剪切强度参数值C、φ值;应力差$(\sigma_1 - \sigma_3)$ – 轴向应变(ε_L)曲线和变形模量。根据这些成果即可分析岩块在三轴压缩条件下的变形与强度性质。

试验表明,围压作用对结构体或岩块的变形性质与单轴压缩时显著不同。普遍的规律是:破坏前岩块的应变随围压增大而增加;随围压增大,岩块的塑性也不断增大,且由脆性逐渐转化为延性(图 3.8),这说明围压是影响结构体或岩块力学属性的主要因素之一。通常把岩石由脆性转化为延性的临界围压称为转化压力,岩石越坚硬,转化压力越大,反之亦然。

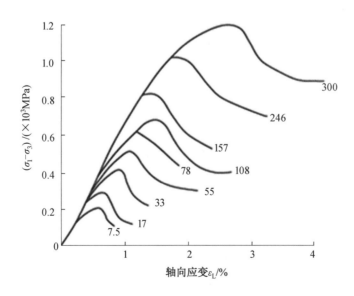

图 3.8　不同围压下花岗岩的应力 – 应变曲线

结构体或岩块在三轴压缩条件下的破坏模式(图3.9)大致可分为脆性劈裂、剪切及塑性流动三类。但具体岩块的破坏方式,除受岩石本身性质影响外,在很大程度上受围压的控制。随着围压的增大,岩块从脆性劈裂破坏逐渐向塑性流动过渡,破坏前的应变也逐渐增大。

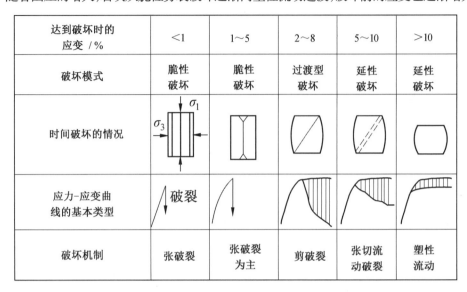

达到破坏时的应变 / %	<1	1～5	2～8	5～10	>10
破坏模式	脆性破坏	脆性破坏	过渡型破坏	延性破坏	延性破坏
时间破坏的情况					
应力-应变曲线的基本类型	破裂				
破坏机制	张破裂	张破裂为主	剪破裂	张切流动破裂	塑性流动

图3.9 结构体或岩块在三轴压缩条件下的破坏模式

3. 岩体结构面的变形特性

大量的工程实践表明,在工程荷载(一般小于10 MPa)范围内,工程岩体的失稳破坏有相当一部分是沿软弱结构面破坏的。例如,法国的马尔帕塞坝坝基岩体、意大利瓦依昂水库库岸滑坡、中国拓溪水库塘岩光滑坡等,都是岩体沿某些软弱结构面滑移失稳造成的。结构面的强度性质是评价岩体稳定性的关键。结构面及其充填物的变形是岩体变形的主要组分,控制工程岩体的变形特性。同时,结构面也是岩体中渗透水流的主要通道。在荷载作用下,结构面的变形又将极大地改变岩体的渗透性、应力分布及其强度。并且,荷载作用下岩体中的应力分布也受结构面及其力学性质的影响。

由于岩体中的结构面是在各种不同地质作用中形成和发展的,因此结构面的变形和强度性质与其成因及发育特征密切相关。结构面的变形与强度性质可以通过室内外岩体力学试验进行研究。

在同一种岩体中分别取一件不含结构面的完整岩块试件和一件含结构面的岩块试件,分别对这两种试件施加连续法向压应力。可以得到如下的试验 $\sigma - V$ 曲线(图3.10),且有如下规律。

(1)加载过程随着法向应力的增加,结构面闭合变形迅速增长,所有试样应力变形曲线均呈上凹型。当 σ 增到一定值时,变形曲线变陡,岩块和含嵌合结构面岩块试样的变形曲线大致平行,说明这时变形主要由岩块变形控制。

(2)从变形上看,在初始压缩阶段,含结构面岩块的变形主要是由结构面的闭合造成的。有试验表明,当 $\sigma = 1$ MPa 时,结构面形变约为岩块形变的30倍。

(3)当法向应力大约在1/3的岩石强度峰值强度时,含结构面岩块的变形由以结构面的闭合变形转变为以岩块的弹性变形为主。

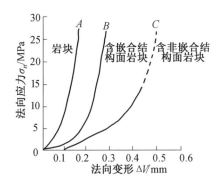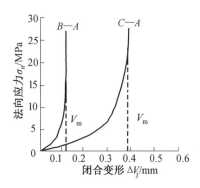

图 3.10　典型岩块和结构面法向变形曲线

（4）结构面的应力－应变曲线大致为以 $\Delta V = V_m$ 为渐近线的非线性曲线（双曲线或指数曲线）。试验研究表明，曲线的形状与结构面的类型及岩块性质无关，其曲线形状可用初始的受力历史及初始应力法向刚度及最大闭合量有关的量来确定。

（5）结构面的最大闭合量始终小于结构面的张开度，因为结构面是凹凸不平的，两壁面间无论多高的压力（两壁岩石不产生破坏的条件下），也不可能达到 100% 的接触。试验表明，结构面两壁面一般只能达到 40% ~ 70% 的接触。

如果分别对不含结构面和含结构面岩块连续施加一定的法向荷载后，逐渐卸荷，则可得到卸载过程中的应力－变形曲线，其具有如下特点。

（1）结构面卸荷变形曲线为以 $\Delta V = V_m$ 为渐近线的非线性曲线。卸荷后的残余变形不能恢复，不能恢复部分称为松胀变形。据研究，这种残余变形的大小主要取决于结构面的张开度、粗糙度、壁岩强度，以及加、卸载循环次数等因素。

（2）对比岩块和结构面的卸荷曲线，结构面的卸荷刚度比岩块的加荷刚度大。

（3）随着循环次数的增加，应力－应变曲线逐渐变陡，且整体向左移，每次循环下的结构面变形均显示出滞后和非弹性变形。

（4）每次循环荷载所得的曲线形状十分相似，且其特征与加荷方式及其受力历史无关。

3.3　岩体的工程分类与工程特性

岩体工程分类既是工程岩体稳定性分析的基础，也是评价岩体工程地质条件的一个重要途径。岩体工程分类实际上是通过岩体的一些简单和容易实测的指标，把工程地质条件和岩体的力学性质联系起来，并借鉴已建工程设计、施工和处理等方面成功与失败的经验教训，对岩体进行归类的一种工作方法，其目的是通过分类，概括地反映各类工程岩体的质量好坏，预测可能出现的岩体力学问题，为工程设计、加固、建筑物选型和施工方法选择等提供参数和依据。目前国内外已提出的岩体分类方案得到大家共识的有数十种之多，多以考虑地下洞室围岩稳定性为主，有定性的，也有定量或半定量的，有单一因素分类，也有考虑多种因素的综合分类。各种方案所考虑的原则和因素也不尽相同，但岩体的完整性和成层条件、岩块强度、结构面发育情况和地下水等因素都不同程度地考虑到了。

3.3.1 岩体结构类型及岩体工程分类原则

1. 岩体的结构类型

为概括岩体的变形破坏机理及评价岩体稳定性,可根据岩体的节理化程度,划分岩体的结构类型。岩体结构划分为 4 个大类和 11 个亚类(表 3.6)。

表 3.6 围岩分类方法(GB 50287—99)

围岩类别	围岩稳定性	围岩总评分 T	围岩强度应力比 S	支护类型
I	稳定。围岩可长期稳定,一般无不稳定块体	$T > 85$	> 4	不支护或局部锚杆或喷薄层混凝土。大跨度时,喷混凝土、系统锚杆加钢筋网
II	基本稳定。围岩整体稳定,不会产生塑性变形,局部可能产生掉块	$85 \geq T > 65$	> 4	
III	局部稳定性差。围岩强度不足,局部会产生塑性变形	$65 \geq T > 45$	> 2	喷混凝土、系统锚杆加钢筋网。当跨度为 20 ~ 25 m 时,要另外再浇筑混凝土衬砌
IV	不稳定。围岩自稳时间很短,规模较大的各种变形和破坏都可能发生	$45 \geq T > 25$	> 2	喷混凝土、系统锚杆加钢筋网,并浇筑混凝土衬砌
V	极不稳定。围岩不能自稳,变形破坏严重	$T < 25$		

2. 岩体工程分类原则

岩体工程分类经历了从定性到定量、从单一指标到多指标综合分类的过程。

(1)按强度或岩石力学属性的分类。

20 世纪 50 年代,我国曾经按岩石的极限抗压强度把岩石分为四类:特坚硬岩石、坚硬岩石、次坚硬岩石、软岩。同时,按岩石坚固性系数值大小的普氏分类也被采用。20 世纪 70 年代,中国科学院地质研究所和长春地质学院提出了按岩体属性分类,不同类型的岩体采用不同的计算方法。

(2)按岩体稳定性的综合分类。

1972 年以来,中国科学院、国家建委及铁道部门先后提出了按岩体结构的分类方法。1985 年水利电力部颁布的《水工隧洞设计规范(试行)》(SD134—84)中,建议按岩体结构、结构面及其组合状态、地下水的状态等地质因素评价围岩的稳定性,并且把围岩划分为稳定、基本稳定、稳定性差、不稳定和极不稳定 5 个围岩类别。

(3)按岩体质量等级的分类。

按岩体质量指标分类体系,RQD(Rock Quality Designation)主要有:岩体质量评分(RMR)、岩体结构评价(RSR)、按岩体质量指标 Q 的分类、按岩体质量系数 Z 的分类和按岩体基本质量 BQ 的分类。

20 世纪 90 年代初,我国总结了国内外岩体分类的经验,从我国 103 个工程中收集了

460 组实测数值进行统计分析,最终确定以岩石单轴饱和抗压强度 R_b 和岩体完整性系数 K_v 两种参数评价岩体的基本质量 BQ(BQ = 90 + 3R_b + 250K_v)。

围岩类别与围岩强度应力比 S 的关系,即 Ⅰ 类与 Ⅴ 类围岩与 S 无关,Ⅱ 类、Ⅲ 类与 Ⅳ 类围岩与 S 有关,需要根据 S 值进行调整,有

$$S = R_b \times K_v / \sigma_m$$

抗压强度、完整性系数、地下水的赋值为范围值,要用内插法赋值确定。以抗压强度为例。对于坚硬岩,抗压强度大于 100 MPa 时为 30 分,大于 60 MPa 时为 20 分,如某岩石饱和抗压强度为 80 MPa,则(80 − 60)/(A − 20) = (100 − 60)/(30 − 20),A = 25。

围岩分类方法的普氏方法:以岩石试件的单轴抗压强度作为分类依据,根据普氏坚固性系数 f 将岩石分为十级,有

$$f = \frac{R_c}{10} \tag{3.24}$$

式中,R_c 为岩石单轴抗压强度,MPa。

f 值越大,岩体越稳定。$f \geq 20$ 为 Ⅰ 级,最坚固;$f \leq 0.3$ 为 Ⅹ 级,最软弱(表 3.7)。

表 3.7　围岩分类方法的普氏表

分级	坚硬程度	主要岩性	坚固系数 f
Ⅰ	极坚硬	石英岩、玄武岩	20
Ⅱ	很坚硬	花岗岩、石英斑岩、石英砂岩	15
Ⅲ	坚硬	很硬的砂岩、石灰岩、大理岩、白云岩	10 ~ 8
Ⅳ	相当坚硬	砂岩、片岩	6 ~ 5
Ⅴ	普通	很硬的砂岩、片岩和石灰岩、泥灰岩	4 ~ 3
Ⅵ	相当软	泥灰岩、软片岩、白垩、石膏	3 ~ 2
Ⅶ	软岩	密实岩土、黏壤土、沙砾	1 ~ 0.8
Ⅷ	土质地层	耕植土、泥炭、湿砂	0.6
Ⅸ	散粒岩体	砂、湿砾、松散土	0.5
Ⅹ	流沙	流沙、沼泽土、含水黄土	0.3

普氏法的优点是形式简单、使用方便,缺点是未考虑岩体的完整性、岩体结构特征对稳定性影响,不能准确评价岩体的稳定性。

Barton 等依据 200 个工程实例,于 1974 年提出了国际上应用较普遍,较方便、切合实际的分类方法。依据岩芯的岩石质量指标、节理组数、最脆弱的节理的粗糙度系数及其蚀变程度或填充情况、裂隙水的折减系数和应力折减系数等 6 个因子计算围岩的 Q 值,并依据 Q 值将围岩分为 9 级,即

$$Q = \frac{RQD}{J_n} \cdot \frac{J_r}{J_a} \cdot \frac{J_w}{SRF} \tag{3.25}$$

式中,RQD 为岩石质量指标;J_n 为节理组数评分;J_r 为节理面粗糙度评分;J_w 为按裂隙水条件评分;J_a 为节理蚀变程度评分;SRF 为按地应力影响评分(应力折减系数)。Q 反映了岩体质量的如下三个方面。

第一项表示岩体的完整性(RQD):很差 RQD = 0 ~ 25%;差,RQD = 25% ~ 50%;一般,RQD = 50% ~ 75%;好,RQD = 75% ~ 90%;很好,RQD = 90% ~ 100%。实际应用中,隔5选取即足够精度,即100、95、90、…。当 RQD ≤ 10% 时,则可取10%。

第二项表示结构面的形态、充填物特征及次生变化程,用节理粗糙度影响系数 J_r 值表示:不连续节理,J_r = 4;粗糙或不规则的波状节理,J_r = 3;光滑的波状节理,J_r = 2;带擦痕面的波状节理,J_r = 1.5;粗糙或不规则的平面状节理,J_r = 1.5;光滑的平面状节理,J_r = 1.0;带擦痕面的平面状节理,J_r = 0.5;节理中具有足够厚的黏土矿物、砂、砾石或岩粉(厚度大于起伏差),J_r = 1.0(前7个为节理面完全接触,第8个为节理面不接触情况)。使用时,若有关的节理组平均间距大于 3 m,J_r 按上述取值 + 1。对于具有线理且带擦痕的平面状节理,若线理指向最小强度方向,则 J_r = 0.5。

第三项表示水与其他应力存在时对岩体质量的影响,多用节理蚀变影响因素值(J_a)、裂隙水折减系数(J_w)值和应力折减系数(SRF)值表示。节理完全闭合:节理壁紧密接触,坚硬、无软化、充填物不透水,J_a = 0.75;节理壁无蚀变、表面只有污染物,J_a = 1.0 (25° ~ 35°);节理壁轻度蚀变、不含软弱充填物,J_a = 2.0(25° ~ 35°);含粉砂质或砂质黏土和黏土细粒(非软化的),J_a = 3.0(20° ~ 25°);含软化的黏土矿物(不连续,厚度 ≤ 1 ~ 2 mm),J_a = 4.0(8° ~ 16°),节理壁在剪切错动10 cm前是接触的;含砂粒和无黏土的岩石碎块等,J_a = 4.0(25° ~ 30°);含有厚度小于5 mm超固结的、非软化的黏土矿物,J_a = 6.0(16° ~ 24°);含有厚度小于5 mm 中等或轻度固结的软化的黏土矿物,J_a = 8.0 (12° ~16°);含有厚度小于5 mm膨胀性黏土充填物,取决于黏土颗粒含量及含水量,J_a = 8.0 ~ 12.0(6° ~ 12°)。

当节理剪切,节理面不再接触后,则根据节理面内的充填物性质再分类,一般 J_a = 6 ~ 8、8 ~ 12 或 13 ~ 20(6° ~ 24°)。

裂隙水折减系数(J_w)取值规律见表3.8。

表3.8　裂隙水折减系数(J_w)取值规律

裂隙水情况	J_w	近似的水压力 /(kg·cm⁻³)
开挖时干燥,或有少量水入渗,即只有局部渗入,渗水速度小于 5 L/min	1.0	< 1.0
中等入渗,或充填物偶然受水压冲击	0.66	1.0 ~ 2.5
大量渗入,为或为高水压,节理未充填	0.5	2.5 ~ 10
大量入渗,或高水压,节理充填物被大量带走	0.33	2.5 ~ 10
异常大的入渗,或具有很高的水压,但水压随时间衰减	0.1 ~ 0.2	> 10
异常大的入渗,或具有很高且持续的无显著衰减的水压	0.05 ~ 0.1	> 10

应力折减系数(SRF)取值分为四种施工情况:软弱破碎带中开挖;坚硬岩石中开挖;挤压性岩体中开挖;膨胀性岩体中开挖。以下主要介绍软弱破碎带开挖。

软弱破碎带中开挖时,含黏土或软弱岩石多处出现,围岩十分松散,SRF = 10.0;含黏土或软弱岩石局部出现,埋深小于 50 m,SRF = 5.0;含黏土或软弱岩石局部出现,埋深大于 50 m,SRF = 2.5;岩石坚固不含黏土但多见剪切带,松散,SRF = 7.5;坚硬岩石,含单一剪切带,埋深小于 50 m,SRF = 5.0;坚硬岩石,含单一剪切带,埋深大于 50 m,SRF = 2.5;含松散的张开节理,节理很发育,SRF = 5.0。

基于 Q 值的岩体分类如图 3.11 所示。

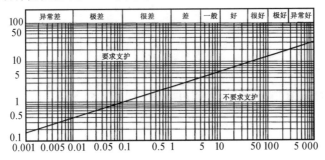

图 3.11　基于 Q 值的岩体分类

地下开挖当量直径为

$$D_r = \frac{跨度、直径或高度}{巷道支护比\ ESR}$$

Barton 关于开挖体支护比 ESR 取值见表 3.9。

表 3.9　Barton 关于开挖体支护比 ESR 取值

开挖工程类型	ESR
临时性巷道	3 ~ 5
永久性矿山巷道、水电站引水隧洞(不含高水头)、大型开挖体的导洞等	1.6
地下储藏室、地下污水处理厂、次要公路及铁路隧道、调压室、隧道联络通道	1.3
地下电站、主要公路及铁路隧道、民防设施、隧道入口及交叉口	1.0
地下核电站、地铁车站、地下运动场和公共设施、地下厂房	0.8

3.4　岩体的力学特性测试技术

岩体的物理力学特性对岩体的稳定性有至关重要的影响。工程中,岩体的测试主要包括初始地应力测试、应力重分布测量、静力和动力作用下岩体的反应测试等。其中,地应力测试最为困难。目前常用的岩体物理力学特性测试方法包括应力解除法、水压致裂法、声波法、应变片法等。

3.4.1　岩体的声波测试技术

声波测试技术现已变成一种常规的勘测技术,在工程地质中的应用越来越广泛。该技术具有设备简单、测试时间短、测试面广、经济实用等特点,其测试结果结合地质勘查资料能较合理地评价岩石及岩体的多种物理力学特性相关指标。岩体声波检测所使用的波动频率为几百赫到 50 kHz(现场岩体原位测试)或 100 ~ 1 000 kHz(岩石样品测试)。

岩体声波检测随检测目的、检测距离的不同,应用不同频率的震源,见表 3.10。

表 3.10　不同频率震源的检测目的、检测距离

检测目的	所用震源	震源频率 /kHz	探测距离 /m	备注
大距离检测岩体完整性	锤击震源	$0.5 \sim 5.0$	$1 \sim 50$	
跨孔检测岩体溶洞、软弱结构面	电火花震源	$0.5 \sim 8.0$	$1 \sim 50$	
岩体松动范围、风化壳划分评价	超声换能器	$20 \sim 50$	$0.5 \sim 10$	
岩体灌浆补强效果检测	超声换能器	$20 \sim 50$	$1 \sim 10$	
岩体动弹性参数、横波测试	换能器/锤击	$(20 \sim 50)/(0.5 \sim 5)$	$(0.5 \sim 10)/(1 \sim 50)$	
岩石试件纵波与横波声速测试	超声换能器	$100 \sim 1\ 000$	$0.01 \sim 0.15$	岩石试件尺寸决定
地质工程施工质量检测	换能器/锤击	$20 \sim 50/0.5 \sim 5$	$0.5 \sim 10/1 \sim 50$	

岩体声波检测技术得到广泛应用,有着完善的物理基础。首先讨论岩体的声速与岩体物性间的关系。鉴于岩体的结构特征和检测的对象既有大块的岩体也有小尺寸的岩石试件,由固体中波动方程的解可知,岩体或岩石的几何尺寸与声波波长相对关系不同,边界条件是不一样的,声速的表达式也是不一样的。

理论及试验证明,当介质与声波传播方向相垂直的尺寸 D,存在 $D > (2 \sim 5)\lambda$ 时,介质可认为是无限体介质(介质的尺寸远比波长 λ 大)。

无限体纵波的声波传播速度为

$$v_{\mathrm{P}} = \sqrt{\frac{E}{\rho} \times \frac{1 - \mu}{(1 + \mu)(1 - 2\mu)}} \tag{3.26}$$

无限体横波的声波传播速度为

$$v_{\mathrm{S}} = \sqrt{\frac{G}{\rho}} = \sqrt{\frac{E}{\rho} \times \frac{1}{2(1 + \mu)}} \tag{3.27}$$

式中,E 为弹性模量,Pa;G 为剪切模量,Pa;μ 为泊松比(无量纲);ρ 为密度,kg/m³。

当固体介质不连续时,如存在波阻抗界面(波阻抗的定义是介质密度 ρ 与声速 c 的乘积,即 $Z = \rho c$),声波传播的声线与 $n = x$ 的界面相垂直时称为垂直入射。在该界面处,将产生垂直反射,反射系数为

$$R_P = \frac{P_1}{P} = \frac{\rho_2 c_2 - \rho_1 c_1}{\rho_2 c_2 + \rho_1 c_1} = \frac{Z_2 - Z_1}{Z_2 + Z_1} \tag{3.28a}$$

$$R_v = \frac{v_1}{v} = \frac{\rho_1 c_1 - \rho_2 c_2}{\rho_1 c_1 + \rho_2 c_2} = \frac{Z_1 - Z_2}{Z_1 + Z_2} \tag{3.28b}$$

式(3.28a)中的 R_P 称为声压反射系数,说明了反射时质点振动的应力关系;式(3.28b)中的 R_v 称为振速反射系数。同理可推导出声压透过系数为

$$R_{\mathrm{T}} = \frac{P_2}{P} = \frac{2Z_2}{Z_2 + Z_1} \tag{3.29}$$

垂直反射比较简单,不产生波型转换。如果在波阻抗界面处入射声波是斜入射的,则

会产生反射、折射及波型转换。

岩体的结构是复杂的,根据岩体结构的分类,可有块状结构、层状结构、碎裂状结构、散体结构。

块状结构岩体中声波传播,可近似视为均匀无限介质中的传播,比较简单,如花岗岩、巨厚层灰岩、砂岩、大理岩等。

层状结构岩体中的声波在这类岩体中传播要复杂一些。由于岩石的各层波阻抗分别为 Z_1、Z_2、Z_3,且 Z_1、Z_2、Z_3 不相等,因此可以看到垂直波阻抗界面入射的纵波 P,声波的传播较为简单,斜入射纵波 P 要复杂一点,在界面处有波形的转换,折射的 PP 波到 Z_2 与 Z_3 界面再次折射和波形转换,于是接收点会收到 PPP 波和 PPS 波,不仅接收波组会变得复杂,波的传播时间也会加长。如果考虑再复杂些岩体(图 3.12),三层模型的 Z_1 与 Z_2 间和 Z_2 与 Z_3 间的波阻抗界面的折射及波形转换全部加以考虑,那么到达接收点的波组将有 PPP 波、PSP 波、PPS 波、PSS 波,最先到达的是 PPP 波,最后到达的是 PSS 波,其他两组波在中间先后到达。这不仅使接收的波组复杂、拉长,声时也会加长。这类岩体有片麻岩、页岩,以及由层理、片理、裂隙分隔块状岩体等。

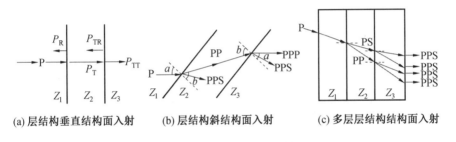

(a) 层结构垂直结构面入射　　(b) 层结构斜结构面入射　　(c) 多层层结构结构面入射

图 3.12　层状岩体中的声波

碎裂结构岩体可用图 3.13 所示碎裂岩体中的声波模型加以模拟,由于岩体的层理、节理、片理、裂隙结构面较为发育,因此岩体被切割成碎块状,各块的波阻抗分别为 Z_1、Z_2、Z_3、Z_4、…。发射点入射的纵波 P 若只考虑各界面处的折射(反射暂不考虑)在各个波阻抗界面处的波型转换,则在接收点接收的波组有 PPP 波、PSP 波、PPS 波、PSS 波。如果再考虑波阻抗界面的反射,可以想象问题会复杂得多。实际的岩体会更复杂,可以推论其接收波组更复杂,但最先到达的仍是 PP…P 波,声时会更加长(声速降低),波组也会更复杂且波列更拉长。因为考虑最先到达的首波声时,所以反射波组可暂不考虑。

散体结构岩体有断层破碎带、构造及风化裂隙密集结构面及组合错综复杂的岩体强风化带。这类岩体如果有一定的含水量,则低频率的声波(如几百至几千赫兹)可以穿透,但需要较大的发射能量,而超声频的弹性波是无能为力的。

声波的传播是质点振动的传递过程,质点在振动传递过程中的振动幅度也就是声波的波幅。声波波幅会随着质点振动的相互碰撞,在动能转换成热能的过程中,质点振动的能量耗损使其振动幅度渐减,称为声波的衰减。声波的衰减显然随岩石的岩性、结构及声波频率的不同而各异,同一种岩石,声波频率越高,衰减越快。岩体声波检测使用的换能器的辐射面均小于波长,接近点震源,辐射的声波为半球面波,故声波波幅的衰减还与声能的扩散有关。接收点的声波的波幅 A 与传播距离的关系为

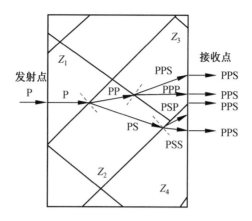

图 3.13　碎裂岩体中的声波模型

$$A = \frac{1}{l} A_{\mathrm{m}} \mathrm{e}^{-\alpha l} \qquad (3.30)$$

式中,A_{m} 为发射点的声波波幅;α 为声波衰减系数,是频率的函数,$\alpha = af + bf^2 + cf^4$;$l$ 为声波传播距离。

由此,可以通过式(3.30)测取岩体的声波衰减系数,但声波衰减系数是频率的函数(也就是"衰减谱"),应用起来比较困难,在声波检测仪没有实现数字化之前,无法用声波的衰减系数来评价岩体的物性,只能利用声波波幅的相对变化来检测评价岩体裂隙的分布及发育、断层破碎带、滑坡体滑带、岩石风化特征等。

现在,数字化声波检测仪频谱分析应用已很广泛,与频率有关的衰减系数可以用"衰减谱"来实现了,即可在同一块岩体的同一条测线上与发射换能器相间的不同距离 l_1 和 l_2,接收两组声波信号 $s_1(t)$ 及 $s_2(t)$,如果 $s_1(t)$ 的频谱为 $B_1(f)$,$s_2(t)$ 的频谱为 $B_2(f)$,则可以计算出岩体的声波衰减谱为

$$\alpha = \frac{\ln \dfrac{B_1(f)}{B_2(f)} - \ln \dfrac{l_2}{l_2}}{l_2 - l_1} = Q(f) \qquad (3.31)$$

式中,$B_1(f)$ 和 $B_2(f)$ 分别为两组声信号的频谱,它们的表达式分别为

$$\begin{cases} B_1(f) = \mid B_{\mathrm{m}_1}(f) \mid \mathrm{e}^{j\Phi_1(f)} \\ B_2(f) = \mid B_{\mathrm{m}_2}(f) \mid \mathrm{e}^{j\Phi_2(f)} \end{cases} \qquad (3.32)$$

将式(3.32)代入式(3.31),求出岩体的声波衰减谱为

$$Q(f) = \frac{\ln \dfrac{\mid B_{\mathrm{m}_1}(f) \mid}{\mid B_{\mathrm{m}_2}(f) \mid} - \ln \dfrac{l_2}{l_1}}{l_2 - l_1} - j \frac{\Phi_1(f) - \Phi_2(f)}{l_2 - l_1} \qquad (3.33)$$

可知衰减振幅谱为

$$\mid Q(f) \mid = \left[\left(\frac{\ln \dfrac{\mid B_{\mathrm{m}_1}(f) \mid}{\mid B_{\mathrm{m}_2}(f) \mid} - \ln \dfrac{l_2}{l_1}}{l_2 - l_1} \right)^2 + \left(\frac{[\Phi_1(f) - \Phi_2(f)]}{l_2 - l_1} \right)^2 \right]^{\frac{1}{2}} \qquad (3.34)$$

同样衰减相位谱为

$$\Phi(f) = \arctan \frac{\Phi_1(f) - \Phi_2(f)}{\ln \frac{|B_{m_1}(f)|}{|B_{m_2}(f)|} - \ln \frac{l_2}{l_1}} \tag{3.35}$$

用衰减谱 $Q(f)$ 可以更好地反映岩体的物性。最后要强调的是:一是要保证发射的声波是半球面波,这一点容易做到;二是声波信号频谱分析时只分析有意义的直达波信号,波列的续至部分不可参与频谱分析。

在岩体中随着传播距离加大,或岩体裂隙的发育程度、风化成程的不同,接收到的脉冲波的高频成分衰减较快,接收信号的主频(能量最丰富的频率)降低。因此,接收到的声波信号的频率特性可反映出岩体的物理性状。接收信号的频率由上述的吸收衰减谱可以全面的加以反应。

声速与弹性力学参数如下。

(1)泊松比:

$$\mu = \frac{(v_P/v_S)^2 - 2}{2[(v_P/v_S)^2 - 1]} \tag{3.36}$$

(2)剪切模量:

$$G = v_S^2 \rho \times 10^{-6} \tag{3.37}$$

(3)弹性模量:

$$E = v_P^2 \rho \frac{(1+\mu)(1-2\mu)}{(1-\mu)} \times 10^{-6} \tag{3.38}$$

式中,v_P 为纵波声速,m/s;v_S 为横波声速,m/s;ρ 为岩土质量密度,kg/m^3。

泊松比 μ 反映的是岩体弹性性能,即岩体的“软”“硬”程度。泊松比与纵、横声速之比有着密切的关系,所以岩体声波检测常用纵、横波速度之比来反映岩体的物理性状。纵、横波速度比 v_P/v_S 与泊松比 μ 的关系见表 3.11。

表 3.11　纵横波速度比 v_P/v_S 与泊松比 μ 的关系

μ	0.20	0.22	0.25	0.27	0.30	0.33	0.35	0.40	0.49
v_P/v_S	1.63	1.67	1.73	1.78	1.87	1.98	2.08	2.45	7.55

显然,v_P/v_S 值越大,岩体越“软”。完整、致密的岩体 $v_P/v_S = 1.73$。v_P/v_S 的量值与岩体的完整程度见表 3.12。

表 3.12　v_P/v_S 的量值与岩体的完整程度

v_P/v_S	μ	岩体质量状况
1.73	0.25	质量较好的完整岩体
2.35 ~ 2.45	0.35 ~ 0.4	质量变坏,裂隙渐发育
2.45 ~ 7.55	0.4 ~ 0.48	岩体由破碎到很破碎

评价岩体的质量也可以只用纵波声速。例如,《工程岩体分级标准》(GB 50218—94)规定可以用岩体的纵波波速 v_{Pm} 与岩石的纵波声速 v_{Pr} 按下式测算出岩体完整性指数 K_v,即

$$K_v = \left(\frac{v_{Pm}}{v_{Pr}}\right)^2 \tag{3.39}$$

显然,岩体包含的裂隙、节理比小体积的岩石多,故 $K_v < 1$。可见,它反映的是岩体的完

整程度。由完整性指数可对岩体的工程力学性质进行分类,波速与岩体完整性见表3.13。

表3.13 波速与岩体完整性

$v_p/(km \cdot s^{-1})$	K_v		
	> 0.75	0.75 ~ 0.45	< 0.45
> 5.5	Ⅰ类:坚硬完整岩体	Ⅱ类:坚硬而比较完整	Ⅲ类:坚硬完整性差岩体
5.5 ~ 3.5	Ⅱ类:较坚硬而完整	Ⅲ类:较坚硬完整性好	Ⅳ类:较坚硬、完整性差
3.5 ~ 1.5	Ⅲ类:软岩、完整性好	Ⅳ类:软岩、完整性较好	Ⅴ类:软岩、完整性差

由于不同岩性的结构、矿物组合、成因、地质年代等因素不同,因此声速是不同的。又由于节理、裂隙等结构因素,因此它们的声速并不固定,而分布在一定范围。常见岩体的纵波声速统计值见表3.14。

表3.14 常见岩体的纵波声速统计值

岩性	纵波波速/(km·s⁻¹)	岩性		纵波波速/(km·s⁻¹)
花岗岩	4.5 ~ 6.5	第三纪	凝灰岩	1.3 ~ 3.3
花岗斑岩	3.8 ~ 5.2		石灰岩	1.8 ~ 2.9
安山岩	2.5 ~ 5.0		砂岩	1.8 ~ 4.0
玄武岩	3.5 ~ 5.5	黏土质页岩		1.9 ~ 4.2
片麻岩	5.0 ~ 6.0	泥岩		1.83 ~ 3.96
古生代	凝灰岩	4.5 ~ 6.0	砂	0.3 ~ 1.3
	石灰岩	4.8 ~ 6.0	黏土	1.8 ~ 2.4
	砂岩	3.0 ~ 5.0	表土	0.2 ~ 0.8

随着同一种岩性风化程度的不同,其声速有着明显的区别,风化岩石纵波声速值见表3.15。

表3.15 风化岩石纵波声速值

风化程度	岩性	
	黑云母石英闪长岩/(km·s⁻¹)	花岗岩/(km·s⁻¹)
强风化	< 3.5	
弱风化	3.5 ~ 5.4	4.0 ~ 5.4
微风化	5.4 ~ 6.0	5.4 ~ 5.9
较新鲜	> 6.0	> 5.9

无论岩体裂隙是原生的还是后期因地应力作用产生的次生裂隙,裂隙的出现便是岩体风化的开始。因此,有必要论述声速与岩体裂隙及风化相关的机理。对这一机理能做出最完美的解释,便是声学理论中的"惠更斯原理"。惠更斯原理是指弹性介质中,在某一时刻 t,声波波前上的所有点均可视为该时刻开始振动的新的点振源,各点振源产生新的球面波,这些球面波在 $t + \Delta t$ 后波前的包络的叠加组合形成新的波前,如此循环不止。

因此,若波动的前方有裂隙存在,则应在裂隙尖端所产生的新的点振源可绕过裂隙继续传播,形成波的"绕射"。绕射的过程声线拉长,声时加长,使视声速降低,因此声速不仅可对岩体的风化程度加以划分,对岩体中存在的裂隙也有着极为敏感的反映,特别是张裂隙。这个方法在长江三峡链子崖隐伏裂缝的声波检测中得到了成功应用。长江西陵峡链子崖危岩体存在 12 组 50 余条裂缝,出露最宽约 2 m,深不可测。其中,8# 及 9# 裂缝,北端隐伏于覆盖层下,是否延伸与 12# 缝贯通,成为查明岩体结构、确定岩崩方量和制定治理方案的关键。为此,在上述裂缝延伸关键部位,布两钻孔,孔距为 21 m,深 150 m,孔内无水。原地质矿产部方法技术研究所的吴庆曾、展建设采用跨孔声波测试查明裂缝的延伸及倾向(图 3.14)。现场测试采取由孔口逐点向下测试,各测点的波列排列如图 3.14 所示,其特点是声时逐点加长,至 17 m 后不再接收到有效信号。推理:覆盖层下岩体存在裂缝,声波系由上部覆盖层绕射。后经室内模型试验证实,上述结论正确,从而为链子崖的治理提供依据,受到好评。

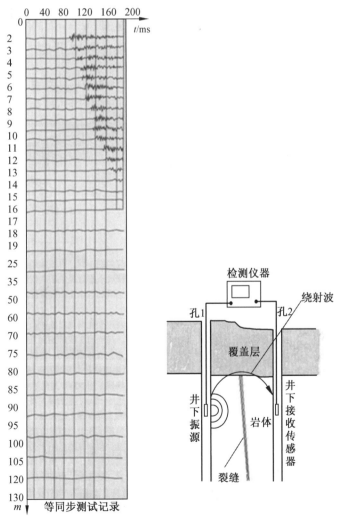

图 3.14　长江三峡链子崖隐伏裂缝的声波检测

声波在块状结构中的传播速度最快,在层状结构、碎裂结构、散体结构中,由于岩体的节理裂隙发育程度各不相同,因此声波在这种非均质介质中传播,将会在不同的波阻抗界面产生波的反射、折射、波型转换等,使声线拉长,从而使声速随结构的复杂而降低。但在声波的传播中还有一个原理,即"费玛原理"。费玛原理是指声波从一个点向另一个点传播,它会沿着最少、最佳、最不费时的路径传播。这就决定了随着岩体结构的不同声波的传播有一定规律,声速与岩体结构见表3.16。

表3.16 声速与岩体结构

类别	弹性波指标			
	整体块状结构	层状结构	碎裂结构	散体结构
声速 $v_P/(\text{km} \cdot \text{s}^{-1})$	4.0 ~ 5.0(3.5)	3.0 ~ 4.0(2.5)	2.0 ~ 3.5(1.5)	< 2.0(0.5)
岩体岩石声速比 v_{Pm}/v_{Pr}	> 0.8(0.6)	0.5 ~ 0.8(0.5)	0.3 ~ 0.6(0.3)	< 0.4
完整性指数 $K_v = v_{Pm}^2/v_{Pr}^2$	> 0.6(0.4)	0.3 ~ 0.6(0.3)	0.1 ~ 0.3(0.1)	< 0.2

注:指标中括号中数据为最小值。

上述裂隙对声速的影响称为裂隙效应。岩体受到外界应力作用时,其变形首先是裂隙的压密,由此可使声速提高。但当应力超过强度极限时,岩体又会出现新的裂隙而使声速下降(图3.15)。

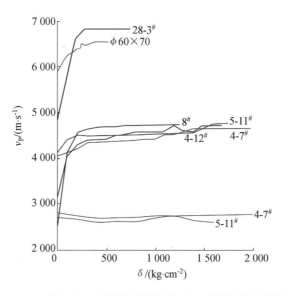

图3.15 四块砂岩试块应力与声速关系实测曲线

根据上述原理,对岩体做应力释放处理,测取应力释放前后的声速,然后再对应力释放处理时取得的岩心加压测量其声速,可推测出地应力的量值及方向。

3.4.2 应力解除法

应力解除法是岩体应力测量中应用较广的方法。它的基本原理是:当需要测定岩体中某点的应力状态时,人为地将该处的岩体单元与周围岩体分离,此时,岩体单元上所受的应力将被解除。同时,该单元体的几何尺寸也将产生弹性恢复。应用一定的仪器,测定这种弹性恢复的应变值或变形值,并且认为岩体是连续、均质和各向同性的弹性体,于是就可以借助弹性理论的解答来计算岩体单元所受的应力状态。

应力解除法的具体方法很多,按测试深度可以分为表面应力解除、浅孔应力解除及深孔应力解除;按测试变形或应变的方法不同,又可以分为孔径变形测试、孔壁应变测试及钻孔应力解除法等。下面主要介绍常用的钻孔应力解除法。

钻孔应力解除法可分为岩体孔底应力解除法和岩体钻孔套孔应力解除法。

1. 岩体孔底应力解除法

岩体孔底应力解除法是向岩体中的测点先钻进一个平底钻孔,在孔底中心处粘贴应变传感器(如电阻应变花探头或双向光弹应变计),通过钻出岩芯,使受力的孔底平面完全卸载,从应变传感器获得孔底平面中心处的恢复应变,再根据岩石的弹性常数,可求得孔底中心处的平面应力状态。由于孔底应力解除法只需钻进一段不长的岩芯,因此对于较为破碎的岩体也能应用。

孔底应力解除法主要工作步骤如图 3.16 所示,孔底应变观测系统简图如图 3.17 所示。将钻孔岩芯的应力解除,在室内测定其弹性模量 E 和泊松比 μ,即可应用公式计算主应力的大小和方向。由于深孔应力解除测定岩体全应力的 6 个独立的应力分量需用 3 个不同方向的共面钻孔进行测试,因此其测定和计算工作都较为复杂,在此不再介绍。

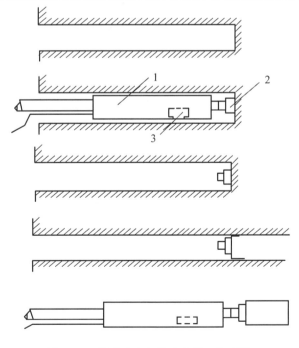

图 3.16 孔底应力解除法主要工作步骤
1— 安装器;2— 探头;3— 温度补偿器

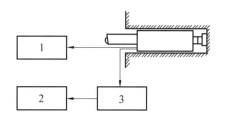

图 3.17 孔底应变观测系统简图
1— 控制箱;2— 电阻应变仪;3— 预调平衡箱

2. 岩体钻孔套孔应力解除法

采用本方法对岩体中某点进行应力量测时,先向该点钻进一定深度的超前小孔,在此小钻孔中埋设钻孔传感器,再通过钻取一段同心的管状岩芯而使应力解除,根据应变及岩石弹性常数,即可求得该点的应力状态。

钻孔套孔应力解除的主要工作步骤如图 3.18 所示。

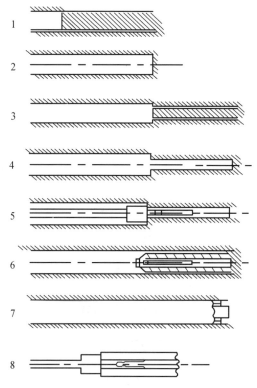

图 3.18 钻孔套孔应力解除的主要工作步骤
1— 套钻大孔;2— 取岩心并孔底磨平;3— 套钻小孔;4— 取小孔岩心;
5— 粘贴元件测初读数;6— 应力解除;7— 取岩芯;8— 测终读数

应力解除法所采用的钻孔传感器可分为位移(孔径)传感器和应变传感器两类。下面主要阐述位移传感器测量方法。

中国科学院武汉岩土力学研究所设计制造的钻孔径变形计是上述第一类传感器,测量元件分为钢环式和悬臂钢片式两种(图 3.19)。

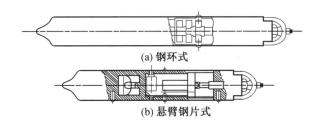

图 3.19　钻孔变形计

该钻孔变形计用来测定钻孔中岩体应力解除前后孔径的变化值(径向位移值)。钻孔变形计置于中心小孔需要测量的部位,变形计的触脚方位由前端的定向系统来确定。通过触脚测出孔径位移值,其灵敏度可达 1×10^{-4} mm。

由于本测定方法是量测垂直于钻孔轴向平面内的孔径变形值,因此它与孔底平面应力解除法一样,也需要有 3 个不同方向的钻孔进行测定,才能最终得到岩体全应力的 6 个独立的应力分量。在大多数试验场合下,往往进行简化计算,如假定钻孔方向与 σ_3 方向一致,并认为 $\sigma_3 = 0$,则此时通过孔径位移植计算应力的公式为

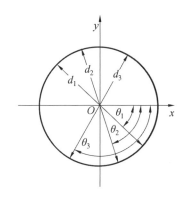

图 3.20　孔径变化的测量

$$\frac{\delta}{d} = \left\{ (\sigma_1 + \sigma_2) + 2(\sigma_1 - \sigma_2) \cdot (1 - \mu^2) \cos 2\theta \right\} \frac{1}{E} \qquad (3.40)$$

式中,δ 为钻孔直径变化值;d 为钻孔直径;θ 为测量方向与水平轴的夹角(图 3.20);E、μ 为岩石弹性模量与泊松比。

如果在 $0°$、$45°$、$90°$ 3 个方向上同时测定钻孔直径变化,则可计算出与钻孔轴垂直平面内的主应力大小和方向,即

$$\begin{cases} \sigma'_1 \\ \sigma'_2 \end{cases} = \frac{E}{4(1 - \mu^2)} \left[(\delta_0 + \delta_{90}) \pm \frac{1}{\sqrt{2}} \sqrt{(\delta_0 - \delta_{15})^2 + (\delta_{15} - \delta_{90})^2} \right]$$

$$\alpha = \frac{1}{2} \cot \frac{2\delta_{45} - (\delta_0 - \delta_{90})}{\delta_0 - \delta_{90}} \qquad (3.41)$$

$$\frac{\cos 2\alpha}{\delta_0 - \delta_{90}} > 0 (判别式)$$

式中,α 为 δ_0 与 σ'_1 的夹角,但判别式小于 0 时,则为 δ_0 与 σ'_2 的夹角。式中用符号 σ'_1 和 σ'_2 而不用 σ_1 和 σ_2,表示它并不是真正的主应力,而是垂直于钻孔轴向平面内的似主应力。

在实际计算中,由于考虑到应力解除是逐步向深处进行的,实际上不是平面变形而是平面应力问题,因此式(3.41)可改写为

$$\begin{cases} \sigma'_1 \\ \sigma'_2 \end{cases} = \frac{E}{4} \left[(\delta_0 + \delta_{90}) \pm \frac{1}{\sqrt{2}} \sqrt{(\delta_0 - \delta_{45})^2 \pm (\delta_{45} - \delta_{90})^2} \right] \qquad (3.42)$$

3.4.3　应力恢复法

应力恢复法是用来直接测定岩体应力大小的一种测试方法,目前此法仅用于岩体表层,当已知某岩体中的主应力方向时,采用本方法较为方便。

应力恢复法原理图如图 3.21 所示，当洞室某侧墙上的表层围岩应力的主应力 σ_1、σ_2 方向各为垂直与水平方向时，就可用应力恢复法测得 σ_1 的大小。

基本原理：在侧墙上沿测点 O，先沿水平方向（垂直所测的应力方向）开一个解除槽，则在槽的上下附近，围岩应力得到部分解除，应力状态重新分布。在槽的

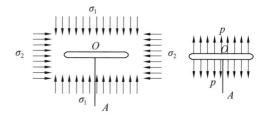

图 3.21　应力恢复法原理图

中垂线 OA 上的应力状态，根据 H. N. 穆斯海里什维里理论，可把槽看作一条缝，得到

$$\begin{cases} \sigma_{1x} = 2\sigma_1 \dfrac{\rho^4 - 4\rho^2 - 1}{(\rho^2 + 1)^3} + \sigma_2 \\ \sigma_{1y} = \sigma_1 \dfrac{\rho^6 - 3\rho^4 + 3\rho^2 - 1}{(\rho^2 + 1)^3} \end{cases} \tag{3.43}$$

式中，σ_{1x}、σ_{1y} 为 OA 线上某点 B 的应力分量；ρ 为 B 点离槽中心 O 的距离的倒数。

在槽中埋设压力枕，并由压力枕对槽加压，若施加压力为 p，则在 OA 线上 B 点产生的应力分量为

$$\begin{cases} \sigma_{2x} = -2p \dfrac{\rho^4 - 4\rho^2 - 1}{(\rho^2 + 1)^3} \\ \sigma_{2y} = 2p \dfrac{3\rho^4 + 1}{(\rho^2 + 1)^3} \end{cases} \tag{3.44}$$

当压力枕所施加的力 $p = \sigma_1$ 时，B 点的总应力分量为

$$\begin{cases} \sigma_x = \sigma_{1x} + \sigma_{2x} = \sigma_2 \\ \sigma_y = \sigma_{1y} + \sigma_{2y} = \sigma_1 \end{cases} \tag{3.45}$$

可见，当压力枕所施加的力 p 等于 σ_1 时，岩体中的应力状态已完全恢复，所求的应力 σ_1 即由 p 值而得知，这就是应力恢复法的基本原理。

主要试验过程简述如下。

（1）在选定的试验点上，沿解除槽的中垂线上安装好测量元件。测量元件可以是千分表、钢弦应变计或电阻应变片等（图 3.22），若开槽长度为 B，则应变计中心一般距槽 $B/3$，槽的方向与预定所需测定的应力方向垂直。槽的尺寸根据所使用的压力枕大小而定。槽的深度要求大于 $B/2$。

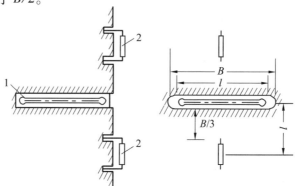

图 3.22　应力恢复法布置示意图
1—压力枕；2—应变计

（2）记录量测应变计的初始读数。

（3）开凿解除槽,岩体产生变形并记录应变计上的读数。

（4）在开挖好的解除槽中埋设压力枕,并用水泥砂浆充填空隙。

（5）待充填水泥浆达到一定强度以后,即将压力枕联结油泵,通过压力枕对岩体施压。随着压力枕所施加的力 p 的增加,岩体变形逐步恢复,逐点记录压力 p 与恢复变形（应变）的关系。

（6）当假设岩体为理想弹性体时,则当应变计回复到初始读数时,压力枕对岩体所施加的压力 p 即为所求岩体的主应力。

由应力 - 应变曲线求岩体应力如图 3.23 所示,ODE 为压力枕加荷曲线,压力枕不仅加压到使应变计回到初始读数（D 点）,即恢复了弹性应变 ε_{0e},而且继续加压到 E 点,这样,在 E 点得到全应变 ε_1。由压力枕逐步卸荷,得卸荷曲线 EF,并得知 $\varepsilon_1 = GF + FO = \varepsilon_{1e} + \varepsilon_{1p}$。这样,就可以求得产生全应变 ε_1 所相应的弹性应变 ε_{1e} 与残余塑性应变 ε_{1p} 的值。为求得产生 ε_{0e} 相应的全应变量,可以作一条水平线 KN 与压力枕的 OE 和 EF 线相交,并使 $MN = \varepsilon_{0e}$,则此时 KM 为残余塑性应变 ε_{0e},相应的全应变量 $\varepsilon_0 = \varepsilon_{0e} + \varepsilon_{0p} = KM + MN$。由 ε_0 值即可在 OE 线上求得 C 点,并求得与 C 点相对应的 p 值,此即所求的 σ_1 值。

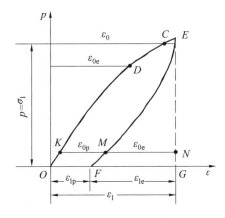

图 3.23　由应力 - 应变曲线求岩体应力

思 考 题

1. 简述岩石单轴压缩条件下的变形特征及应力分布状态?

2. 岩石有几种破坏形式? 破坏机理是什么?

3. 岩石抗拉强度有哪几种测定方法? 在劈裂法单轴压缩试验中,为什么在破坏面上出现拉应力破坏?

4. 岩体结构类型及分类原则? 如何对已有围岩进行分级?

5. 简述应力解除法的具体实施过程以及实施过程中需要注意哪些事项?

第4章　区域稳定性理论与方法

4.1　区域稳定性基本理论

区域稳定性或区域地壳稳定性一词最早在20世纪50年代初由苏联工程地质学家B.波波夫提出。区域地壳稳定性是指在内、外力（以内动力为主）的综合作用下，现今地壳及其表层的相对稳定程度。区域地壳稳定性研究由刘国昌和谷德振两位教授所倡导。区域地壳稳定性研究是为大型工程和规模经济区建设进行地质环境评估而兴起的地学研究新领域。

20世纪50年代末期，我国著名地质学家李四光、谷德振从不同角度提出了区域稳定性研究内容和意义。后经刘国昌、陈庆宣、胡海涛、李兴唐、孙叶等学者的进一步工作，有关这一研究领域的基础理论和分析方法技术逐渐得到补充。区域稳定性是指受到地壳运动形成的地表水平位移、岩溶塌陷和特定的地质条件下形成的物理地质现象等对不同区域的工程安全的影响程度，评价该区内地壳有无倾斜、升降错动，有无发震构造和地震活动及相邻地区地震活动对本区的影响。区域稳定性应从地震活动与区域构造断裂的关系、区域Ⅰ级结构面的发生发展及其与派生结构面的组合关系和断块之间的相互关系入手。

从工程地质学角度，一般认为区域地壳稳定性是指岩石圈内正在进行的地质、地球物理作用对地壳表层及工程建筑安全的影响程度，即在地球内力作用下地壳形变、断裂位错形成的地质灾害影响人类和工程建筑的安全程度。

区域稳定性基本理论将"区域地壳稳定性"视为环境因素，并结合各种类型工程的要求予以评价，侧重研究工程和人类活动与地质因素之间的相互作用及地质因素的变化对工程安全的影响，在工程稳定性条件评价中，需要考虑建筑地段的水文条件、工程地质条件、岩石与土体的力学特性、地质构造的活动性和地应力条件等。

近20年来，随着国家大型工程和区域经济建设的高速发展，区域地壳稳定性研究取得了大量的研究成果。这些成果为形成区域地壳稳定性研究的基本理论体系——区域地壳稳定性工程地质学奠定了基础。区域稳定性研究的重点内容如下。

（1）大地构造特征。涵盖岩石圈结构及其动力学特性，构造应力场的历史，地壳演化和深断裂的形成、分布和活动期。这些因素是决定地壳形变、地震的发生、断裂的蠕动等的内在因素和条件。岩石圈动力条件或岩石圈运动的力源是多方面的。其中，最重要的是地幔物质的运动及其与地壳的相互作用，其次是热对流作用。这两种作用的地面反映和表现在重力异常和大地热流值的变化，重力梯级带或布格异常变化带是重力变化的地点，高热流值带是地幔物上涌、地壳形变的动力源。

（2）内力灾害地质现象及其对建筑物安全的影响。研究地壳的演化过程、现代动力条件,分析它们所产生的地质现象与工程建筑的相互关系,在较大区域分析和研究不同地区、地段的地壳现代活动性程度,选择稳定性良好的地区作为规划、建设地段。

(3)新生代以来,继承性活动的区域性大断裂的空间分布规律和活动特征。确定地壳近代升降差异带及活动断裂带,以及造成的断裂蠕动量、崩塌、滑坡与区域大断裂的关系。划定主要地质灾害的分布区,并评价它们对人类和工程建筑的影响。

(4)表征地壳活动程度的地震指标、地震效应和地震动力学问题,评价场地地震危险性等内容。

(5)制定区域地壳稳定性分级的指标和标准,确定地壳稳定分区图的编制原则和方法,提出稳定性评价的准则。

区域稳定性的基本理论主要包括安全岛理论、构造控制理论、区域稳定工程地质理论、区域稳定性分级与分区理论。

① 安全岛理论。以李四光建立的地质力学、活动构造体系与安全岛理论为主体,进行区域地壳稳定性分析评价。其核心思想是在现今构造活动性强烈地区,寻找活动相对微弱的"安全岛",而在现今构造活动性微弱地区圈出活动性相对较强的活动带。后经胡海涛等在研究实践中的发展,提出利用地质力学理论和方法进行地壳稳定性评价的基本思路与原则,使"安全岛"理论逐渐成为区域地壳稳定性评价的主导理论之一。

② 构造控制理论。以构造稳定性分析评价作为区域地壳稳定性评价的核心内容,强调内动力产生的构造活动性和构造块体稳定状态是区域地壳稳定性研究的主体。构造控制理论可分为三类研究思路。

第一类是强调构造活动和岩体结构是控制区域地壳稳定性的主导因素,是一种以断裂活动性、地震活动性和断块稳定状态分析评价为主的思路,主要观点是内动力作用所产生的地震、断裂活动、火山活动、新构造和现今构造变形及其应力场是决定区域地壳表层稳定程度差异的关键因素,而岩体结构层次是控制场地稳定和地面稳定性的主导因素,其核心是研究地壳现今活动性及其对工程安全的影响,其研究主线是现今地壳活动的断裂活动性与地震、火山活动性,分析地壳稳定性条件及其影响因素,探讨地震过程与地壳稳定性的关系,评价构造断块稳定性。这方面与国外的地震稳定性和断裂活动性评价相类似。国内以谷德振和李兴唐为代表。

第二类是以构造应力场研究为主线,进行区域地壳稳定性评价,强调现今构造应力场是决定区域构造现今活动、断裂活动、地震活动和构造稳定状态的根本因素,其核心是以现今构造应力场、形变场、地热场研究为基础,揭示现在地壳稳定状态的根本原因和规律,进而评价区域地壳稳定性。在理论上,以物理的"场论"为核心,用各种场(应力场、变形场、能量场、地热场等)反映内动力作用所导致的地壳表层变形的时空分布趋势和规律,揭示构造稳定性的机制和相互影响;在工程中,以仪器现场测量、地震机制解译与数学、物理模拟试验相结合,研究现今构造应力场,评价区域地壳稳定性。国内以陈庆宣、王士天、孙叶为代表。

第三类为区域稳定性的优势面理论。优势面是指对区域稳定性或岩体稳定性起控制作用的结构面及对气液介质具控制作用的结构面。优势面控制地壳及岩体变形的边界,优势面的组合构成岩体变形的破坏模式及气液介质的网络通道,这种破坏模式和网络通道的确定可得到区域稳定性的物理、数学模型。该理论认为优势断裂控制了区域稳定性。优势断裂分为区域优势断裂和场区优势断裂。区域优势断裂是指对于所研究的工程场地具有最大危险性的深断裂,它常以发震形式影响工程场地稳定。这种断裂对工程的威胁与其范围、深度成正比,即断裂的长度越大,切割越深,若再活动,则其地震危险性会更大。盖层断裂、基底断裂、地壳断裂、岩石圈断裂这些深断裂往往控制着优势断裂分布。场区优势断裂为影响工程场地稳定性的主要活动性断裂,它以错动和蠕动的方式来影响场地稳定性。优势断裂用时间优势指标、规模优势指标、距离优势指标和活动周期与活动史优势指标四个基本优势指标来进行评定。该理论以罗国煜为代表。

③ 区域稳定工程地质理论。以区域稳定性工程地质评价为核心,将区域地壳稳定性评价分为构造稳定性评价、地面稳定性评价和场地稳定性评价三个层次,在强调地球内动力作用是影响区域地壳稳定性主导因素的同时,考虑外动力和特殊物理地质现象对地面和场地稳定性的影响。其核心是围绕地球内、外动力综合作用的灾变过程及其对区域地壳稳定性影响因素的研究,以新构造、活动断裂、地震活动性等方面为主研究构造稳定性,以地壳表层地质灾害和工程岩土性质为主研究地面和场地稳定性,再从以上三个层次综合评价区域地壳稳定性。该理论以刘国昌、谭周地为代表。

④ 区域稳定性分级与分区理论。区域稳定性评价是指在全面研究分析一定地区地壳结构和地质灾害分布规律的基础上,结合内、外动力地质作用,岩土体介质条件及人类工程活动诱发或叠加的地质灾害对工程建筑物的相互作用和影响分析,评估不同地方现今地壳及其表层的稳定程度差异与潜在危险性。因此,不同城市、厂矿、交通和重点工程都有它们各自的区域地质背景特征和重点的地质灾害问题,作为区域稳定性评价的主要对象。例如,深圳市的断裂活动是否可能导致高层建筑失稳;西安城市地裂缝灾害严重,如何进行城市合理规划和安全建设;长江三峡工程则重点讨论未来地震灾害的影响和危害的可能程度等。

区域稳定性评价是综合性工作,它以构造稳定性评价研究为重点,以地面稳定性、岩土介质稳定性研究为辅,其直观结果就是稳定性分级与分区,这是区域稳定性评价的主要目标,其主要内容包括区域稳定性评价指标、稳定性分区与分级原则的确定,稳定性定量化模型的建立等。

区域稳定性评价指标的确定应遵循以构造稳定性指标为主、以地面稳定性和岩土介质稳定性指标为辅的原则,这是因为构造应力场的变化可引起地质、地球物理因素的变化,或者地质、地球物理条件的改变可以引起构造应力场的特征变化。因此,构造应力场尤其是现今构造应力场是区域稳定性评价的重要内容。稳定性分区与分级目前按四级划分原则进行,即稳定区、基本稳定区、次稳定区和不稳定区。对于具体工程场区稳定性评价,一级分区还不能满足精度要求,需要二级或三级分区,其中二级或三级分区可根据构造稳定性与地面稳定性的差异性与不协调性加以确定。稳定性定量化模型可采用模糊数学评判、专家系统、信息模型、灰色模型和人工智能模型等多种理论模型互相验证。

4.2　区域稳定性分区、分级与评价方法

区域稳定性分区主要是基于地壳结构、活动断层和地震风险水平来划分。一个地区的地壳近代活动性决定于该区的地质作用和地球物理、地球化学作用。地质作用包括地

质历史的和近代的断层。地球物理、地球化学作用则是发生在新生代以后的地质作用。这两种作用控制地壳近代活动性,所表现出的相应现象相互联系、相互制约。综合这些现象来判定一个地区的近代地壳活动性,比用单一的地震指标更为科学合理和有预测性。在缺乏历史地震的地区或地震周期很长时,利用综合指标判定区域地壳稳定性更有实用价值。区域地壳稳定性分区和判别综合指标表见表 4.1。

表 4.1　区域地壳稳定性分区和判别综合指标表

地壳结构	新生代地壳变形、火山、地热	断裂角	布格异常梯度 Bs (105 ms·km²)	最大震级	基本烈度	地震动峰值加速度	工程建设选址条件
块状结构,缺乏深大断裂或仅有基底断裂,地壳完整性好	缺乏第四系断裂,大面积上升,第四纪地壳沉降速率小于0.1 mm/年,缺乏第四纪火山	0°~10° 70°~90°	比较均匀变化,缺乏梯度带	<5.5	≤Ⅵ	≤0.05g	良好
镶嵌结构,深断裂连续分布,间距大,地壳比较完整	存在第四纪断裂,长度不大,第四纪地壳沉降速率为0.1~0.4 mm/年,缺乏第四纪火山	11°~24° 51°~70°	地段性异常梯度带 Bs 为 −0.5~2.0	5.5~6.0	Ⅶ	0.1g~0.15g	适宜,但需要抗震设计
块状结构,深断裂成带出现,长度大于百千米,地块呈条形、菱形,地壳破碎	发育更新世和全新世以来活动断裂,延伸长度大于百千米,存在近代活动断裂引起的6级以上地震,第四纪地壳沉降速率大于0.4 mm/年,存在第四纪火山、温泉带	25°~50°	区域性异常梯度带 Bs 为 −2.0~3.0	6.0~7.0	Ⅷ~Ⅸ	0.2g~0.4g	中等适宜,须加强抗震和工程措施
			区域性异常梯度带 Bs >3.0	≥7.25	≥Ⅸ	≥0.4g	不适宜

区域稳定性分级在区域稳定性各因素或条件工程地质研究评价基础上进行。首先是考虑地震作用,其次是考虑山体及地表稳定性和地震对岩土体稳定性的影响。按稳定性程度,通常可划分为不稳定、次不稳定、基本稳定和稳定四个不同级别(表 4.2)。不稳定是指区内有强烈活动断裂或附近强烈活动断裂、可能发生强震,影响该区烈度为Ⅸ度或以上烈度,可能引起区内某些断裂复活及山体失稳、地表开裂,难以建筑或需要采取特别防护措施才能建筑的区域。次不稳定区是指区内或附近活动断裂发震、影响烈度为Ⅶ~Ⅷ度,也可能引起某些坡体失稳滑动以及某些地段地面发生震陷、变形破坏,是建筑必需抗震设防的区域。基本稳定区是指基本烈度为Ⅵ度,地震作用对岩土体稳定无影响,除特殊重要建筑物外,一般建筑物都可不进行抗震设防的区域。稳定区则指基本烈度为Ⅴ度及以下,地壳及其表面处于稳定状态,任何建筑物都不需要抗震设防的区域。

根据刘国昌的理论,实际工作中可按以上原则对研究区域进行稳定性分级分区,对一个大区域,尚可按稳定性相同或相似程度,由大而小划分为地区、地带、地段和地点四级。地区主要按活动构造体系存在与否划分;地带可按一个体系各部分的不同活动程度划分;地段可按一个地带内断裂构造的活动程度划分;地点可按一个断裂各段的不同活动程度划分。区域稳定性工程地质分区研究中,将稳定性分级和区域大小分级结合起来以获得区域稳定性分级与地震指标见表4.2。

表4.2 区域稳定性分级与地震指标

震指标稳定性等级	基本烈度／度	震级 M	地面最大水平加速度 K	建筑条件
稳定区（Ⅰ类）	≤ Ⅵ	≤ 5.25	≤ 0.063g	适宜
基本稳定区（Ⅱ类）	Ⅶ	5.5 ~ 5.75	0.125g	适宜
次不稳定区（Ⅲ类）	Ⅷ、Ⅸ	6 ~ 7	0.250g,0.500g	不完全适宜
不稳定区（Ⅳ类）	≥ Ⅹ	≥ 7.25	≥ 1.000g	不适宜

注:g 为重力加速度。

区域稳定性评价方法一般遵循下列步骤。

(1)收集分析区域性地质及地震资料、地球物理探测资料、地球化学资料、遥感资料和自然气象水文资料等。在室内进行分析,应着重分析构造体系和构造应力场,判断断裂的力学性质、断裂复合形式及形态的特定部位,分析构造应力可能集中部位,分析历史地震与断裂构造的关系及可能发震的断裂构造、第四纪地壳活动特征和沉积物特征等。

(2)野外调查研究工作应着重调查研究断裂构造的发育演变历史、新近活动迹象,以及各种动力地质作用、现象的发育分布规律及其成灾的情况。

(3)室内研究工作主要有光弹模拟试验、相似材料模型模拟试验和数值模拟分析等,旨在分析并验证区域构造应力分布状态与应变能密度变化情况,并参照震源机制解、地壳形变测量资料等进行论证。

(4)综合评价与分区。综合评价的方法可依次在建设区域地壳稳定性、建设地区地表稳定性和工程场址岩土体稳定性评价基础上进行综合评价。根据区域稳定工程地质理论,按两级模糊综合评判标准确定稳定性分区。

① 一级模糊评判。工程地质区域稳定性综合评价指标(S_R)可表示为

$$S_R = f(S_C, S_G, S_M) \tag{4.1}$$

式中,S_R 为区域稳定性综合评价指标;S_C 为地壳稳定性评价指标;S_G 为地表稳定性评价指标;S_M 为工程岩土体稳定性评价指标。

区域稳定性综合评价指标的计算方法是两级模糊综合评判法。一级评判首先将地壳稳定性评判这一问题定义为有限论域 U 中的 m 个元素,则表示为

$$U = (u_1, u_2, \cdots, u_i, \cdots, u_m), \quad i = 1,2,\cdots,m \tag{4.2}$$

地壳稳定性分级定义为评价集 V,共分四个级别,则表示为

$$V = (v_1, v_2, v_3, v_4) \tag{4.3}$$

将 U 中每个影响因素隶属 V 中的函数定义为 U 的模糊集 A,则有

$$A = \{\mu(u_1), \mu(u_2), \cdots, \mu(u_i), \cdots, \mu(u_m)\}, \quad i = 1, 2, \cdots, m \tag{4.4}$$

式中, $\mu(u_i) \in [0.1]$, $u_i \in U$。模糊集表示第 i 个影响因素对评价集 V 中不同级别的影响程度, 称为隶属度, 它可由地壳稳定性分级及单因素评价指标所确定的数学图形给出, 也可根据经验确定。

当某一评判地点确定后, 按影响该地点的各因素的隶属度建立模糊关系矩阵 $\boldsymbol{R}$, 即

$$\boldsymbol{R} = \begin{bmatrix} \tau_{11} & \tau_{12} & \tau_{13} & \tau_{14} \\ \tau_{21} & \tau_{22} & \tau_{23} & \tau_{24} \\ \vdots & \vdots & \vdots & \vdots \\ \tau_{m1} & \tau_{m2} & \tau_{m3} & \tau_{m4} \end{bmatrix} \tag{4.5}$$

矩阵中, 每一行表示某一因素对不同稳定级别的影响程度, m 个影响因素, 矩阵中共 m 行。通过有限论域 U 和评价集 V 之间的模糊关系矩阵 $\boldsymbol{R}$, 可以求出评判地点的地壳稳定程度。如果定义模糊向量 $\boldsymbol{B} = (b_1, b_2, b_3, b_4)$, 表示评判点隶属不同级别相对数值, 根据各因素对地壳稳定性的影响重要程度和某一因素对不同稳定级别的影响程度可以求得评判地点的稳定级别, 即

$$\boldsymbol{B} = \boldsymbol{A} \times \boldsymbol{R} = (a_1, a_2, \cdots, a_m) \begin{bmatrix} \tau_{11} & \tau_{12} & \tau_{13} & \tau_{14} \\ \tau_{21} & \tau_{22} & \tau_{23} & \tau_{24} \\ \vdots & \vdots & \vdots & \vdots \\ \tau_{m1} & \tau_{m2} & \tau_{m3} & \tau_{m4} \end{bmatrix} = (b_1, b_2, b_3, b_4) \tag{4.6}$$

按最大隶属度原则, b 值中大者即为评判地点的稳定级别。对地面、地基稳定性分别进行上述类似的求解, 也可计算出评判地点的地面、地基稳定级别。

② 二级模糊评判。工程场地的工程地质稳定性评判这一问题定义为有限论域 U 把地壳、地面和地基稳定性作为 V 中的三个因素, 即

$$U = (u_1, u_2, u_3) \tag{4.7}$$

定义评价集 V 分三级, 分别为开发建设适宜级、有条件要求适宜级、开发建设不适宜级。V 表示为

$$V = (v_1, v_2, v_3) \tag{4.8}$$

根据工程场地区域稳定性评价表(表 4.3), 得到 U 与 V 间的模糊评价关系矩阵 $\boldsymbol{R}$ 为

$$\boldsymbol{R} = \begin{bmatrix} \tau_{11} & \tau_{12} & \tau_{13} \\ \tau_{21} & \tau_{22} & \tau_{23} \\ \tau_{31} & \tau_{32} & \tau_{33} \end{bmatrix} \tag{4.9}$$

表 4.3　工程场地区域稳定性评价表

分区	地壳稳定性	地面稳定性	地基稳定性
开发建设适宜区	稳定级	优等、良好级	Ⅰ、Ⅱ 类
有条件要求事宜区	基本稳定 - 次不稳定	中等级	Ⅲ 类
开发建设不适宜区	不稳定性	劣等级	Ⅳ 类

通过模糊运算,求出模糊向量 $\boldsymbol{B} = (b_1, b_2, b_3)$,按最大隶属度原则得到该评判地点隶属于 V 中的某一等级。

由于影响区域稳定工程地质的因素十分复杂,而作为反映稳定级别的各因素标志及其界线又较模糊,很难用经典数学模型加以统一量度,因此模糊数学是较好的评价方法。随着现代科学技术的发展,区域稳定性评价方法必将广泛采用信息科学和非线性科学的相关理论与方法。

区域地壳稳定性评价因素分级表见表 4.4,地表稳定与地基稳定性分级及有关评价指标见表 4.5、表 4.6。

表 4.4 区域地壳稳定性评价因素分级表

地区	地带	地段	地点
不稳定地区	不稳定地带	不稳定地段	不稳定地点、次不稳定地点、基本稳定地点、稳定地点
	次不稳定地带	次不稳定地段	次不稳定地点、基本稳定地点、稳定地点
	基本稳定地带	基本稳定地段	基本稳定地点、稳定地点
	稳定地带	次不稳定地段	次不稳定地点、基本稳定地点、稳定地点
		基本稳定地段	基本稳定地点、稳定地点
		稳定地段	
		基本稳定地段	基本稳定地点,稳定地点
		稳定地段	
次不稳定地区	基本稳定地带	次不稳定地段	次不稳定地点、基本稳定地点、稳定地点
	稳定地带	基本稳定地段	基本稳定地点、稳定地点
		稳定地段	
基本稳定地区	基本稳定地带	基本稳定地段	基本稳定地点、稳定地点
	稳定地带	稳定地段	
稳定地区	稳定地带	稳定地段	

表 4.5 地表稳定性分级及有关评价指标

分级	灾害及对地面破坏
优等级	灾害极少发生,地面极轻度破坏,对工程建筑无不良影响
良好级	灾害少量发生,地面有轻微破坏,对工程建筑无明显破坏
中等级	有一定数量灾害发生,地面受到相当程度破坏,但可以采取措施避免使建筑破坏
劣等级	灾害大量反复发生,无法避免使建筑遭到严重破坏,以致毁坏

表 4.6　地基稳定性分级及有关评价指标

分级	场地土类别	场地平均剪切波速 /(m·s^{-1})	卓越周期 /s	承载力 /MPa	地下水条件	地形条件
Ⅰ级	坚硬	≥ 500	< 0.25	> 0.4	埋深大于 6 m，无侵蚀性	平缓，坡度小于 5%，场地相对高差小于 2 m
Ⅱ级	中硬	500 ~ 270	0.25 ~ 0.4	0.4 ~ 0.15	埋深大于 4 m，微侵蚀性	平缓，坡度小于 10%，场地相对高差小于 5 m
Ⅲ级	中软	270 ~ 140	0.4 ~ 0.6	0.15 ~ 0.08	埋深大于 2 m，中等侵蚀	地形复杂，坡度 10% ~ 20%，场地相对高差小于 10 m，切割中等
Ⅳ级	软弱	≤ 140	> 0.6	< 0.08	埋深小于 2 m，强烈侵蚀	地形极复杂，坡度大于 20%，相对高差不小于 10 m，切割强烈

4.3　我国区域构造活动性

我国地处环太平洋构造带与地中海构造带交接部位，地质构造复杂，活动性较为强烈，各种内动力地质灾害发育比较严重，总体来说，区域地壳稳定性相对较差。对我国区域地壳稳定性进行分区，首先必须对构造稳定性进行分区。

我国区域地质构造从挽近期（约 1.2 万年以来）开始进入了一个全新的阶段。该时期最突出的特点是西部强烈隆升，东部相对下降和凹陷。这一特点奠定了我国近代构造与地貌轮廓。这种地势格局影响和决定着我国大陆的气候、植被、人类、文化及现代经济的发展。随着挽近期地块强烈升降及一系列断裂活动和各类岩浆的侵入与喷出，伴随和诱发了众多的地质灾害。上述构造活动还控制和影响我国地热资源的分布，以及气态、液态矿产及部分地表次生矿产的分布。

根据现有资料，在我国境内一般划分为六个大构造旋回和相应的六个岩浆活动期（表 4.7）。其中，把中生界划分为三个亚旋回，并相应建立了三个岩浆活动亚期。

（1）太古界和元古界期间，经历了多次强烈的地壳运动，简化起见，分别概述为一个太古界构造层和一个元古界，这对研究煤田地质构造影响不大。

（2）每个构造旋回期间，往往发生若干次比较明显的地壳运动。简化起见，仅标出了最后一次。自进入新生代以来所发生的地壳运动统称为喜马拉雅运动，简称喜山运动。

（3）由于地壳运动的不平衡性，每个地壳运动并不一定在各个地区同时发生、强度也不一定相同，因此在实际工作中，应根据实际情况具体处理。

例如，二叠纪与三叠纪之间的海西运动，在一些地区并不明显，表现为上二叠统和下三叠统之间是连续沉积的，二者的分界线不能作为两个构造层的分界线。

在下三叠统和中三叠统之间，因受到早印支运动的影响，出现了不整合面，可作为划分构造层的分界线。

（4）有些地壳运动的时限略有变动。例如，晚燕山运动的时间，现在一般都放在晚白垩世晚期，而不是晚白垩世末。

表 4.7　我国地质构造旋回

构造层		地壳运动	构造旋回	岩浆活动期 （以花岗岩体 γ 为例编号）
新生界		喜山运动	喜山旋回	喜山期（γ_6）
中生界	白垩纪	晚燕山运动 早燕山运动	燕山 Ⅱ 亚旋回	燕山晚期（γ_5^3）
	侏罗纪		燕山 Ⅰ 亚旋回	燕山早期（γ_5^2）
	三叠纪	印支运动	印支旋回	印支期（γ_5^1）
上古重界		海西运动	海西旋回	海西期（γ_4）
下古生界		加里东运动	加里东旋回	加里东期（γ_3）
元古界			元古代旋回	元古代期（γ_2）
太古界			太古代旋回	太古代期（γ_1）

4.3.1　我国构造地貌基本特征

我国地势的西高东低，可概略地分为三大阶梯，它们的升降幅度相差极大。中新世以来，青藏高原整体抬升，西部札达地势上升达 4 000 m 以上，藏北地区地势上升 3 000 ~ 4 000 m，新疆地区地势上升 2 200 ~ 3 000 m。但其中塔里木盆地等地势相对沉降，塔里木盆地西、北边缘地势相对沉降 5 000 ~ 10 000 m，柴达木盆地地势相对沉降 2 500 m，升降幅差达 7 200 ~ 13 000 m。我国东部整体地势在相对下降，如松辽平原、华北平原为相对沉降区。一般华北平原区较为典型，第四纪地势下降幅度一般为 300 ~ 500 m，武清凹陷最深达 3 500 m。平原区两侧地势则相对上升，五台山地势隆起最高达 2 000 m，其升降幅差最大达 5 500 m，较西部相差一个数量级。

4.3.2　我国挽近期主要活动断裂带

以东经 105° 为界，将我国邻土区域分为东、西两部分。西部地区挽近期活动性断裂多、规模大，其走向多为 NW 向和 EW 向断裂，以压性或压扭性为主，弧形断裂的扭性显著。我国东部地区活动性断裂数量相对较少，一般规模也较小（我国台湾地区例外），其走向多为 NE—NNE 方向，以张扭性为主。其中，华北地区的活动程度相对较强，东北地区、华南地区较弱。我国断裂现今活动的水平扭动量多大于垂直错动量，比值达 2∶1 以上，西部地区以水平扭动为主，东部地区主要为垂直错落，与挽近早中期错动成镜像。每年扭错在 10 mm 以上的活动性断裂，大都集中在西部，如二台断裂、阿克陶断裂、阿尔金断裂、鲜水河断裂等，最大扭错量每年可达 20 ~ 30 mm。华北地区一般断裂水平扭错量每年多在 1 mm 以下，个别断裂每年最大错落可达 9.6 mm。

4.3.3　我国挽近期气候、环境的变迁

我国在挽近期构造运动之前（即中新世之前），东临太平洋，西南临古特提斯海（又称

古地中海),整个大陆气候湿润,植物繁茂,生物呈明显的南北分区。挽近构造运动发生之后,西南部古特提斯海消失,青藏高原迅速隆起,南方印度洋的暖湿气流被阻,我国西部自然环境由温湿的海洋性气候转变为干旱寒冷的大陆性气候,其沉积物较少,仅在西昆仑山北坡形成有陆相的碎屑堆积,局部厚达 2 700 m。我国东部仍保持温暖潮湿的海洋性气候,同时还发生三次大规模的海侵:上新世海侵,华北至海南岛均有发生;早更新世渤海海侵,华北分布最广;晚更新世白洋淀海侵,海水最远可达桑干河谷一带,形成一套厚度达 400 ~ 600 m 的海相沉积物。由于东、西部气候和沉积物的明显差异,因此动、植物群体也改变原来的南北分区为东西分区。

4.3.4　我国挽近期以来岩浆活动和地热活动

我国挽近期的岩浆活动具有一定特色,西部的青藏地区形成一系列侵入与喷出的岩浆岩带,由南而北有喜马拉雅花岗岩带、冈底斯中酸性岩带和波密 — 察隅中酸性岩带。侵入体均以中小型为主。侵入时期从古新世至中新世均有,一般是南侧稍老、北侧稍新。藏北在新第三纪与第四纪时,主要为中基性至碱性喷出岩,最新的喷出岩在西昆仑地区。我国东部多为中基性火山岩类,以喷出相为主。华北、东北均有大片喷出岩,时代为上新世至更新世。另外,在我国台湾地区及云南省腾冲地区,中基性火山喷出岩也十分发育,时代也新。我国挽近期火山喷发保留下来的火山口达 181 处,其中现代火山口有 12 处(表 4.8)。

表 4.8　我国现代火山喷发情况

喷发时间	火山名称	喷发时间	火山名称
1597 年	吉林省长白山白头山火山	1820 年	黑龙江省察哈彦火山山
1609 年	云南省腾冲城子楼火山	1916 年 4 月 18 日	中国台湾地区东北彭佳屿东
1702 年	吉林省长白山白头山火山	1921 年	中国台湾地区东南屿
1719 年	黑龙江省五大连池火山群老黑山火山	1927 年	中国台湾地区东北彭佳屿东
1721 年	黑龙江省五大连池火山群火烧山火山	1933 年 6 月	海南省澄迈县南蛇岭火山
1796 年	黑龙江省察哈彦火山	1951 年 5 月 27 日	新疆和田市东南卡尔达西火山群

在挽近期构造活动比较强烈的地段,地下热异常十分明显。例如,我国台湾地区的马槽活动构造带,温度高达 240 ℃;西藏羊八井地热田,在 100 m 深的钻孔中,温度高达 160 ℃;云南省腾冲市活动构造带,温度高达 99 ℃。就全国地温场比较,地热温度一般是东高西低,南高北低。大陆内部及远离活动断裂的地段,大地热流值一般不大于 1 HFU(1 HFU =41.868 mW/m²);华北平原、松辽平原及我国台湾海沟略高,为 2 ~ 5 HFU;我国钓鱼岛东北最高,其大地热流值为 10.4 HFU。

4.3.5　我国的地震活动与挽近构造应力场特征

地震活动是挽近构造活动的重要表现。我国是大陆地震最集中的地区,地震活动受地中海地震带与环太平洋地震带的制约,其特点是周期短、频度高、震级大、危害强

（表4.9）。地震的发生、发展明显受主要构造体系的活动断裂带控制。例如,在我国东部,主要与新华夏系的活动断裂带有关;在西部,主要与青藏反"S"形、河西系等活动断裂带有关;在中部,受南北活动断裂带控制;在中北部地区,还受祁吕贺兰"山"字形的活动断裂带控制。

表4.9 我国地震活动情况统计

震级 M	西部强隆地区/次	东部沉降区/次	台湾地区/次	累计/次
> 8	10	6	1	17
7.0 ~ 7.9	55	23	31	109
6.0 ~ 6.9	238	90	240	568

挽近期的构造应力场具有明显的统一性和分区性。西部地区根据活动断裂、盆地性质及早更新世褶皱等方面的资料分析,主压应力方向多为 NNE 向至近 SN 方向。东部地区在秦岭以北,EW 向断裂呈张性反扭,NNE 向断裂多为张性顺扭。东北、华北平原一直处于沉降状态,反映其主压应力方向总体为 NWW 向至近 EW 向,挽近时期的早中期曾以拉张为主。秦岭以南的华南地区的 NE 向、NNE 向断裂多为压性反扭,其东的冲绳海槽还发生二次纵张,总体受力方式为 NW 向至 NWW 向挤压。上述我国挽近时期的构造应力状态推动了新华夏系、祁吕系、河西系、青藏反"S"形构造体系、经向构造体系和纬向构造体系的活动,并控制了我国的地震和其他各种内动力地质灾害的分布。

4.3.6　我国挽近期构造活动分区概述

我国挽近期构造运动的发展演化,是在原来的构造体系展布基础上发展的,主要活动的经向构造带和纬向构造带将我国大陆分割成不同的活动地区。其主要划分为:我国中部南北向挽近强活动构造带;天山 — 阴山东西向挽近活动构造带,包括阴山东西向挽近弱活动构造段、天山东西向挽近较强活动构造段;昆仑 — 秦岭东西向挽近活动构造带,包括秦岭东西向挽近较强活动构造段、昆仑东西向挽近强活动构造段;我国东部新华夏系构造体系挽近活动区域,包括东北挽近活动较弱地区、华北挽近活动较强地区、华南挽近弱活动地区、台湾挽近强活动地区;我国西部挽近强活动区域,包括北疆挽近活动较强地区、南疆 — 青海挽近强活动地区、青藏高原挽近强烈活动地区。

综上所述,我国大陆挽近构造活动具有纬向、经向构造带的分割性和不同活动构造体系展布范围的分区性。因此,不同区、带的挽近活动特征各异,活动强度也存在差别,这也为区域地壳稳定性分区提供了基础材料。

4.4　世界区域构造活动性

1998 年,Engdahl 等对 1964—1995 年全球发生的约 100 000 个地震事件(具有良好的远震走时资料)进行了重新定位,重新定位的结果已经应用在全球本尼奥夫带的高精度确定、全球和区域层析影像和地球结构的研究中。全球地震活动震中分布具有明显的不均匀性。根据全球板块构造学说,全球地震活动集中分布在四个地震带(区)内,并且明确地阐明了这些地震带(区)与板块运动机制的有机联系,四个地震带(区)如下。

1. 大洋脊地震带

大洋脊地震带的地理位置包括大西洋、北冰洋和印度洋洋脊地震带,以及从墨西哥伸向太平洋的一支太平洋洋脊地震带。根据板块理论的研究,上述这些洋脊断裂带,热的地幔物质从深部上涌并冷却凝固而形成新生的海洋板块。中洋脊断裂系统在宏观上是连续的,但在许多地点上显示着不连续的错断,相当于洋脊与一些洋底的破裂带交错,即两段分开的洋脊顶部由走滑断层相连,称为脊对脊的转换断层。这些复合的断裂系统能解释大洋脊地震带上存在的张性正断层和走滑断层的地震活动方式。

2. 环太平洋地震带

根据板块构造学说,在洋脊推力和地幔流的驱动下,大洋脊处新生增厚的海洋板块向两侧运动。对于环太平洋地带的情况,太平洋洋脊两侧的海洋板块在两侧或与大陆岩石层板块会聚,在巨大的走滑断层上相互滑过(如美国的圣安德烈斯转换断层)或与大陆边缘岛弧区(如欧亚和北美大陆边缘的日本和阿留申岛弧)会聚、弯曲和俯冲,那么在深沟下面岛弧向洋一面的板块弯曲部分,产生局部张应力而发生正断层地震活动,在岛弧与俯冲板块交界面上及邻近区域发生逆断层地震活动。这些都是板间地震。在下沉到地幔中的海洋岩石层板块内部发生的中深源地震,这是在上地幔环境中板块内部发生剪切破裂。在环太平洋的日本岛弧和汤加群岛等地段中,深源地震特别发育。总之,环太平洋地震带上的不同类型地震活动和机制,通过海洋板块与大陆板块相互运动、会聚、弯曲、俯冲和下沉的过程,能给出较完整的解释。

3. 地中海 — 喜马拉雅地震带

地中海 — 喜马拉雅地震带位于非洲、阿拉伯和印度等大陆板块由南向北与欧亚大陆板块相互碰撞的边界上。因此,这里的地震震源机制绝大多数表现为逆断层活动。另外,在地中海 — 喜马拉雅地震带上的地震活动分布不如环太平洋地震带那样集中狭窄,而地震带南面的边界是十分清楚的,北面的边界模糊,与欧亚大陆内部的地震活动合在一起,显得较离散。

4. 大陆地震区

在板块边界之外,在亚洲大陆、北美大陆和非洲大陆内部,地震活动也比较活跃。特别是亚洲的我国大陆和北美大陆,它们由地震活动性很高的板块边界围绕。这些地区内的地震活动机制不仅受板块边界上板块相互运动作用方式的影响,同时也受板内活动断层运动方式的制约。

按照所述板块理论描述地震发生的地理分布的同时,自然地把地震划分为两大类,即板间地震和板内地震,这是两种构造运动环境下产生的地震类型。上述的全球地震活动带中,大洋脊地震带、环太平洋地震带和地中海 — 喜马拉雅地震带上的浅源地震基本上是板间地震,而大陆地震区的地震基本上都是板内地震。另外,在俯冲板块中发生的中深源地震也可看作板内地震。

1986 年,马宗晋等基于对全球地震构造特征的研究,将全球划分为三大地震系统:环太平洋地震系统;北半球大陆地震系统;洋脊地震系统。

同年,马宗晋等将 Mogi 所划分的地中海 — 喜马拉雅地震带和大陆地震区中的北美大陆地震区,合并为纬向的北半球大陆地震带(20°N ~ 50°N 的纬向带),形成全球尺度的地震系统,它包括北半球欧亚大陆和北美大陆的地震带。全球约 17% 的 7 级以上和 20% 的 8 级以上浅源地震发生在北半球的大陆地震带内,全球约 80% 的 7 级以上大陆地震活动集中发生在北半球的大陆地震带内。欧亚大陆地震区是北半球大陆地震带的主体。绝大多数的欧亚大陆地震是浅源地震,少部分中源地震发生在欧洲地中海爱琴海岛弧、亚洲兴都库什和缅甸弧地区。

在北半球大陆地震带的欧亚大陆上,地震活动主要集中在 12°E ~ 30°E、40°E ~ 60°E 和 65°E ~ 105°E 区域内,在它们之间或邻近是活动相对弱的地区,呈现明显的空间不均匀性。若把活动相对强和弱的两个相邻地区组成一个地震区,欧亚大陆上可以划分出三个地震区:东地中海地震区(12°E ~ 40°E),伊朗 — 阿富汗 — 巴基斯坦地震区(40°E ~ 65°E)和中国 — 蒙古地震区(65°E ~ 125°E)。这三个地震区内西半部地震活动比东半部强,西半部的地震构造方向都是北西向的,而东半部则是北东向的。同时,欧亚三个大陆地震区的南部边界都是全球较重要板块之间的边界,每个地震区的西半部的南边边界都呈弧形,凸边指向西南,它们分别是爱琴岛弧海沟、扎格罗斯弧和喜马拉雅弧,其上的地震活动属于逆断层断裂运动,在广大的内陆地区则主要是走滑型地震机制。

区域的稳定性是分析建筑所在工程地质条件的第一步,由于人类历史上出现了大多的工程地质问题,因此现在世界范围内的重大工程建设对工程的区域稳定性问题给予了前所未有的重视。本章内容简单介绍了区域稳定性评价的相关理论、应用实例和全球区域稳定性的演化,为区域工程地质条件的评价提供参考。

思 考 题

1. 区域稳定性基本理论有哪些?
2. 区域稳定性分区、分级方法与指标有哪些?
3. 简述区域稳定性评价的基本步骤。
4. 简述中国与世界区域构造活动性的特点与区别。

第5章　　新构造运动和活动断层

5.1　　新构造运动

新构造运动主要是指喜马拉雅运动(上新世到更新世,喜马拉雅运动的第三幕)中的垂直升降运动。新构造运动是引起第四纪自然环境变化的另一个要因素,这一内力作用也引起一系列环境效应并影响地壳稳定性。新构造运动隆起区现在是山地或高原,沉降区现在是盆地或平原。新构造运动影响着现代地壳的稳定性。普通地质学中一般把新近纪和第四纪(2 300万年前到现代)时期内发生的构造运动称为新构造运动。也有研究者把从新第三纪(中新世开始,距今约2 330万年)以来发生的地壳运动称为新构造运动,相应的时代称新构造时期。

新构造研究的内容也较广泛,除水平运动、垂直运动及保存在第四系里的构造变动外,还涉及火山、地震、断层和为构造作用控制(或与构造作用关联)的外力地质作用,如地表侵蚀、河流袭夺、温泉和地下水活动等。新构造研究的意义是显而易见的,它直接关系到人类的生存环境和各项工程建设。

1. 新构造运动的主要特点

(1)新生代以来地壳运动十分强烈,水平和垂直运动规模巨大。例如,新阿尔卑斯运动或喜马拉雅运动,使特提斯海(古地中海)消失,出现地中海及两岸的山系和亚洲南部的喜马拉雅山;环太平洋沿岸岛弧、美洲西部边缘(科迪勒拉 — 安第斯山脉)都是新生代造山运动的结果。构造运动不仅改变了海陆轮廓,奠定了现代地貌形态,还影响了现代地球上气候带分布。升降运动也与区域的深大断裂伴生。

(2)新构造运动是地质历史上最新的一个构造旋回,青藏高原大规模抬升。研究表明,新构造运动表现的大幅度抬升,实际上由大规模水平运动引起。洋脊地带,岩石圈板块做背离运动,使板块增长;海沟处,板块做聚合运动,大洋板块俯冲消亡,大陆板块被压缩抬升,形成年轻山系;转换断层带上,板块发生剪切活动。

(3)新构造运动是现代地震、火山活动的主要控制因素。

2. 新构造运动的主要活动方式

(1)大规模拉张运动。

海洋中新洋脊不断形成,大陆裂谷(如东非裂谷)发育大陆溢流玄武岩,拉分盆地中出现巨厚沉积层、高热流和火山活动(如美国西部里奇盆地、欧洲死海)。

(2)大规模俯冲、碰撞活动。

太平洋东西两侧均有海沟,大洋板块不断向大陆板块俯冲,大陆板块被挤压,形成新的造山带,如我国台湾地区、北美西部、南美安第斯山脉等新生代造山带、新生代地中海—喜马拉雅带发生板块碰撞。

（3）大规模走滑活动。

美国圣安德列斯断层在新生代发生大规模右旋走滑活动,我国鲜水河断裂带大规模左旋走滑,土耳其安纳托利亚断裂带在北部发生右旋走滑,在东部发生左旋走滑（北部为右旋、东部为左旋）。美国西海岸圣安德列斯断裂带,是一条巨大的平移断裂带,它分开了美洲板块和太平洋板块。

（4）褶皱运动。

这类褶皱主要发生在新第三纪及第四纪中地层中,尤其在断裂带上及其附近岩层中常见。

（5）火山运动。

火山喷发在板块的边缘或大地貌单元位置异常强烈。例如,日本的九重、阿苏、云仙岳、富士山等都是活火山带,其新构造原动力主要来自太平洋板块的俯冲和对亚洲的挤压;意大利的西海岸的维苏威火山、埃特纳火形成与区域的构造张裂运动;美国西海岸是西半球最强烈的新构造活动区,地震发育。我国也有许多新构造活动区,黑龙江五大连池、吉林长白山、云南腾冲等是第四纪火山活动区,京津唐、川西、云南等则是地震多发区。青藏高原现今的地貌也是新构造运动造成的,青藏高原的大面积隆起对大气圈环流、印度洋暖湿气流的北行都有重要影响。

根据李祥根的研究成果,中国大陆与海域地壳于距今 340 万年以来发生的构造运动称为中国新构造运动,大致开始于第四纪冰期。中国新构造运动有 5 个主要活动期次,每个阶段（期次）有不同的特征和相应的地貌演化规律:340 万 ~ 212 万年前,沉积粗碎屑堆积物,多期的升降运动,显示有冰川沉积物;180 万 ~ 145 万年前,青藏等地区强烈上升运动导致古流域水系的调整或重组;110 万 ~ 60 万年前,强烈的新构造差异运动,促使地形大切割;15 万 ~ 7 万年前,持续的新构造差异运动,形成大陆现代水系雏形,长江和黄河的中、下游分别在 20 万 ~ 15 万年前贯通;1 万年前到现在,新构造高速率运动阶段,现今人类正经受着新构造时期地壳运动最强烈活动阶段。根据亚洲大陆地壳动力学机制,中国新构造运动分为:① 西部,第三期喜马拉雅造山运动和台湾岛造山运动,是地壳挤压、褶皱缩短的增厚过程;② 东部,第三期华夏裂谷运动,是地壳拉张、伸展、块断升降等地壳减薄过程。新构造运动形成了中国大陆和海域自西向东的四级台阶状下降的地形,由青藏高原（第一梯级地形）,黄土高原和西南、华北西部及新疆山盆（第二梯级地形）,东北、华北东部、长江中下游平原（第三梯级地形）,以及海域大陆架（第四梯级地形）组成。其中,在第三梯级地形和第四梯级地形之间有一条呈右型雁行排列的北北东向展布的"新华夏隆起带"。

黄汲清提出大面积升降运动、翘起与断裂运动、拱曲运动、坳陷与褶皱及冲断五大类新构造运动类型。

新构造运动除造成灾害和对工程建设带来了严重不利影响外,也改变了地形、地貌和气候环境。宁夏贺兰山前红果子沟长城被北北东向断层右旋位错 1.45 m,该长城重建于

距今 400 余年的明朝。天津市蓟县北黄崖关长城左旋断错 0.5 m，该段长城重建于
1578—1583 年。1986 年，福建省青州大型造纸厂扩建，欲在旧厂址上进行设计，但在场址
活动构造评价时，在原厂址发现了晚更新世（距今 17 000 年左右）以来的活动断裂带，并
且已经造成某些结构物倾斜和破坏，结果原总图布局设计方案被取消。甘肃永昌白家咀
子铜镍矿位于新构造断裂带上，在初期矿山开采设计中没有考虑断裂活动因素，施工中出
现坑道变形才补做新构造调查研究，并针对新构造特点进行了补充设计，使问题得以解
决。成昆铁路的沙马拉达段，由于当时对新构造断裂的调查研究不够深入，因此运行后发
生大规模塌方和路坡变形，陇海铁路西段通过六盘山新构造断裂带的一段也是如此。青
藏高原过量的隆升幅度阻挡了印度洋季风北上，形成了寒冻和雪域高原，改变了第三纪晚
期即距今 340 万年以前原我国大陆西部湿润、温暖的气候，成为恶劣的干旱沙漠生态环
境。黄河、长江等是横贯我国大陆东西的江河，穿越自西向东的三级地貌台阶。我国雨带
略呈东西向，自南向北推进，基本上与主要河流平行，雨季时往往河流上、中、下游同时接
受大量降水，各河段之间缺乏调节降水能力，无法调节南来的太平洋湿气团降雨带，造成
中国大陆东部各流域每年的涝、旱自然灾害，我国的江、河洪泛区基本上都位于东部的新
大地构造沉降区。

　　新构造活动也带来了地热、温泉或矿泉、旅游等资源。在沿海地区和巨大的沉积盆
地，强烈的沉积可造成数千米厚的第四系沉积，形成地下储油、储气盆地或地下储水盆地、
建筑材料资源等，我国中西部地区的油田或储油、储气构造就在大型沉降盆地里，如东北
平原、华北平原、长江中下游平原及沿海大陆架盆地、南中国海陆架盆地、鄂尔多斯盆地、
四川盆地、柴达木盆地、准噶尔盆地、塔里木盆地中的油田等。深大断裂带来了丰富的矿
产资源，如郯庐断裂中有金刚石产出。

5.2　活动断层、危险性评定方法

　　活动断层是工程地质学和土木工程防灾减灾研究的重点内容，它与地震、火山、滑坡
等地质灾害的形成有密切的关系。研究表明，全球 90% 以上的地震由断裂活动造成。全
球 95% 的地震发生在环太平洋、阿尔卑斯 — 喜马拉雅和洋中脊三大地震带，三个地震带
对应着巨大的活动断裂。地震地质学、工程地震学研究成果表明，断层是经常发生地震、
地震释放能量的地方，存在活动断层的地方地震发生概率高。一般活动断层规模越大，活
动性越强，地震震级也越大，活动频度越高。

5.2.1　活动断层的定义

　　活动断层一般是指目前正在活动的断层或是近期曾有过活动而不久的将来可能会重
新活动的断层。对于时间"近期"的理解，不同行业或研究者有不同的规定与认识。我国
核电站规范规定的"近期"为 50 万年（能动断层）或晚更新世（10 万年左右）。美国原子
能委员会认为这个时间为 3.5 万年（有过至少一次活动）、5 万年（有过多次活动）、50 万年
（多次重复活动）。国际原子能机构也认为活动断层的时间为 50 万年（称能动断层）。土
木工程领域一般认为这个时间为全新世（1 万 ~ 1.1 万年），这与重要工程的使用年限一

般为100～200年有关系,因此人们更为关心的是"不久的将来"(100～200年内)有无活动的可能性。我国地震行业的"近期"指晚更新世(距今10万～12万年),地学界认为这个时间为第四纪(约200万年),铁路工程认为的活动断层年限为1万年,核能工程则认为是50万年。

对活动断层的认识主要是从地震破裂或地震断层、地球动力学、地震预报的研究开始。日本1891年浓尾地震和美国1906年旧金山地震中都有明显的地表破裂,旧金山大地震中圣安德烈斯大坝被错开2 m,大坝左右的构筑物也因破裂而发生破坏。其后,1940年的埃尔森特罗地震也使加州全美运河河堤错开4.3 m。活动断层对工程的影响因此得到了关注。随着工程地震学科的发展,活动断层的研究更为翔实。日本1995年神户地震后,于1996年成立了活动断层研究学会。我国活动断层的研究始于中华人民共和国成立后。为了经济建设的需要,1966年邢台地震后,活动断层的研究飞速发展,1980年成立的地震地质学会确定了活动断层成为古地震研究的重点内容。

活动断层错动直接损害建筑物的实例很多。在我国1976年的唐山地震时有8 km的地表错断,最大水平错距为3.0 m,垂直断距为0.7～1 m,该断层穿过的道路、房屋、围墙等一切建筑物全被错开。宁夏石嘴山红果子沟一带的活动断层将明代(约400年前)长城边墙水平错开1.45 m(右旋),且西升东降,垂直断距约为0.9 m。1999年,我国台湾集集地震发育逆冲错动,形成100 km长的地表错断,一跨断层修建的混凝土石冈坝于左坝肩处被错断,错开断距达9.8 m。2008年,汶川地震地表破裂大于300 km,断层错断的地方房屋破坏、滑坡和崩塌发育,北川县城断层带上的房屋多数严重破坏、倒塌。1999年,土耳其7.4级地震造成大规模地表破裂,整个地表破裂沿这个大断裂带呈东西分布,长度达150～200 km,以水平错动为主,最大水平错距为3.8 m,垂直错距为0.6～1.5 m,凡是断裂带穿过地区的房屋建筑、道路、桥梁等均无一幸免。地震产生的地表破裂及振动是造成建筑物破坏及人类生命财产损失的重要原因。

活动断层对工程建筑物的影响表现为两个方面:一方面,活动断层的地面错动直接损害跨越该断层修建的建筑物或构筑物,活动断层错动时附近伴生的地面变形也会影响到邻近的建筑物;另一方面,伴有地震发生的活动断层,能引发滑坡等边坡失稳,强烈的振动、脉冲作用也对较大范围内建筑物、构筑物带来直接的损害。活动断层规模、滑动速率的高低与地震发生频度、强弱和破坏有直接关系。从工程地质观点出发,这两方面的问题均与工程场地的区域稳定性或地壳稳定性密切相关。

5.2.2 活动断层的危险性评定方法

活动断层的危险性评定主要包括活动断层的几何特性、运动特性、时空分布特性。

1. 活动断层的几何特性

活动断层的几何特性包括断层类型、破裂模式、断层的长度和断距及断层的空间分布规律,按照构造应力场与两盘的相对位移可以划分为走滑或平移断层、逆断层和正断层三种基本类型。

（1）断层的类型。

①走滑或平移断层。走滑或平移断层最大、最小主应力都近于水平,二者之间的最大剪应力面(断层面)近于直立,其地表出露线也最为平直,常表现为极窄的直线形断崖,主要是断层面两侧相对的水平运动,但相对垂直运动分量小,断层面上常见水平状擦痕。水系最易于沿这种断层面或带发育,建筑物、构筑物也最易于受到这种活动断层的威胁。河流、冲沟和山岭的扭错是识别此类活动断层的重要标志。长大河道形成时代老,短溪流形成时代新,前者记录有为数众多的错动,故累计扭错距离大;后者只记录到少数错动,故累积扭错距小。长、短不同的水系沿一条断层扭错距离往往不一样。通过水系、山系的错断大小与分布规律,不仅可以识别该类断层,而且对断层活动的分段性、活动时间的确定有很好的直接证据。我国东部的郯城 — 庐江断裂带、西部的安宁河 — 则木河 — 小江断裂,美国西部的圣安德烈斯断裂带,欧洲的安纳托利亚断裂带都是著名的活动走滑断裂。

②逆断层。形成逆断层的最大主应力往往近于水平,最小主应力近于垂直。这类断层的断层面倾角一般小于45°(20° ～ 40°最为常见),易发育为由产状相同的次级逆断层组成的叠瓦状形式的断层带。断层面上常见有擦痕、牵引、阶步、细粒的断层泥、糜棱岩等构造行迹,断层面呈现舒缓波状。断层的上盘往往变形大,易形成断层崖、飞来峰。我国西部的活动构造带如龙门山断层带、天山断裂系,美国的圣费尔南多断裂,日本的海沟断裂就是典型的活动逆断层。

③正断层。正断层形成的应力环境往往是最大主应力近于垂直,最小主应力近于水平的拉伸环境。走向垂直于最小主应力且与最大主应力呈锐角的断层面倾角大于45°,常常为60° ～ 80°,断层面上往往发育断层棱角分明的断层角砾、断层泥和断层的楔形填充物。在错动过程中,沿断层面倾向的水平方向有所伸长、伸展,形成地堑、地垒式、阶梯状的地形。很多的断陷盆地边界就是正断层的断层面,这类断层活动的大变形和分支断层错动主要集中于断层下盘。典型的活动正断层有东非大裂谷、汾渭盆地、藏南近南北向裂谷等。

上述三种活动断层的位移或形变都分别是单纯走滑或倾滑,其产生的应力场中三个主应力方向的两个是水平的,而另一个是垂直的。实际应力场往往是复杂的,三个主应力方向既不完全水平也不完全垂直,而是由不同的水平和垂直分量合成的。因此,断层的位移也多由不同的倾滑、走滑分量合成,活动断层的类型往往也是三种基本类型的组合,即走滑 – 逆断层组合或走滑 – 正断层组合,分别形成左(或右)旋走滑逆冲断层或左(或右)旋走滑正断层等多种形式。

（2）断层的破裂模式。

断层的破裂往往与形成的应力大小、方向密切相关。典型的断裂破裂模式包括了挤压破裂、拉张破裂、剪切破裂、压扭破裂和张扭破裂。一系列平行斜列的压性或压扭性构造行迹及平行斜列的张性及张扭性断裂大体以直角相交组合而成,其总体形态颇似汉字"多"字或反"多"字,称为多字形构造,由一系列走向大致平行的断层或褶皱斜向排列而成的构造称为雁列构造。被脉体填充的雁行斜列式节理称为雁列脉,其中心面称为雁列面,基本要求包括雁列轴、雁列角、雁列间距等,与破裂的力学特性密切相关。雁列面的力学特性见表5.1。两组共轭扭(剪)性断裂(即X型断裂或共轭节理)称为棋盘格式构造，这类断层的特点是每组断裂大体互相平行，多呈等距分布；其断面倾角比较陡直或近于直立，并以水平位移为主，两组断裂夹角约90°，为典型的剪切破裂模式。由一条断裂和它一侧或两侧派生的分支构造组合而成，其形态像汉字"入"字的断层称为入字型构造，其分支构造不会切穿主干构造，其变形强度也较主干构造弱，并随着远离主干构造而逐渐减弱，延伸不远即消失。入字型构造一般由平移(或走滑)断裂及其派生的分支构造组成，但在剖面上，有些正断层、逆冲断层及推覆构造等也可出现入字型构造。主干构造的力学性质可以是单纯剪切，也可以是压扭性或张扭性。分支构造的力学性质可以是张性、压性、张扭或压扭性，也不全限于断裂。规模巨大的断层，由于活动时间、活动强度、岩石类型和应力条件等不同，因此一条断层的破裂特性在不同部位表现出不同的破裂特性，典型的山字型构造体系就是如此。典型的山字型构造由前弧、反射弧、脊柱、马蹄形盾地、反射弧脊柱或砥柱五个部分组成。

① 前弧。前弧又称凹面弧或正面弧，位于山字型构造的正前面，由若干大致相互平行的弧形挤压带组成，包括弧形褶皱、逆冲断层、挤压破碎带或片理带，并伴生有与其垂直的放射状横向张断裂和与其斜交的扭断裂。前弧中段称为弧顶，由于曲率大，横张断裂发育，因此常陷落成地堑，易被新沉积物覆盖，并常有小型岩浆侵入体。前弧两翼由于兼有扭动作用，一翼为顺时针扭动，另一翼为逆时针扭动，因此褶皱和槽地往往呈弧形斜列。

② 反射弧。反射弧是指在前弧两翼撒开方向出现的反向弯曲弧形构造带，组成的构造与前弧基本相同，不过要比前弧的规模小、强度弱、分布散漫、舒展开阔。

③ 脊柱。脊柱位于前弧凹方的中间对称轴部位，是由一系列平行的褶皱、逆冲断层组成的挤压构造带，并经常发育有横向张断裂和两组共轭扭断裂。它的一端不会超过弧顶，另一端不会超过反射弧外缘连线以外太远。

④ 马蹄形盾地。马蹄形盾地位于脊柱和前弧之间，是一个形如马蹄形的构造变动相对比较微弱的地区，它可以隆起为台地，结晶基底直接出露地表；也可以下陷为盆地，成为某些沉积矿产形成的有利地段。

⑤ 反射弧脊柱或砥柱。反射弧的砥柱位于反射弧的内侧，多数是由显露的或隐状的坚硬岩块或地块组成的，如结晶基底、岩浆侵入岩体、穹窿体等，构造变动相对比较微弱，有时在砥柱的部位出现的是反射弧脊柱，与前弧所对应的脊柱一样也是由挤压构造带组成的，在反射弧脊柱和反射弧之间也出现一个小型的马蹄形盾地。

表5.1 雁列面的力学特性

雁列面	P	T	S
力学特性	压或压扭	张或张扭	扭或扭张
雁列角 /(°)	45	≥45	10～20

(3) 活动断层的长度和断距。

活动断层的长度和断距是表征活动断层规模的重要参数。工程地质和地震工程领域通常分别用强震导致的地面破裂长度和伴随地震产生的一次突然错断的最大位移值表示。通过对地表错断的研究,可以了解地震破裂的方式和过程,判定地震断层动力学特征;又可以了解地震时的地面效应,判定地震危险性和震害程度,为在活动断层区修建建筑物的抗震设计提供参数。

国外的历史地震调查表明,地震震级越大,震源深度越浅,则地表错断越长。大于 7.0 级的浅源地震均伴有地表错断,而小于 5.5 级的地震则除个别特例外均无地表错断。同样震级的地震因震源深度不同或锁固段岩体强度不同而地表断裂长度各不相同。一般认为,地面上产生的最长地震地表断裂可以代表地震震源断层的长度,而地震震源断层长度与震级大小呈正相关关系。根据地震震级与地表破裂长度或地表断层位移的统计关系分析,一些震级与断层长度关系统计模型已经能较好地预测二者间的关系。

1958 年,Tocher 根据美国加州和内华达 10 个地震地表断裂资料,通过拟合震级 M 与 L 之间的关系,回归分析而得到的经验关系为

$$M = 5.65 + 0.98\lg L \tag{5.1}$$

1977 年,Bonilla 根据 58 个震级大于 6 级的浅源地震实测数据,对地震面波震级(M_s)与地表断裂长度(L) 和地表断裂最大位移(D)的相关性进行了统计分析,得到

$$M_s(L) = 6.04 + 0.708\lg L \tag{5.2}$$

$$M = \frac{1}{0.6}\lg L + 4.85 \tag{5.3}$$

$$\lg D = 0.55M - 3.71 \tag{5.4}$$

式中,D 为一次地震突然错动的最大幅度。

邓起东等对板内走滑断层震级 M 与地表断裂长度 L、最大位移 D 的关系进行统计分析,得出

$$M = 6.25 + 0.8\lg L \tag{5.5}$$

$$M = 7.43 + 0.52\lg D \tag{5.6}$$

陈达生根据我国 1733—1976 年以来的历史地震与现场调查数据,建立了我国西部、东部和台湾地区的震级与断层的线性回归方程,即

$$M = A_1 + B_1\lg S \tag{5.7}$$

式中,M 为面波震级;S 为地表破裂长度,km;A_1、B_1 为不同地区的系数。西部地区 $A_1 = 6.4304$,$B_1 = 0.6656$;东部地区 $A_1 = 6.6362$,$B_1 = 0.5651$;台湾地区 $A_1 = 6.7174$,$B_1 = 0.04815$。

蒋溥根据我国邢台地震的 18 个余震记录,得到震源破裂长度与震级的关系为

$$\lg L = 0.562318M - 2.25022 \tag{5.8}$$

随着地震数据的不断积累,一些学者也提出了相应的震级 – 地表破裂或震源破裂相关关系式。根据我国工程地震研究结果可知,一般震级在 5.5 级以下的地震不会产生明显的地表破裂,而 7.5 级以上地震均出现地表错断。地震地表错断长度一般为一至数百千米,最大位移一般为几十厘米至十余米。我国历史地震断层的地表错断长度见表 5.2,国外一些地震断层的地表破裂长度见表 5.3。

表 5.2　我国历史地震断层的地表错断长度

地震断层名称(走向,性质)	地震震中	地震时间	震级	地表错断距/cm		地表错断长度/km
				水平	垂直	
可可托海—二台断裂(NNW,右旋)	新疆富蕴	1931.8.11	8.0	1 460(右旋)	100～360	180
花石峡—玛曲断裂(NWW,逆)	青海都兰	1937.1.7	7.5	800(右旋)	350(逆)	240
昌马断裂(NWW,逆)	甘肃昌马	1932.12.15	7.5	560(左旋)	300(逆)	116
南、西华山断裂(NW—NWW 左旋,逆)	宁夏海原	1920.12.16	8.5	1 000～1 100(左旋)	150(逆)	236
龙首山断裂(NWW,逆)	甘肃山丹	1954.2.11	7.25	233	120	20
阿克拉湖断裂	青海阿克拉湖	1963.6.19	7.1			120
玛尔盖茶卡断裂	青海玛尼	1997.11.8	7.7	450(左旋)		120
东昆仑断裂	青海库赛湖	2001.11.14	8.1	600(左旋)		350
鲜水河断裂(NW,左旋,逆)	四川炉霍	1973.2.6	7.9	360(左旋)	50(逆)	90
鲜水河断裂(NW,左旋,逆)	四川康定	1955.4.14	7.5			20
理塘断裂(NW)	四川理塘	1948.5.25	7.25			75
小江断裂(NNW,左旋,逆)	云南东川	1933.8.2	7.5			65
曲江断裂(NW,右旋,逆)	云南通海	1970.1.5	7.7	220(右旋)	45(逆)	60
贺兰山东麓断裂(NEE,正)	宁夏平罗	1739.1.3	8.0	145(右旋)	95(正)	90
大洋河断裂西端(NW,左旋)	辽宁海城	1975.2.4	7.3	55(左旋)	20	5.5
唐山—古冶断裂(NNE,右旋,正)	河北唐山	1976.7.28	7.8	153(右旋)	70(正)	8
纵谷断裂(NNE,左旋,逆)	台湾玉里	1951.11.28	7.25	200(左旋)	130	40
大壁断裂(NEE,右旋)	台湾嘉义	1906.3.17	6.75	240(右旋)	180	13
屯子脚断裂(NEE,右旋)	台湾台中	1935.4.21	7.0	170(右旋)		17
新化断裂(NEE,右旋)	台湾台南新化	1946.12.5	6.75	210(右旋)		6
车垅埔断裂(SN,逆)	台湾南投集团	1999.9.21	7.6		800(逆)	100
龙门山断裂之映秀—青川断裂(NE,逆冲兼右旋走滑)	四川汶川	2008.5.12	8.0	600(右旋)	475	3.00

表 5.3　国外一些地震断层的地表错断长度

断层名称		地震名称	地震时间（年.月.日）	震级	地表错断距离 /cm		地表错断长度 /km
					水平	垂直	
蒙古	博格多断层	戈壁—阿尔泰地震	1957.12.4	8.0	885（左旋）	±300	272
日本	根尾谷断层	浓尾地震	1891.10.28	8.4	200（左旋）	600	90
	卿村断层	北丹后地震	1927.3.7	7.5	270（左旋）	80	18
	丹那断层	北伊豆地震	1930.11.26	7.0	300（左旋）	±200	35
	吉冈断层	鸟取地震	1943.9.10	7.4	90（右旋）	50	45
	三河断层	三河地震	1945.1.13	7.1	150	200	
美国	加州圣安德烈斯断层	旧金山地震	1906.4.18	8.3	640（右旋）	590	435
	加州英佩里尔谷断层	英佩里尔谷地震	1940.5.18	7.1	580（右旋）	120	64
	内华达州费尔维峰断层	费尔维峰地震	1954.12.16	7.1	420（右旋）	360（正断）	57.6
	阿拉斯加费尔维赛尔断层	费尔维赛尔地震	1958	8.0	645（右旋）	180	175～200
	蒙大拿州赫布根断层	赫布根湖地震	1959.8.18	7.1		550（正断）	26
	加州圣安德烈斯断层	帕克费尔德地震	1966.6.27	5.5	17.4（右旋）	4.8	37
新西兰	怀拉拉帕断层		1855		1 220（右旋）	275	144
	怀特克里克断层	南岛 Buller 地震	1929.6.17	7.8	215（左旋）	455	32
土耳其	安纳托里亚断层带	埃津兼地震	1939.12.26	7.9	420（右旋）	150	350
	安纳托里亚断层带	埃尔巴地震	1942.12.20	7.0	200（右旋）	50	50
	安纳托里亚断层带	博卢—格雷德地震	1944.2.1	7.2	360（右旋）	100	190
	安纳托里亚断层带	叶尼斯地震	1967.3.18	7.4	430（右旋）	0	60
	安纳托里亚断层带	木都尔努地震	1967.7.22	7.2	230（右旋）	180	80
	安纳托里亚断层带	木腊迪那地震	1976.11.24	7.6	380（右旋）		55
	安纳托里亚断层带	格韦地震	1957.5.26	7.1	160（右旋）		40
	安纳托里亚断层带	托西亚地震	1943.11.26	7.2	150（右旋）		265
	安纳托里亚断层带	Kocaeli 地震	1999.8.7	7.4	500（右旋）		125

2. 活动断层的运动特性

活动断层的运动学特性主要包括断层的滑动方式、错断速率、活动重复周期和活动时间。

（1）滑动方式。

断层的滑动方式主要分为黏滑和蠕滑（稳滑）两种基本模式。黏滑指断层的间断性突然发生错动，该错动方式表现为在一定时间段内断层的两盘不产生或仅有极其微弱的活动，当构造或其他应力超过锁固段岩体的极限强度时，相互错动突然发生，平静期间积蓄起来的应变能突然释放出来而引发地震。断层的黏滑运动常表现出强烈错动间断的周期性特性，因此这种断层上往往有周期性的强震活动，这是地震中长期预测、预报的一个重要证据。蠕滑（稳滑）的错动是一种缓慢而持续的平稳运动，其形变或位移的时间关系为平滑曲线。这种断层的两盘岩体强度一般较低，如页岩、泥岩，或断层带内有软弱充填物或有高孔隙水压力，当断层遭受一定水平的剪应力时，由于强度低的岩盘或软弱断层带不能锁固和积蓄应变能，因此岩盘持续不断地相互错动，这种活动断层一般无地震活动或仅伴有小震发生。实际上，活动断层的活动方式既非绝对蠕滑也非绝对黏滑，而是二者兼有。1995 年日本阪神地震、1999 年我国台湾集集地震、1999 年土耳其伊兹米特地震和 2008 我国汶川特大地震的发震活动断层均是二者兼有。在黏滑错动发生之前，二者都有震前蠕滑。

（2）错动速率。

活动断层的错动速率，一般是通过准确的地形、地貌和地质测量（包括精密水准、三角测量、GPS），以及研究第四纪沉积物年代及其错位量而获得的。准确的地形测量可以精密地测定活动断层不同地段的现今错动速率。例如，圣安德列斯断层经过精密地形、地貌和地质测量，根据蠕动速率的大小和地震情况划分为九段。其中，比特瓦特谷至帕克菲尔德段蠕动速率极高，达 5 cm/a 以上，但没有发生地震；而门多西诺角至洛斯加托斯段及乔拉姆至卡宗隘口段则未发现蠕变断错。前者在 1906 年发生了 8.3 级大地震（即旧金山大地震），地震时地表破裂右旋方向最大位移为 6.4 m；后者在 1857 年 8.25 级大地震时最大断错达 10 m。

第四纪沉淀物年代和错位量的研究只能测定活动断层在最新地质时期内的平均错动速率。据统计，我国西部地区大部分活动断层的垂直平均错动速率为 0.5 ~ 1.6 mm/a；水平平均错动速率，新疆地区为 8 ~ 18 mm/a，青藏高原周围为 2 ~ 9 mm/a，青藏高原内部为 2.5 ~ 10 mm/a。东部地区大部分活动断层的垂直平均错动速率，华北平原为 0.2 mm/a，银川地堑、汾渭地堑分别为 2.3 mm/a、1.8 mm/a，华南地区为每年百分之几至十分之几毫米；水平平均错动速率，华北平原为 0.5 ~ 2.3 mm/a，鄂尔多斯周围为 3 ~ 5 mm/a，华南地区为 0.4 ~ 2 mm/a，我国台湾地区为 6 ~ 12 mm/a。

需要指出的是，活动断层的错动速率往往是不均匀的，临震前往往加速，地震后又逐渐减缓。根据错动速率的大小，一般将活动断层分为 AA、A、B、C、D 五级（表 5.4）。

（3）活动重复周期和活动时间。

地震断层两次突然错动之间的时间间隔是活动断层的错动周期。活动断层发生大地震的重复周期往往长达数百年甚至数千年，有的已超出了地震记录的时间。为此，要加强史前古地震的研究，利用古地震时保存在近代沉积物中的地质证据及地貌记录来判定断层错动的次数和时代。

地震断层的错动周期主要取决于断层周围地壳应变速率和断层面锁固段的强度。一般情况下，应变速率越小，锁固段强度越大，则错动周期越长。也就是说，地震强度越大的活动断层，其错动周期越长。因此，刚发生过大地震的地段应该是安全的。

表 5.4　活动断层按错动速率分级

等级	我国的错动速率 $R/(mm \cdot a^{-1})$	强烈程度	日本的错动速率 $R/(mm \cdot a^{-1})$	活动性大小
AA			> 10	很高
A	10 < R < 100	特别强烈(M_{max} > 8.0)	1 ~ 10	高
B	1 < R < 10	强烈(M_{max} = 7.0 ~ 7.9)	0.1 ~ 1	中等
C	0.1 < R < 1	中等(M_{max} = 6.0 ~ 6.9)	0.01 ~ 0.1	低
D	R < 0.1	弱(M_{max} < 6.0)	< 0.01	非活动性

　　已有的资料表明,活动断层的活动性在不同的地段往往是不同的,表现出分段特性。因此,以沿(跨)断层多手段的分段测量,可获得不同活动断层空间段的错动速率的大小。由于断层的不同活动形式,因此滑动速率的测量方法不一样。对于稳滑段,常常采用断层重复精密测量或伸缩仪定点测量法。对于黏滑段或黏、稳滑混合段,由于突发性错动事件总要留下地质或地貌证据,一般应用地质地貌法、古地震法判定事件次数、累积错距和各事件的绝对年龄,再求出平均错动速率,同时也可求出其重复活动间隔。

　　古地震事件中的地貌错断最为直观,如山脊断错、不同时代冲沟或溪流突然错断、不同时代阶地或冲积扇成带分布、水系的突然转折、断层陡坎、断层三角面、沿陡峻断层陡崖的滑坡群、溪沟错断或正断层下陷的形成断塞塘或下陷塘等都是活动断层存在与活动性评价的直接证据和参数。我国学者利用该方法测定了我国主要活动断层的错动速率和活动周期(表 5.5)。

表 5.5　我国主要活动断层的错动速率和活动周期

活动断层名称	走向	滑动性质	水平速率 $/(mm \cdot a^{-1})$	垂直速率 $/(mm \cdot a^{-1})$
班公湖—嘉黎断裂	NWW	右旋走滑	15	
沙江断裂(弧形)	NS—NW	逆倾滑 + 右旋走滑	6 ~ 7	2 ~ 3
鲜水河断裂	N40°W(总体),N20°W(南东段)	(左旋)走滑	总体:12 ±2 炉霍段:10 ~ 20 南东段:9.6 ±1.7	南东段:3.2 ±0.7
阿尔金山断裂	NEE	左旋走滑 + 逆倾滑	4.4 ~ 6.8 5.1 ±2(GPS 测量)	0.8 ~ 1.8
小江断裂	NS	左旋走滑 + 正倾滑	10 ±2 西段:7 ±1 东段:4.8 ±0.5	西段:0.8 ±0.2 东段:0.7 ±0.2
龙门山断裂(西南段)	N45°W	逆倾滑 + 右旋走滑	1.5 ±0.5 6.7 ±3(GPS)	1.5 ±0.5
安宁河断裂带	NS	左旋走滑 + 正倾滑	6 ±2(GPS)	
郯庐断裂	NNE	右旋走滑 + 逆倾滑	2.3	

　　古地震中的地层法也是求解错动速率的好方法,地层法根据以下现象确定断层的错动时间和错动量大小:① 错断第四系;② 地震崩积楔或地震充填楔;③ 砂土液化层;④ 快速错动产生高温而在断层物质中保存的热淬火形成的自生矿物(可采用 K – Ar 法、热释光法、电子自旋共振法等方法测量时间)。钱洪等利用这个方法确定了安宁河断裂北段算的历史最大垂直距为 1 m,平均垂直错动速率为 1 mm/a,地震事件平均重现间隔为(940 ± 150)a(图 5.1)。

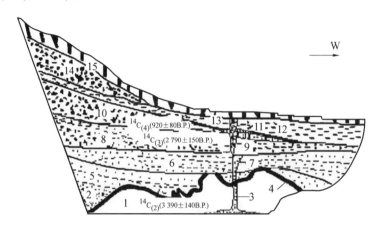

图 5.1　安宁河断裂北段野鸡洞探槽揭露的古地震事件图

1— 青灰色粉砂及淤泥(断塞塘沉积);2、8、10— 地震断层崩积楔;3、7— 前后两次喷砂形成的砂脉;4— 褐色风化壳;5— 棕红色粉质黏土;6— 褐色砂层;9、13— 地震地面开裂充填楔;11— 腐殖土;12— 黄褐色粉土;15— 深灰色含少量岩块的粉土,上部过渡为腐殖土

　　随着遥感技术的飞速发展,空间技术应用到断层活动性研究成为可能。自 1990 年以来,现代全球定位系统(Global Positioning System,GPS) 实时精确测定活动断层的错动特性得到了广泛应用。以地面 GPS 固定站点之间随时间的变化,测定局部地区乃至全球地壳的相对运动, 如日本的 GPS 地球观测网项目(GPS Earth Observation Network,GEONET,1996 年 4 月启动,在全国建成了由 610 个 GPS 站组成的 GEONET,1999 年其站点增至 1 000 个)、美国的板块边界观测 PBO 项目(Plate Boundary Observation,PBO,2003年启动)、中国大陆构造环境监测(陆态网络项目,2007 年建设,以卫星导航定位系统观测为主,并结合精密重力和水准测量等多种技术手段,建成了由 260 个连续观测和 2 000 个不定期观测站点构成、覆盖中国大陆的高精度、高时空分辨率和自主研发数据处理系统的观测网络) 等。 我国重大科学工程“中国地壳运动观测网络”(Crustal Movement Observation Network of China,CMONOC) 于 1998 年开始建设,基准网由 25 个 GPS 连续观测站组成,具有绝对重力、相对重力、水准等多种观测手段,其中部分站具有包括甚长基线干涉测量(VLBI) 和卫星激光测距(SLR) 等观测技术手段,每个站配备卫星通信和有线通信设备。基本网由 56 个定期复测的 GPS 站组成,西部大约 2 年复测一次,东部大约 4 年复测一次。区域网由 1 000 个不定期复测的 GPS 站组成,其中 300 个左右均匀布设,700 个左右密集布设于断裂带及地震危险监视区。观测结果提供了高精度、大范围和准实时的地壳运动定量数据,使得短时间内取得大范围地壳运动速度场成为可能。同时,基于该网络的大范围和时空密集的地壳运动观测数据,为我国 20 世纪末 21 世纪初可能发生的若干次 7 级以上大地震的预报提供了关键性科学依据,也对青藏高原隆起成因的研究起到决

定性的作用。王琪等利用我国和周边国家 362 个 GPS 观测站的原始观测资料,用统一的方法进行解算,获取了中国大陆地壳运动的速度图像。张培震等利用上述解算结果研究了中国大陆及其内部不同地块相对于欧亚大陆的运动状态,给出了在统一的欧亚参考框架下中国大陆与周边板块的相对运动图像,并进一步给出中国大陆内部各主要构造活动区现今构造变形特征。甘卫军、苏利娜应用 GPS 数据分析了震后形变时空演化信息和形变机制,并以 2015 年尼泊尔地震(7.8 级)为例,应用提取的 GPS 震后形变数据研究了该地震的震后形变机制。吕江宁等根据川滇地区现代地壳运动 GPS 速度场,求得川滇断块周边鲜水河断裂南段、安宁河断裂带、则木河断裂带及红河断裂带北段各断层的错动速率,所得结果与用地质方法求得的速率基本符合。

2019 年,张景发、张庆云研究了合成孔径雷达干涉(InSAR)技术获取高精度形变场的方法,并求解了断层滑动分布规律及震源机制解。应用 InSAR 遥感技术研究断层活动也得到了飞速发展。

3. 活动断层的时空分布特性

活动断层在全新世期间的活动呈现明显的时空不均匀性分布特点。时间上,断层的活动强度随时间的变化表现为活动强烈期、安静期的交替,因此在断层的时间系列上突然错动事件在某一时间段表现十分密集,在另一时间段则相对稀疏得多。空间分布不均匀则表现在不同的大地构造分区或断层分段上,断层活动强度显著不同,同一断层体现中不同分支或不同段落也有显著差异。探测活动断层的活动规律时空不均匀特性,有利于分析断层带上古地震事件的群集期(活跃期)、周期性,以及划分断层不同区段的活动规律,并判定活动性或破裂性迁移过程,准确地预测或评估强震复发的时间间隔、空间位置,为地震危险性分析提供合理参数,这样可以大大提高区域稳定性评价、地震危险性评估及概率分析水平。

为避免我国的城市建设、重大工程中建筑在危险的活动断层带上,我国启动了大规模的活动断层探测项目,许多横跨活动断层的探槽揭露出大量古地震事件。研究表明,全新世内活动断层的活动速率有明显变化,表现为快速活动与缓慢活动、活动阶段与平静阶段相交替的间歇活动特点,这与我国长期历史地震记录所表现出的地震活动分期分幕、有活跃期与平静期的特点相一致。

研究活动断层的时间不均匀性,建立活动断层全新世错动事件的时间序列是一个重要的手段。例如,从我国青藏高原内部及其边缘、甘新一带、华北三个地带的 16 条活动断层 12 000 年以来古地震事件时间上的分布特性可以看出,不同构造单元内断层的活动性在时间上有很大的不同,同一断层的地震重现期差别也巨大。青藏高原区 10 条活动断层共揭露出 51 次破裂事件,总计平均重复错断间隔为 2 100 年。距今 7 000 年以来是错动事件的相对群集阶段,距今 7 000 ~ 12 000 年则是相对平静阶段。华北地区的 5 条活动断层共揭露出 18 次错动事件,平均重复间隔为 3 300 年。

断层平均错动速率具有明显的区域不均匀性。我国西部断层平均错动速率明显高于东部,东部的华北又高于东北和华南。根据断层的错动速率的大小,我国的大地构造分区可以分为新疆、青藏、东北、华北、华南、台湾、南海 7 个活动断块区。印度洋 – 亚欧板块碰撞带的青藏高原及其周边、太平洋板块俯冲带的台湾和东南沿海断层的新活动较为强烈。同一区域的不同断层,同一断层的不同分支或不同段落,其活动性也不均匀。例如,鲜水河断层炉霍段最大的错动速率可达 15 mm/a,而乾宁以南至康定的南东段错动速率则仅为 5.5 mm/a。

活动断层上由强震破裂状况反映的断层活动过程和破裂传播情况也各不相同。有些长度不大的断层上发生强震时,破裂一次即贯通整个断层。例如,新疆二台断层,1931 年富蕴 8 级地震的地表断层即一次贯通长约 180 km 的整条断层。而许多长大断层的破裂,一般则是通过多次地震事件分段破裂,直至破裂贯通整个断层带而完成一次活动,这种破裂传播情况有较多的实例。例如,昌马 — 祁连 — 海原断层,最近一次的活动是通过 1888 年景泰 7 级、1920 年海原 8.5 级、1927 年古浪 8 级、1932 年昌马 7.5 级和 1986 年门源 6.4 级等多次地震多次破裂才几乎贯通整个断层。研究是否有地质或断裂几何因素作为持久性的控制破裂传播的阻挡体而控制破裂范围的扩展和终止,对地震危险性分析和区域稳定性评价具有重要意义,这就需要既考虑到断层的结构特点,又考虑到大震的破裂状况进行综合识别后对断层分段,且应以最大震级地震破裂分段为主,以便能反映断层的活动习性。我国汾渭断裂带、鲜水河 — 安宁河断裂带和河北平原北北东向断裂带上的历史强震系列所形成的破裂状况都反映了这些断层的分段活动性。

5.3　活动断层探测与工程场地选址

5.3.1　概论

活动断层是工程安全的最大威胁。城市规划、工程尤其重大工程的选址最好避开活动断层场地。如果必须在有活动断层的强烈地震区修建工程,如我国西南地区丰富水力资源开发就不可避免地要在有活动断层的强烈地震区修建巨型水电站(如金沙江中下游梯级水电站 —— 向家坝、溪洛渡、白鹤滩和乌东德水电站)、西部交通建设中的大型桥梁和隧道(如川藏铁路)、沿海地区的核电站和大型码头及海岸工程等,则必须探明活动断层的分布规律,在场址选择、建筑物类型选择和结构设计上采取措施以保障这些构筑物、建筑物的安全。

5.3.2　活动断层的探测

活动断层的探测是对其进行工程地质评价的基础。由于活动断层是第四纪以来构造运动的反映,因此它显示出新的构造活动行迹。一般可以借助地质学、地貌学、地球物理和地球化学、地震地质学和现代测试技术等方法和手段进行定性和定量的识别。

1. 地质、地貌和水文地质特征

(1)地质特征。

最新沉积物的地层错断,是活动断层存在的最可靠依据。一般来说,只要见到第四纪中、晚期的沉积物被错断,则无论是新断层还是老断层的复活,均可判定为活动断层。断层的识别需注意其与地表其他因素如滑坡、地裂缝产生的地层错断的区别。

一般活动断层的破碎带由松散的破碎物质组成,而老断层的破碎带均有不同程度的胶结。因此,松散、未胶结的断层破碎带也可作为鉴别活动断层的地质特征。

(2)地貌特征。

一般来说,活动断层的构造地貌格局清晰,所以许多方面可作为其鉴别依据。活动断层往往是两种截然不同的地貌单元的分界线,并加强各地貌单元的差异性。典型的情况是：一侧为断陷区，堆积了很厚的第四纪沉积物；而另一侧为隆起区，高耸的山地，叠次出现的断层崖、三角面、断层陡坎等呈线形分布，二者界线分明。活动断层往往造成同一地貌单元或地貌系统的分解和异常，如同一夷平面或阶地被活动断层错断，造成高差和位错。在活动断裂带上，火山口、滑坡、崩塌和泥石流等工程动力地质现象常呈线性密集分布也是活动断层控制的结果。

对活动断层进行研究，首先要调查其展布情况，即活动断层的位置、方向、长度等。由于活动断层的产生和活动与区域地质及大地构造的关系密切，因此要在较大的地域范围内进行研究。可根据已有区地质、航磁和重力异常资料，与卫星影像、航空照片对照，进行初步判释，勾画出所有可能对场地有影响的活动断层。由于活动断层都是控制和改造地貌和水系格局的，因此在卫（航）片上仔细研究构造地貌和水系格局及其演变形迹可以揭示活动断层。断层活动时代越新和越强烈，则显示越清晰。在松散沉积物掩盖区的隐伏活动断层，利用卫（航）片判释，常常能取得意想不到的效果（图 5.2）。在卫（航）片判释的基础上，要进行区域性踏勘，进一步验证判释成果。低阳光角航空摄影是专门用以判定活动断层的航空摄影法。选择适宜的季节、适宜的阳光角度摄影可以获得和加强活动断层所特有的断崖、三角面等地面起伏变化的阴影效果。断层的地貌标志如图 5.3 所示。

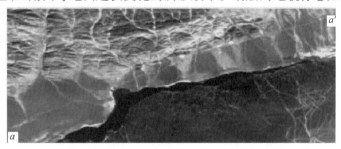

图 5.2　1997 年玛尼地震中玛尔盖茶卡湖北缘主破裂带（迹线 aa'）

图 5.3　断层的地貌标志

（3）水文地质特征。

活动断裂带的透水性和导水性较强，因此当地形、地貌条件合适时，沿断裂带泉水常呈线状分布，且植被茂盛。此外，许多活动断层沿线常有温泉出露，它们均可作为活动断层的判别标志。但需注意的是，有些老断层沿线泉水也有线状分布的特征，判别时要慎重，应结合其他特征与之区别。

地质、地貌和水文地质特征地表迹象明显的活动断层,在遥感图像中的信息极为丰富,即使是隐伏的活动断层,也可提供一定的信息量。因此,利用遥感图像判释活动断层是一种很有效的手段,尤其是研究大区域范围内的活动断层,利用遥感图像判释更有明显的优越性。

2. 历史地震和历史地表错断资料

历史上有关地震和地表错断的记录也是鉴别活动断层的证据。一般来说,较老的历史记载往往没有确切的震中位置,也没有地表错断的描述,所以只能用来证实有活动断层存在,而难以确切判定活动断层的位置。而较新的历史记载中,震中位置、地震强度及断裂方向、长度与地表错距都较为具体、详细。因此,对历史记载要加以分析。

利用考古学的方法,可以判定某些断陷盆地的下降速率。这种方法主要的依据是古代文化遗迹被掩埋在地下的时间和深度。例如,山西山阴县城南发现公元1214年的金代文物被埋于地下 1.5 ~ 1.8 m,可估算出汾渭地堑北端的雁同盆地平均下降速率是2.2 mm/a。

3. 地球物理与地球化学

地球物理探测活动断层常常应用航磁延拓、重力延拓、电法和地震勘探等测量方法,一般用 5 km、10 km、20 km、30 km 和 50 km 的延拓图,不同高度的延拓图大体上是突出了某一深部磁场或重力布格异常,通过分析航磁或重力异常梯度带,可以发现深部活动断裂的走向、空间位置。随着延拓高度的增加,深断裂的位置及方向也会移动,据此判断活动断裂的倾向、倾角。

有时可以通过人工地震剖面探测资料了解康氏面、莫氏面的形状与埋深,研究有无断层陡坎的存在。

断裂带及其附近易形成地球化学异常的元素有汞、氡、氦、氩、氢、砷、锑、铋、硼、钍和钋等,在确定活动断裂位置时常用的测量效果较好的地球化学元素是汞、氡,其次为惰性元素和砷、锑、铋等微量元素,其中以汞(Hg)的应用最为广泛,某断层的汞测量和对称四极电剖面法测量剖面(黑线断层位置)如图 5.4 所示。对于城市的活动断层尤其隐伏活动断层的探测,地球物理和地球化学方法是重要的手段。

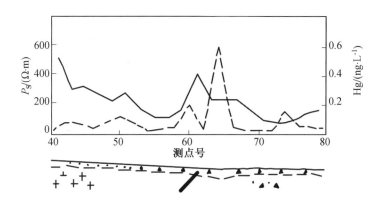

图 5.4　某断层的汞测量和对称四极电剖面法测量剖面(黑线断层位置)

4. 仪器测定

20 世纪 70 年代以来,开始利用密集的地震台网来确切测定微震震中位置,并确定活动断层的存在,但是有些活动性较强的蠕滑断层并不发生地震。因此,单纯依靠这种方法来鉴别活动断层的活动性,有时得不到满意的结果。采用重复精密水准测量和三角测量所获得的地形变化的证据能判定无震蠕滑断层或地震断层的活动性。通过区域水准测量及台站,可以探求活动断层不同地段两盘相对升降活动的趋势和幅度。利用三角网复测所得的水平形变资料,则不仅可探求活动断层走滑的趋势和幅度,还可获得主压应力的方向。

5.3.3　活动断层区的工程选址评价

有活动断层的建筑场地必须进行危险性分区评价,以便根据各区危险性大小和建筑物的重要程度合理配置建筑物。预计可能产生的地表变形及其规模是进行危险性评价的基础,这类变形有地表错断、水平位移造成的地表扭曲和垂直变形造成的倾斜,根据以往产生的变形,可预测未来可能产生的地表变形的类型和规模。

1. 安全避让距离

目前的抗震设防措施还难以阻止地表破裂错动对地面建筑物和生命线工程的直接毁坏。对于地表破裂,其破坏力和影响范围是任何建(构)筑物都无法克服的。因此,对于可能产生地表破裂的断层,必须避让,这就涉及地表破裂的避让距离。美国 Alquist—Priolo 断层区划法案给出了避让距离的判别及其一般取值在断层迹线每侧约 15 m 的规定,即安全距离为 15 m。美国加州政府规定:除独户木架结构或钢架结构不超过 2 层楼的住宅,且不属于 4 单位以上共同开发方案的外,在距断层迹线每侧各 15 m 内均不准建筑房屋。在活动断层不垂直或定位复杂时,在大活动断层上给出 300 m 断层避让带(或距迹线每侧 150 m),在确定性的小活动断层上给出 120 ~ 180 m 断层避让带。所有断层破裂危险带上的新建工程必须依照程序进行断层破裂危险调查及评价并给出报告。美国犹他州则规定:全新世活动断层上的所有关键设施和人类居住建筑、晚第四纪活动断层上的关键设施进行专门场地研究,其他断层上也宜研究。对于确定性断层,研究宽度为下盘 150 m,上盘 75 m;对于隐伏或大概位置断层,研究宽度为每盘各 300 m。新西兰规定的断层安全避让距离为至少 20 m。新西兰地质原子能机构规定:断层地破裂危害可能性区域宽 10 ~ 50 m,因定位的不确定,可能性区域外界各增加 20 m 缓冲,形成推荐使用的宽度为 50 ~ 90 m 的危害性区域。日本规定:在活动断裂带两侧各 100 m 范围内严禁建大型工程设施。欧洲技术委员会规定:走滑断层两盘皆避让断层迹线 30 m,正断层和逆断层的上盘皆避让断层迹线 30 m,正断层和逆断层的下盘分别避让断层迹线 $(30 + 1.5H)$ m 和 $(30 + 2H)$ m(H 为断层高度),对强地震活动并有潜在活动断层的区域,进行城市规划和重要建筑建设时要进行专门的地质学、地震学、地震构造学研究,确定出基岩位错。我国的岩土工程勘查规范规定:按照断层活动强度及烈度,对于强烈活动,设防烈度为 9 度时宜避开断裂带约 3 000 m,设防烈度为 8 度时宜避开断裂带 1 000 ~ 2 000 m 并选择断裂下盘作为建设场地;对于中等活动,宜避开断裂带 500 ~ 1 000 m 并选择断裂下盘作为建设场地。建筑抗震设计规范则规定:按照建筑抗震设防类别和设防烈度双指标,设防烈度为 8 和 9 度时甲类建筑专门研究;乙类建筑在 8 度和 9 度时与断层之间的距离不宜小于 200 m 和 400 m;丙类建筑在 8 度和 9 度时与断层之间的距离不宜小于 100 m 和 200 m;在避让距离内确有需要建造分散、低于三层的丙、丁类建筑时,应提高一度采取抗震措施,并提高基础和上部结构的整体性,且不得跨越断层线。我国台湾地区规定:断层两侧各 15 m 范围内不得兴建包括学校、医院、警察局、消防救灾等在内的公共建筑及大型公众营业场所。

除上述各国或地区的规范要求外,一些学者对断层的避让距离也进行了系统研究。徐锡伟和于贵华等采用统计分析法确定了活动断层"避让带"宽度为 30 m。张建毅和薄景山等通过汶川地震中断层与震害指数的关系研究给出了逆、正、走滑断层下的避让距离建议值:以逆断层破裂为主时,避让距离在 50～150 m,其上下盘避让距离为 3∶1,一般避让距离为 100 m;以走滑破裂为主时,空心砖结构(丁类)避让距离为 100～150 m,框架结构避让距离至少 20 m,一般结构避让距离为 40～50 m;以正断层破裂为主时,避让距离一般为 50 m,结构基础良好时可减小。 总之,地表破裂附近的结构若考虑或加强地表破裂效应下的(基础)抗震措施,基本上避让距离在 50 m 左右。周庆和徐锡伟等在汶川地震地表破裂带宽度调查中确定了地震断层避让带宽度为单条断层两侧各 25 m。赵纪生和吴景发等给出汶川地震地表破裂迹线范围内重建建筑物的避让距离为 15 m。本书对埋地管道和综合管廊的断层作用破坏机理的研究表明,埋地结构的最佳避让距离为 15～25 m,与断层的位移大小和结构的埋深、尺寸有关。薄景山、张建毅对汶川地震中断层与震害指数的关系研究表明,断层两侧 100 m 以外的房屋发生中等以上的破坏概率很低(图 5.5)。

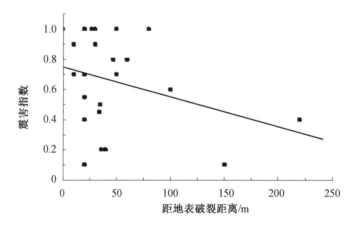

图 5.5　汶川地震中断层距离与震害指数关系

以上的研究表明,各类建筑物、构筑物在活动断层区的避让距离与断层类型、破裂长度、建筑物构筑物的重要性、建筑物的结构类型等密切相关。因此,避开活动断层对工程的影响,建议遵循以下原则。

(1)有低级别活动断层的场地优于有高级别活动断层的场地,有活动时期老的断层的场地优于有活动时期新的断层场地,有全新世(11 000 年)内无活动断层的场地优于有全新世内有活动断层的场地等。

(2)尽可能避开主断层带和错动速率大、重现周期短的断裂。

(3)若为逆断层或正断层类型,应尽可能避开有强烈地表变形和分支、次生断裂发育的断层上盘。若有较大的正、逆断层,场地往往需要选在距主断面数公里之外。

2.建筑物类型选择

场地内如果有活动断层穿过,或场地位于活动的逆、正断层上盘有可能产生分支及次级错断,则应选择在错动下不致破坏的建筑物形式;对于坝来说,在上述情况下均不宜建混凝土坝,而只能建散体堆填坝;对于建筑物,常采用框架结构体系;对于埋地结构系统,可以采用结构外侧加填砂土、套管等隔震层;对于桥梁结构,可以采用框架基础、分离式基础。例如,日本山阳新干线的新神户车站建于两隧道之间的高架桥上,恰位于六甲山活动断层之上。由于地形及城市环境方面的原因,因此车站的位置不能改变,只能采取适应于地质条件的结构。断层带为最宽达 8 m 的断层黏土,断层一侧为花岗岩,另一侧为更新世沙砾石层。断层活动使全新世(距今 10 000 ~ 5 000 年的沉积) 沉积层变位达 70 cm。根据地基地质条件设计的高架桥基础(图 5.6),桥两侧站台基础分别位于均一的花岗岩和更新世沙砾石层(大阪层群)之上。中央的铁路线高架桥基础主要在沙砾石层、断层黏土之上,部分位于断层另一侧的花岗岩上。考虑到断层活动会产生相当大的变位,因此采用钢筋混凝土框架基础。由于花岗岩比断层黏土和沙砾石层地基反力大得多,因此基础之下深达 1 m 的花岗岩被挖除,并以砂层置换,以减小基础的反力差。预计高架桥中央部分会因断层错动而产生很大变形。因此,将中央高架桥与两侧站台设计为相互分离的独立结构,其连接处允许产生扭转和水平变位。中央高架桥本身设计为允许变形的。按花岗岩一侧年平均上升 1 mm 计,使用年限为 50 年。

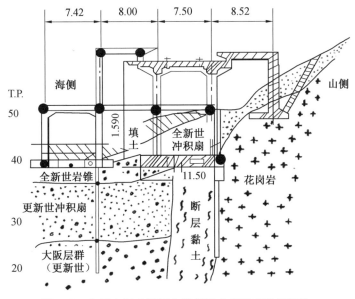

图 5.6　六甲山活动断层上的新神户车站高架桥结构

我国的《油气输送管道穿越工程设计规范》(GB 50423—2013) 对于埋地管道穿越断层给出了详细的设计技术要求。对于地表的管道,可以采用与阿拉斯加输油管道类似的设计方法;管道在地面是"之"字走向的,保证管道有一定的变形抵御能力;由于管道在地面比在地下更容易移动,因此这种设计为管道横向和纵向移动保留了空间,曾经抵御了断层的破坏作用。

思　考　题

1. 什么是新构造运动、活动断层?
2. 我国新构造运动的特征是什么?
3. 活动断层的几何特性、运动特性是什么?
4. 活动断层的探测方法有哪些?
5. 活动断层区的工程选址评价内容是什么?
6. 活动断层区的建筑武、构筑物设计方法是什么?

第6章 地 应 力

　　地球长期的演化过程中,受自身的运动、公转运动和内部物质的物理化学反应作用,在固体地球内部产生了应力,这种应力能导致地幔对流、岩石圈运动和岩体变形等,这是地应力产生的根本原因。地应力一般是指地壳岩体处在未经认为扰动的天然状态下所具有的内应力,又称初始应力、天然应力,可分为自重应力、构造应力、剩余应力、变异应力和封闭应力。天然应力一般都是由多种力联合作用的结果。在不同的地区,地应力场中几种应力所占的比例不相同,但通常是重力和地壳运动产生的应力占优势。地应力是地质环境和地壳稳定性评价、地质工程设计和施工的重要基础资料之一。地应力大小与分布与建筑区工程地质环境安全和岩体形变密切相关。合理评价地应力空间分布规律对工程选址有非常重要的意义,也对与地质灾害的预测、预报和预警有很好的指导作用。

　　地应力形成的认识经历了漫长的过程。1878年,瑞士的海姆在开挖阿尔卑斯山大型隧洞时观察到隧洞的各个方向都承受着很高的应力,提出岩体深处的垂直地应力(垂直应力)与其上覆岩体质量成正比,而水平地应力(水平应力)与垂直应力相等的假说,即地应力的静水压力理论。1926年,苏联的金尼克认为水平应力是垂直应力的λ倍(水平侧压力系数,与泊松比有关)。1920年,李四光提出了水平应力分量的重要性远超过垂直应力分量,即构造应力在水平方向上远大于垂直应力,这也得到了瑞典的哈斯特的实际测量资料的证实,哈斯特同时也认为水平的地应力不仅与垂直应力有关,还与水平的构造应力相关。美国第一次测量地应力是在丹佛的一个水坝隧道进行的。1960年,我国水利水电工程也开始了地应力测量,地应力问题受到普遍的重视。目前对地应力规律有各种各样的认识,但有一条是一致的,即地应力的分布随深度增大呈线性变化。布林哈盖模型认为垂直应力随深度增加呈线性增大,而且水平应力随深度增加也呈线性增加,随着地应力测量数据的积累,这个规律实际上不完全符合实际,该模型在浅部地壳中只有自重应力条件比较合理,而对于构造应力情形,这个模型不成立。实测资料表明,在地表浅处有的地方垂直应力大于水平应力,也有的垂直应力小于水平应力,水平应力与垂直应力之比也不是一个常数。根据我国水电系统的研究,地应力在剖面上分布可以划分为三个带,即卸荷带、应力集中带和地应力稳定带。卸荷带一般分布于出露的地表,如边坡靠近坡面的地段,地应力稳定带在埋深较大的地段,不受地形地貌的影响。应力集中带位于卸荷带、稳定带之间,其大小和方向与地形地貌关系密切,如河谷坡脚、边坡的坡脚、突兀的山梁等。从工程建筑来说,这三个带内岩体质量差别很大,极为关心的是卸荷带和地应力集中带。卸荷带内岩体呈松动状态,岩体质量很差,如黄河中游大柳树坝址、北京十三陵、蓄能电站上池及压力管道通过地段的岩体。地应力集中带在垂直和水平方向上均有分布,如雅砻江上的二滩等西南一批电站坝址是典型的应力集中带区域,带内的地应力集中值异常高。应力集中带的深度有的很浅,几乎接近地表,深度为10～20 m,有的则很深。地应力稳定带有的很浅,甚至从地表开始,这种地区多为地质建造后未遭受过剥蚀的地区。遭受过剥蚀的地区都具有卸荷带、应力集中带和地应力稳定带的三带型特征,而其工程地质环境也是比较复杂的,这一点应引起重视。

地应力对土木工程,特别是地下工程设计和施工具有重要意义。但是,这个问题过去没有被重视。对这个问题的认识过程,实际上与地下工程建筑观点有关。早期的地下工程建筑观点是支护体系,这个观念认为地下工程中衬砌维护地下工程稳定,是免遭围岩破坏作用的措施,基本的理念是围岩不能自稳,在自重作用下会塌落。根据塌落体高度,把塌落体的自重作为作用于衬砌上的荷载来设计衬砌,这就是地下工程建筑早期的荷载支护体系概念。荷载支护观点认为,当支护强度不够时,维护支护稳定性的办法是增加支护厚度和提高支护强度等,隧道设计理论中早期的普氏理论是这一观念的代表性观点。随着隧道建筑经验的不断增加和地应力测量资料的丰富,普氏理论在工程中应用的不合理性表现出来,把隧道工程视为以地质体作为环境、以地质体作为材料和以地质体作为结构的一项特殊工程。隧道的稳定性主要控制于地应力及岩体特性,地应力是主要作用力,洞体围岩是抵抗地应力的基本结构和材料。洞体围岩稳定性系数大小主要决定于岩体抗压强度及地应力,当岩体强度太低或地应力太高时,洞体首先从洞壁开始破坏,从而导致洞体失稳。当岩体强度不足以抵抗地应力作用时,可以采取加固围岩或采取弱化洞壁围岩中应力等岩体改造的办法来提高围岩稳定性,这个理论体系与荷载支护观点有很大的区别,支持了新奥法理论体系与施工方法。由此可见,合理估计地应力大小、时间和空间分布规律对土木工程的设计理论、施工方法有着极其重要的意义。

6.1 地应力场的分布和变化规律

已取得的地应力测量资料与理论分析结果均表明,地应力有两个趋势,即最大水平应力多数大于垂直应力,最小水平应力多数小于垂直应力。在地表浅处,有的地方垂直应力大于水平应力,有的地方垂直应力小于水平应力,而水平应力与垂直应力之比也不是一个常数,而是变化很大。迄今为止,实测、试验和理论研究表明,地壳浅部总体的地应力分布和变化有如下的一些基本规律。

1. 垂直应力随深度总体呈线性增加

1878 年,海姆首次提出了地应力的概念,并假定地应力是一种静水应力状态,即地壳中任意一点的应力在各个方向上均相等,且等于单位面积上覆岩层的重力,即

$$\sigma_h = \sigma_v = \gamma H \tag{6.1}$$

式中,σ_h 为水平应力;σ_v 为垂直应力;γ 为上覆岩层容重;H 为深度。

1926 年,苏联学者金尼克修正了海姆的静水压力假设,认为地壳中各点的垂直应力等于上覆岩层的重力 $\sigma_v = \gamma H$,而侧向应力(水平应力)是泊松效应的结果,即

$$\sigma_h = \lambda \sigma_v = \frac{\mu}{1 - \mu} \gamma H$$

式中,μ 为上覆岩层的泊松比。由于一般岩体的泊松比 μ 为 0.2 ~ 0.35,因此侧压系数 λ 通常小于 1,只有岩石处于塑性状态时,λ 值才增大。

当 $\mu = 0.5$ 时,$\lambda = 1$,它表示侧向水平应力与垂直应力相等($\sigma_x = \sigma_y = \sigma_z$),即所谓的静水应力状态(海姆假说)。A. V. Zubkov 则认为,垂直应力也与构造应力相关,即

$$\sigma_h = -\gamma H + \sigma_{zT} + \sigma_{zAF}$$

式中,σ_{zT}为稳定的竖向构造应力;σ_{zAF}为空间物理场(天体物理位置改变,岩体的挤压和拉伸)的变化过程中引起的应力。这个理论已经在苏联的 Krasnoturinsk、Nizhny Tagil、Berezovskii 和 Gai 等多个矿山地应力测量中得到证实。

尽管如此,对全世界实测垂直应力σ_v统计分析表明,在深度为 25 ~ 2 700 m 的范围内,σ_v呈线性增长(图6.1)。2007 年,景锋等通过对我国大陆地区450组地应力测试资料的统计分析发现,我国垂直应力总体上等于上覆岩体自重(图6.2),垂直应力可表示为$\sigma_v = 0.027\ 1H$。由于浅表部地应力受地形地貌影响较大,因此在埋深约 500 m 范围内,36% 的测点σ_v大于岩体自重,16% 的测点σ_v小于岩体自重。可见,在埋深约 500 m 范围内,实测σ_v总体上稍大于岩体自重。由此说明,在地壳浅层岩体自重是σ_v的最主要组成部分,但在浅层因受到较高水平构造应力、地形地貌、近代地表地质作用和岩体各向异性等因素影响,造成部分测点σ_v增大。这一地应力分布规律在某些地区也有一定的偏差。例如,苏联测量资料表明,$\sigma_v/\gamma H = 0.8$ ~ 1.2 的仅占 23%,$\sigma_v/\gamma H < 0.8$ 的占 4%,而$\sigma_v/\gamma H > 1.2$ 的占 73%。世界上多数地区的地应力并不完全与水平面垂直或平行,但在绝大多数测点都发现确有一个主应力接近于垂直方向,其与垂直方向的偏差一般不大于 20°,这说明地应力的垂直分量主要受重力控制,但也受到其他因素的影响。

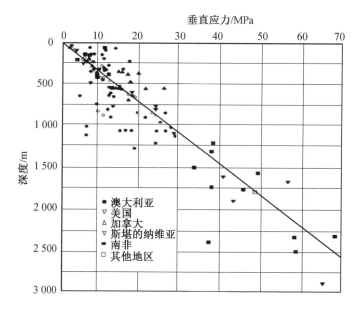

图 6.1　世界范围内竖直地应力随深度变化规律

2. 水平应力普遍大于垂直应力

实测资料表明,在绝大多数(几乎所有)地区均有两个主应力位于水平或接近水平的平面内,其与水平面的夹角一般不大于30°,最大水平主应力$\sigma_{h,max}$普遍大于垂直应力σ_v,$\sigma_{h,max}$与σ_v的比值一般为 0.5 ~ 5.5,在很多情况下比值大于 2(表6.1)。如果将最大水平主应力与最小水平主应力的平均值与σ_v相比,$\sigma_{h,av}/\sigma_v$的值一般为 0.5 ~ 5.0,大多数为 0.8 ~ 1.5(表6.1),有

$$\sigma_{h,av} = \frac{\sigma_{h,max} + \sigma_{h,min}}{2} \tag{6.2}$$

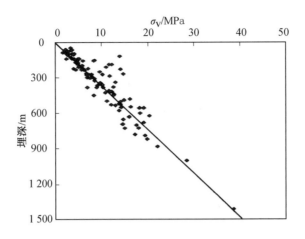

图 6.2　我国陆地垂直应力随深度的变化规律

这说明在浅层地壳中平均水平应力也普遍大于垂直应力,垂直应力在多数情况下为最小主应力,在少数情况下为中间主应力,只在个别情况下为最大主应力,这主要是构造应力以水平应力为主造成的。

表 6.1　世界各国水平主应力与垂直主应力的比值统计表

国家	$\dfrac{\sigma_{h,av}}{\sigma_v}/\%$			$\dfrac{\sigma_{h,max}}{\sigma_v}/\%$
	< 0.8	0.8 ~ 1.2	> 1.2	
中国	32	40	28	2.09
澳大利亚	0	22	78	2.95
加拿大	0	0	100	2.56
美国	18	41	41	3.29
挪威	17	17	66	3.56
瑞典	0	0	100	4.99
南非	41	24	35	2.50
苏联	51	29	20	4.30
其他地区	37.5	37.5	25	1.96

3. 平均水平应力与垂直应力比值随深度增加而减小

平均水平应力与垂直应力比值随深度增加而减小,但在不同地区,变化的速度很不相同。图 6.3 所示为世界各国平均水平应力与垂直应力的比值随深度的变化规律。

1980 年,霍克和布朗根据图 6.3 的资料,拟合了下列公式表示 $\sigma_{h,av}/\sigma_v$ 随深度变化的取值范围,即

$$\frac{100}{H} + 0.3 \leqslant \frac{\sigma_{h,av}}{\sigma_v} \leqslant \frac{1\ 500}{H} + 0.5 \tag{6.3}$$

式中,H 为深度,m。

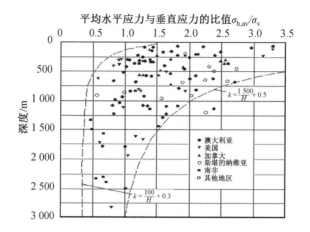

图 6.3　世界各国平均水平应力与垂直应力的比值随深度的变化规律

4. 最大水平主应力和最小水平主应力随深度呈线性增长关系

与垂直应力不同的是,在水平主应力线性回归方程中的常数项比垂直应力线性回归方程中的常数项要大些,这反映了在某些地区近地表处仍存在显著水平应力的事实。斯蒂芬森等根据实测结果给出的芬诺斯堪的亚古陆最大水平主应力和最小水平主应力随深度变化的线性方程如下。

最大水平主应力为

$$\sigma_{h,max} = 6.7 + 0.044\,4H \text{（MPa）} \tag{6.4}$$

最小水平主应力为

$$\sigma_{h,min} = 0.8 + 0.032\,9H \text{（MPa）} \tag{6.5}$$

式中,H 为深度,m。

与垂直应力类似,世界各地的水平主应力也随深度呈线性增长。2007 年,景锋等的研究也显示了我国陆地最大水平主应力和最小水平主应力随埋深增大的变化规律,其线性关系非常明显(图 6.4)。

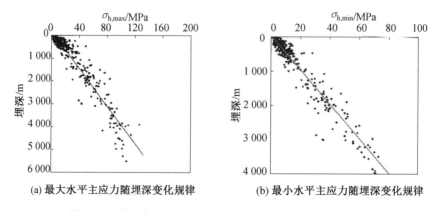

(a) 最大水平主应力随埋深变化规律　　　　(b) 最小水平主应力随埋深变化规律

图 6.4　我国陆地最大、最小水平主应力随埋深的变化规律

最大水平主应力 $\sigma_{h,max}$ 和最小水平主应力 $\sigma_{h,min}$ 在量值上具有一定的差异,尤其是越接近地表,差异越大。$\sigma_{h,max}/\sigma_{h,min}$ 的值随埋深的关系,在接近地表处比值最大可达 6.0。随着

埋深的增大,二者的差别逐渐减小,当埋深到 4 000 m 时,$\sigma_{h,max}/\sigma_{h,min}$ 的值减小到 1.1 ~ 1.2,呈向等值过渡的趋势。$\sigma_{h,max}/\sigma_v$ 及 σ_h/σ_v 随埋深的关系呈现与 $\sigma_{h,max}/\sigma_{h,min}$ 类似的变化趋势,说明侧压力系数随埋深也具有开始较大,然后逐渐向等值过渡的趋势(图 6.5)。

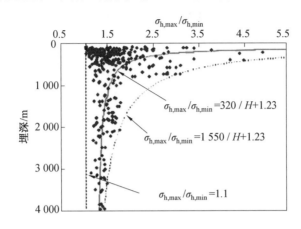

图 6.5　我国陆地最大和最小水平主应力之比随埋深的变化规律

5. 最大水平主应力和最小水平主应力之值相差较大,有很强的方向性

$\sigma_{h,max}/\sigma_{h,min}$ 一般为 0.2 ~ 0.8,多数情况下为 0.4 ~ 0.8(表 6.2)。

表 6.2　世界部分国家和地区两个水平主应力的比值统计

实测地点	统计数目	$\dfrac{\sigma_{h,max}}{\sigma_{h,min}}$/%				
		0.75 ~ 1.0	0.50 ~ 0.75	0.25 ~ 0.50	0 ~ 0.25	合计
斯堪的纳维亚	51	14	67	13	6	100
北美地区	222	22	46	23	9	100
中国	25	12	56	24	8	100
中国华北地区	18	6	61	22	11	100

　　实测和理论分析表明,地应力的上述分布规律还会受到地形、地表剥蚀、风化、岩体结构特征、岩体力学性质、温度、地下水等因素的影响,特别是地形和断层的扰动影响最大。

　　地形对原始地应力的影响是十分复杂的。在具有负地形的峡谷或山区,地形的影响在侵蚀基准面以上及以下一定范围内表现特别明显。一般来说,谷底是地应力集中的部位,越靠近谷底,地应力集中越明显。最大主应力在谷底或河床中心近于水平,而在两岸岸坡则向谷底或河床倾斜,并大致与坡面相平行。近地表或接近谷坡的岩体,其地应力状态和深部及周围岩体显著不同,并且没有明显的规律性。随着深度不断增加或远离谷坡,地应力分布状态逐渐趋于规律化,并且显示出与区域应力场的一致性。

　　在断层和结构面附近,地应力分布状态将会受到明显的扰动。断层端部、拐角处及交汇处将出现地应力集中的现象。端部的地应力集中与断层长度有关,长度越大,地应力集中越强烈;拐角处的地应力集中程度与拐角大小及其与地应力的相互关系有关。当最大主应力的方向与拐角的对称轴一致时,其外侧应力大于内侧应力。由于断层带中的岩体一般都较软弱和破碎,不能承受高的地应力和不利于能量积累,因此成为地应力降低带,其最大主应力和最小主应力与周围岩体相比均显著减小。断层的性质不同,对周围岩体地应力状态的影响也不同。压性断层中的地应力状态与周围岩体比较接近,仅是主应力的大小,比周围岩体有所下降,而张性断层中的地应力大小和方向与周围岩体相比均发生显著变化。

由于块边界受压、地幔热对流、地球内应力、地心引力、地球旋转、岩浆侵入和地壳非均匀扩容、温度场的变化、水压梯度、地表剥蚀或其他物理化学变化等也可引起相应的应力场,因此地应力的空间规律受多因素影响,尤其在构造多期次活动区域,其分布特性、大小是极其复杂的。

6.2　高地应力区特征与选址

高地应力是当今工程界和地学界最为关注的问题。不同岩石、岩体具有不同的弹性模量,岩石的储能性能也不同。一般来说,地区初始地应力大小与该地区岩体的变形特性有关,岩质坚硬,则储存弹性能多,地应力也大。因此,高地应力是相对于围岩强度而言的。也就是说,当围岩内部的最大地应力与围岩强度(R_b)的比值(R_b/σ_{max})达到某一水平时,才能称为高地应力或极高地应力。

目前在地下工程的设计施工中,都把围岩强度比作为判断围岩稳定性的重要指标,有的还作为围岩分级的重要指标。从这个角度讲,应该认识到埋深大不一定就存在高地应力问题,而埋深小但围岩强度很低的场合,如大变形的出现,也可能出现高地应力的问题。因此,在研究是否出现高或极高地应力问题时必须与围岩强度联系起来进行判定。

以围岩强度比为指标的地应力分级标准见表6.3,可以参考。不能认为初始地应力大就是高地应力,因为有时初始地应力虽然大,但与围岩强度相比却不一定高。因此,在埋深较浅的情况下,虽然初始地应力不大,但因围岩强度极低,所以也可能出现大变形等现象。

表6.3　以围岩强度比为指标的地应力分级标准

地应力分级依据	极高地应力	地应力	一般地应力
法国隧道协会	< 2	2 ~ 4	> 4
我国《工程岩体分级标准》(GB/T 50218—2014)	< 4	4 ~ 7	> 7
日本新奥法指南	> 2	4 ~ 6	> 6
日本仲野分级	< 2	2 ~ 4	> 4

围岩强度比与围岩开挖后的破坏现象有关,特别是与岩爆、大变形有关。前者是在坚硬完整的岩体中可能发生的现象,后者是在软弱或土质地层中可能发生的现象。高初始地应力岩体在开挖中出现的主要现象见表6.4,是在工程岩体分级基准中的有关描述,而日本仲野则以是否产生塑性地压来判定地应力分级(表6.5)。

表 6.4　高初始地应力岩体在开挖中出现的主要现象

应力情况	主要现象	R_b/σ_{max}
极高应力	硬质岩:开挖过程中时有岩爆发生,有岩块弹出,洞室岩体发生剥离,新生裂缝多,成洞性差,基坑有剥离现象,成形性差 软质岩:岩心常有饼化现象,开挖工程中洞壁岩体有剥离,位移极为显著,甚至发生大位移,持续时间长,不易成洞,基坑发生显著隆起或剥离,不易成形	< 4
高应力	硬质岩:开挖过程中可能出现岩爆,洞壁岩体有剥离和掉块现象,新生裂缝较多,成洞性较差,基坑时有剥离现象,成形性一般尚好 软质岩:岩心时有饼化现象,开挖工程中洞壁岩体位移显著,持续时间长,成洞性差,基坑有隆起现象,成形性较差	4 ~ 7

表 6.5　不同围岩强度比开挖中出现的现象

围岩强度比	大于 4	2 ~ 4	小于 2
地压特性	不产生塑性地压	有时产生塑性地压	多产生塑性地压

在高地应力区,一些岩体的变形呈现特殊的高地应力现象,具体如下。

(1)岩芯饼化现象。在中等强度以下的岩体中进行勘探时,常可见到岩芯饼化现象。1965 年,美国 L. Obert 和 D. E. Stophenson 用试验验证的方法获得了饼状岩芯,由此认定饼状岩芯是高地应力产物。从岩石力学破裂成因来分析,岩芯饼化是剪张破裂产物。除此之外,还能发现钻孔缩径现象。

(2)岩爆。在岩性坚硬完整或较完整的高地应力地区开挖隧洞或探洞时,在开挖过程中时有岩爆发生。鉴于岩爆在岩体工程中的重要性,后面将做专题论述。

(3)探洞和地下隧洞的洞壁产生剥离,岩体锤击为嘶哑声并有较大变形。在中等强度以下的岩体中,开挖探硐或隧洞,高地应力状况不会像岩爆那样剧烈,洞壁岩体产生剥离现象,有时裂缝一直延伸到岩体浅层内部,锤击时有破哑声。在软质岩体中则产生洞体较大的变形,位移显著,持续时间长,洞径明显缩小。

(4)岩质基坑底部隆起、剥离及回弹错动现象。在坚硬岩体表面开挖基坑或槽,在开挖过程中会产生坑底突然隆起、断裂,并伴有响声,或在基坑底部产生隆起剥离。在岩体中若有软弱夹层,则会在基坑斜坡上出现回弹错动现象(图 6.6)。

(5)野外原位测试测得的岩体物理力学指标比实验室岩块试验结果高。由于高地应力的存在,因此岩体的声波速度、弹性模量等参数增高,甚至比实验室无应力状态岩块测得的参数高,野外原位变形测试曲线的形状也会变化,在 σ 轴上有截距(图 6.7)。

高地应力和极高地应力都会导致岩爆现象的发生,给工程安全构成了重大威胁。一般高地应力情况下,对于硬质岩体,开挖过程中可能会出现洞壁岩体剥离和掉块现象;对于软质岩体,开挖过程中岩心会有饼化现象发生,有时会发生显著位移。对于极高地应力的初始应力场,硬质岩的开挖过程会有岩块弹出,软质岩会发生大位移,且持续时间较长。

高地应力区的选址需要重点关注以下两个方面的内容。

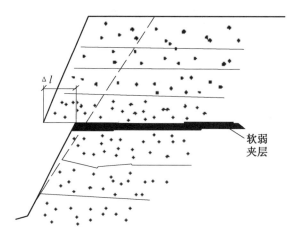

图 6.6　基坑边坡回弹错动

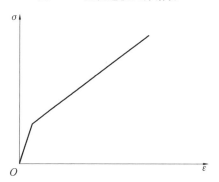

图 6.7　高地应力条件下岩体变形曲线

1. 工程轴线与地应力方向关系

对于地下工程,洞轴线选择时不要垂直最大主应力,平行于最大主应力的选址、选线为最好的防灾策略。对于地下工程,这样的展布可避免洞壁受最大主应力作用,减少应力差。如果避开最大主应力,就会使洞室受的应力差小一些,对洞体稳定性非常有利,在高边墙大型地下洞室建筑中这个问题尤其重要。边坡区靠近地表的地下工程,最大主应力垂直边坡走向极易带来偏压或边坡失稳。隧道长轴最好与最大主应力方向平行。

2. 工程截面与地应力分布关系

地下工程的截面形状多数采用圆形或椭圆形断面,避免结构应力集中,如果结构的截面尺寸与地应力分布相协调,结构的形变将大为降低。例如,隧道的长轴与短轴之比如果与最大主应力与最小主应力匹配,则隧道衬砌变形显著变小。

6.3　地应力研究的工程意义

地应力与建筑区工程地质环境、岩体质量好坏密切有关。对工程建筑来说,地应力在地下分布的三个带内岩体质量差别很大,尤其是卸荷带和地应力集中带。卸荷带内岩体呈松动状态,岩体质量很差,地应力集中带内的地应力集中值异常高,岩体储能大,极易发生岩爆。工程实践表明,地应力研究的工程意义表现在以下几个方面。

1. 基坑底部的隆起、板裂破坏

地应力集中区,工程一旦开挖,地应力发生变化,对于基坑工程极易导致隆起破坏现象。加拿大安大略省的一露天采坑,水平石灰岩层,采坑的尺寸为 $305\ m \times 610\ m$,当开挖深度达 15 m 时,坑底突然在几秒钟之内裂开,裂缝迅速延伸,裂缝两侧 15 m 范围内的岩层向上隆起,最大高度达 2.4 m。研究表明,矿坑的爆裂、隆起轴垂直于区域最大主应力的地应力方向。美国俄亥坝的静水池基坑是在白垩纪页岩中建设,1952 年 4 月开始,1955 年 3 月完成,最大挖深为 61 m。观测表明,直到 1954 年 12 月,基坑底总回弹量达 20 cm,其中 90% 是在开挖期间发生的,其余的 10% 是继开挖完成后发生的。当时在基坑底部已有的断层面处并未发现位移,但在 1955 年 1 月,却发现挖好的基坑底面沿原断层面错开,上盘上升,错距达 34 cm。云南小湾水电站在坝基的基岩面上开挖过程中,除出现了前述的岩芯饼裂化和钻孔周围岩体葱皮化现象外,距开挖面一定深度范围内的岩体还出现了明显的板裂化现象。"板裂"所产生的岩板厚 3 ~ 20 cm,往往同时出现多层,裂面平直粗糙,总体产状与开挖面一致。由于岩体板裂,致使小湾水电站建基面加深了数米。同时,在建基面附近还发现典型的岩爆现象。

2. 基坑边坡的剪切滑移

我国葛洲坝水电站厂房基坝开挖过程中所发生的情况最为典型,葛洲坝工程开挖过程中,沿平缓软弱夹层发生的向临空方向的剪切滑移,开挖初期滑移速度达 2 cm/月,8 ~ 9 个月以后则趋向稳定。与此相类似的情况还发生在加拿大的尼亚加拉地区的一个基岩明槽的开挖过程中。据测定,该区地壳岩体内水平初始应力达 14.8 MPa,在开挖隧洞、竖井或明槽时普遍遇到岩体的水平变形和破裂问题,其速率虽与日俱减,但有的可持续数十年。所提及的明槽处于志留纪白云岩层中,是为埋设下水管道而开挖的。开挖之后,槽壁岩体普遍沿近水平的层面向槽内滑移,历时 5 个星期,各层之间向槽内的总位移量达 10 cm。 从平面上看,岩体向槽内的错移主要是沿一组与明槽轴呈 15° ~ 20° 交角的近直立节理进行的,这使管道及混凝土顶底板均被错断。

一般来说,当基坑中存在一定朝向基坑内的软弱面或软弱岩土层时,地应力最大主应力垂直基坑壁,一旦开挖则极易引发剪切滑移。因此,在这样的地区开挖基坑,地应力测量和监测必须严格要求。

3. 边坡的倾倒变形

工程开挖形成的边坡、自然边坡,一旦边坡侧向应力解除,边坡将产生回弹变形,边坡地应力大小和方向发生改变,导致在边坡一定深度范围内形成新的地应力场,即二次应力场。实测资料和数值模拟结果表明,边坡二次应力分布一般分为应力降低区、应力增高区和原岩应力区。2001 年,黄润秋等将边坡应力随深度的这种分布形式称为"驼峰应力分布"。在二次应力分布区,主应力方向也要发生明显的偏转,最大主应力方向与坡面近于平行,最小主应力与坡面近于垂直,中间主应力与坡面走向基本平行。在峡谷地区,河谷谷底往往也有明显的应力集中区,形成囊状的"高应力包"。与边坡类似,在河谷底部,因卸荷松弛也会出现应力重分布现象,产生应力降低区和应力增高区,形成竖向的驼峰应力分布。由于谷底本身处于边坡坡脚的高应力集中区,同时受到谷底特殊地形条件的影响,因此在高地应力区的河谷底部往往会集中很高的应力,成为高地应力现象的集中显现部位。在高地应力区下部,地应力将随深度的增加而呈线性增长。一旦地应力达到或超过岩体、岩石的强度,边坡常常发生大的变形,甚至整体失稳。碧口电站溢洪道施工中,在50余米长的一段内,溢洪道的轴线平行于陡倾的岩层走向,开挖过程中,边坡岩体不断发生倾倒变形,新鲜的开挖面一般在3~5天内即倾倒,涉及深度为1~2m。

4. 岩爆

岩爆是高地应力区发生频率高的地质灾害之一。2000年,在川藏公路国道318的二郎山隧道施工中,岩爆200多次,岩爆发生在埋深700m的中厚层状灰岩、泥灰岩、石英砂岩、粉砂岩、砂质泥岩、泥岩地层中,最大地应力达到17.5~35.3MPa,岩爆脱落的方式有松脱、剥离和弹射。秦岭终南山的某公路隧道,发生岩爆的区间累计2 600多米。2005年,西康铁路秦岭特长隧道施工中的岩爆发生在埋深1 600m的混合片麻岩和合花岗岩中,最大水平应力达到27.3MPa,爆落的岩块有薄片状、透镜体状、板状和块状,大小差别很大,小至数厘米,大至几米。锦屏二级水电站地下隧硐群均发生了大规模、频繁的岩爆灾害,岩爆次数高达750余次。天生桥二级水电站引水隧洞,穿越埋深400~700m的灰岩、白云岩及砂质页岩等地层,最大主应力测值为30.55MPa,岩爆形成了平行洞壁的破裂面和洞壁斜交,夹角为15°~40°的两组破裂面。二滩水电站地下工程建设在以正长岩、玄武岩为主的基岩中,厂房、主变室、调压室最大主应力分别为52.7MPa、64.4MPa、25.0MPa,施工过程中岩爆灾害频发,"叭叭"响声不断,小块片状岩石弹射而出,大块崩落。岩爆不仅带来了巨大的人员伤亡、设备损毁,也对工程施工及工程质量造成了严重影响,延误施工进度,增大工程成本,破坏支护体系。高地应力区,岩爆灾害是交通、水工、矿山、国防工程等行业地下工程安全建设的最大不利因素。

高地应力区的工程选址,除做好施工设计、必要的防护措施外,还应该加强监测、预警和预处理措施,提前控制地应力的释放。

5. 对地下工程的影响

地应力对地下工程的安全最为直接,工程实践表明,与地应力相关的地下工程破坏现象主要如下。

(1)拱顶裂缝掉块。

裂缝多垂于拱圈,呈不规则的锯齿状,顺沿纵向延伸,显示拱圈外侧受拉张裂,内侧受压,有时还于拱顶产生剖面X型裂面,且出现错动台坎,不少拱顶开裂地段虽经两次补强换拱,仍继续发生裂缝。

(2)边墙内鼓张裂。

在直墙段往往产生墙身突出,且在距墙脚1/3或1/2高度处产生近水平的纵向张裂。在该隧洞的进出口段,这类病害表现得更为严重,其边墙的开裂倒塌率约占该段总长度的40%。

(3)底鼓及中心线偏移。

多发生在产状平缓的软质片岩夹薄层灰岩地段。在发生底鼓的部位,由于底鼓发展的不均匀,因此往往产生中心线向左侧偏移。

(4)施工导坑缩径。

青藏铁路隧道施工中,一个长240m的导坑,其开挖断面为3.0m×2.5m,经半年后缩径至 1.5 m × 1.2 m,致使支撑横梁折断,支柱下沉。

在穿过活动断裂带的地下工程施工过程中,若频繁地出现高地应力异常现象,则可能是地震的前兆。例如,四川都(江堰)—汶(川)高速公路 2007 年在穿越龙门山断裂带时,龙溪隧道出现了显著的围岩大变形现象,与之相近的另外两个隧道在穿越须家河组煤系地层时,瓦斯异常突出,并先后发生瓦斯爆炸和煤层自燃现象。

在高地应力区,地下建筑物的稳定性取决于建筑物轴线和区域最大主应力方向间的角度关系。例如,甘肃某矿西部的风井 1 300 m、1 250 m 和 1 200 m 高程三个中段的巷道,通过大致相同的岩组,它们距地表分别为 400 m、450 m 和 500 m 左右。1 300 mm 和 1 250 mm 中段的巷道走向为北偏西 30°,与 NE 向的区域最大主应力方面近于垂直,巷道严重变形、破坏,特别是断层破碎带通过地段破坏更为严重,以致不能使用。而下部的 1 200 mm 中段的巷道,因埋深比前述大,按理稳定性应更差,但考虑到构造应力的影响,把巷道走向改为 N23°E,与最大主应力方向近于一致,结果巷道稳定性大为改善,即使通过断层破碎带、巷道也基本稳定,没有发现明显的变形。

6.4　地应力工程地质研究的内容和方法

岩体的天然应力状态是极其复杂的,其一方面取决于地区的地质、地貌发展史,另一方面又受岩性、局部构造、地形地貌等影响。因此,为从定性、定量两个方面阐明一个地区岩体天然应力状态的总体特征,地应力的工程地质研究主要包括以下三方面的内容:以地质、地貌方法研究该区构造应力场的演变史和现今地应力场的基本特征;在此基础上选择一些有代表性的地点进行应力测定;以这些点的应力实测资料和已掌握的应力集中区的发育分布为依据,对区域地应力场进行数值模拟和反演分析,由此建立区域地应力场的定量化模型。研究方法是综合应用传统的地质学的研究手段研究地应力与构造分布、发展与演化规律,应用现代的综合测试手段进行空间立体监测、测量,利用大数据、人工智能等先进的数值分析手段进行反演。

对于构造应力场演变历史的研究除可采用一般的地质力学方法外,还可以采用断层错动机制的赤平投影解析法。断层错动机制解是根据断层形成时产生且长期保存在断层附近岩体内的共生裂隙组合求得的,它能揭示该断层的历次活动特点和当时构造应力场的基本特征。因此,通过对区内大量测点处断层错动机制的赤平投影解析,配合各种构造形迹的地质力学分析,就能全面掌握造成该区历次构造断裂活动的构造应力场特征,然后根据各次构造变动所涉及的构造层的时代和各次构造形迹间的交切、改造关系,判定构造应力场的演变历史及最新构造应力场的特征。采用断层错动机制的赤平投影解析法所得到的地心力场特征通常就能代表该区现今地应力场的基本情况。

地应力测试最早始于 1950 年美国对哈佛大坝的泄水隧道表面应力的解除法测量。在 70 多年的时间里,岩体应力测试技术的发展,大体经历了三个阶段。早期(20 世纪 30—60 年代中期),地应力测量主要以岩体浅表层的平面应力测试为特点,方法有扁千斤顶法、光弹应力计法、应变计法、孔径变形计法、孔底应变计法等,测深多在几十米以内。由于测试工作避免不了表部岩体卸荷松动的影响,因此其成果的代表性及可靠度较低。20 世纪 60 年代中期,南非科学和工业研究委员会(CSIR)研制成功三轴孔壁应变计,可在单点获得三维应力。随后,各国先后研制出多种在钻孔内测量岩体应力的方法,使应力测量能直接在未受卸荷扰动的岩体内进行,大大提高了成果的可靠性。这一阶段不仅测试技术有了很大的发展,而且通过实践积累了大量岩体应力的实测资料,使人们对于岩体的天然应力状态有了比较宏观、定量的认识。20世纪70年代以来,岩体应力测试又发展到了一个新阶段:一方面,水压致裂法测定地应力技术的开发和应用使直接测量地下深部岩体应力成为可能;另一方面,一些有发展前途的简易测试方法也得到了快速的发展。目前,岩体应力测试方法有数十种乃至上百种,分类也不尽统一,根据地应力测量时的操作特点,又可分为钻孔应力测量(水压致裂法、应力解除法、钻孔崩落法)、利用岩芯应力测量(应变恢复法、Kaiser效应法)、岩石表面应力测量(扁千斤顶法、表面解除法)等。此外,还有地球物理探测法,如超声波测量法、超声波谱法、放射性同位素法、原子磁性共振法,以及根据岩芯饼裂化现象和岩芯微裂隙的统计分析,估算岩体地应力,但其精度相对较差,应用不是很广泛。

通过地应力的实际测量,可以较为精确地获取测点部位的地应力量值和方向,但通过地应力测量,只能获取各测点的地应力状态,不能得到整个地区宏观空间地应力场。近年来,随着物理模拟和数值模拟技术的迅猛发展,尤其是数值模拟技术,如有限单元法、有限差分法等,利用有限的测点应力实测资料来模拟和反演整个地区的空间应力成为可能。现今数值模拟技术主要有有限单元法、离散单元法、非连续变形分析法等。随着计算机的高速发展,数值模拟软件已从二维发展到三维,能模拟的单元也已从原来的数百个、数千个发展到数百万个甚至更多,基本可以模拟非常复杂的地质结构。现在的数值模拟软件不仅可以分析模拟岩土体的应力场,也可以模拟形变场,甚至能进行水-热-力等多场耦合分析;不仅可以分析模拟岩土体的变形过程,也可通过大变形模拟岩土体的破坏过程;不仅可以分析模拟地质体本身的发展演化,也可以考虑各种人类工程活动,如开挖、堆填、人工加固等,并结合施工过程中的应力和变形监测资料,使信息化设计与施工变为现实。

思 考 题

1. 什么是地应力?地应力的主要类型有哪些?其特点是什么?
2. 地应力特点与影响因素、分布规律是什么?
3. 高地应力的特点是什么?
4. 地应力对土木工程安全的影响有哪些?

第7章 水的地质作用

水是人类生命的源泉,是包括无机化合物在内所有生命生存的重要资源,也是生物体最重要的组成部分。不仅如此,水覆盖了地球72%的表面,是地球上常见的物质之一。水在地球上分别存在于地表之上、地下土和空气中,因此可分别称为地表水、地下水和大气水。

地下水和地表水对地质工程有着重要影响,是工程师关注的重中之重。在大自然中,地下水和地表水有着相互转化和不间断运动的特征。通过这种联合运用,可以调蓄地表径流,利用含水层的蓄水功能,蓄存丰水时期的多余地表水,供枯水时期使用;可以改善地下水质,调蓄地表径流水量,对含盐量较高的地下水起到稀释作用;可以调控地下水位,大型水库和灌区的兴建增加了对地下水的补给,引起地下水位升高,导致灌溉土地渍涝和次生盐碱化,而在这些地区开采利用地下水可降低地下水位,配合地面排水,进行旱、涝、盐碱综合治理。然而,地表水和地下水在工程建设中的渗透和腐蚀作用是降低工程使用寿命和危害人民生命安全的重要因素,因此合理运用地下水和地表水的有利作用,在推动改善地质环境的同时预防其对工程的损害是本章学习的目的。

7.1 地 下 水

7.1.1 概述

地下水与人类的关系十分密切,其中井水和泉水是日常使用最多的地下水。地下水可开发利用,作为居民生活用水、工业用水和农田灌溉用水的水源。地下水具有给水量稳定、污染少的优点,含有特殊化学成分,水温较高的地下水还可用作医疗、热源、饮料和提取有用元素。在矿坑和隧道掘进中,可能发生大量涌水,给工程造成危害;在地下水位较浅的平原、盆地中,潜水蒸发可能引起土壤盐渍化;在地下水位高、土壤长期过湿、地表滞水地段,可能产生沼泽化,给农作物造成危害。地下水也会造成其他的一些危害,如地下水过多,会引起铁路、公路塌陷,淹没矿区坑道,形成沼泽地等。同时,需要注意的是,地下水有一个总体平衡问题,不能盲目和过度开发,否则容易导致形成地下空洞、地层下陷等问题。

地下水作为地球上重要的水体,与人类社会有密切的关系。地下水的储存有如在地下形成一个巨大的水库,以其稳定的供水条件、良好的水质而成为农业灌溉、工矿企业及城市生活用水的重要水源,成为人类社会必不可少的重要水资源,尤其是在地表缺水的干旱、半干旱地区,地下水常常成为当地的主要供水水源。据不完全统计,20世纪70年代以色列75%以上的用水依靠地下水供给;德国的许多城市供水也主要依靠地下水;法国的地下水开采量占全国总用水量的 1/3 左右;美国、日本等地表水资源比较丰富的国家,地下水占全国总用水量的20%左右。我国地下水的开采利用量约占全国总用水量的10%~15%,其中北方各省区由于地表水资源不足,地下水开采利用量大。根据统计,1979 年黄河流域平原区的浅层地下水利用率达48.6%,海、滦河流域更高达87.4%;1988 年全国270 多万眼机井的实际抽水量为529.2 亿 m^3,机井的开采能力则超过 800 亿 m^3。

7.1.2 地下水的分类

地下水的分类有两种方式:按照地下水的埋藏条件分为包气带水、潜水和承压水;按照地下水的含水层性质分为孔隙水、裂隙水和岩溶水。地下水的分类见表7.1。

表 7.1 地下水的分类

埋藏条件	储存空间		
	孔 隙 水	裂 隙 水	岩 溶 水
包气带水	局部黏性土隔水层上季节性存在的重力水	裂隙岩层浅部季节性存在的重力水及毛细水	裸露的岩溶化岩层上部岩溶通道中季节性存在的重力水
潜水	各类松散堆积物浅部的水	裸露于地表的各类裂隙岩层中的水	裸露于地表的岩溶化岩层中的水
承压水	山间盆地及平原松散堆积物深部的水	组成构造盆地、向斜构造或单斜断块的被掩盖的各类裂隙岩层中的水	组成构造盆地、向斜构造或单斜断块的被掩盖的岩溶化岩层中的水

1.地下水按埋藏条件分类及其特征

(1)包气带水。

包气带水是指在地表面以下储存于包气带中的地下水,有非重力水和重力水之分。其中,非重力水多为吸附水和薄膜水。非重力水的下渗则形成重力水(图7.1)。包气带水受季节影响明显,当降雨量大时,其储存丰富;当降雨量少时,其甚至可能干涸。

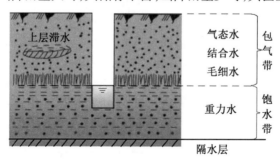

图 7.1 包气带水示意图

包气带水主要包含土壤水、上层滞水、沼泽水、沙漠及滨海沙丘中的水和基岩风化壳中季节性存在的水等。包气带水对农业有很大意义,即土壤水是作物的唯一可用水源,同时包气带对微生物的降解作用对水污染的净化有重大的意义。

（2）潜水。

潜水是指埋藏于地表以下第一个稳定隔水层之上具有自由表面的重力水,一般多埋藏在地表的第四纪松散沉积物中,也可形成于基岩中。潜水的自由水面称为潜水面,潜水面至地表的距离称为潜水埋藏深度,潜水面上任一点的标高称为该点的潜水位,潜水面至隔水底板的距离称为含水层厚度(图7.2)。

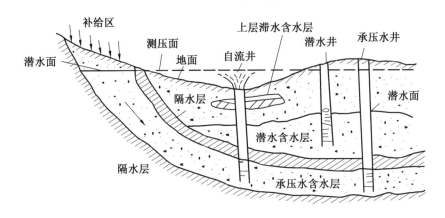

图 7.2　潜水层、承压水及上层滞水示意图

潜水的特征主要有以下四个方面。

① 具有自由水面的潜水流,当用钻孔揭露潜水时,初见水位与稳定水位一致,潜水可能有局部承压现象。

② 分布区与补给区一致,潜水通过包气带与地表相联通,大气降水、凝结水、地表水通过包气带渗入,直接补给潜水。

③ 有季节性变化特点,潜水的水位、流量、化学成分易受各种气象因素影响,且潜水的水质易受人为因素和季节因素影响。

④ 潜水常为民用水源及工农业供水水源。

潜水含水层自外界获得水量的过程称为补给,同时水质也随之变化。其中,补给包括补给来源、补给量、影响补给因素等。潜水含水层失去水量的过程称为潜水排泄,在排泄过程中,潜水的水量、水质和水位都随之发生变化。潜水的排泄方式有多种,以泉的形式出露地表、直接排入地表水、通过蒸发逸入大气(垂直排泄)和向邻近的承压含水层排泄的方式为主。自然界地下水从补给到排泄是通过径流的方式来完成的,因此地下水的补给、径流和排泄组成了地下水的循环。

（3）承压水。

承压水是地表以下充满两个稳定隔水层之间的重力水,而上下隔水层分别称为上隔水层和下隔水层。由于上隔水层承受静水压力,当承压水位高于地表时,可以沿天然或人工开凿的通道溢出地表,因此又称自流水(图7.3)。

承压水的形成与地质构造有密切关系,而形成承压含水层的地质构造主要有自流盆地和自流斜地两类。其中,含有一个或多个承压含水层的向斜、构造盆地称为自流盆地,如法国巴黎自流盆地、中国四川自流盆地 、澳大利亚大自流盆地等。自流盆地由补给区、

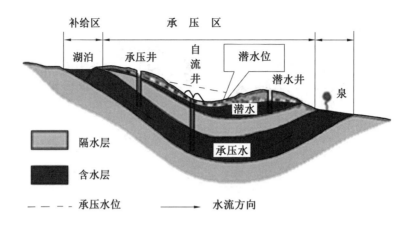

图 7.3　承压水示意图

承压区和排泄区三部分组成。自流斜地是斜含水层在下端因构造变动或岩性变化而使水流受阻形成的。

承压水的主要特性如下。

① 承压性。承压水充满在两个隔水层之间,补给区位置较高而使该处具有较高的势能,由于静水压力传递的结果,因此其他地区的承压含水层顶面不仅承受大气压力和上覆岩土的压力,而且还承受静水压力,其水面不是自由表面。

② 稳定性。由于上下隔水层的阻隔作用,因此承压水与大气圈及地表水的接触相对隔离,致使水位、水量、水质等受水文、气象因素变化影响不显著,动态相对稳定。

③ 厚度不变性。承压含水层水量的变化主要体现在承压水位的升降,而含水层自身厚度变化较小。

④ 水质类型广阔。承压水的水质从淡水到矿化度极高的卤水都存在,具备地下水的各种水质类型,并有垂直或水平分带规律,且往往具有多年调节性,常被用作大型供水水源。

2. 地下水按含水层性质分类及其特征

(1) 孔隙水。

孔隙水多储存在松散沉积物的孔隙中,在堆积平原和山间盆地内的第四纪地层中分布广泛,是工农业和生活用水的主要供水源。

孔隙水的特征主要有两方面:首先,孔隙水多成层状均匀分布,孔隙之间相互联通,水力联系密切,同一含水层具有统一的地下水面;其次,孔隙水一般呈层流运动,很少出现透水性突变和紊流运动状态。

(2) 裂隙水。

埋藏于孔隙含水层中的地下水称为孔隙水,有强烈的不均匀性和各向异性,是丘陵、山区供水的重要水源,也是矿坑充水的重要来源。裂隙水根据基岩中裂缝不同成因而形成不同的裂隙水,分别为成岩裂隙水、构造裂隙水和风化裂隙水。

大多数情况下裂隙水的运动符合达西定律,只有在少数巨大的裂隙中水的运动不符合达西定律,甚至属于紊流运动。裂隙介质与孔隙介质的重要区别在于它具有非均质性和各向异性。裂隙的大小、张开度、密度、方向和分布状况等都对裂隙水的运动发生影响。

裂隙水的特征主要包括：裂隙水空间分布不均匀，致使同一岩层中相距很近的钻孔，水量悬殊；一般不向第三方向发育，空间展布具有方向性；水力联系不连续等。

（3）岩溶水。

埋藏于溶隙溶洞中的地下水称为岩溶水。根据岩溶水的出露和埋藏条件不同，可将岩溶水划分为三种类型，即裸露型岩溶水、覆盖型岩溶水和埋藏型岩溶水。岩溶水的基本特点是：水量丰富而不均一，在不均一中又有相对均一的地段；含水系统中多重含水介质并存，既具有统一水位面的含水网络，又有相对孤立的管道流；既有向排泄区的运动，又有导水通道与蓄水网络之间的互相补排运动；水质水量动态受岩溶发育程度的控制，在强烈发育区，动态变化大，对大气降水或地表水的补给响应快；岩溶水既是赋存于溶孔、溶隙、溶洞中的水，又是改造其赋存环境的动力，不断促进含水空间的演化。

7.1.3　地下水对工程的影响

1. 地基沉降

当在软土层中进行深基础施工时，若降水措施不当，会让周围地基土层产生固结沉降，造成附近建筑物或地下管线的不均匀沉降，甚至导致建筑物开裂或者倒塌，危及居住者人身安全。目前，因地下水位下降引起既有建筑物地基沉降的分析方法研究尚处于起步阶段，方法和思路基本一致，即通过分析地下水位下降引起的附加应力，采用基于分层总和分析思想的规范法分析地基沉降。

图 7.4 所示为地基沉降分析模型，建筑物地基初始地下水位由 H_0 下降到 H_1，H_2 为基础下不透水边界埋深，则 $H_0 \sim H_2$ 的地基土体将进一步产生变形，这就是地下水位下降引起的既有建筑物地基的沉降。设 $H_0 \sim H_1$ 土体的铅直向变形为 S_1，$H_1 \sim H_2$ 土体的铅直向变形为 S_2，则既有建筑物地基因地下水位下降引起的沉降 S 计算公式为

$$S = S_1 + S_2 \tag{7.1}$$

其中，采用地基沉降分层总和法计算 S_1 和 S_2。因此，如果将 $H_0 \sim H_1$ 的地基土体划分成 m_1 个压缩分层，其分层厚度为 Δh_{1i}，相应铅直向的应变和压缩变形分别为 ε_{1i} 和 ΔS_{1i}，$H_1 \sim H_2$ 的地基土体划分成 m_2 个压缩分层，其分层厚度为 Δh_{2i}，相应铅直向的应变和压缩变形分别为 ε_{2i} 和 ΔS_{2i}，则有

$$\sum_{i=1}^{m_1} \Delta h_{1i} = H_1 - H_0$$

$$\sum_{i=1}^{m_2} \Delta h_{2i} = H_2 - H_1$$

$$S = \sum_{i=1}^{m_1} \Delta S_{1i} + \sum_{i=1}^{m_2} \Delta S_{2i} = \sum_{i=1}^{m_1} \Delta h_{1i} \varepsilon_{1i} + \sum_{i=1}^{m_2} \Delta h_{2i} \varepsilon_{2i} \tag{7.2}$$

式中，ε_{1i} 和 ε_{2i} 是在地下水位下降引起地基土体有效应力的变化量作用下形成的。因此，地基土附加应力是造成变形的主要原因。

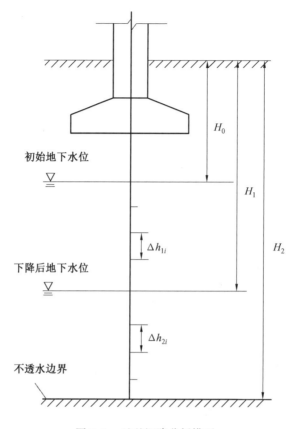

初始地下水位

下降后地下水位

不透水边界

图 7.4 地基沉降分析模型

2. 渗透变形

渗透变形是土岩体在地下水渗透力（动水压力）的作用下,部分颗粒或整体发生移动,引起岩土体的变形和破坏的作用和现象,表现为鼓胀、浮动、断裂、泉眼、沙浮、土体翻动等。渗透水流作用于岩土上的力称为渗透水压或动水压力,只要有渗流存在就存在这种压力,当此力达到一定大小时,岩土中的某颗粒就会被渗透水流携带和搬运,从而引起岩土的结构变松、强度降低,甚至整体发生破坏。

（1）渗透变形的条件。

发生渗透变形的条件大致可归纳为以下三点。

① 存在可能被渗流带走的松软土石。

② 具备强烈的水动力条件。渗流的水动力条件是导致渗流变形的主要动力因素,且渗流水动力强弱常用水利坡度和渗透速度来表示。在谷坡地带,地下水滞后于洪水消落的岸坡地带,均可形成较强的水动力条件。渗流强烈的水动力条件主要是人类工程活动引起的,如开采地下水导致水头差加大等。

③ 存在渗流出逸的临空条件。当存在渗流出逸的临空条件时,出逸段往往水利坡度较大,且会使土颗粒不断流失,可能不断促进渗流变形向上游溯源发展。

通过渗流变形发生的条件可以得出,在理论上发生渗流变形的充分条件为渗透压力大于土的抗渗强度,而在实际中,充分条件为渗流的实际水利坡度大于土的临界水利坡度。

（2）渗透变形的机理。

基坑渗透变形的产生是多种因素复合作用的结果。预防和治理因渗透变形引起的基坑工程事故，必须正确认识基坑渗透变形机理。

① 基坑开挖和降水时，随着地下水位的下降，土体中的渗透力会增加土层的有效应力。在有效应力作用下，基坑周围的土体将被压密固结，使地面下沉，严重时可造成建筑物墙体开裂，甚至整体破坏。

② 由于基坑开挖和降水，水力梯度加大，渗透力增加，而软土地基土体孔隙度大，结构疏松，一些细颗粒很容易被水流带走，使土体中孔隙加大。在有效应力作用下，这些因渗透作用而产生的空隙、空洞将被压实，从而进一步加大基坑周围的地面下沉。

③ 在渗流作用下，土层中因细颗粒被冲出带走所形成的空洞逐渐扩大并连成管道，将引起泥沙突发性流动，使整个基坑土体发生坍塌或滑动。在渗透力方向与重力方向相反时，对基坑稳定最不利，当向上的渗流力大于土体的有效重度时，土颗粒易被水流冲出。

④ 基坑开挖和降水过程中的工程扰动、振动以及挖掘机械、钢筋水泥堆放等荷载作用也是引起基坑发生渗透变形的一个重要因素。

（3）渗透变形的规律。

地下水在土中的渗透规律大致可分为以下三种。

① 层流渗透规律。由于土的孔隙通道很小，因此通常情况下，水在土中的流速很缓慢，属于层流（即相邻两个水分子运动的轨迹相互平行而不混掺）。根据达西定律，在层流状态的渗流中，渗流流速与水力梯度的一次方成正比，并与土的性质有关，即

$$q = vA = kIA \tag{7.3}$$

式中，q 为地下水渗透流量；v 为地下水渗透流速；A 为垂直于渗透方向上土的截面积；k 为渗透系数；I 为水力梯度。

② 密实黏土的渗透规律。在密实黏土中，由于孔隙全部或大部分充满薄膜水，因此受薄膜水的阻碍，其渗透规律偏离达西定律。当水力梯度较小时，渗透流速与水利梯度不呈线性关系，甚至不发生渗流；当水力梯度达到某一定值，克服了薄膜水的阻力后，水才开始流动。

③ 紊流渗透规律。在纯砾石以上很粗的土中渗流，且水力坡度很大时，流态已不再是层流，而是紊流，此时达西定律不再适用，即

$$v = kI^m, \quad m \leqslant 1 \tag{7.4}$$

（4）渗透变形的分类。

① 流土（流沙）。流土是指土体中松散颗粒被地下水饱和后，由于水头差的存在，因此动水压力会使这些松散颗粒产生悬浮流动的现象。其中，动水压力为作用于单位体积土颗粒上的力，即 f_d，有

$$f_d = \frac{\Delta F_w}{\Delta V} = \frac{\gamma_w \Delta H \Delta S}{\Delta L \Delta S} = \gamma_w I \tag{7.5}$$

式中，ΔF_w 为作用于土体微段上动水压力的合力；ΔV 为土体微段的体积；ΔH 为水头差；ΔS 为土体微段的截面积；I 为地下水渗流水力梯度。

地下水自下而上流动产生的动水压力 f_d 等于土体的有效重度 γ_s，则有

$$f_d = \gamma_s = \frac{G-1}{1+e}\gamma_w \tag{7.6}$$

式中，e 为土的孔隙比。

当出现流土现象时，水力梯度称为临界水力梯度，用 I_{cr} 表示，有

$$I_{cr} = \frac{G-1}{1+e} \tag{7.7}$$

流土是一种不良的工程地质现象，其产生的原因有内因和外因。内因取决于土的性质，土的孔隙比大、含水量大、黏粒含量少、粉粒多、渗透系数小、排水性能差等均容易产生流沙现象。因此，流土现象极易发生在细砂、粉砂和亚黏土中，但是否发生流土现象，还取决于一定的外因条件。外因是地下水在土中渗流所产生的动水压力（渗流力）的大小。

流土现象对深基础工程和地下建筑工程的施工有重大的影响，情况严重时可造成沉井突然下沉或倾斜。因此，在施工过程中要注意防范流土现象的出现，可通过降低地下水、水下挖土法、打钢板桩法、地下连续墙等方法降低流土现象发生的概率。

② 管涌。管涌可能发生在渗流出口，也可能发生在土体内部。由于颗粒移动中的堵塞作用，可能会有管涌中断现象发生。有的是暂时性中断，而后继续发生；有的是永久性中断，即发生了自越情况。还有一种情况，由于土体中细颗粒填料较少，它的带出不影响土体骨架颗粒的稳定，因此当细颗粒被带出后，只出清水，不出浑水，管涌终止。

管涌临界比降一般通过室内试验测定。试验表明，对于 $C_u > 10$ 的砂和砾石、卵石的孔隙中仅有少量的细粒时，只要较小的水力梯度就足以推动细砂而发生管涌，此时的临界水力梯度降经验公式为

$$I_{cr} = 2.2(G_s - 1)(1 - n)^2 \frac{d_5}{d_{20}} \tag{7.8}$$

式中，G_s 为土粒的比重；n 为土的孔隙率；d_5 为小于该粒径的质量占总土质量 5% 的细颗粒粒径，mm；d_{20} 为小于该粒径的质量占总土质量 20% 的细颗粒粒径，mm。

根据经验，对水流向上的垂直管涌，允许比降一般为 0.1 ~ 0.25，水平管涌的允许比降为垂直管涌的允许比降乘以摩擦系数 $\tan\varphi$。无黏性土不发生管涌破坏的允许比降的经验值见表 7.2，表中 C_u 为土的不均匀系数。

表 7.2   无黏性土不发生管涌破坏的允许比降的经验值

经验值	渗透变形形式					
	流沙			过渡	管涌	
	$C_u < 3$	$C_u = 3 \sim 5$	$C_u > 5$		级配连续	级配不连续
J_s	0.25 ~ 0.35	0.35 ~ 0.50	0.50 ~ 0.80	0.25 ~ 0.4	0.15 ~ 0.25	0.10 ~ 0.15

③ 接触冲刷。接触冲刷发生在堤身和堤基的内部，但其颗粒仍旧是从渗流出口处带出。接触冲刷不断发展会形成漏水通道，引起堤防溃决。在两种性质不同的土层界面上发生接触冲刷时，其临界比降可以通过范吞德方法或按伊斯托明娜的试验获得。在土层与刚性建筑物接触界面上发生接触冲刷时，对比一些试验资料和建闸的经验将非管涌土地基的允许渗透比降值列入表 7.3，供参考。表 7.3 中，渗透比降的允许值是由临界比降

除以 1.5 的安全系数得到的,但没有考虑渗流出口处的保护。如果渗流出口有反滤保护,则表中的数据可以适当提高 30% ~ 50%。

表 7.3 各种土基上水闸设计的允许渗流比降

地基土类别	允许渗流比降	出口	地基土类别	允许渗流比降	出口
粉砂	0.05 ~ 0.07	0.25 ~ 0.30	沙壤土	0.15 ~ 0.25	0.40 ~ 0.50
细砂	0.07 ~ 0.10	0.30 ~ 0.35	黏土夹砂土	0.25 ~ 0.35	0.50 ~ 0.60
中砂	0.10 ~ 0.13	0.35 ~ 0.40	软黏土	0.30 ~ 0.40	0.60 ~ 0.70
粗砂	0.13 ~ 0.17	0.40 ~ 0.45	较坚实黏土	0.40 ~ 0.50	0.70 ~ 0.80
中细砾	0.17 ~ 0.22	0.45 ~ 0.50	极坚实黏土	0.50 ~ 0.60	0.80 ~ 0.90
粗砾夹卵石	0.22 ~ 0.28	0.50 ~ 0.55			

④ 接触流土。渗流垂直于两种不同介质的接触面运动,并把一层土的颗粒带入另一土层的现象称为接触流土。这种现象一般发生在颗粒粗细相差较大的两种土层的接触带,如反滤层的机械淤堵等。对黏性土,只有流土、接触冲刷或接触流土三种破坏形式,不可能产生管涌破坏。对无黏性土,则四种破坏形式均可发生。

当渗流方向自下而上垂直于两个不同土层的接触面流动时,其接触面上的临界流速 v_c 可按下式确定。

对于均质砂的经验公式为

$$v_c = 0.26 d_{50}^2 \left(1 + 1\,000\, \frac{d_{50}^2}{D_{50}^2} \right) \tag{7.9}$$

对于非均质砂的经验公式为

$$v_c = 0.26 d_{60}^2 \left(1 + 1\,000\, \frac{d_{60}^2}{D_{60}^2} \right) \tag{7.10}$$

式中,d_{50} 为小于该粒径的含量占总土重 50% 的细颗粒粒径,mm;d_{60} 为小于该粒径的含量占总土重 60% 的细颗粒粒径,mm;D_{50} 为小于该粒径的含量占总土重 50% 的粗颗粒粒径,mm;D_{60} 为小于该粒径的含量占总土重 60% 的粗颗粒粒径,mm。

假定水流为层流运动,并假定渗透系数 k 可用哈岑近似公式表示,即

$$k \approx d_{10}^2 \tag{7.11}$$

将式(7.11)代入式(7.9)和式(7.10),则均质砂为

$$J_t = \frac{v_c}{k} = 0.26 \left(1 + 1\,000\, \frac{d_{50}^2}{D_{50}^2} \right) \tag{7.12}$$

非均质砂为

$$J_t = \frac{v_c}{k} = 0.26 \eta^2 \left(1 + 1\,000\, \frac{d_{60}^2}{D_{60}^2} \right) \tag{7.13}$$

式中,η 为土的不均匀系数。

(5)渗透变形判别方法。

① 不均匀系数 η 判别。研究表明,土的不均匀系数在一定程度上可以判别发生渗透变形的类型,即

$$\begin{cases} \eta < 10 & (流土) \\ \eta > 20 & (管涌) \\ 10 < \eta < 20 & (流土或管涌) \end{cases} \tag{7.14}$$

然而实践证明,用不均匀系数 η 作为判别土渗透变形类型的指标时,还不能完全反映土渗透性能,因此也是不够精确的。事实上,$\eta > 20$ 的土料仍有可能为流土,而 $\eta < 10$ 的判别较准确。

② 土体孔隙直径与填料粒径比判别。巴特拉雪夫的研究表明,土体细颗粒直径 d 与土体平均孔径直径 d_0 之比可判别渗透变形类型,如

$$\begin{cases} \dfrac{d_0}{d} \leqslant 1.8 & (非管涌) \\ \dfrac{d_0}{d} > 1.8 & (管涌) \end{cases} \tag{7.15}$$

根据水工建筑物的类别、组织条件和要求,建议管涌流失的细颗粒直径 d 可在 $d_3 \sim d_{10}$ 范围内选择,如果细颗粒的流失不超过土体总量的 $1\% \sim 3\%$,则可认为土体的强度和稳定不会破坏。对于平均孔隙直径 d_0,可根据式(7.16)计算,有

$$d_0 = 0.026(1 + 0.15\eta)\sqrt{\dfrac{k}{n}} \tag{7.16}$$

式中,k 为渗透系数;n 为土体的孔隙率。

而巴甫契奇提出

$$d_0 = 0.535\sqrt[6]{\eta}\,\dfrac{n}{1-n}d_{17} \tag{7.17}$$

根据式(3.16)和式(3.17),再结合式(7.15)可得到流失细粒的直径为

$$d \leqslant 0.55d_0 \leqslant 3\% \tag{7.18}$$

若将式(3.16)和式(3.17)代入式(3.18),则可得到两个表示非管涌土的条件分别为

$$d_3 \geqslant 0.01(1 + 0.15\eta)\sqrt{\dfrac{k}{n}} \tag{7.19}$$

$$\dfrac{d_3}{d_{17}} \geqslant 0.296\sqrt[6]{\eta}\,\dfrac{n}{1-n} \tag{7.20}$$

③ 土体的细粒含量 P_z 判定。多位学者根据试验结果的分析发现,土体渗透性能和渗透变形的因素中,细粒含量是主要因素。北京水科院刘杰根据细粒的体积等于粗料孔隙体积的原则,得到细粒含量 P_z 为

$$P_z = \dfrac{\gamma_{d1} n_2}{(1 - n_2)\gamma_{d2} + \gamma_{d1} n_2} \tag{7.21}$$

式中,γ_{d1} 为细粒本身的干容重;γ_{d2} 为粗粒本身的干容重;n_2 为粗粒本身在密室状态下的孔隙体积。

因此,根据土体的细粒含量 P_z 来判别土渗流变形类型,有

$$\begin{cases} P_z < 25\% & (管涌) \\ P_z > 35\% & (流土) \\ 25\% < P_z < 35\% & (二者均可) \end{cases} \tag{7.22}$$

南京水科院沙金煊根据填料充满骨架孔隙时发生流土这一概念,提出

$$n_z = \frac{n}{n_k} \qquad (7.23)$$

式中,n_z 为填料本身的孔隙率;n 为包括骨架和填料共同在内的混合料孔隙率;n_k 为骨架本身的孔隙率。

试验结果表明,发生流土的土体,其 n_z 和 n_k 值很接近。发生流土时 n_z 值和 n_k 值见表7.4。

表7.4　发生流土时 n_z 值和 n_k 值

n_k	0.433	0.491	0.553	0.454	0.438	0.491	0.464	0.431	0.434
n_z	0.415	0.405	0.400	0.465	0.420	0.406	0.434	0.430	0.415

3. 承压水对基坑的作用

建筑基坑下部存在承压含水层时,开挖基坑减少了基坑底部隔水层的厚度,当隔水层厚度较薄时,承压水在水头压力作用下冲破基坑坑底,发生基坑突涌现象。通常用压力平衡概念进行验算,即

$$\gamma M = \gamma_w H \qquad (7.24)$$

式中,γ、γ_w 分别为黏性土和地下水的重度;M 为基坑开挖后黏性土层的厚度;H 为相对于含水层顶板的承压水头值。

因此,基坑底部黏性土层的厚度必须满足

$$M \geqslant \frac{\gamma_w}{\gamma} H \cdot K \qquad (7.25)$$

式中,K 为安全系数,取 $1.5 \sim 2.0$,其大小主要由基坑底部黏性土层的裂隙发育程度及坑底面积大小确定。当不满足黏性土层的厚度时,必须采用深井抽汲承压水的方式来降低承压水头,并且相对于含水层顶板的承压水头 H_w 必须满足

$$H_w < \frac{\gamma}{K \cdot \gamma_w} \cdot M \qquad (7.26)$$

4. 地下水对混凝土的侵蚀

由于地下水中含有不同的离子和气体,因此地下水的储存和运动会对建筑物造成侵蚀损伤甚至破坏,主要表现为对混凝土和钢筋的侵蚀破坏。这种侵蚀破坏的类型主要如下。

(1) 溶出侵蚀。

溶出侵蚀又称"淡水侵蚀"或"溶析",即在流动的或有压力的软水中,水泥石内的氢氧化钙不断溶解流失,同时由于氢氧化钙浓度的降低,水化硅酸钙与水化铝酸钙不断分解,形成低碱性水化物,导致混凝土强度降低,遭受破坏,其具体反应式为

$$Ca(OH)_2 + HCO_3^- \longrightarrow CaCO_3 \downarrow + H_2O \begin{cases} \text{暂时硬度} < 3, & \text{有侵蚀} \\ \text{暂时硬度} > 3, & \text{无侵蚀} \end{cases} \qquad (7.27)$$

(2) 碳酸侵蚀。

碳酸侵蚀主要取决于水中侵蚀性 CO_2 的存在及其含量。由于地下水中含有游离 CO_2,因此当其与碳酸盐类物质接触时,可发生一种可逆反应,即

$$CaCO_3 + CO_2 + H_2O \longleftrightarrow Ca(HCO_3)_2 \rightleftharpoons Ca^{2+} + 2HCO_3^- \qquad (7.28)$$

如果游离 CO_2 的含量能使上述反应式既不向左也不向右进行,即反应达到平衡状态,则这时的 CO_2 称为平衡 CO_2;如果水中的游离 CO_2 含量超过平衡 CO_2,上述反应就要向右进行,即当遇到 $CaCO_3$ 物质时,就要发生溶解,而使水中 HCO_3^- 增加,以趋达到新的反应平

衡。因此,水中超过平衡量的那一部分 CO_2,其中要有一部分用于新增加的 HCO_3^- 的平衡,而另一部分 CO_2 则消耗于对碳酸盐的溶解,这部分被消耗的 CO_2 称为侵蚀性 CO_2。

（3）硫酸盐侵蚀。

当地下水中 SO_4^{2-} 质量浓度达到一定数值（250 mg/L）时,其与混凝土结构接触或进入混凝土基体时,就会与水泥水化产物发生化学反应,导致混凝土膨胀、开裂、剥落,进而使混凝土结构失去完整性和稳定性。硫酸盐先与水泥石中的 $Ca(OH)_2$ 作用生成 $CaSO_4$,即二水石膏（$CaSO_4 \cdot 2H_2O$）,这种生成物再与水泥石中的水化铝酸钙反应生成钙矾石,其体积约为原来的水化铝酸钙体积的 2.5 倍,从而使硬化水泥石中的固相体积增加很多,产生相当大的结晶压力,造成水泥石开裂甚至毁坏,其具体反应式为

$$\begin{cases} SO_4^{2-} > 142 \text{ mg/L}: \begin{cases} Ca(OH)_2 + SO_4^{2-} \longrightarrow CaSO_4 \\ CaSO_4 + H_2O \longrightarrow CaSO_4 \cdot 2H_2O \end{cases} \\ SO_4^{2-} > 250 \text{ mg/L}: \begin{cases} Ca(OH)_2 + SO_4^{2-} \longrightarrow CaSO_4 \\ CaSO_4 + 3CaO \cdot Al_2O_3 \cdot 6H_2O \longrightarrow CaO \cdot Al_2O_3 \cdot 3CaSO_4 \end{cases} \end{cases}$$

$$(7.29)$$

（4）镁盐侵蚀。

当地下水中的镁盐（$MgCl_2$、$MgSO_4$ 等）含量达到一定数值时,镁盐将与水泥石中的 $Ca(OH)_2$ 发生化学反应,生成溶解度小、强度低的 $Mg(OH)_2$,它的饱和溶液 pH 仅为 10.5,低于水化硅酸钙和水化硫铝酸钙稳定的 pH,导致水泥石中各水化产物分解,使水泥混凝土破坏。镁盐对水泥的侵蚀比一般的硫酸盐侵蚀要严重得多。一般认为,地下水中 Mg^{2+} 含量大于 1 000 mg/L 时有侵蚀性,即

$$Mg^{2+} > 1\,000 \text{ mg/L}: \begin{cases} Ca(OH)_2 + MgCl_2 \longrightarrow CaCl_2 \\ Ca(OH)_2 + MgSO_4 \longrightarrow CaSO_4 \end{cases} \quad (7.30)$$

在评价地下水对建筑结构材料的腐蚀性时必须结合建筑场地所属的环境类型。建筑场地根据气候区、土层透水性、干湿交替和冻融交替的情况分为三类。混凝土腐蚀的场地环境类型见表 7.5,地下水对建筑材料腐蚀性评价标准见表 7.6 ～ 7.8。

表 7.5　混凝土腐蚀的场地环境类型

环境类型	气候区	土层特性	干湿交替	冰冻区（段）
I	高寒区 干旱区 半干旱区	直接邻水,强透水土层中的地下水,或湿润的强透水土层	有	混凝土无论在地面或是地下,无干湿交替作用时,其腐蚀强度比有干湿交替作用时相对降低	混凝土不论在地面或地面下,当受潮或浸水时;并处于严重冰冻区（段）、冰冻区（段）或微冰冻区（段）
II	高寒区 干旱区 半干旱区	弱透水土层中的地下水,或湿润的强透水土层	有		
	湿润区 半湿润区	直接邻水,强透水土层中的地下水,或湿润的强透水土层	有		
III	各气候区	弱透水层	无	不冻区（段）
备注	当竖井、隧洞、水坝等工程的混凝土结构一方面与水（地下水货地表水）接触,另一方面暴露在大气中时,其场地环境分类应划分为 I 类			

表 7.6　硫酸腐蚀评价标准

腐蚀类型	SO_4^{2-} 在水中的质量浓度 /$(mg \cdot L^{-1})$		
	Ⅰ 类环境	Ⅱ 类环境	Ⅲ 类环境
无腐蚀性	< 250	< 500	< 1 500
弱腐蚀性	250 ~ 500	500 ~ 1 500	1 500 ~ 3 000
中腐蚀性	500 ~ 1 500	1 500 ~ 3 000	3 000 ~ 6 000
强腐蚀性	> 1 500	> 3 000	> 6 000

表 7.7　碳酸腐蚀评价标准

腐蚀等级	pH		侵蚀性 CO_2 质量浓度 /$(mg \cdot L^{-1})$		$c(HCO_3^-)$ /$(mmol \cdot L^{-1})$
	A	B	A	B	A
无腐蚀性	> 6.5	> 5.0	< 15	< 30	> 1.0
弱腐蚀性	6.5 ~ 5.0	5.0 ~ 4.0	15 ~ 30	30 ~ 60	0.5 ~ 1.0
中腐蚀性	5.0 ~ 4.0	4.0 ~ 3.5	30 ~ 60	60 ~ 100	< 0.5
强腐蚀性	< 4.0	< 3.5	> 60	> 100	—
备注	A:直接邻水或强透水土层中的地下水或湿润的强透水层 B:弱透水土层的地下水或湿润的弱透水土层				

表 7.8　镁盐腐蚀评价标准　　　　　　　　　　　　　　　　　　　mg/L

腐蚀等级	Ⅰ 类环境		Ⅱ 类环境		Ⅲ 类环境	
	$Mg^{2+} + NH_4^+$	$Cl^- + SO_4^{2-} + NO_3^-$	$Mg^{2+} + NH_4^+$	$Cl^- + SO_4^{2-} + NO_3^-$	$Mg^{2+} + NH_4^+$	$Cl^- + SO_4^{2-} + NO_3^-$
无腐蚀性	< 1 000	< 3 000	< 2 000	< 5 000	< 3 000	< 10 000
弱腐蚀性	1 000 ~ 2 000	3 000 ~ 5 000	2 000 ~ 3 000	5 000 ~ 8 000	3 000 ~ 4 000	10 000 ~ 20 000
中腐蚀性	2 000 ~ 3 000	5 000 ~ 8 000	3 000 ~ 4 000	8 000 ~ 10 000	4 000 ~ 5 000	20 000 ~ 30 000
强腐蚀性	> 3 000	> 8 000	> 4 000	> 10 000	> 5 000	> 30 000

5. 地下水的浮托作用

当建筑物基础底面位于地下水位以下时,地下水对基础底面产生静水压力,即产生浮托力。浮托力的产生是因为建筑物的基础高程低于地下水的水头及建筑物边壁受到地下水的压力,根据阿基米德原理可以计算出地下水浮托力($F = \rho g v$)的大小。当然,这只是纯理论的分析与计算,而实际情况则较为复杂,主要表现在地下水位变化对浮托力产生影响,而实际地下水位由于补给量与排泄量的变化,其水位常常在一定范围内波动,其孔隙水压力也产生相应的变化。

如果基础位于粉性土、砂土、碎石土和节理裂隙发育的岩石地基上,则按地下水位100% 计算浮托力;如果基础位于节理裂隙不发育的岩石地基上,则按地下水位50% 计算浮托力;如果基础位于黏性土地基上,其浮托力较难确定,则应结合地区的实际经验考虑。

姚育华提出了处于上层滞水层范围内的地下室底板的浮托力计算公式。假设接触处土层的孔隙是沿垂直方向均匀分布的(图7.5),并且对于单位体积而言,其孔隙都集中在单位体积的中间,则这种假定并不改变土体的体积空隙率(即土力学理论中所指土中空隙的体积与土的总体积之比,即勘查提供的体积孔隙率 n),而可使水平接触面上的面积孔隙率 m 在地下水作用方面给人以直观的感觉。显然,这种垂直分布的假定在基底接触面处土的孔隙面积不会比均匀分布孔隙的实际土体小(即这样求出的水浮托力也不会小于实际的浮托力值)。

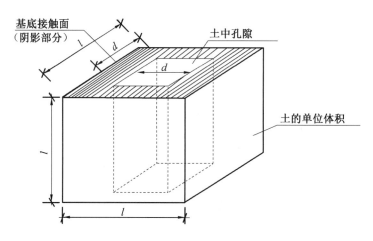

图 7.5 接触处土层孔隙分布

现设单位水平面上的面积孔隙率为 m,孔隙的水平面积为 $d \times d$,单位体的水平总面积为 $l \times l$,则可得

$$m = d \times d/l \times l = d \times d \qquad (7.31)$$

$$n = d \times d \times l/l \times l \times l = d \times d \qquad (7.32)$$

显然,这两个比例的值虽然含义不同,但数值是相同的,即 $m = n$。因此,借用勘查资料中提供的土层参数即孔隙率 n 或孔隙比 e(孔隙体积／土的固体颗粒体积)得到面积孔隙率 m。由土力学可知 n 与 e 的换算公式为

$$n = e/(l + e) \qquad (7.33)$$

若基底与持力的土层接触面附近土的孔隙率不变,仍为 n,其接触面上的面积孔隙率则可表示为 $m = n$。地下水位设计取值确定后,其设计水头 $h(m)$ 也就确定了。若基底单位面积所受水压力为 p,水容重为 γ_w,当不考虑接触面上的面积孔隙率时(工程中一般取 $\gamma_w = 10$),则托浮力 p_0 为

$$p_0 = \gamma_w h = 10h \qquad (7.34)$$

当考虑接触面上的面积孔隙率时,托浮力 p 为

$$p = mp_0 = np_0 = n\gamma_w h = 10hn \qquad (7.35)$$

$$p/p_0 = n \qquad (7.36)$$

7.2　地　表　水

7.2.1　概述

地表水是指陆地表面上动态水和静态水的总称,又称陆地水,包括各种液态的和固态的水体,主要有河流、湖泊、沼泽、冰川、冰盖等,它是人类生活用水的重要来源之一,也是各国水资源的主要组成部分。地表水的动态水量为河流径流和冰川径流,静态水量则用各种水体的储水量表示。全世界地表水储量为 24 254 万亿 m^3,只占全球水总储量的 1.75%。但地表水体不断得到大气降水的补给,经过产流、汇流,每年有 43.5 万亿 m^3 河流径流和 2.3 万亿 m^3 冰川径流流入海洋,占入海总量 47 万亿 m^3 的 94.7%,在全球水循环中起相当重要的作用。另外,内流区域每年产生河流径流 1.0 万亿 m^3,汇入内陆湖泊而消耗于蒸发。地表水的形态与气候有密切的关系。全世界 14 900 万 km^2 陆地约有 62% 的面积有河流、湖泊和沼泽,约有 12% 的面积被冰川覆盖,其余 26% 的面积为沙漠和半沙漠。

7.2.2　地表水水域分类

根据地表水水域环境功能和保护目标,按功能高低依次划分为以下五类。

(1) Ⅰ 类,主要适用于源头水、国家自然保护区。

(2) Ⅱ 类,主要适用于集中式生活饮用水地表水源地一级保护区、珍稀水生生物栖息地、鱼虾类产场、仔稚幼鱼的索饵场等。

(3) Ⅲ 类,主要适用于集中式生活饮用水地表水源地二级保护区、鱼虾类越冬场、洄游通道、水产养殖区等渔业水域及游泳区。

(4) Ⅳ 类,主要适用于一般工业用水区及人体非直接接触的娱乐用水区。

(5) Ⅴ 类,主要适用于农业用水区及一般景观要求水域。

对应地表水上述五类水域功能,将地表水环境质量标准基本项目标准值分为五类,不同功能类别分别执行相应类别的标准值。水域功能类别高的标准值严于水域功能类别低的标准值。同一水域兼有多类使用功能的,执行最高功能类别对应的标准值。实现水域功能与达功能类别标准为同一含义。

7.2.3　地表水的地质作用

1. 暂时流水的地质作用

暂时流水是大气降水后短暂时间内地表形成的流水,因此雨季是其发挥作用的主要时期,特别是强烈的集中暴雨后,它的作用特别显著,往往能造成较大的灾害。

(1) 淋滤作用及残积层。

大气降水渗入地下的过程中,渗流水不仅能把地表附近的细屑破碎物质带走,还能把周围岩石易溶解的成分带走。经过渗流水的物理化学作用,地表附近岩石逐渐失去其完整性、致密性,残留在原地又不易溶解的松散物质则未被冲走,这个过程称为淋滤作用。残留在原地的松散破碎物质成层地覆盖在地表,称为残积层。

残积层不具有层理,粒度和成分受气候条件和母岩岩性控制,且残积层成分与母岩关系密切。花岗岩的残积层中常含有由长石分解的黏土矿物,而石英则破碎为细砂。石灰岩的残积物往往称为红黏土。碎屑沉积岩的残积物外观上变化不大,仅恢复其未固结前的松散状态。

(2)洗刷作用及坡积层。

雨水降落到地面或覆盖地面的积雪融化时形成的地表水,其中一部分被蒸发,一部分渗入地下,剩下的部分在沿斜面流动时不断分散,形成无数股网状细小的流水,称为坡面细流。坡面细流从高处沿着斜坡向低处缓慢地流动,时而冲刷,时而沉积,不断地把坡面上的风化岩屑和黏土物质洗刷到山坡坡脚处,这个过程称为洗刷作用。坡面细流的洗刷作用,一方面对山坡地貌起着逐渐变缓的作用,对坡面地貌形态的发展产生影响;另一方面伴随着产生松散堆积物,形成坡积层。

坡积层示意图如图7.6所示。坡积层是山区公路勘测设计中经常遇到的第四陆相沉积物中的一个成因类型,它沿着坡面、山坡的坡脚或山坡的凹坡呈缓倾斜裙状分布,在地貌上称为坡积裙。坡积层的厚度因碎屑物质的来源、下伏地貌及堆积过程的不同而变化,且由于坡积层的孔隙度一般比较高,特别是在黏土颗粒含量高的坡积层中,雨季含水量增加,不仅增大了本身的质量,而且抗剪强度随之降低,因此稳定性也随之降低。以粗碎屑为主组成的坡积层,其稳定性受水的影响一般不像黏土颗粒那么显著。

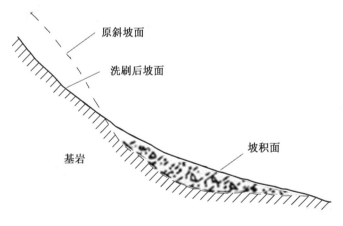

图7.6　坡积层示意图

(3)冲刷作用及洪积层。

地表水汇集后,水量增大,携带的泥砂石块也逐渐增多,侵蚀能也加强,使得沟槽不断下切,同时沟槽也不断加宽的过程称为冲刷作用。同时,在冲刷的过程中,冲刷下来的碎屑物质带到山麓平原或沟谷口堆积下来而形成洪积层,由洪流冲刷作用形成的沟底狭窄、两壁陡峭的沟谷称为冲沟。冲沟示意图如图7.7所示。

冲沟使得地形变得支离破碎,路线布局往往受到冲沟的控制,不仅增加路线长度和跨沟工程、增加工程费用,而且经常因冲沟的不断发展而截断路基、中断交通或者洪积物掩埋道路、淤塞涵洞,影响正常交通。冲沟的发展是以溯源侵蚀的方式由沟头向上逐渐延伸扩展的。在厚度很大的均质土分布地区,冲沟的发展大致可以分为四个阶段,分别为冲槽阶段、下切阶段、平衡阶段和休止阶段。

图 7.7　冲沟示意图

　　洪积层是由山洪急流搬运碎屑物质堆积后形成的。当山洪急流夹带大量的泥砂石块流出沟口后,由于沟床纵坡变缓、地形开阔、流速降低,搬运能力骤然降低,因此携带的石块、岩屑、砂砾等粗大的碎屑先在沟口堆积,较细的泥沙继续随水搬运,多堆积在沟口外围一带。由于山洪急流的长期作用,因此在沟口一带就形成了扇形展布的堆积体,在地貌上称为洪积扇。洪积扇示意图如图 7.8 所示。

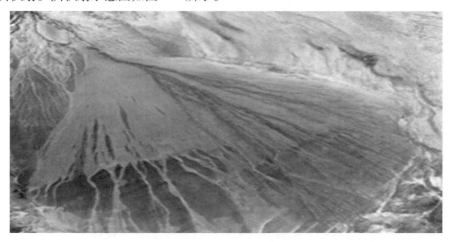

图 7.8　洪积扇示意图

　　洪积层是第四系陆相堆积物中的一个类型,洪积层的主要特征如下。

　　① 组成物质分选不良,粗细混杂,碎屑物质多带棱角,磨圆度不佳。

　　② 具有不规则的交错层理、透镜体、尖灭及夹层等。

　　③ 洪积层由于周期性的干燥,常含有可溶性盐类物质,因此在土粒和细碎屑间往往形成局部的软弱结晶联结,但遇水作用后,联结就会破坏。

2. 河流的地质作用

　　河流分布较广,水量更新快,便于取用,历来就是人类开发利用的主要水源。一个地区的地表水资源条件通常用河流径流量表示。河流径流量除直接受降水的影响外,地形、地质、土壤、植被等下垫面因素对径流也有明显的影响。雨水、冰雪融水通过地表或地下补给河流。地下水补给河流部分称为基流，水量较为稳定，水质一般良好，对供水有重要价值。我国大小河流的总长度约为42万km，径流总量达27 115亿 m^3，占全世界径流量的5.8%。我国的河流数量虽多，但地区分布却很不均匀，全国径流总量的96%都集中在外流流域，面积占全国总面积的64%，内陆流域仅占总流域的4%，面积占全国总面积的36%。冬季是我国河川径流的枯水季节，夏季则是丰水季节。夏季水是比较容易开发利用的地表水资源。汛期洪水难以直接利用，需要修建水库调节。

河流在面上是沿着狭长的谷底流动的，这个谷底称为河谷，河谷的组成示意图如图7.9所示。

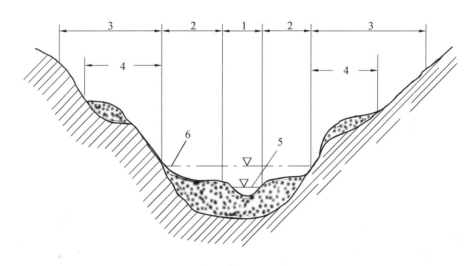

图7.9　河谷的组成示意图
1— 河床；2— 河漫滩；3— 谷坡；4— 阶地；5— 平水位；6— 洪水位

（1）河流的侵蚀作用。

河流的侵蚀作用可分为机械和化学两种方式。河流的机械侵蚀作用是通过其动能或挟带的砂石对河床的机械破坏过程完成的，而化学侵蚀作用是通过河水对河床岩石的溶解和反应完成的，在可溶性岩石地区比较明显。虽然河流的侵蚀作用有这两种方式，但它们通常共同破坏河床，难以把它区分开来。总体来说，机械的侵性作用更主要。河流侵蚀作用按侵蚀的方向又可分为下蚀作用和侧蚀作用。

① 下蚀作用。河水在流动过程中使河床逐渐下切加深的作用称为河流的下蚀作用。河水夹带的固体物质对河床的机械破坏是使河流下蚀的主要因素，其作用的强度取决于河水的流速和流量。下蚀作用强度与流量、流速、谷底纵剖面坡度、上游来沙量和谷地物质抗冲性有关。谷地越窄、坡越陡、流量越大、谷地岩性越松软，水流下蚀强度越大。河谷下蚀还受侵蚀基准和地质构造运动的控制。当地壳抬升时，下蚀作用增强；当地壳下降时，下蚀作用减弱。

在河流上游由于河床的纵比降和流水速度大，因此下蚀作用也比较强，河谷的加深速度快于拓宽速度，从而形成在横断面上呈"V"字形的河谷，又称V形谷。下蚀作用在加深河谷的同时还可以使河流向源头发展，加长河谷，因此易形成峡谷地貌。把河流向源头发展的侵蚀作用称为向源侵蚀作用。河流的源头部分大都存在跌水地段,该处下蚀作用最强,河流形成后,因向源侵蚀作用,河流不断向源头方向延伸,直至分水岭(图7.10)。

(a) 下蚀作用　　　　　　　　　　　　(b) 向源侵蚀作用

图7.10　河流下蚀作用结果

②侧蚀作用。侧蚀作用是指流水拓宽河床的作用。侧蚀作用主要发生在河床弯曲处,这是因为主流线迫近凹岸。由于横向环流作用,因此凹岸受流水冲蚀,这种作用的结果加宽了河床,使河道更弯曲,形成曲流。河流之所以能够发生侧蚀作用,是因为河水流动不是直线水流。河水只要有一个微小的弯曲或转折,就会在惯性力(即离心力)驱使下向圆周运动的弧外方向偏离,即偏向弯道的凹岸,从而产生单向环流。前文已指出,对于径向河流来说,即使河床平直,其在科里奥利力的作用下也有侧蚀。此外,由于山崩、滑坡、支流注入等原因,往往在河床的一侧有碎屑物沉积,它们迫使直线型河流变为弯道型河流,从而产生侧蚀作用。侧蚀作用的结果是使河流弯曲度更大,凸岸更凸,凹岸更凹,常形成河曲、蛇曲、牛轭湖等现象(图7.11)。

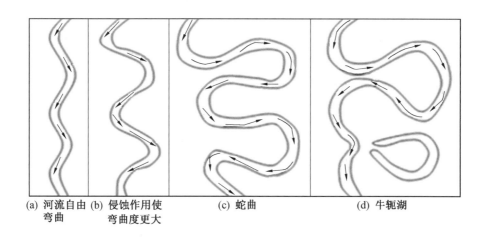

(a) 河流自由　(b) 侵蚀作用使　　　(c) 蛇曲　　　　　(d) 牛轭湖
　　弯曲　　　　弯曲度更大

图7.11　牛轭湖形成过程

(2) 河流的搬运作用。

① 河流的搬运方式。河流搬运物质的方式有拖运、悬运、溶运三种。

a. 拖运。河流中的巨大石块、砾石、粗砂,在河底以滑动、滚动或跳跃的方式前进,称为拖运。这些粗碎屑和石块在拖运的过程中,相互撞击、摩擦、破碎,经过长途搬运后,棱角被磨去,这一作用称为磨圆作用。磨圆度越好,说明搬运距离越远。著名的南京雨花石磨圆度很好,这就是古长江长距离拖运的结果。

b.悬运。河流中的粉砂和黏土,颗粒细小,多悬浮在水流中,随流前进,称为悬运。当河流悬运物质的数量很多时,河水将变得混浊。例如,黄河河水中每立方米含沙量高达 36.9 kg,据测定每年输沙量达 1.2×10^9 t,为世界罕见,不仅堆积形成了广阔的华北平原,还造成下游黄河成为悬河,治理母亲河已成为西部大开发的重要课题。河流悬运的物质受重力和水动力条件的影响,总是向河口方向逐渐沉积。

c.溶运。河流中的水流溶解了可溶性岩石和矿物,它们呈真溶液和胶体状态随流搬运,这种搬运形式称为溶运。溶运物质的化学成分主要为 $NaCl$、KCl、$MgCl_2$、$CaSO_4$、$MgSO_4$、$CaCO_3$、$MgCO_3$、$FeCO_3$、Fe_2O_3、Al_2O_3、MnO_2 及 SiO_2 等。据计算,全球河流每年带入海洋中的溶解物约 3.5×10^9 t,其中以钙、镁的碳酸盐类最多,占盐类总量的 7% 左右,而钾、钠的氯化物较少。

② 河流的搬运能力和搬运量。河流中的水流搬运碎屑物质中最大颗粒的能力称为河流的搬运能力。搬运能力的大小主要决定于流速。水力学试验表明,在平坦的河床上水流流速小于 18 cm/s 时,细小的碎屑颗粒也难以搬运;而当水流流速达 70 cm/s 时,直径为数厘米的碎屑颗粒也能移动。

河流水流搬运碎屑物质的数量称为河流的搬运量,它决定于流速和流量,主要取决于流量。在一般水情的流速下,携带的仅是黏土、粉砂和细砂,但由于流量大,因此搬运量巨大。相反,一条快速流动的山涧河流坡降大,可携带巨砾而下,但由于流量小,因此搬运量很小。

(3)河流的沉积作用。

河流的沉积作用是指河流运动过程中,夹带的泥沙、砾石等物质超过河流搬运能力,在重力作用下逐渐沉积下来。河流沉积物成为冲积层,这些沉积物常是泥沙、砾石等机械碎屑物。河流的沉积作用,从上游至下游普遍存在。发生沉积作用的原因归纳起来有三点:一是流速减小;二是流量减小;三是进入河流的碎屑过多,超出河流的搬运能力而发生沉积。流速和流量减小都会使河流活力降低而发生沉积。据此分析,河流发生沉积作用有三个主要场所:一是河流汇入其他相对静止的水体处,如河流入海、入湖及支流入主流处;二是河床纵剖面坡度由陡变缓处,一般来说,河流中、下游地势较平坦,沉积作用明显;三是河流的凸岸,由单向环流侵蚀凹岸,其产生的碎屑在凸岸沉积。

冲积层又称淤积层,是由冲积物在河床、洪水淹没的平原或三角洲中的流水淤积产生的,主要含有卵石、沙粒或黏土,有时也会含有贵金属或宝石。冲积层具有以下特征。

① 冲积物分布在河床、冲积扇、冲积平原或三角洲,物质成分复杂。相对于残积、坡积、洪积物来说,其分选性好、层理明显、磨圆度好。

②分布广,表面坡度缓。在工程设计时,应注意软弱夹层(如淤泥、粉砂层等)和流砂现象。

③ 冲积物中的砂砾卵石层可以是理想的持力层、重要的建材。若层厚稳定、延伸好,还可以是良好的含水层;若补给充足,还可以是很好的供水水源地。

7.2.4 地表水的评价指标

为贯彻《环境保护法》和《水污染防治法》,加强地表水环境管理,防治水环境污染,保障人体健康,从 2002 年起,我国以《地表水环境质量标准》为国家环境质量标准。地表水环境质量标准基本项目标准限制见表 7.9。

表 7.9　地表水环境质量标准基本项目标准限制

序号	项目分类		Ⅰ 类	Ⅱ 类	Ⅲ 类	Ⅳ 类	Ⅴ 类
1	水温		人为造成的环境水温变化应限制在:周平均最大温升 ≤ 1 ℃ 周平均最大温降 ≤ 2 ℃				
2	pH		6 ~ 9				
3	溶解氧	≥	7.5	6	5	3	2
4	高锰酸盐指数	≤	2	4	6	10	16
5	化学需氧量(COD)	≤	15	15	20	30	40
6	五日生化需氧量(BOD_5)	≤	3	3	4	6	10
7	氨氮(NH_3-N)	≤	0.15	0.5	1.0	1.5	2.0
8	总磷(以 P 计)	≤	0.02(湖、库 0.01)	0.1(湖、库 0.025)	0.2(湖、库 0.05)	0.3(湖、库 0.1)	0.4(湖、库 0.2)
9	总氮(湖、库以 N 计)	≤	0.2	0.5	1.0	1.5	2.0
10	铜	≤	0.01	1.0	1.0	1.0	1.0
11	锌	≤	0.05	1.0	1.0	2.0	2.0
12	氟化物(以 F^- 计)	≤	1.0	1.0	1.0	1.5	1.5
13	硒	≤	0.01	0.01	0.01	0.02	0.02
14	砷	≤	0.05	0.05	0.05	0.1	0.1
15	汞	≤	0.000 05	0.000 05	0.000 1	0.000 1	0.000 1
16	镉	≤	0.001	0.005	0.005	0.005	0.01
17	铬	≤	0.01	0.05	0.05	0.05	0.1
18	铅	≤	0.01	0.01	0.05	0.05	0.1
19	氰化物	≤	0.005	0.05	0.2	0.2	0.2
20	挥发酚	≤	0.002	0.002	0.005	0.01	0.1
21	石油类	≤	0.05	0.05	0.05	0.5	1.0
22	阴离子表面活性剂挥发酚	≤	0.2	0.2	0.2	0.3	0.3
23	硫化物	≤	0.05	0.1	0.05	0.5	1.0
24	粪大肠菌群	≤	200	2 000	10 000	20 000	40 000

思　考　题

1. 地下水按埋藏条件分几类,有什么特征?
2. 地下水按含水层性质分几类,有什么特征?
3. 地下水对工程建设有哪些不利影响?
4. 渗透变形的分类有哪些,有什么特征? 有哪些判别方法?
5. 地表水的地质作用有哪些,有什么特征?

第8章 斜坡工程与斜坡稳定性分析

8.1 斜坡中的应力分布特征

岩土斜坡总体上可分为自然斜坡与人工斜坡。其中,自然斜坡是指地壳岩层在内力与外力地质作用下经历一系列长期复杂的运动演变过程而形成的地质构造,是在地壳隆起或下陷过程中逐渐形成的斜坡,如山体斜坡、河谷斜坡及海岸陡崖等;人工斜坡是指人类在生产生活等活动中形成的规模及形态不同的斜坡,如土石坝、路堑斜坡、建筑基坑及露天矿斜坡等,其中挖方形成的斜坡称为开挖斜坡,填方构成的斜坡称为构筑斜坡,人工斜坡可人为控制其几何参数。自然斜坡与人工斜坡在应力分布上有所不同,下面分别介绍两类斜坡的应力分布特征。

8.1.1 自然斜坡应力分布特征

初始地应力的存在及其对岩体工程的重大影响,使其成为工程上的重要研究内容。斜坡工程中所采用的初始地应力场特征合理与否将直接影响斜坡工程设计的可靠性与工程运行的安全性。在地壳中,应力场是沿深度变化的,一般由地壳表层的自重应力场向深部地壳构造应力场过渡。自重应力场是因岩土体自重而造成应力在空间的有规律分布;而构造应力场是指在一定区域内因地质构造作用而引起的岩土体内应力状态分布随构造形迹的发展而变化的非稳定应力场。

通常在计算自重应力时,假定岩体为各向均匀同性的连续介质,其目的在于引用连续介质力学理论。假定第一主应力 σ_1 沿铅直方向作用,第二主应力 σ_2 和第三主应力 σ_3 沿水平方向作用,若体力仅为岩体的自重,无其他外荷载作用时,则设 σ_1 按静水压力规律分布,深度为 h 处的竖向应力为 $\sigma_1 = \gamma_R h$,其中 γ_R 为岩体容重。

在岩体力学中,σ_2、σ_3 可分别表示为

$$\sigma_2 = \frac{\sigma_1}{\dfrac{1}{\mu_1} - 1} \tag{8.1}$$

$$\sigma_2 = \frac{\sigma_1}{\dfrac{1}{\mu_2} - 1} \tag{8.2}$$

式中,μ_1、μ_2 为水平应力 σ_2、σ_3 方向上的泊松比。

由式(8.1)和式(8.2)计算的自重应力具有一定的局限性,首先岩体的弹性模量与泊松比并非常量,弹性模量随深度增加而逐渐增大。此外,在深处高温高压下及构造变形的影响使岩体处于塑性状态,原岩应力等压使岩体处于静水压力状态,即 $\sigma_1 = \sigma_2 = \sigma_3 =$

$\gamma_R h$,而接近地表或竖向张性裂隙发育的岩体由于不限制侧向变形,因此无水平应力,即 $\sigma_2 = \sigma_3 = 0$,$\sigma_1 = \gamma_R h$。

地壳的构造运动在岩体中引起一定的构造应力,构造应力是初始地应力状态的重要组成部分。根据大量实测发现地壳浅部的岩石地层中最大水平应力分量往往高于垂直应力分量,此现象称为高水平应力。高水平应力多发生于高山山麓部位及深切河谷等场地,主要由构造变形作用引起,高水平应力的成因与构造应力关系密切。目前构造应力无法获得准确的解析解,主要依靠现场实测结合构造变形形迹分析的方式确定。

自重应力场与构造应力场在分布上的主要区别在于构造应力场中两个水平方向主应力 σ_2 和 σ_3 较大,有时甚至会超过铅直方向主应力 σ_1,而自重应力场中不会出现此状况。随着深度的增加,自重应力场逐渐过渡为构造应力带,中间含有一个过渡带,在过渡带中的自重应力场中残留有部分构造应力。根据实测地应力值得到的深部岩体的泊松比 μ_R 大于岩石试件的泊松比 μ_S 且接近于泊松比的理论最大值 $\mu = 0.5$,此时岩体内部某些部位的应力状态接近于 $\sigma_1 = \sigma_2 = \sigma_3$,这并不符合纯粹的弹性理论。根据地层应力分布特征给出自重应力场、过渡场及构造场的判别标准如下。

(1) 自重场:$\sigma_1 > \sigma_2 \approx \sigma_3$。

(2) 过渡场:$\sigma_1 \approx \sigma_2 \approx \sigma_3$。

(3) 构造应力场:$\sigma_1 < \sigma_2 \leqslant \sigma_3$。

构造形态不同时,地层的应力状态不同。图 8.1 所示为几种构造基本类型应力状态。其中,σ_g 为实际应力;σ_y 为按自重应力场计算的应力;σ_1 和 σ_3 为第一和第三主应力,且 $\sigma_1 > \sigma_3$。背斜构造如图 8.1(a) 所示,一般在其翼部的实际应力 σ_g 小于按体力场计算的应力 σ_y,在核部 σ_g 大于 σ_y;向斜构造如图 8.1(b) 所示,在核部 σ_y 大于 σ_g,σ_g 相较于 σ_y 变化相对平缓;单斜构造如图 8.1(c) 所示,其中 σ_g 与 σ_y 较为相似。在正断层与逆断层中,断层面上应力分布存在差异,其中正断层 σ_1 方向为垂直方向,逆断层 σ_1 方向为水平方向,如图 8.1(d)、(e) 所示。

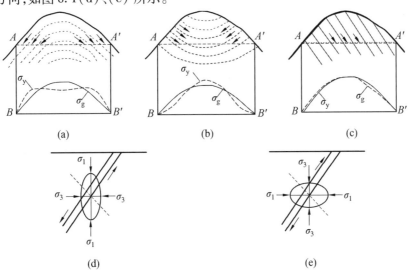

图 8.1　几种构造基本类型应力状态

地形地貌对岩体中初始地应力也有一定的影响。由于地形被切割后必然引起岩体中地应力重新分布,因此河谷两岸或其他深切谷壁的最大主应力往往与斜坡方向一致,而最小主应力方向则与谷坡法线方向相一致。此外,在深切河床底部,岩体中经常出现局部地应力集中的现象,所以在这种岩体中钻探时,应变能急剧释放而导致岩芯破裂成饼状。在脆性、高强度岩体中往往积聚有很高的地应力,所以在钻孔时就会出现岩心破裂成饼状的现象(图8.2)。

图 8.2　饼状岩心

图 8.3 所示为斜坡应力场地形效应,给出了河谷岸坡的剖面图,在横断面图中展示其应力状态。在横向断面中,岸坡一主应力轨迹线平行于坡面,坡体中部则主应力迹线呈竖直方向。谷底处的竖直方向主应力自上而下由张应力逐渐过渡为压应力,且张应力的分布深度随着河谷宽度的减小而增大,此张应力会造成缓倾角裂面,此现象常见于钻孔岩心中。根据主应力变化规律,可画出图8.3所示1—1、2—2、3—3三个分界线。其中,1—1 线以上大致相当于全风化带至弱风化带下限,此处为自重应力场;1—1 与 2—2 线之间相当于微风化带下限,此处为过渡应力场;2—2 与 3—3 线相当于地下水循环带下限,此处为构造应力场。

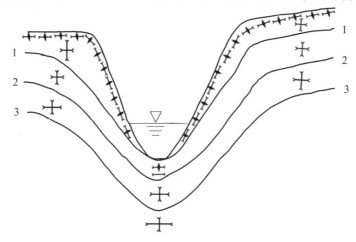

图 8.3　斜坡应力场地形效应

岩体自身的强弱程度也会影响其斜坡岩体中的应力分布,坚硬而完整的岩体可以积聚大量应变能,从而使初始地应力较大,软弱而结构不连续的岩体内所积累的应变能很小,形成的初始地应力较低,因此初始地应力大小与岩体的结构及力学性质直接相关。若岩体弹性模量较大将会有利于地应力的积累;反之,较软弱的岩体则不利于地应力的积累。此外,软硬岩层相间构成的岩体变形不均匀将会产生附加应力。

8.1.2　人工开挖斜坡应力分布特征

在修建铁路、公路等斜坡工程时,坡体开挖后应力将发生重分布,出现二次应力状态,打破了斜坡中原有的应力平衡。斜坡岩体为适应新的应力状态将发生变形及破坏。在开挖时坡脚处出现应力集中,应力集中处的岩体首先发生破坏,之后逐渐向坡体内部扩展,继而可能贯穿整个坡体,使整个开挖坡体的滑动破坏,或斜坡逐渐破坏扩展至某一程度后再度稳定。随着工程技术的发展,现场地应力测试、光弹试验和数值模拟等已在边坡应力分析中采用。特别是数值计算发展至今,其对边坡的许多定性分析结果已经通过试验得到验证,并为工程技术人员所接受。开挖斜坡的应力分布具有如下特点。

（1）斜坡形成后,主应力迹线发生明显偏转,由于斜坡应力的重分布,因此越靠近边坡临空面,最大主应力越平行于临空面,而最小主应力则越垂直于临空面。

（2）坡面上为双向应力状态,沿斜坡内部逐渐转变为三向应力状态。

（3）坡顶与坡面岩体的主应力中张应力的分布与泊松比 μ 关系密切,坡顶与坡面上的张应力区域随着 μ 值的增大而逐渐扩展,而坡脚处张应力区域随着 μ 值的增大而逐渐收缩。

（4）在临空面附近,尤其是在坡脚处,易形成剪应力增高带,平行于临空面的最大主应力显著升高,于斜坡表面达到最大值,之后向坡体内部逐渐降低。垂直于临空面的最小主应力显著降低,在坡面附近降低到最小值。

（5）岩体中的初始地应力状态对斜坡岩体中应力分布有很大的影响,尤其是初始地应力中的水平应力影响尤其显著,主要影响斜坡中主应力迹线的分布及主应力的大小。

（6）坡角与水平残余应力对斜坡边缘岩体中张应力的分布影响显著,随着坡角与残余水平应力的逐渐增大,边缘张应力区的范围也将会随之扩展。此外,坡面形状也对边坡应力分布有明显的影响。

（7）随着坡角的减缓,坡脚水平应力 σ_x 集中逐渐减小,并呈非线性变化,达到一定坡角后,σ_x 近似趋于稳定变化。因此,单纯放缓斜坡并不能完全缓解坡脚的应力集中作用,在开挖工程中过度减小坡角是不经济的,应寻找最合理的放坡角度使得既能减少开挖量又能降低坡脚应力集中。

（8）剪应力 τ_{xy} 在水平方向上近似线性变化,从坡内到坡面逐渐增大,在坡体内靠近坡面点的 τ_{xy} 均指向临空方向,而在靠近坡体内部时 τ_{xy} 指向坡体内部。τ_{xy} 沿深度越靠近坡脚,剪应力越大。随着放坡坡比变缓,剪应力近似线性减少,剪应力减小的程度随坡角增大而下降速度逐渐放缓,这也说明了单纯放坡并不能明显减少坡脚的应力集中。

8.2　斜坡变形破坏的基本类型、斜坡稳定性影响因素和斜坡稳定性评价

8.2.1　斜坡变形破坏的基本类型

斜坡的破坏类型从破坏形态上可分为滑坡和崩塌两类。滑坡是指斜坡上的岩土体受各种不利因素（如河流冲刷、地下水活动、雨水浸泡、地震及人工扰动等因素）影响,因重

力作用沿着坡内软弱面或软弱带整体或分散地顺坡向下滑动的一种自然现象。崩塌是陡坡上的巨大岩土体在重力或其他外力的作用下突然向下崩落的现象。崩塌过程中岩土体会产生快速移动,最后堆积于坡脚,崩塌现象会造成原坡体内部岩土体结构遭到破坏。

　　滑坡从滑动形式上可分为旋转滑动、平面滑动及楔形滑动。旋转滑动的滑面通常呈弧形(图8.4),这种滑动一般产生于非成层的均质岩土体之中。平面滑动是指部分岩土体在重力作用下沿着某一软弱面(如裂隙、基岩面或断层等)的滑动(图8.5)。平面滑动不仅需滑体克服滑面底部摩阻力,还需克服滑面两侧所造成的阻力,且只有当滑面的倾角大于滑面的内摩擦角时,斜坡才会滑动。在软岩中,如果滑面倾角远大于内摩擦角,软岩本身破坏时即可解除两侧约束而产生平面滑动。而硬岩斜坡中如有结构面横贯到坡顶,只有解除了两侧约束时,才可能产生平面滑动。当两个软弱面相交,使岩体被切割为四面体时,就可能出现楔形滑动,楔形滑动常出现于人工开挖的边坡(图8.6)。若两结构面的交线因人工开挖而处于出露状态,则无须地形或结构上的约束解除,斜坡就有可能产生滑动。根据滑动面物理力学性质的不同,滑动速度也具有明显差距。例如,滑动面通过塑性较强的岩土体时滑速一般较缓,而当滑动面通过脆性岩石时,如果滑动面本身还具有一定抗剪强度,此时还可承受下滑力,当下滑力持续增大导致斜坡上的滑体即将下滑时,滑动面抗剪强度会急剧下降进而产生突然迅速的滑动。

图8.4　旋转滑动

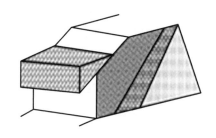
图8.5　平面滑动

　　滑坡的过程一般可以分为三个阶段。第一阶段为蠕动变形阶段,此时坡面和坡顶出现张裂缝并逐渐延伸扩展,坡体前缘有时会出现挤出现象,地下水位可能会出现上升或下降,有时坡体会产生异响;第二阶段为滑动破坏阶段,此时坡体后缘迅速下沉,岩土体迅速向下滑动,因此这一阶段会造成严重危害;第三阶段是渐稳阶段,此时下滑的岩土体逐渐固结,水文条件有所变化,滑体上的草木逐渐生长。

　　崩塌现象的特征是岩体无明显滑移面,块状岩体与岩坡分离,向前翻滚而下。其中,倾倒破坏多发生于既高又陡的岩质斜坡前缘地段,此时岩体卸荷回弹或在其他外力作用下与岩坡分离,绕其底部某点向临空方向倾倒(图8.7)。坍塌是指土层、堆积层或风化破碎岩层斜坡因岩土体被水软化削弱、河流冲刷、冻融松动、植物根系作用、气温变化等作用而导致的逐层塌落的变形现象,这种现象一直持续到坡体可满足岩土体自身稳定角为止。此外,强烈地震、特大降水或雷击等也是崩塌的诱因。

　　实际上,斜坡的破坏方式是多样的,除上述两种破坏形式外,还有滑塌、错落、落石、流动等破坏方式,有时也可能是以某种破坏方式为主,兼有其他若干破坏形式的综合破坏。

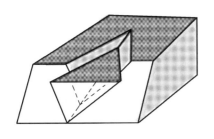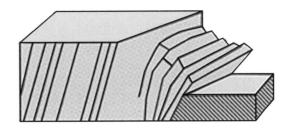

图 8.6　楔形滑动　　　　　　　　　　　　图 8.7　倾倒破坏

8.2.2　斜坡稳定性影响因素

1. 斜坡岩土体的类型与性质

斜坡岩土体的类型与性质在根本上影响斜坡稳定性,主要因素包括岩土体的成因类型、矿物成分、内部结构及强度等。坚硬完整的岩石能形成陡峭的高边坡并保持较高的稳定性,而较软弱的岩土体则只能形成较为平缓的自然斜坡。

岩浆岩斜坡稳定性较好,但若有原生节理发育,也可导致崩塌,尤其在风化剧烈地区,受风化作用影响,岩石强度降低,常导致斜坡崩塌。沉积岩斜坡的沉积岩具有层理结构,而沉积岩斜坡稳定性常由层理面控制。沉积岩往往具有软弱夹层,如厚层灰岩中夹泥灰岩等,而这些软弱面就容易构成滑动面。变质岩组成的斜坡,尤其是深变质岩,如片麻岩、石英岩等,其性质与岩浆岩相近,所以斜坡稳定性一般比沉积岩斜坡好。

此外,由于膨胀土在高含水量时强度较低,因此膨胀土斜坡滑坡崩塌较发育。特别是膨胀土斜坡虽然干燥时较为稳定,但当有水分补给时,即使边坡很平缓仍能发生破坏。黄土斜坡的稳定性主要取决于黄土的密实度和结构特征,因其垂直节理发育,故其破坏形式主要为崩塌。

2. 水的影响

一般进入雨季后,大量降水可能引发滑坡与崩塌等现象,很多滑坡都是发生在地下水比较丰富的斜坡地带。水库库岸也因浸水而导致斜坡多有滑动。上述现象表明水对斜坡稳定性影响显著。第一,水的软化作用降低了岩土体的强度,当岩体或其中的软弱夹层亲水性较强,含有易溶性矿物时,浸水后发生崩解融化等作用使岩土体结构破坏导致抗剪强度降低,进而降低斜坡稳定性。第二,河流、水岸及湖海的冲刷及淘刷会改变岸坡外形,当侵蚀切露坡体底部的软弱结构面,坡体处于临空状态,或侵蚀切露坡体下伏软弱层的顶面时,坡体失去平衡,最后导致破坏。第三,如果斜坡上部为相对不含水的岩土体,当水位上涨时,斜坡内的不透水岩土底面将受到静水压力的作用,此时静水压力将消减有效应力,降低滑体的抗滑力,不利于斜坡的稳定。第四,如果斜坡岩土体是透水的,当水从斜坡岩土体中渗流排出时,由于水力梯度的作用,因此会对斜坡产生动水压力,其方向与渗流方向一致,指向临空面,对斜坡稳定性是不利的。第五,透水斜坡如处于水下,将承受浮托力的作用,使坡体的有效质量减轻造成抗滑力降低,降低斜坡稳定性。

3. 边坡外形改变的影响

如果人工开挖坡体时忽略了岩土体的结构性,露出了控制斜坡稳定的主要软弱结构面,导致临空面形成或扩展,坡体在失去支承后会导致斜坡的变形与破坏。坡顶开挖速度慢而坡脚开挖速度快导致坡角增加时,坡顶及坡面张力带的范围扩展,而坡脚应力集中带的最大剪应力也随之增大,此时可能会导致斜坡的变形与破坏。

4. 结构面的影响

结构面对斜坡破坏的影响显著,结构面的影响导致有时边坡相对平缓却发生破坏,这是因为斜坡稳定性是随组成边坡的岩体中结构面的倾角而变化的。如果这些结构面是直立或水平的,就不会单纯地滑动,此时的边坡破坏将包括完整岩块的破坏及沿某些结构面的滑动。如果岩体所含结构面倾向于坡面,倾角又在30°～70°范围内,就会发生简单的滑动。岩体的结构特征对斜坡应力场的影响主要表现为岩土体的不均匀性与不连续性使结构面周边出现应力集中和应力阻滞现象,因此它构成了斜坡变形与破坏的控制条件,从而形成不同类型的变形破坏机制。边坡结构面周边应力集中的形式主要取决于结构面的产状与主压应力的关系。结构面与主压应力平行时,将在结构面端点处或应力阻滞区域出现拉应力和剪应力集中,从而形成向结构面两侧发展的张裂缝;结构面与主压应力垂直时,将发生平行结构面方向的拉应力,或在端点处出现垂直结构面的压应力,有利于结构面压密与提高斜坡稳定性;结构面与主压应力斜交时,结构面周边主要为剪应力集中,并于端点附近或应力阻滞部位出现拉应力。结构面相互交汇或转折处会形成很高的压应力及拉应力集中区,此处变形与破坏较为剧烈。

5. 地震作用的影响

地震是造成斜坡破坏的重要触发因素之一,许多大型崩塌或滑坡的发生与地震密切相关。水平地震力使得潜在滑体对滑面的法向压力削减,同时增强了下滑力。此外,地震引起坡体振动,等于坡体承受一种附加荷载,它使坡体受到反复振动冲击,坡体软弱面的咬合松动,抗剪强度降低或完全失去结构强度,斜坡稳定性下降甚至失稳。地震对斜坡破坏的影响程度取决于地震强度大小,并与斜坡岩性、层理、断裂的分布和密度,以及坡面的方位和岩土体的含水性有关。

6. 地应力环境的影响

斜坡总是处于一定历史条件下的地应力环境中,尤其是在新构造运动强烈的地区,此处地层一般存在较大的水平构造残余应力,故此处斜坡岩体临空面附近常形成应力集中区域,主要体现于加剧应力差异分布,这在坡脚、坡面及坡顶张力带位置处表现得最为明显。与自重应力状态下相比,边坡变形与破坏的范围增大,程度加剧。

由上述影响因素可知,论证斜坡的稳定性时,应结合斜坡岩土体的岩土体性质、水文条件、地形地貌特征、结构特点、外力作用、地质条件等因素,并结合斜坡所处区域的地质发育历史,分析各因素的作用性质及其变化过程。

8.2.3 斜坡稳定性评价

岩土体作为一类性质极其复杂的地质介质,长期的地质作用导致力学特性参数、结构面分布规律、工程性质等都是复杂多变的,具有极强的不确定性。这些不确定性主要来自于岩土体自身的不均匀性、人工测试误差、分析模型不准确,这些不确定性的存在对斜坡稳定性评价带来了不少困难。传统的斜坡稳定性评价采用确定性分析方法,但其结果并不令人满意。时至今日,斜坡稳定性评价仍不能完全依赖于数值计算与理论分析,还需要工程类比或专家经验。斜坡稳定分析是一个古老而又复杂的课题。斜坡稳定分析方法种类繁多,各种分析方法都有各自的特点和适用范围,基本以下列几种方法进行。

(1)工程类比法。

工程类比法是一种以经验为主,通过大体相似的两个或多个边坡进行比较,根据它们的属性推出其他属性的相似性方法,这是一种定性分析方法。

(2)极限平衡分析法。

极限平衡分析法是一种以刚体极限平衡理论为基础,将滑体视作刚体,分析其沿滑动面的状态,将坡体分成若干条块并提出一些条件假设,将超静定问题转化为静定问题,利用数学分析法或图解法,最后求得安全系数或类似安全系数的指标进行评价的一种方法,是一种定量评价方法。但其无法反映岩土体内部的应力应变关系,且稳定系数是整个滑动面上的平均值,也无法考虑渐进式破坏对斜坡稳定性的影响。

(3)数值分析法。

数值分析法是一种以有限元法、边界元法或离散元法分析计算边坡内部的变形特征和应力状态,并进而评价其稳定性的应力应变数值法,这些数值分析方法本身有较高的精度,但受地质模型、简化的力学模型和力学参数等的影响,使"高精度"的计算结果,难以做出"高精度"的评价。

(4)结构分析法。

结构分析法是一种通过大量结构面统计,应用赤平投影、实体比例投影和摩擦圆方法判断边坡稳定性的方法,这也是一种定性评价方法,在定量分析上有一定困难。

(5)概率分析法。

概率分析法是以极限平衡原理建立状态方程,在定值稳定系数方法基础上,计算斜坡不稳定性概率的方法。该方法可解决斜坡稳定性中的不确定性问题,但是需要大量的统计样本。概率分析法是在极限平衡方法基础上建立起来的,因此也具有极限平衡法的缺陷与局限性。

20 世纪 70 年代后期,出现了边坡稳定性破坏概率分析方法。20 世纪 80 年代之后,斜坡稳定性评价分析方法进一步成熟,并逐渐开展计算机定量或半定量斜坡数值模拟。

此外,通过一些新兴学科与理论的引入交叉,逐步形成了一些新的边坡稳定性分析方法。一些诸如以概率论与数理统计为基础的可靠性分析方法、信息论方法、统论方法,以模糊数学为基础的模糊综合评价方法,以神经网络理论为基础的神经网络评价方法,以灰色系统理论为基础的灰色系统评价方法和数量化理论及有限元法、能量损伤理论等新的理论方法也被引入斜坡稳定性分析中,为定量分析斜坡稳定性提供了广阔的前景。这些评价方法为斜坡稳定性问题的研究提供了新的途径和方法,在实践中均取得了较好的应用成果,推动了斜坡稳定性研究的发展。多学科、多专业的交叉渗透已成为边坡研究未来的发展方向。

由于边坡稳定性研究的理论意义和实际价值,因此凡是涉及地质问题的工程学科几乎都开展边坡稳定性研究,特别是工业与民用建筑工程、水利水电工程、道路工程、矿山工程和国防工程等都广泛开展了边坡稳定性研究,取得了可贵的经验与成果。我国开展斜坡稳定性研究始于 20 世纪中叶,紧密贴合国家的经济发展和工程建设需求,在铁路工程、水利水电工程及矿山工程等重大工程实践中起到了重要作用。下面从刚体极限平衡法、数值分析方法、地质评价方法及灵敏度分析等方面介绍斜坡稳定性评价。

1. 刚体极限平衡法

刚体极限平衡法是将斜坡稳定性问题视为刚体平衡问题进行研究,因此其具有以下几个假设:首先,将滑坡体内的岩土体视为刚体;其次,假设滑动块体沿滑动面或沿块体滑错面处于极限平衡状态;最后,滑面可简化为圆弧面、平面或折面。在稳定性分析中,对于仅有单一滑面的简单边坡,根据基本假设完全可以确定稳定性分析中所出现的未知数。但在斜坡体被分裂为几何形态较为复杂的岩土块体时,仅靠极限平衡法中的基本假设无法确定所有未知数,因此若想求解此超静定体系,必须在上述基本假设之外补充若干假定,使方程数目与未知数数目相等,才能将超静定问题转化为静定问题。由于极限平衡法纯粹建立于静力学原理上,仅涉及水平力、竖向力及力矩求和,因此无法分析斜坡位移场与应变场的问题,且无法满足位移兼容性。

针对斜坡分析观点的不同,采用补充假定的方式也不同,因此派生出了不同类型的解法。由于假设条件与应用的方程不同,因此条分法又分为非严格条分法与严格条分法。非严格条分法通常只选择满足力的平衡条件或力矩的平衡条件,因此造成非严格条分法的计算有一定的误差。常用的非严格条分法有瑞典圆弧法(Swedish circle method)、Bishop 法与不平衡推力传递系数法等。严格条分法满足所有的平衡条件,其含有安全系数、条间力作用方向及作用点三个未知量与两个方程,因此也需补充一个假设。若假设合理,则计算结果精度较高。常用的严格条分法有 Morgenstern – Price 法、Spencer 法及 Sarma 法。下面介绍这几种经典方法。

(1)瑞典圆弧法。

瑞典圆弧法由 K. E. Petterson 于 1916 年提出,并对瑞典的 Stigberg 码头引入条分法进行斜坡稳定性分析,Fellenius 与 D. W. Taylor 进一步发展了该法。该法在瑞典首先被采纳应用,故通常称为瑞典圆弧法。瑞典圆弧法忽略了所有条间力而仅满足力矩平衡。依靠简化的假定可以手算斜坡安全系数,这在计算机尚未普及的时代十分重要。瑞典圆弧法做出以下假定:边坡内为均质土体,抗剪强度遵从库仑定律;将斜坡稳定性问题视作平面应变问题,只需取斜坡一剖面进行分析即可;假设滑动面为通过坡脚的圆弧面,弧面上的滑动体视为刚体,计算中不考虑滑动体的内力;稳定系数的定义为滑动面所提供抗滑力矩之和与外荷载及滑动土体产生的滑动力矩和之比;所有力矩均以滑动弧的圆心 O 为矩心。

图 8.8 所示为瑞典条分法计算简图,图中为简单黏性土坡,为假定的一个滑弧 AC,其圆心在 O 点,半径为 R。将土体 ABC 分为若干条块,取其中第 i 条块分析其受力情况。其中,条块自重为 W_i,方向竖直向下,数值为 $\gamma_s b_i h_i$,γ_s 为土的重度,b_i 为条块宽度,h_i 为条块平均高度。将条块自重 W_i 引至条分滑面上,可将其分解为与圆弧相切的剪切力 T_i 和通过圆心 O 的法向力 N_i,设条块底面中点的法线与竖直线的交角为 α_i,可将两分力表示为

$$\begin{cases} T_i = W_i \sin \alpha_i \\ N_i = W_i \cos \alpha_i \end{cases} \tag{8.3}$$

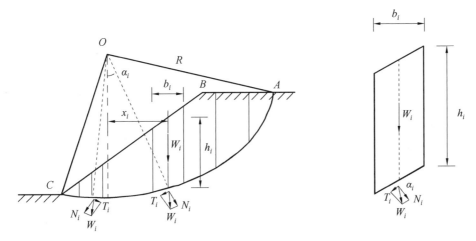

图 8.8   瑞典条分法计算简图

作用于底面的抗剪力 T'_i，其最大值为条块底面抗剪强度与滑弧长度的乘积，方向与滑动方向相反。条块底面的法向力 N_i 与反力 N'_i 互为相互作用力，其大小相等，方向相反。当边坡处于稳定状态时，假定各块体底部滑动面上的安全系数均等于整个滑动面上的安全系数 K，其抗剪力 T_{fi} 为

$$T_{fi} = \frac{(c + \sigma_i \tan \varphi) l_i}{K} = \frac{cl_i + N'_i \tan \varphi}{K} \tag{8.4}$$

式中，c 为土体的黏聚力；l_i 为单个条块所分圆弧的弧长；φ 为土体的内摩擦角。

对整个滑动体内各条块对圆弧中心 O 取力矩，则有

$$\sum T_{fi} R = \sum T_i R \tag{8.5}$$

则可得到

$$\sum \frac{cl_i + N'_i \tan \varphi}{K} = \sum T_i \tag{8.6}$$

进而有

$$K = \frac{\sum (cl_i + N'_i \tan \varphi)}{\sum T_i} = \frac{\sum (cl_i + W_i \cos \alpha_i \tan \varphi)}{\sum W_i \sin \alpha_i} = \frac{\sum (cl_i + \gamma_s b_i h_i \cos \alpha_i \tan \varphi)}{\sum \gamma_s b_i h_i \sin \alpha_i} \tag{8.7}$$

若划分条块时使各条块宽度相等，可将上式简化为

$$K = \frac{cL + \gamma_s b \tan \varphi \sum h_i \cos \alpha_i}{\gamma_s b \sum h_i \sin \alpha_i} \tag{8.8}$$

式中，L 为圆弧的弧长。计算时应注意不同位置的条块在计算中的区别，当条块底面中心位于滑弧圆心 O 的垂线右侧时剪切力与滑动方向相同，此时剪切力起剪切作用，应取正号；而当条块底面中心位于圆心垂线左侧时剪切力与滑动方向相反。当以不同假定滑动面进行计算时可求出不同的稳定系数 K，其最小值 K_{min} 即为斜坡稳定系数。评价一个土坡的稳定性时，这个最小的稳定系数应不小于有关规范要求的许可值。

1927 年，Fellenius 根据大量的计算结果得出，对于均质黏性土坡，$\varphi = 0$ 时最危险，滑

弧为通过坡脚的圆弧，其圆心位于图8.9中AD与BD两线的交点。不同边坡β_1、β_2值见表8.1。

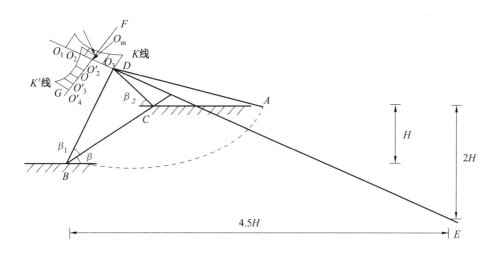

图8.9　最危险滑动面圆心确定方式

表8.1　不同边坡β_1、β_2值

坡角β	坡度 1 : m	β_1	β_2
60°	1 : 0.58	29°	40°
45°	1 : 1	28°	37°
33.79°	1 : 1.5	26°	35°
26.57°	1 : 2.0	25°	35°
18.43°	1 : 3.0	25°	37°
11.32°	1 : 5.0	25°	37°

当$\varphi > 0$时，此时最危险滑动面也会通过坡脚，其圆心在ED的延长线上，如图8.9所示。其中，E点距坡脚B点的水平距离为$4.5H$，φ越大，圆心越向外移。计算时从D点向外取试算圆心O_1，O_2，…，分别求得其相应的抗滑安全系数K_1，K_2，…，绘制K曲线可得到最小抗滑安全系数K_{min}，其相应的圆心O_m即为最危险滑动面的圆心。

实际上土坡的最危险滑动面圆心位置有时因土坡非均质、坡面荷载及受荷情况复杂等而不一定处在ED延长线上，而可能在其附近，因此圆心O_m可能并不是最危险滑动面的圆心，这时可以通过O_m点作ED线的垂线FG，在FG上取几个试算滑动面的圆心O'_1，O'_2，…，求得其相应滑动稳定安全因子K'_1，K'_2，…，绘得曲线，找出最小值，相应于K'_{min}的圆心O才是最危险滑动面的圆心。

（2）Bishop法。

Bishop法是20世纪50年代由伦敦帝国理工学院的Bishop教授提出的一种考虑条间法向力但不考虑条块间剪切力的计算方法，假定各条块底部滑动面上的抗滑安全系数均相同，取单位长度土坡按平面问题计算。Bishop法计算简图如图8.10所示。

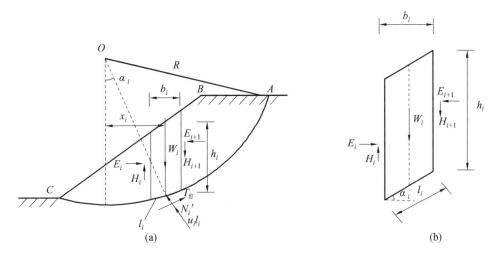

图 8.10　Bishop 法计算简图

　　假设坡体中的滑动面为圆弧 AC，圆弧圆心为 O，半径为 R。将滑动体 ABC 划分为若干条块，取出其中的第 i 条进行分析，该条块上的作用力为条块自重。

　　滑动体 ABC 分为若干条块，取其中第 i 条块分析其受力情况。其中，条块自重为 $W_i = \gamma_s b_i h_i$，γ_s 为土的重度，b_i 为条块宽度，h_i 为条块平均高度；条块底面作用有抗剪力 T_{fi}、有效法向反力 N'_i 及孔隙水压力 $u_i l_i$，u_i 为该条块中点处的孔隙水压力，l_i 为该条块底面滑弧长度；W_i、T_{fi}、N'_i 及 $u_i l_i$ 均作用于条块底面中点；作用于该条块两侧的法向力为 p_i、p_{i+1}，切向力为 H_i、H_{i+1}；条块两侧切向力差值为 $\Delta H_i = H_{i+1} - H_i$。

　　根据竖向力的平衡条件有

$$\sum F_y = N'_i \cos \alpha_i - T_{fi} \sin \alpha_i + W_i + \Delta H_i - u_i b_i = 0 \tag{8.9}$$

　　当斜坡尚未破坏时，块体滑动面上的抗剪强度没有完全发挥，条块滑动面上的抗剪力通过有效应力表示为

$$T_{fi} = \frac{c' l_i + N'_i \tan \varphi'}{K} \tag{8.10}$$

式中，c'、φ'、K 分别为有效黏聚力、有效内摩擦角及抗滑安全系数。

　　将式(8.10)代入式(8.9)可解得 N'_i 为

$$N'_i = \frac{W_i + \Delta H_i - u_i b_i - \dfrac{c' l_i}{K} \sin \alpha_i}{\cos \alpha_i \left(1 + \dfrac{\tan \varphi' \tan \alpha_i}{K}\right)} \tag{8.11}$$

　　可将分母记作 m_{α_i}，则式(8.11)也可写为

$$N'_i = \frac{W_i + \Delta H_i - u_i b_i - \dfrac{c' l_i}{K} \sin \alpha_i}{m_{\alpha_i}}, \quad m_{\alpha_i} = \cos \alpha_i \left(1 + \frac{\tan \varphi' \tan \alpha_i}{K}\right) \tag{8.12}$$

　　对整个滑动体求到圆心 O 的力矩平衡，可知相邻块体之间侧壁作用力的力矩将相互抵消，而各块体上的有效法向反力 N'_i 及孔隙水压力 $u_i l_i$ 的作用线均通过圆心，可得

$$\sum W_i x_i = \sum T_{fi} R \tag{8.13}$$

其中

$$x_i = R\sin \alpha_i$$

将式(8.11)、式(8.13)代入式(8.10)可得

$$K = \frac{\sum \dfrac{1}{m_{\alpha_i}}[c'b + (W_i + \Delta H_i - u_i b_i)\tan \varphi']}{\sum W_i \sin \alpha_i} \tag{8.14}$$

式(8.14)为Bishop法的普遍公式,其中条块两侧切向力差值 ΔH_i 仍是未知的。为求出抗滑安全系数,必须先估算 ΔH_i,可通过迭代法求解,而 p_i 与 H_i 的试算值均应满足每个条块的平衡条件,且整个滑动体的所有条块的两侧法向力差值之和与切向力差值之和均应等于0。Bishop指出,如果忽略 ΔH_i,则造成的计算误差仅为1%左右,因此可令 $\Delta H_i = 0$,使公式进一步简化为

$$K = \frac{\sum \dfrac{1}{m_{\alpha_i}}[c'b + (W_i - u_i b_i)\tan \varphi']}{\sum W_i \sin \alpha_i} \tag{8.15}$$

由于式(8.15)中的 m_{α_i} 仍含有安全系数 K,因此安全系数 K 仍然需要试算。试算过程为先假设 $K=1$,代入 m_{α_i} 表达式中计算出 m_{α_i},再将所得 m_{α_i} 代入式(8.15)中计算 K,再利用所得新 K 值计算 m_{α_i},如此反复迭代后,K 值会逐渐收敛,一般需 3 ~ 4 次迭代即可满足工程需求。Bishop 法迭代计算时要注意土条的滑面倾角 α_i 有正负之分:当滑面倾向与滑动方向一致时,α_i 为正;当滑面倾向与滑动方向相反时,α_i 为负。由式(8.12)可知,当 α_i 为负时,有可能 m_{α_i} 趋近于0,而 m_{α_i} 趋近于0会导致 N' 趋于无限大。$m_{\alpha_i} \leq 0.2$ 时,Bishop 法误差较大,国外一些学者建议采用其他方法计算。

(3)不平衡推力传递系数法。

不平衡推力传递系数法是我国建筑、交通及地质部门在计算斜坡稳定性时广泛使用的方法。为快速制止斜坡滑坡,往往需要修建一些抗滑工程。在设计抗滑工程之前,首先要进行滑坡推力的计算,从而根据推力大小设计抗滑工程,使抗滑工程在满足可靠性要求的前提下尽量满足安全性与经济性要求。滑动面准确确定之后即可通过力学手段进行计算。滑坡向下滑动的力和阻滑力之差即滑坡推力,其同样适用于任意形状的滑动面,不同形式的滑动面分为下列几种计算方法。

① 滑动面为单一平面时。当滑动面是单一平面或可简化成单一平面时(图8.11),滑坡推力 p 可由下式计算得到,即

$$p = W\cos \alpha(K\tan \alpha - \tan \varphi) \tag{8.16}$$

式中,W 为滑坡土体的自重;α 为滑面与水平面的夹角;K 为抗滑安全系数;φ 为岩土体内摩擦角。

② 滑动面为圆弧时。当滑动面为圆弧或可以简化成圆弧形时,这种破坏情况多发生于黏性土斜坡(图8.12),则其稳定性系数 K 为

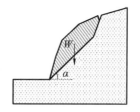

图 8.11 滑动面为单一平面示意图

$$K = \frac{\sum N\tan \varphi + \sum cL + \sum F_R}{\sum T} \tag{8.17}$$

式中，$\sum N$ 为作用于滑动面上的法向力之和；φ 为滑动面上土体的内摩擦角；c 为滑动面上土体的单位黏聚力；L 为滑动面的长度；$\sum F_R$ 为抗滑部分的阻滑力之和；$\sum T$ 为作用于滑动面上的滑动力之和。

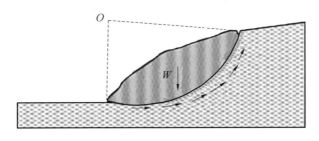

图 8.12　滑动面为圆弧面示意图

这时，滑坡的推力为

$$p = \sum KT - \sum N\tan\varphi - \sum cL - \sum F_R \tag{8.18}$$

③ 滑动面为折线时。滑动面为折线时假设滑坡每一计算段的滑动面均为直线，则整个滑动面在断面上为折线。滑坡推力作用方向平行于该条块的底面，且作用点在分界线的中央。当作用力合力出现负值时，令滑坡推力 $p_i = 0$，其计算简图如图 8.13 所示，取滑动体中第 i 块条块进行分析，假定第 $i-1$ 块条块传来的推力 p_{i-1} 的方向平行于第 $i-1$ 块条块的底滑面，而第 i 块条块传送给 $i+1$ 块条块的推力 p_i 平行于第 i 块条块的底滑面，即假定每一分界上推力的方向平行于上一土条的底滑面，第 i 块条块承受的各种作用力如图 8.13 所示。

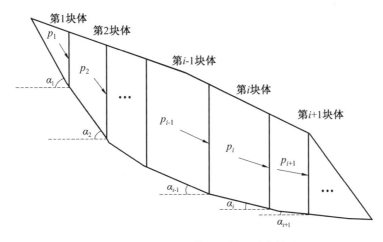

图 8.13　不平衡推力传递系数法计算简图

安全系数计算公式为

$$K = \frac{\sum\limits_{i=1}^{n-1}\left(F_{R_i}\prod\limits_{j=i}^{n-1}\psi_j\right) + F_{R_n}}{\sum\limits_{i=1}^{n-1}\left(T_i\prod\limits_{j=i}^{n-1}\psi_j\right) + T_n} \tag{8.19}$$

式中，F_{R_i} 为抗滑力，$F_{R_i} = N_i\tan\varphi_i + c_iL_i$；$N_i$ 为滑体自重沿滑动面法向的分力，$N_i = W_i\cos\alpha_i$；T_i 为条块自重沿滑动面方向的分力，$T_i = W_i\sin\alpha_i$；ψ_j 为不平衡推力系数，可由下

式计算,即

$$\psi_j = \cos\,(\alpha_i - \alpha_{i+1}) - \sin\,(\alpha_i - \alpha_{i+1})\tan\,\varphi_{i+1},\prod_{j=i}^{n-1}\psi_j = \psi_j\psi_{j+1}\cdots\psi_{n-1} \qquad (8.20)$$

滑坡推力的计算公式为

$$p_i = p_{i-1}\psi_{i-1} + F_s T_i - F_{R_i} \qquad (8.21)$$

将式(8.20)代入式(8.21)即可解得作用在各条块边界上的滑坡推力。如果最后一块的滑坡推力为负值,则说明该边坡是稳定的。

(4)Morgenstern – Price 法。

Morgenstern – Price 法在20世纪60年代由 Morgenstern 教授提出,是斜坡稳定性分析条分法中最具有一般性的方法,具有严格的条间力假设条件,求解结果精确并符合实际,受到岩土工程界的普遍欢迎。此法通过对曲线形的滑动面进行分析,导出满足力及力矩平衡条件的微分方程式,之后假定两相邻条块法向条间力与切向条间力之间存在一个对横坐标的函数关系,最后根据整个滑动体的边界条件求出问题的解。

图8.14所示为 Morgenstern – Price 法计算简图。一个任意形状的斜坡,其坡面线、侧向孔隙水压力推力线、有效应力的推力线和滑动面分别用函数 $y = z(x)$、$y = h(x)$、$y = s(x)$ 和 $y = y(x)$ 表示。取出某一微分条块进行分析,条块上作用有其自重 $\mathrm{d}W$、条块底面有效法向力 $\mathrm{d}N'$ 及侧向抗滑力 $\mathrm{d}T$、条块底面的孔隙水压力 $\mathrm{d}p_s$、条块两侧有效法向条间力 E' 与 $E' + \mathrm{d}E'$ 及切向条间力 H 与 $H + \mathrm{d}H$、条块两侧孔隙水压力 p 与 $p + \mathrm{d}p$。

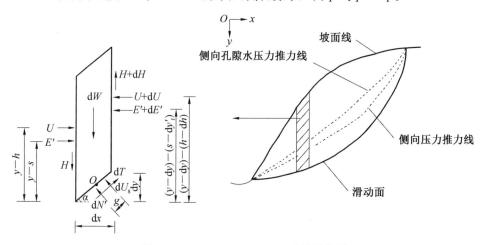

图 8.14 Morgenstern – Price 法计算简图

对条块底部中点 O 处取力矩平衡可得

$$E'\left[(y-s)-\frac{\mathrm{d}y}{2}\right] - (E'+\mathrm{d}E')\left[(y-\mathrm{d}y)-(s-\mathrm{d}s)+\frac{\mathrm{d}y}{2}\right] - H\frac{\mathrm{d}x}{2} - (H+\mathrm{d}H)\frac{\mathrm{d}x}{2} +$$
$$p\left[(y-h)-\frac{\mathrm{d}y}{2}\right] - (p+\mathrm{d}p)\left[(y-\mathrm{d}y)-(h-\mathrm{d}h)+\frac{\mathrm{d}y}{2}\right] - p_s g = 0 \qquad (8.22)$$

将式(8.22)化简并略去其中的高阶微量,取 $g = 0$,可得到每一条块满足力矩平衡的微分方程,即

$$H = \frac{\mathrm{d}(E's)}{2} - y\frac{\mathrm{d}E'}{\mathrm{d}x} + \frac{\mathrm{d}(ph)}{\mathrm{d}x} - y\frac{\mathrm{d}p}{\mathrm{d}x} \qquad (8.23)$$

取条块底部法向力平衡,可得

$$\mathrm{d}N' + \mathrm{d}p_s = \mathrm{d}W\cos\alpha - \mathrm{d}H\cos\alpha - \mathrm{d}E'\sin\alpha - \mathrm{d}p\sin\alpha \qquad (8.24)$$

取条块底部切向力平衡,可得

$$\mathrm{d}T = \mathrm{d}E'\cos\alpha + \mathrm{d}p\cos\alpha - \mathrm{d}H\sin\alpha + \mathrm{d}W\sin\alpha \qquad (8.25)$$

由安全系数的定义及莫尔 – 库仑准则有

$$\mathrm{d}T = \frac{c\mathrm{d}x\sec\alpha + \mathrm{d}N'\tan\varphi}{K} \qquad (8.26)$$

定义孔隙应力比为

$$r_u = \frac{\mathrm{d}W\sec\alpha}{\mathrm{d}p_s} \qquad (8.27)$$

综合上述各式,消去 $\mathrm{d}N'$ 及 $\mathrm{d}T$,得到每一条满足力的平衡微分方程为

$$\frac{\mathrm{d}E'}{\mathrm{d}x}\left(1 - \frac{\tan\varphi}{K}\frac{\mathrm{d}y}{\mathrm{d}x}\right) + \frac{\mathrm{d}H}{\mathrm{d}x}\left(\frac{\tan\varphi}{K} + \frac{\mathrm{d}y}{\mathrm{d}x}\right) =$$

$$\frac{c}{K}\left[1 + \left(\frac{\mathrm{d}y}{\mathrm{d}x}\right)^2\right] + \frac{\mathrm{d}p}{\mathrm{d}x}\left(\frac{\tan\varphi}{K} + \frac{\mathrm{d}y}{\mathrm{d}x} - 1\right) +$$

$$\frac{\mathrm{d}W}{\mathrm{d}x}\left\{\frac{\tan\varphi}{K} + \frac{\mathrm{d}y}{\mathrm{d}x} - r_u\frac{\tan\varphi}{K}\left[1 + \left(\frac{\mathrm{d}y}{\mathrm{d}x}\right)^2\right]\right\} \qquad (8.28)$$

条块侧面力为

$$E = E' + p \qquad (8.29)$$

其作用点位置为

$$y_t = \frac{E's + ph}{E} \qquad (8.30)$$

设 E 与 H 间存在一个以 x 为函数的关系,设

$$H = \lambda f(x)E \qquad (8.31)$$

式中,λ 为任选常数。

每一条块的宽度 $\mathrm{d}x$ 可取极小的值,因此 $y = z(x)$、$y = h(x)$ 及 $y = y(x)$ 在条块内可近似为一直线,$f(x)$ 在每一条块内也可近似为直线,则在每一条块中有

$$y = Ax + B \qquad (8.32)$$

$$\frac{\mathrm{d}W}{\mathrm{d}x} = px + q \qquad (8.33)$$

$$f(x) = kx + m \qquad (8.34)$$

式中,A、B、p、q 均为任意常数;k、m 均可通过几何条件及所选 $f(x)$ 的类型来确定。

将式(8.29) 及式(8.30) 代入式(8.23),可将其化简为

$$H = \frac{\mathrm{d}Ey_t}{\mathrm{d}x} - y\frac{\mathrm{d}E}{\mathrm{d}x} \qquad (8.35)$$

式(8.28) 可化简为

$$(Jx + L)\frac{\mathrm{d}E}{\mathrm{d}x} + JE = Yx + Q \qquad (8.36)$$

式中

$$J = \lambda k\left(\frac{\tan\varphi}{K} + A\right)$$

$$L = \lambda m\left(\frac{\tan \varphi}{K} + A\right) + 1 - A\frac{\tan \varphi}{K}$$

$$Y = p\left[\frac{\tan \varphi}{K} + A - r_u(1 + A^2)\frac{\tan \varphi}{K}\right]$$

$$Q = \frac{c}{K}(1 + A^2) + q\left[\frac{\tan \varphi}{K} + A - r_u(1 + A^2)\frac{\tan \varphi}{K}\right]$$

取条块两侧的边界条件为

$$\begin{cases} E = E_i, & x = x_i \\ E = E_{i+1}, & x = x_{i+1} \end{cases} \tag{8.37}$$

对式（8.36）从 x_i 至 x_{i+1} 积分可得

$$E_{i+1} = \frac{1}{L + J\Delta x}\left(E_i L + \frac{Y\Delta x^2}{2} + Qx\right) \tag{8.38}$$

由上式即可从上到下逐条求出法向条间力 E，再由式（8.31）求出切向条间力 H。

当滑动体外部没有其他力作用时，最后一个条块必须满足条件 $E_n = 0$，同时条块侧面的力矩可用式（8.35）积分求出，即

$$M_{i+1} = E_{i+1}(y - y_t)_{i+1} = \int_{x_{i+1}}^{x_i}\left(H - E\frac{dy}{dx}\right)dx \tag{8.39}$$

最后也必须满足条件

$$M_n = \int_{x_0}^{x_n}\left(H - E\frac{dy}{dx}\right)dx = 0 \tag{8.40}$$

为找出满足所有平衡方程的 λ 及 K，可以先假设 λ 及 K 的初值，然后逐条积分得到 E_i 及 M_i，如果 E_n 及 M_n 不为零，则再修正 λ 及 K，直到满足 $E_n = 0$ 与 $M_n = 0$ 为止，此时的 K 即该斜坡的稳定系数。

（5）Spencer 法。

Spencer 法是 Spencer 于1967年提出的一种斜坡稳定性分析方法。Spencer 法计算简图如图 8.15 所示，以垂直划分方式划分 n 个条块，各条块宽度相同。Spencer 法假定各条块间力的合力作用方向是相互平行的，合力与水平方向夹角均为 θ，即

$$\frac{H_i}{E_i} = \frac{H_{i+1}}{E_{i+1}} = \tan \theta \tag{8.41}$$

由于各条块间合力相互平行，因此减少了 $n - 1$ 个未知量，取其中第 i 个条块进行分析。在垂直条块底部方向建立平衡方程，有

$$N_i - (p_{i+1} - p_i)\sin(\alpha_i - \theta) - W_i\cos \alpha_i = 0 \tag{8.42}$$

在平行条块底部方向建立平衡方程，有

$$T_{fi} + (p_{i+1} - p_i)\cos(\alpha_i - \theta) - W_i\sin \alpha_i = 0 \tag{8.43}$$

式中，N_i 为条块底面法向力；$p_i、p_{i+1}$ 为条块侧面合力；W_i 为条块自重；α 为条块底面与水平方向夹角；T_{fi} 为条块底面抗剪力。

由库伦定律可知，块体滑动面上的抗剪力为

$$T_{fi} = \frac{1}{K}(c_i l_i + N_i\tan \varphi_i) \tag{8.44}$$

式中，K 为抗滑安全系数；l_i 为滑动面长度；c_i 为滑动面上土体的单位黏聚力；φ_i 为滑动面上土体的内摩擦角。

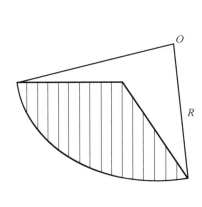
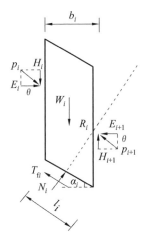

图 8.15　Spencer 法计算简图

将式(8.42)及式(8.43)代入式(8.44)中,整理可得

$$
p_{i+1} - p_i = \frac{\dfrac{c_i l_i + \tan \varphi_i W_i \cos \alpha_i}{K} - W_i \sin \alpha_i}{\cos(\alpha_i - \theta)\left[1 + \dfrac{\tan \varphi_i}{K}\tan(\alpha_i - \theta)\right]}
\tag{8.45}
$$

以整个滑动体为研究对象,则所有条间力之和为 0,因此垂直与水平方向的所有分力之和为 0,可得

$$
\begin{cases}
\sum(p_i - p_{i+1})\cos \theta = 0 \\
\sum(p_i - p_{i+1})\sin \theta = 0
\end{cases}
\tag{8.46}
$$

式中,θ 是一个常数,所以 $\cos \theta$ 与 $\sin \theta$ 不可能同时为 0。由此可得

$$
\sum(p_i - p_{i+1}) = 0
\tag{8.47}
$$

此外,整个滑动体还应满足力矩平衡条件,对转动中心的力矩为 0,有

$$
\sum(p_i - p_{i+1})\cos(\alpha_i - \theta)R_i = 0
\tag{8.48}
$$

式中,R_i 为各条块底部中点离转动中心的距离。

如果滑动面为圆弧面,则 R_i 为圆弧半径,对所有条块来说,R_i 是常数,因此式(8.48)可简化为

$$
\sum(p_i - p_{i+1})\cos(\alpha_i - \theta) = 0
\tag{8.49}
$$

将式(8.45)分别代入式(8.47)及式(8.49)中,整理简化可得

$$
\sum_{i=1}^{n} \frac{\dfrac{c_i l_i + \tan \varphi_i W_i \cos \alpha_i}{K} - W_i \sin \alpha_i}{\cos(\alpha_i - \theta)\left[1 + \dfrac{\tan \varphi_i}{K}\tan(\alpha_i - \theta)\right]} = 0
\tag{8.50}
$$

$$
\sum_{i=1}^{n} \frac{\dfrac{c_i l_i + \tan \varphi_i W_i \cos \alpha_i}{K} - W_i \sin \alpha_i}{\left[1 + \dfrac{\tan \varphi_i}{K}\tan(\alpha_i - \theta)\right]} = 0
\tag{8.51}
$$

当斜坡几何形状及滑动面已经确定,并且岩土体材料参数已知时,式(8.50)及式(8.51)中只包含 θ 与 K 两个未知量,需要用迭代法求解。求解安全系数的过程为:首先任选一滑动面并划分条块,获取每块块体的高 h_i 及倾角 α_i;然后选取不同的 θ 代入式(8.50)及式(8.51)中,分别计算出满足力平衡条件与力矩平衡条件的安全系数 K_f 及 K_m;最后根据 θ 与 K_f 及 K_m 的关系绘图(图8.16),可得到两条曲线的交点,在交点处同时满足力的平衡与力矩平衡,此时对应的安全系数 K 即所求安全系数。

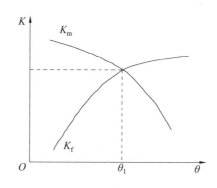

图8.16 求解计算示意图

(6)Sarma法。

Sarma法是Sarma于1979年在《边坡和堤坝稳定性分析》中提出的。该法的基本原理是:滑体除非是沿一个理想的平面或弧面滑动才可能做完整的刚体运动,否则滑体必须先破裂成多个可相对滑动的块体才可能发生滑动,也就是说在滑体内部发生剪切的情况下才可能滑动。Sarma法坡体破坏形式示意图如图8.17所示。Sarma法的特点是其条块划分是任意的,无须条块边界垂直,从而可以对各种特殊的边坡破坏模式进行稳定性分析,可用于评价各破坏模式(如平面破坏、楔形体破坏、圆弧面破坏和非圆弧面破坏)下的斜坡稳定性,此外可用临界地震系数 K_c 进行地震作用下的斜坡稳定性评价。

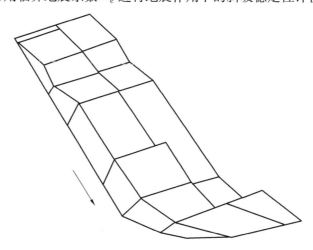

图8.17 Sarma法坡体破坏形式示意图

Sarma 法计算简图如图 8.18 所示,按照坡面几何形状进行条分,条块不需要垂直,取条分后的第 i 条块进行受力分析。条块上的作用力有条块的自重 W_i,构造水平力 KW_i,块体侧面的孔隙水压力 pW_i、pW_{i+1},条块底面水压力 U_i,条块侧面的法向压力 E_i、E_{i+1},条块侧面的切向力 H_i、H_{i+1},条块底面法向压力 N_i,作用于第 i 条块底面剪力 TS_i。此外,条块滑面与水平方向夹角为 α_i,条块两侧面与垂直方向的夹角为 δ_i 和 δ_{i+1}。

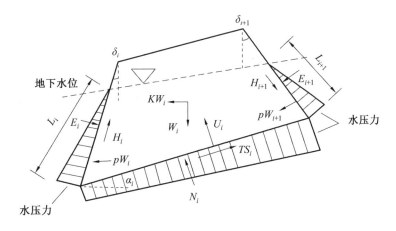

图 8.18　Sarma 法计算简图

根据水平应力的平衡条件 $\sum F_x = 0$ 可知

$$TS_i\cos\alpha_i - N_i\sin\alpha_i + H_i\sin\delta_i - H_{i+1}\sin\delta_{i+1} -$$
$$KW_i + E_i\cos\delta_i - E_{i+1}\cos\delta_{i+1} = 0 \tag{8.52}$$

根据竖直力的平衡条件 $\sum F_y = 0$ 可知

$$TS_i\sin\alpha_i - N_i\cos\alpha_i = W_i + H_i\cos\delta_i - H_{i+1}\cos\delta_{i+1} + E_i\sin\delta_i - E_{i+1}\sin\delta_{i+1} = 0 \tag{8.53}$$

底面剪力 TS_i 通过抗剪力及安全系数表示为

$$TS_i = [c_{b_i}l_i - (N_i - U_i)\tan\varphi_{b_i}]/F \tag{8.54}$$

同理,条块侧面剪力 H_i 与 H_{i+1} 可表示为

$$H_i = [c_{s_i}d_i - (E_i - p_i)\tan\varphi_{s_i}]/F \tag{8.55}$$

$$H_{i+1} = [c_{s_{i+1}}d_{i+1} - (E_{i+1} - p_{i+1})\tan\varphi_{s_{i+1}}]/F \tag{8.56}$$

式中,c_{b_i}、φ_{b_i} 分别为条块底面的黏聚力与内摩擦角;c_{s_i}、$\varphi_{s_{i+1}}$ 分别为条块侧面的黏聚力与内摩擦角;l_i 为条块滑面长度;d_i 为条块侧面长度。将式(8.54) ~ (8.56) 代入式(8.52) 与式(8.53) 中,消去 TS_i、H_i、H_{i+1} 及 N_i 后可得

$$E_{i+1} = \lambda_i + E_i e_i - p_i K \tag{8.57}$$

式中

$$\lambda_i = \theta_i[W_i\sin(\varphi_{b_i} - \alpha_i) + R_i\cos\varphi_{b_i} + S_{i+1}\sin(\varphi_{b_i} - \alpha_i - \delta_{i+1}) - S_i\sin(\varphi_{b_i} - \alpha_i - \delta_i)]$$

其中

$$\theta_i = \cos\varphi_{s_{i+1}} \cdot \sec(\varphi_{b_i} - \alpha_i + \varphi_{s_{i+1}} - \delta_{i+1}), R_i = [c_{b_i}l_i\sec\alpha_i - U_i\tan\varphi_{b_i}]/F$$

$$S_i = [c_{s_i}d_i - pW_i\tan\varphi_{s_i}]/F$$

$$S_{i+1} = \left[c_{s_{i+1}} d_i - p W_{i+1} \tan \varphi_{s_{i+1}} \right] / F$$

$$e_i = \theta_i \left[\sec \varphi_{s_i} \cdot \cos (\varphi_{b_i} - \alpha_i + \varphi_{s_i} - \delta_i) \right]$$

$$p_i = \theta_i W_i \cos (\varphi_{b_i} - \alpha_i)$$

由式(8.56)逐步递推可得

$$
\begin{aligned}
E_{n+1} &= \lambda_n + E_n e_n - p_n K \\
&= \lambda_n + e_n (\lambda_{n-1} + E_{n-1} e_{n-1} - p_{n-1} K) - p_n K \\
&= (\lambda_n + \lambda_{n-1} e_n) - K(p_n + p_{n-1} e_n) + E_{n-1} e_n e_{n-1}
\end{aligned}
\tag{8.58}
$$

递推后可得

$$
\begin{aligned}
E_{n+1} &= (\lambda_n + \lambda_{n-1} e_n + \lambda_{n-2} e_n e_{n-1} + \cdots + \lambda_1 e_n \cdots e_2) - \\
&\quad K(p_n + p_{n-1} e_n + p_{n-2} e_n e_{n-1} + \cdots + p_1 e_n e_{n-1} \cdots e_2) + \\
&\quad E_{n-1} e_n e_{n-1} \cdots e_1
\end{aligned}
\tag{8.59}
$$

由边界条件 $E_{n+1} = E_1 = 0$ 可得

$$
K = \frac{\lambda_n + \lambda_{n-1} e_n + \lambda_{n-2} e_n e_{n-1} + \cdots + \lambda_1 e_n \cdots e_2}{p_n + p_{n-1} e_n + p_{n-2} e_n e_{n-1} + \cdots + p_1 e_n e_{n-1} \cdots e_2}
\tag{8.60}
$$

进行稳定性分析时,首先假设安全系数 $F = 1$,用式(8.55)求解 K,此时为 K_c,即极限水平加速度。式(8.59)的物理意义是,为使滑体达到极限平衡状态,必须在滑体上施加一个临界水平加速度 K_c,K_c 为正值时方向指向坡外,K_c 为负值时方向指向坡内。但在计算中,一般假定有一个水平加速度为 K_c 的水平外力作用,求其安全系数 F。此时要采用改变 F 值的方法,即初定一个 $F = F_0$,以此计算 K 值,比较 K 与 K_0 是否接近至符合精度要求。若不满足,则需改变 F 值的大小,直到满足 $| K - K_0 | \leqslant \varepsilon$,此时的 F 值即为安全系数。

综上所述,各条分法的特点总结见表8.2。

表8.2　各条分法的特点总结

	条分法名称	简化条件	适用的滑面形状	力平衡	力矩平衡
非严格条分法	瑞典圆弧法	条间无任何作用力	圆弧	部分满足	满足
	Bishop 法	假定条块间只有水平作用力	圆弧或近似圆弧	部分满足	满足
	不平衡推力传递系数法	假定了条间作用力方向,假定条间力倾角等于平均坡脚	任意形状	满足	部分满足
严格条分法	Morgenstern - Price 法	条间切向力和法向力与水平向坐标存在函数关系 $X/E = \lambda f(x)$	任意形状	全部满足	满足
	Spencer 法	假设条块间水平力和垂直作用力之比为常数	任意形状	全部满足	满足
	Sarma 法	假定土条侧向力大小分布函数,引入临界加速度系数	任意形状	全部满足	满足

应用不同斜坡稳定分析方法算出的安全系数不尽相同,有的偏于保守,而有的偏于危险,因此安全系数的选取必须对应于所用的分析方法。一般来说,采用非严格条分法低于严格条分法的稳定系数,尤其是瑞典圆弧法具有最小的稳定系数而偏于保守。简化Bishop 法抓住了问题的主要矛盾,虽然计算简便,但仍有较高的精度,由严格条分法得到的稳定系数精度最高。因此,选取稳定安全系数时,应明确对应计算方法。

斜坡稳定安全系数的取值在斜坡工程中具有重要的技术经济意义,各行业规范都十分重视安全系数的选取,由于各不同行业选用的方法与理念不尽相同,因此目前安全系数的选用尚没有统一的结论。根据边坡稳定系数的大小,可确定边坡目前所处的稳定状态。《建筑边坡工程技术规范》(GB 50330—2013) 将斜坡的稳定性划分为不稳定、欠稳定、基本稳定、稳定四类(表 8.3)。其中,不稳定阶段大致为斜坡处于流动与大流动之间的阶段;欠稳定阶段大致为蠕动挤压变形阶段;基本稳定阶段大致为该坡体未出现变形破坏或变形破坏现象不明显。这里所指的稳定状态与通常所指的稳定系数大于安全系数的稳定状态具有不同的含义:前者指坡体目前所处的稳定状态,即坡体是处于滑动状态、挤压变形、蠕动变形阶段,还是处于未变形稳定阶段;后者指坡体的稳定性满足了工程设计的要求,即坡体的稳定性满足规定要求的安全储备。

表 8.3　边坡稳定性状态划分

斜坡稳定性系数 F_s	$F_s < 1.00$	$1.05 \leqslant F_s < 1.05$	$1.05 \leqslant F_s < F_{st}$	$F_s \geqslant F_{st}$
斜坡稳定性状态	不稳定	欠稳定	基本稳定	稳定

表 8.3 中, F_{st} 为根据斜坡安全等级及斜坡类型设置的稳定安全系数。

2. 数值分析方法

由于极限平衡分析法纯粹建立在静力学原理上,因此无法考查关于应变与位移的问题,缺失用以保持位移兼容性的应力应变本构关系。该理论得出的结果并不是很接近实际情况,因此数值分析法的出现给斜坡稳定性评价分析带来了一种新的思路与方法。数值分析法是一种伴随计算机飞速进步而形成的一种计算方法,其作为一种有效的分析工具可与试验与理论分析互为补充。20 世纪 20 年代已初步形成边界元法理论;20 世纪 40年代时已成功于岩土工程中的渗流及固结计算问题中利用差分法解决问题;20 世纪 60 年代有限单元法在岩土工程中的渗流、固结、稳定和变形分析中得到了广泛应用,此时边界元法在解决工程技术问题中也已崭露头角,由于有限元法及边界元法异军突起,因此差分法应用逐渐减少;20 世纪 70 年代时离散单元法也相继兴起并日趋成熟,并应用于实际工程分析,在 20 世纪 80 年代之后,其理论研究与工程应用也都得到了较快的发展,且已被广泛应用于边坡工程、水利工程、采矿工程等领域针对岩体问题的分析求解。目前,一些研究者又提出无网格法,它的出现又给边坡稳定性数值法提供了新的思路。

数值分析法的优势及重点为材料的本构关系。数值分析法的精度取决于分析所用的本构模型的精确性与合理性。斜坡稳定性数值法的核心是求出斜坡在不同边界条件下的位移场、应力场、渗流场,以及模拟斜坡的破坏过程。为克服极限平衡理论的不足,提出了以有限元为代表的各种数值方法。然而由于岩土体本构关系是非线性的,因此斜坡数值计算十分烦琐。但随着计算机性能的飞速提升,此方面问题有一定的改善。由于数值分析方法计算效率高、计算成本低,因此它应用于各类斜坡工程问题的分析中。下面介绍几种常用方法。

（1）有限单元法。

在 20 世纪 60 年代，有限单元法开始应用于斜坡稳定性评估分析，其思路为将岩土体视为连续力学介质，通过离散化的方式建立近似函数，将有界区域内的无限问题简化为有限问题，并通过求解联立方程，对斜坡进行应力应变分析。有限单元法不仅能对斜坡稳定性进行定量的评价，而且可考虑岩体的不连续性、岩土体材料非线性与非均质性及边界条件复杂等情况，得出斜坡应力应变场及位移场，因此可较真实地计算出滑动面上的应力分布并可直观地模拟斜坡变形破坏过程。但其不足在于计算工作量大且繁复，可能出现效率低与不收敛等问题，且可能无法保证某些物理量在域内的连续性。目前用于斜坡稳定性分析的有限元方法主要分为强度折减法与圆弧搜索法。

① 强度折减法的原理是通过逐渐折减岩土体强度，使斜坡逐渐达到不稳定状态，从而导致有限元计算的结果不收敛，此时的强度折减系数即为斜坡安全系数。强度折减法的优势在于能应用于复杂形状及边界条件坡体，可以计算出坡体应力场与应变场并由此分析斜坡破坏机制，可使用精确的岩土本构进行计算，因此可避免极限平衡分析法中将滑体视为刚体的过度简化问题。但目前此法在求解斜坡位移不连续与大变形等问题时还不成熟。

② 圆弧搜索法原理是根据莫尔 - 库仑准则求出滑动面上各节点的抗滑力与下滑力，通过对滑动面上的下滑力与抗滑力分别进行积分可求得各滑动面的安全系数。此法的优势在于可直接计算斜坡滑动面上的应力，无须近似插值，从而精度更高。此外，此法可依据现场位移监测来评估斜坡安全性，其局限性是计算同样较为烦琐，且不太适用于非圆弧滑动面。

（2）离散单元法。

离散单元法最早是 1971 年由 P. A. Cundall 提出的，20 世纪 70 年代开始应用于岩质高陡斜坡工程等其他岩土开挖问题。离散单元法的理论来源于有限元法、有限差分法及动弹性力学。该法可有效模拟岩石斜坡变形破坏动态过程，特别是岩体大位移问题，允许岩体存在滑动、平移、转动及岩体的断裂及松散等复杂过程，可直观地了解岩体运动变化的位移场、速度场及几何形态，动态模拟边坡在形成和开挖过程中应力、位移和状态的变化。此外，离散单元法适用于求解非连续介质大变形、节理化岩体破碎结构岩质斜坡分析、节理岩体下地下水渗流等问题。离散单元法的优势在于可较好地反映岩块间接触面滑移，不仅可计算岩块内部的变形与应力分布，还可求解大位移问题。但其局限性在于无法模拟岩体裂缝产生及其失稳过程，并且有些参数（诸如运算步长、块体间阻尼系数等）的选取具有一定的盲目性。

离散单元法计算时首先按照由实测结果整理后的斜坡及其节理几何特性划分离散元单元，根据边界条件计算出初始地应力场，将计算区域的周边固定，维持区域内的应力分布，计算开挖过程中的应力场、位移场变化，然后应用位移收敛、速度回零及整个系统的不平衡力值三个判据判断斜坡稳定性。

（3）快速拉格朗日分析法。

快速拉格朗日分析法基于有限差分原理，能有效模拟随时间演化的非线性系统大变形力学过程，其基本算法是拉格朗日差分法。虽然其原理类似离散单元法，但其却可适用于求解多种材料模式与边界条件的非规则区域的连续问题。在求解过程中,快速拉格朗日分析法采用离散单元的动态松弛法,不需求解大型联立方程组从而便于计算。该法不仅能处理一般的大变形问题,而且能模拟岩体沿某一弱面产生的滑动变形。此外,针对不同材料,能采用合理的本构模型来比较真实地反映实际材料的动态行为。快速拉格朗日分析法的优势在于可更好地考虑岩土体的不连续和大变形特性,求解速度较快,其局限性主要在于单元网格划分与计算边界的选取有一定随机性。

有限差分法的基本思想是将连续的定解区域用有限个离散点形成的网格来代替,用在网格上定义的离散变量函数来近似连续定解区域上的连续变量的函数,将原方程和定解条件中的微商以差商来代替近似,将积分用积分和表示,于是原微分方程和定解条件就近似为代数方程组,即有限差分方程组,解方程组即可得到原问题在离散点上的近似解,然后应用插值法将离散解插值为整个区域上的近似解。

利用快速拉格朗日分析法进行斜坡稳定性分析计算时根据边坡工程地质条件简化处理形成抽象模型设置材料属性与边界条件并划分网格,建立原始平衡。当结果不理想时,应修改模型直至结果合理。运用强度折减法,将斜坡的强度指标按一常量因子同时减小,降低斜坡参数,快速拉格朗日分析法自动得到每一组强度参数并进行计算,直到斜坡产生破坏面得到安全系数。

(4) 无网格法。

20 世纪 70 年代后,无网格法得到了不断的探索和发展,该法为岩体稳定性分析遇到的困难提供了新的解决途径。无网格法不需要网格,在一系列离散的点上构造近似位移函数,易克服网格畸变等问题。它适用于分析计算高边坡稳定性等复杂的岩土问题,因此受到了计算力学与岩土工程界的欢迎。目前该方法包含光滑粒子法(SPH)、修正核函数方案 SPH 法、无网格伽辽金法(EFG)及自然单元法(NEM)等。无网格法最独特的优势在于能减少或消除网格划分的问题,其局限性在于计算量大,难以准确施加边界条件,权函数的选择还没有统一的结论。

(5) 无界元法。

无界元法于 1977 年由 P. Bettess 提出来。该法可解决有限元法所遇到的计算范围和边界条件不易确定等问题。无界元法由有限单元法推广得出,其优点是有效地解决了有限元方法的边界效应及人为确定边界的缺点,缩小了计算规模,提高了计算效率与求解精度,目前常常与有限元法联合使用,互取所长。

3. 地质评价方法

长期以来,边坡稳定性评价多采用力学极限平衡法计算其不同工况下的稳定系数,评价其稳定性。但这些方法目前只适用于相对均质土和类土质边坡,以及滑面已经十分明确的滑坡,对于地质结构较为复杂的坡体还不太适用,因此从地质角度评价斜坡稳定性非常重要,应在进行过工程地质评价后再进行力学定量分析。斜坡稳定性的工程地质评价应从以下四点进行。

(1) 监测斜坡滑动迹象。

随着斜坡滑坡的不断发育,可能在滑坡后缘出现地裂缝,随后后缘地裂缝不断贯通加宽,坡体前缘可能会发生局部隆起与出现平行滑动方向的放射状裂缝等。对于斜坡上出现的裂缝,应使用测缝计、收敛计等进行监测,主要监测裂缝的张开、闭合、剪切、错位等。

斜坡变形一般应用全站仪、精密测距仪、精密水准仪、精密经纬仪、倾角计等进行监测。

可在斜坡不同位置处进行深层位移监测,特别是在主轴断面上应加密布置,通过监测斜管水平位移变化情况确定斜坡稳定状态,如位移持续增大则坡体有滑坡的趋势,坡体剧烈滑动前夕,测斜管常被剪断。

除变形监测外,其他如地下水位监测、孔隙水压力监测、土压力监测、声发射监测等都能给斜坡稳定性分析提供有用的分析资料,尤其当监测项目出现重大变化时,一般都表示斜坡稳定性出现了变化。此外,在斜坡滑动时可能有特殊现象发生,如斜坡巨大滑坡在剧烈滑动破坏前可听到岩土剪切破坏时发出的声音、有的斜坡在滑动时前缘流出浑浊的水、动物有异常反应等。此时,应提前关注滑坡问题,提前做好避险防灾。

(2)地质条件分析。

通过对自然斜坡进行勘查测绘,了解其岩层产状、风化程度、岩土性质、构造破碎程度、水文条件等地质条件,以此判断斜坡工程开挖后的稳定性。当坡体位于非易滑地层、地下水不发育、贯通结构面倾向坡内等情况下一般不易发生大型滑塌现象;反之,当有不利结构面倾向临空面时,尤其是结构面内含水、倾角大于结构面摩擦角时,易发生滑坡现象。此外,通过对坡体构造产状变化、裂隙开张填充及岩土体松动等情况的调查也可圈定滑坡范围。一般在代表性地质断面图上绘出所有地层尤其是软弱夹层和主要结构面及裂隙的产状、含水层和隔水层的位置及地下水位,结合地面勘查资料找出滑动面,区分出主滑、牵引和抗滑段,然后根据各段滑面几何参数及岩土体抗剪强度等情况评价其稳定性。

(3)分析斜坡滑动因素。

具有滑动可能性的斜坡,在无外界因素作用时斜坡不一定失稳。虽然斜坡失稳滑动作用因素多样,但对某一具体斜坡来说,滑坡往往由一种或多种因素起主要作用,这些因素可能引起下滑力和抗滑力的变化,使斜坡进入滑动状态,因此找出主要作用因素,控制或消除其作用,就可以预防与治理滑坡。对自然斜坡来说,地震作用与水的作用往往是滑坡的主要因素。地震时除在斜坡上附加地震力而增大下滑力降低抗滑力外,在饱水细砂或粉砂地层中还会因振动而引发液化,使土体丧失强度,破坏坡体结构,地下水位的升高会增大坡体内的孔隙水压力并降低其强度,这在斜坡滑坡中时有发生。对库岸边坡来说,主要因素则是水库浸水降低了潜在滑动带岩土的抗剪强度及降水导致渗透力增大。对工程斜坡来说,主要因素为开挖坡脚或坡顶堆载等人工活动改变了斜坡的应力状态及地下水的渗流条件。因此,要针对每一滑坡的地质条件找出其主控因素。值得注意的是,要考虑主要因素在工程年限内可能出现的最大变化,将其作为最不利工况进行计算才能评价出斜坡在勘查期及之后的稳定性与发展趋势,而主控因素也可能随着斜坡滑坡的发展而发生改变,并非某一因素一直处于主导地位。

(4)斜坡地貌性态演变。

一定成因和结构的岩土具有一定的自身材料属性,在漫长的地质作用下形成了与其强度特征相适应的斜坡形态(如坡高、坡形和坡率)。自然斜坡是人工边坡的基础,通过结合自然斜坡的调查与人工斜坡开挖后对坡体应力状态和地下水渗流场的改变,造成强度的降低,即可定性判断边坡的稳定性。在二元结构的斜坡中,土岩接触面常是软弱面,应特别注意调查基岩顶面的形状、坡度、物质成分和含水情况,评价斜坡滑动的可能性。岩质边坡的稳定性更多受控于各种构造和结构面的组合及其与临空面的关系。若无大的不利结构面倾向临空面,强度高的硬岩处于下部而上覆软弱岩层或风化破碎岩层时斜坡可能会发生上层的局部破坏;若硬岩在上部、下伏软弱岩层时,则可能因软岩承载能力不足而导致整体失稳滑动。因此,对岩质边坡要充分应用地质力学原理分析,调查各组构造裂面的产状与力学属性,分析各期构造应力及其相互关系,找出不利结构面的组合,特别是倾向临空面的一组,分析其可能发生的变形类型和范围。

　　有时可以通过不同发育阶段滑坡的地貌特征来判断滑坡斜坡的稳定性,外貌平顺的斜坡一般未发生过形变,基岩斜坡平顺且构造裂面多挤紧无错位,堆积斜坡上陡下缓变化均匀,相同岩土性质和构造的斜坡上冲沟分布均匀,较少发生坍塌。上述这些地貌特征表明斜坡较为稳定。往往高边坡在不同高程处会形成多个阶地面或剥蚀面,将斜坡分成若干级,由于岩性和构造影响不同,因此各级斜坡也会有不同的高度、坡度和稳定程度。斜坡变形可能仅发生于某一级,也可能涉及多级斜坡,因此既要分别调查评价各级边坡的稳定性,又要相互联系进行分析。

　　此外,可从现有滑坡判断斜坡开挖后滑动的可能,相同或相似岩土性能和构造条件下的斜坡可以通过类比已经出现滑坡的斜坡判断将要开挖斜坡发生滑坡的可能性。

4. 灵敏度分析

　　斜坡稳定性受多种因素的影响,而这些因素可分为内在因素与外部因素两类。其中,内在因素包括斜坡地质构造、地应力、岩土材料性质、岩土体结构、水的影响等;外部因素包括气象条件、施工扰动、荷载条件、地震作用、植被作用等。分析斜坡稳定性的影响因素,尤其是找出影响斜坡变形破坏的主要因素,为进一步的稳定分析和边坡防治提供了前提。因此,斜坡稳定性分析中所涉及的诸如斜坡几何参数、岩土材料属性、地震烈度、结构面参数、地下水位变化等影响因素应进行灵敏度分析。灵敏度分析即研究影响边坡稳定性的各因素的不确定性变化所产生的影响,即某因素发生变化后对斜坡稳定性影响的剧烈程度。例如,某些因素在某一范围内变化导致安全系数剧烈变化时,则说明这些影响因素是灵敏度强,反之灵敏度不强。灵敏度分析聚焦于寻找灵敏度强的影响因素,从而为分析评估斜坡失稳机理、斜坡稳定性评价及采取相应的治理对策等提供基础。目前,灵敏度分析主要分为单因素灵敏度分析和多因素灵敏度分析两类。

　　① 单因素灵敏度分析。单因素灵敏度分析时应首先选定的指标,再确定所选指标的影响因素及变化范围。根据选定的指标与影响因素,确定功能函数 $F=(x_1, x_2, \cdots, x_n)$,$x_i$ 为影响因素。在计算时,假设只有其中一个因素变化,而其余因素均保持不变,绘制某指标的这一影响因素与安全系数的关系曲线。依此类推,对其他影响因素进行分析,然后比较指标随各影响因素变化的剧烈程度,其中变化幅度大的为主要因素。影响斜坡稳定性因素的灵敏度曲线示意图如图 8.19 所示。当曲线呈上升趋

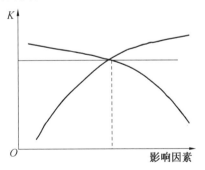

图 8.19　灵敏度曲线示意图

势时,表示该因素水平增高会增大安全系数 K;当曲线呈下降趋势时,表示该因素水平的增高会降低安全系数 K;当曲线呈近似水平直线时,则该因素对安全系数 K 影响不大。单

因素灵敏度分析方法需一定的假设,可大致算出各因素对指标的影响。而实际情况中常为多个因素共同变化进而影响指标,此时需要进行多因素灵敏度分析。

② 多因素灵敏度分析。多因素灵敏度分析是指在选定某个指标后,找出影响指标的多个因素,对各因素设置若干不同水平,通过多因素在不同水平组合下来分析此指标的变化程度,以此找出灵敏度最大的因素。多因素灵敏度分析弥补了单因素灵敏度分析的一些不足,但多因素分析往往工作量巨大。例如,某斜坡有 n 个灵敏度影响因素,每个因素又有 m 个不同水平,就需要进行 n^m 次灵敏度分析,产生了较大的工作量。为在不影响分析精度的情况下减少工作量,可将正交试验的设计思路引进边坡影响因素灵敏度分析中,正交试验大大降低了工作量,且不影响灵敏度分析结果,因此广泛应用于多因素灵敏度分析中。

正交试验法是一种通过用正交表来安排多因素试验并对试验结果进行统计分析的方法。正交表中一个因素占据一列位置,该因素的不同水平试验次数相同。此外,任两列不同因素水平所构成的序偶数相等,相同序偶数出现的次数在两列内也相同,因此正交试验可以判断因素的主次及各因素对所考察指标的影响,也可分析每个因素水平不同时指标将如何变化。设计正交试验时,应根据实际情况选择合适的正交表,即 $L_k(P^J)$。其中,L 为正交表符号;k 为正交表行数(即安排试验次数);P 为因素水平数;J 为正交表列数(即最多可安排的因素个数)。根据安排因素和水平,通过正交表 $L_k(P^J)$ 确定计算方案,按照所确定的计算方案进行计算,分析计算结果得出结论。

8.3　斜坡失稳的防治原则和防治措施

8.3.1　斜坡失稳的防治原则

在修建斜坡工程时,无论所建斜坡类型与规模如何,均应结合工程现场的实际情况及现有条件做出具体分析与处置方式。根据目前国内外边坡工程防治的多年工程实践,主要的滑坡防治原则有以下几点。

1. 应对斜坡滑坡进行正确认识

斜坡滑坡的性质、规模、类型、机理、稳定性的正确认识和发展趋势的准确预测对预防滑坡灾害尤其重要。在以往的工程实践中,古老滑坡复活或新生滑坡时有发生,这都是对工程开展前勘查不足、认识不清造成的,因此认真细致的勘查可减少许多不必要的斜坡滑坡问题,也较易开展预防和治理工作。而忽视或轻视对斜坡工程位置处的地质勘查,则不可避免会出现预防和治理的失误。

2. 斜坡滑坡应以预防为主

斜坡滑坡后致灾严重,工程事故后期治理费用极高,因此在道路选线、建(构)筑物选址时应充分重视地质勘查,尽量避开斜坡滑坡高发地段及开挖后可能造成斜坡失稳滑坡的不良地段,如岩体层面倾向线路倾角较大区域、堆积层分布区域、多断层交叉区域及大型断层破碎带等,或可以以旱桥形式通过,使滑坡对工程的影响降到最低。然而,规划线路想避开所有斜坡滑坡地段也是不可能的,或者技术难度与经济条件也是不允许的。对较难避让的滑坡区域,应经反复详细的勘查,查明其地质条件、目前斜坡的稳定程度及工程修建活动对其稳定状态的影响与发展趋势,工程施工应尽量减少破坏原有稳定性,如局部调整线路位置,尽量减少挖方及填方量,尤其注意不应在斜坡阻滑段进行挖方,不在其滑动及牵引区进行填方,必要时可采取压脚、坡体排水、施做支挡等以提高斜坡的稳定程度。

3. 全面规划分期治理的原则

由于规模巨大且地质情况复杂的斜坡工程不易或时间上不允许在短时间内查清各类地质条件,因此对于滑坡变形缓慢而短期内不会致灾的斜坡,应提前进行分期治理规划,采用分期整治的方针,使后期工程得到必需的资料和争取到一定时间,保证全部工程的效果。由于斜坡工程是一项较为复杂的系统工程,涉及勘查、设计、施工到运营等各个环节,各环节形成统一的整体,因此斜坡工程应分阶段做出提前规划,以保证质量及分布实施。随着勘查工作的加深,逐步设计和治理,一般是先做地表排水工程、夯填地表裂缝、加强滑坡动态监测、减重、压脚工程等应急工程,防止斜坡情况进一步恶化,再做永久治理工程,主要为地下排水及支挡工程等。应急和永久治理工程应互为补充、统一规划、相互衔接,使之成为有机的整体。

4. 斜坡滑坡应治早治小

斜坡滑坡往往是一个由小到大逐渐破坏的过程,预防与治理斜坡滑坡有利于将其隐患消灭于初始状态。例如,斜坡处于蠕动挤压状态时,其后缘张拉裂缝虽已贯通或下错,但滑动面未贯通,此时抗滑区还有较大抗力且滑带处土的强度未达到残余强度,此时进行治理可充分利用土体自身强度,使支挡工程施工量减小以节约工程投入。有些滑坡具有前一级滑动后,后一级因失去支撑跟随滑动而扩大的性质,此时若能及时加固稳定前一级,后一级就不会跟随滑动,若等斜坡滑坡扩大后再治理,施工难度及工程量均会大幅增加。但在斜坡滑坡变形的初始阶段,地质资料不充分,对地质条件认识不统一,未对其进行滑坡处置,常因此延误治理时机。

5. 应做到一次根治不留后患

根据以往重大工程实践的经验,较为重要的斜坡工程,尤其是滑坡后对工程建(构)筑物和人民生命财产安全将会造成巨大危害的斜坡工程,必须将其滑坡隐患一次根治,不留后患。首先,应对工程情况有充分的认识,不仅应有地质勘查资料,还应有斜坡监测和地下水变化的数据资料,以便对滑坡状态做出准确判断;其次,在治理斜坡的措施上要多留抗力冗余,即使在之后的施工运营期间出现不利工况的组合作用,斜坡也能依靠其抗力冗余保持稳定。以往斜坡工程实践表明,受各种经济技术时间等因素的限制,有些斜坡工程几次治理仍出现不稳定的情况,而一次次治理工程反复破坏,使得斜坡滑坡继续扩展与劣化,最终导致多次治理费用总和远大于一次根治的费用,造成更大的经济损失。

6. 斜坡工程应综合治理

斜坡滑坡往往在多因素耦合作用条件下发生,每个具体斜坡工程滑坡个例有其不同的主要诱发因素。因此,斜坡滑坡治理应针对主要因素,采取针对性工程措施以控制甚至消除其对斜坡的不良影响,为限制其他不利因素的影响,同时应辅以其他工程措施进行综合治理。由于有时主要诱发因素的判定不一定准确,且随着时间的推移和外界条件的变化主要诱发因素也可能会发生改变,因此应进行综合治理。例如,人工开挖、河流冲刷或坡顶堆载使斜坡失去力学平衡时,应以支挡、减重、压脚及防冲刷等力学平衡措施为主,而地下水特别发育造成斜坡滑坡者应以地下排水工程为主。滑坡治理还应同时考虑绿化与美化环境,尤其是位于城区内的斜坡工程。

7. 科学施工的原则

良好的设计与科学高水平的施工相配合,才能有效预防和治理斜坡滑坡。应加强滑坡动态监测,保证施工安全。边坡工程的施工应尽量处于旱季时期,并应提前做好地表排水工程和填实裂缝,以防止地表水渗入坡体内进而影响斜坡的稳定性。由于抗滑支挡工程(如抗滑挡墙及抗滑桩)开挖施工时不可避免地会削弱斜坡原有的阻滑段,因此为防止施工不当引起斜坡滑坡,一般要求开挖分多批分段跳槽开挖,并应在挖好一批坑槽后,立即砌筑或灌筑一批以及时恢复支撑力,然后再开挖施工下一批。不能进行全面开挖,以免造成滑坡大滑动。

8. 斜坡工程应技术可行、经济合理

对斜坡滑坡防治工程来说,应做到技术可行、经济合理,在保证预防和治理滑坡效果的前提下应尽量节约工程费用。技术与经济性应考虑可行性,应结合斜坡处具体地质条件与施工位置处的重要性,提出多个防治方案进行评估选择,其治理措施应做到技术先进、施工方便、可靠耐久、就地取材与经济高效。一般来说,应根据斜坡的具体条件及滑坡形成中的主要因素决定采用哪一种或几种措施相结合的方式。地表排水工程普遍造价不高,在经济上不起控制作用。地下排水工程种类较多,有截水盲沟、支撑盲沟、截水隧洞、仰斜孔等措施,截排水工程常可在地下水较发育地段起到稳定斜坡和预防滑坡的显著效果。支挡工程在加固斜坡上见效较快,但其造价相对较高。一般来说,当有条件在斜坡顶部减重、底部压脚时,相对经济性较高,应优先采用。当减重压脚无施做条件时,只能采用造价较高的支挡工程,应设计多个方案进行精心比选,方案中应包括支挡工程位置、支挡排数及结构选型等。抗滑挡墙或结合支撑盲沟一般用于中小型滑坡,抗滑桩和预应力锚索抗滑桩则多应用于中大型滑坡中。此外,为不影响坡体稳定,施工场地及周边的生产生活不能影响滑坡稳定,不允许采用大药量爆破法进行斜坡施工。

9. 应采用动态设计动态施工

由于多种条件和因素的限制,仅通过勘查还很难摸清与掌握斜坡各部位真实的地质情况,因此在斜坡施工开挖过程中可进一步查清场地的地质情况与特征,从而根据更新资料调整或变更设计,这种设计方式称为动态设计。动态施工是指在开挖过程中做好地质编录,复核地质情况和滑动面层数、位置和状态,在现场应取土样进行室内试验或直接进行原位测试,以便调整坡体设计或支挡结构及排水设施的施工,而当挖出的滑面滑动擦痕方向与支挡结构受力方向出入较大时,应在施工上做出调整,改变支挡结构的受力方向。在地质条件复杂的高边坡及现场勘测无法在短时间内做到彻底详尽导致支挡或加固工程设计依据不充分时,应严格遵循动态设计与动态施工的原则,根据开挖后显示的实际地质情况,包括成层岩土在边坡上的分布、岩体的风化程度及不利结构面的产状与组合、地下水分布情况等,调整原有的设计。动态施工的另一层意思是根据滑坡的动态调整施工顺序和方法。

10. 应加强后期维护保养

抗滑工程应注意施工完成后乃至运营期的维护与保养,保持其一直处于较好的工作状态,防止抗滑措施失效,如坡面裂缝的修补与夯填、地表与地下排水沟清理、斜坡支挡结构长期变形监测鉴定等。

总之,防治斜坡滑坡应以预防为主、治理要早、多管齐下、定性要准、养护要勤、措施要稳。

8.3.2　斜坡失稳的防治措施

斜坡滑坡成因复杂,各因素对滑坡的影响大小不一,且常随斜坡滑动而主次因素变化,斜坡整治工程应采用综合措施,因地制宜,有主有辅,前期排水,后期绿化。目前,国内外在斜坡工程的大量实践中积累了丰富的经验,总结了一整套治理滑坡的有效措施。大体分为三类:消除或减小地表水或地下水的作用;恢复坡体力学平衡条件;坡体加固或改善斜坡岩土体受力性能。

1. 消除或减小地表水或地下水的作用

主要的工程措施包括:设截水沟在滑体外缘截住地表水流;在滑体内修树枝状排水沟;平整坡面,夯实裂缝和地面防止雨水入渗;做排水盲沟或渗沟进行排水;拦截地下水,浅层采用截水沟或盲沟,深层采用盲洞或水平排水孔;设置支撑盲沟对斜坡前缘进行疏干;采用垂直钻孔排水降低地下水位;坡面植树,加大蒸发量,保持坡面干燥。下面从地表排水与地下排水两方面介绍斜坡排水工程。

(1)地表排水。

地表水的处置不当与斜坡滑坡有密切联系,因此设置排水系统以排除斜坡地表水,对各类斜坡工程的处置都是适用的。地表排水工程的作用是阻挡斜坡外的地表水以减少进入斜坡体内的水量,并将地表水尽快引导排除出斜坡。坡体以外的地表水以拦截和引流为主;滑体以内的地表水以防渗透、尽快汇集引出为原则。因此,可在滑体外设置一条或多条环形截水沟,拦截或旁引地表径流,不使地表水流入斜坡范围之内;滑体内可充分利用自然谷地,布置树枝状排水系统;滑体内的湿地利用泉水出露之处,修建渗沟及明沟等引水工程,以减少斜坡的水分补给。下面介绍几种常见的斜坡地表排水工程。

① 环形截水沟。环形截水沟一般应按坡体汇水面积与极端降雨量进行设计,常采用当地 20 ~ 25 年最大的流量作为设计的依据。当坡体面积较大或地表径流流速相应较大时,则应设计多条截水沟,每条截水沟的断面根据沟间汇水面积设计,截水沟横断面如图 8.20 所示。为防止水流对坡体的下渗与冲刷,截水沟应进行防渗与加固处理。地质不良地段,土质松软、透水性较大或节理较多的岩石路段,对坡度较大的土质截水沟及截水沟的出水口,应采取加固措施以防止渗漏和冲刷截水沟。

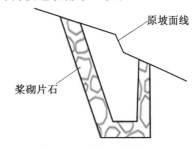

图 8.20　截水沟横断面

② 树枝状排水系统。此排水系统应因地制宜,充分利用坡体范围内的自然沟壑进行地表水排导。为达到此目的,可对自然沟壑进行施工,主要进行加固及铺砌工作,使人工

改造过的自然沟壑不溢流渗漏,沟底沟坡铺砌 20 cm 左右的浆砌片石。排水沟应尽量避免横切滑坡体,主沟应与滑坡移动方向大体一致。

在自然沟壑两侧附近地段有地下水露头且沟壑两侧边坡受雨水冲刷容易坍塌时,应在地下水露头处设置小盲沟排导水分防止沟壑两侧的坍塌。滑体内富水地带需设置渗水沟与明沟形成组合引水系统,以此排除坡体内上层潜水,达到疏干边坡的目的。此外,坡面应整平夯实,减少坡面坑洼及裂缝,防止地表水下渗。通过铺草皮及植树等方式做好坡面绿化工作,可有效减少地表水入渗、坡面冲刷及排水系统阻塞。

(2) 地下排水。

斜坡岩土层中赋存有地下水,当水流入斜坡变形区时会产生动水压力及静水压力,为确保边坡稳定,需减弱动静水压力,通常应采用地下水导排的方法。由于不同斜坡场地内地质条件与水文条件均有不同,因此一般处置方式分为截、排、疏和降低水位等方法。一般在获得较准确而足够的地质和水文资料并进行准确的分析后,才能提出合理的设计和施工方案,并有条不紊地推进工程。斜坡地下水导排主要有以下形式。

① 截水盲沟。常采用截水盲沟应对坡体外界有较丰富的地下水补给时的地下水导排,截水盲沟的作用是将地下水阻截在斜坡体外,将外界水流截断。截水盲沟应垂直于水流方向,在截水沟内填充碎石、卵石、粗砂等粗颗粒土以利于疏水,并使用浆砌片石、黏土或土工膜作为隔水层。沟底应有一定坡度,一般不小于 5%。

② 边坡渗沟。修筑边坡渗沟,可以排除坡体前缘土中水分,疏干和支撑斜坡,同时也可以起截阻坡面径流和减轻坡面冲刷的作用。边坡渗沟适用于坡度不陡于 1∶1 的土质路堑边坡,其形状从平面来分有单个、分支、拱形等几种(图 8.21)。分支的渗沟适用于地下水分布较均匀或边坡大片潮湿却未见明显地下水露头的地段,也可用来截阻坡面地表水,以减轻斜坡受水冲刷。

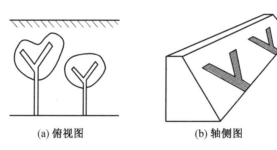

(a) 俯视图 (b) 轴侧图

图 8.21 边坡渗沟布置示意图

③ 支撑盲沟。支撑盲沟的主要作用是提供支撑,使坡体稳定,同时也能排除坡内水分。支撑盲沟的一般深度为数米至十几米,顺滑坡移动方向修筑,布置在地下水露头处和受地下水作用较严重区域。设计时首先应查明地下水流向及分布,以确定盲沟的位置。支撑盲沟一般的平面布置形式分为 Y 形、YYY 形和 Ⅲ 形三种,支撑盲沟的上半部分岔开成支沟,支沟部分可延伸到滑坡范围以外,以达到拦截地下水的作用。支撑盲沟一般在潜在滑动面以下 0.5 m 的稳定地层中,并修成 2% ~ 4% 的排水纵坡,沟底设计成台阶形,台阶宽度一般不小于 2 m,底部用浆砌片石铺砌(图 8.22)。

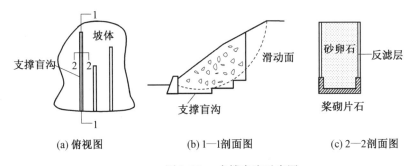

(a) 俯视图	(b) 1—1剖面图	(c) 2—2剖面图

图 8.22　支撑盲沟示意图

④ 钻孔排水。钻孔排水法主要分为水平钻孔排水、垂直钻孔排水及井－孔联合排水。水平钻孔排水法是利用仰斜角度不大的平卧式钻孔打入坡体内含水区,通过排除含水区的地下水来提高边坡稳定性。在平面上,根据斜坡场地内水文地质条件的不同,水平钻孔可布置为平行排列或扇形放射状排列。在立面上,应根据要求排导的地下水层数、潜在滑动面的陡峭和要求疏干的范围布置一层或多层钻孔。垂直钻孔排水就是将坡体内的部分或全部地下水借助钻孔穿透隔水层而转移到下伏另一较强透水层或含水层,以此提高边坡的稳定性。而井－孔联合排水适用于需要排水的含水层较多、钻孔长度过大的坡体,此时受设备能力限制,应采用井－孔结合的办法,在大口径井中打辐射状的水平钻孔,再用水平钻孔排除。

2. 恢复坡体力学平衡条件

恢复坡体力学平衡条件的主要工程措施分为两大类:一是支撑类,通过支撑提供的抗滑力以阻止斜坡滑移,其主要形式有抗滑挡墙、抗滑明洞、抗滑桩、干砌片石或砌片石垛等;二是改变滑体外形,主要分为斜坡卸载与压脚两类。

（1）支撑类工程。

① 抗滑挡墙。抗滑挡墙是防治滑坡中经常采用的有效措施之一,在大型斜坡工程中可作为排水支挡综合措施的一部分,而在中小型斜坡中可单独使用。抗滑挡墙的优势在于稳定斜坡滑坡趋势时见效较快,且施工方便,施工材料容易获得。在应用抗滑挡墙时,值得注意的是设计施工前必须考察清楚坡体受力情况、坡体结构、滑动面的层数及位置、滑坡推力及挡墙基础等情况,否则易造成抗滑挡墙支挡失效。抗滑挡墙的纵断面布置应根据滑体地质条件及推力的变化选择多个横断面。采用抗滑挡墙整治滑坡,可直接在斜坡坡底修建抗滑挡墙,对于大型滑坡,抗滑挡墙常与排水系统、削坡工程等措施联合使用（图 8.23）。滑动面出口在路基附近,其头部距线路或其他建筑物有一定距离或可移动路线位置时,墙尽量靠路线位置,墙后做卸荷平台。当坡体存在多级滑动、在坡体中部有较薄弱部分、滑坡总推力太大及在坡脚只做一级支挡施工量过大时,可进行分级支挡,也可用桩墙组合形式进行支挡。

② 抗滑明洞。当潜在滑动面出口在边坡上位置较高时,可视情况设置抗滑明洞作为支挡结构,在明洞顶部回填土石以抵消滑坡推力,抗滑明洞示意图如图 8.24 所示。

③ 抗滑桩。抗滑桩是深入岩土体的柱形构件。抗滑桩通过桩身将上部承受的坡体推力传给桩下部的侧向岩土体,依靠桩下部的侧向阻力承担斜坡体的下推力,从而使边坡保持平衡或稳定。抗滑桩示意图如图 8.25 所示。

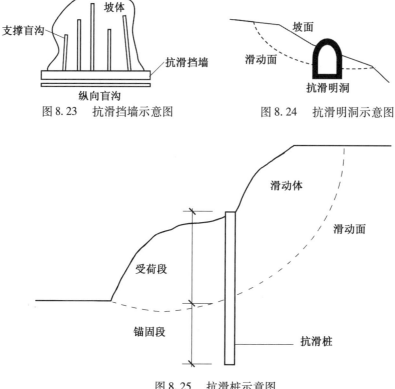

图 8.23　抗滑挡墙示意图　　　　　图 8.24　抗滑明洞示意图

图 8.25　抗滑桩示意图

抗滑桩按截面形状可分为管形桩、圆形桩、矩形桩等;按施工方法可分为钻孔桩、打入桩及挖孔桩等;按材料可分为钢桩、木桩及钢筋混凝土桩等;按桩结构形式可分为排式单桩、排架桩及承台式桩等;按与土体相对刚度可分为刚性桩与弹性桩。

抗滑桩的设计首先根据野外勘查定性了解场地的地质情况等,分析斜坡滑坡的稳定状态、破坏形式及发展趋势;依据野外勘查结果,确定滑坡的地质模型与计算模型,选取计算参数;根据稳定性计算的结果,确定坡体防治范围,在防治区域选择主滑断面计算设计滑坡推力;综合考虑地形地质、施工条件及分析计算确定布桩范围与位置,根据计算结果拟定桩长、锚固深度、桩截面尺寸、桩间距;根据地层性质,选定地基系数;计算桩身各截面的变位、内力及侧壁应力等,并确定最大剪力、弯矩及其部位;验算完成后校核地基强度,若桩身作用于地基的弹性应力超过地层容许值或小于容许值过多,则应调整桩的埋深和截面尺寸或桩的间距并重新计算,直至满足要求,根据计算结果,对钢筋混凝土抗滑桩进行配筋设计。

（2）改变滑体外形。

①斜坡卸载。斜坡卸载是削去斜坡顶部的部分岩土体以减小下滑力,适用于推移式变位斜坡的稳定加固。斜坡卸载适用于坡角过陡、坡角上陡下缓、滑体上部滑坡推力过大、滑坡的后壁及两侧有稳定的岩土体而不会因卸载引起滑坡向上和向两侧发展造成隐患、附近工程材料缺乏、施工机械化程度高等情况的处置。斜坡卸载的设计应进行边坡稳定性验算,并结合场地具体地质条件同时确定。

②压脚。压脚是在斜坡坡脚堆载,堆载于阻滑段前部可支撑边坡并增加滑动面上的摩擦力,从而提高斜坡的稳定性（图 8.26）。坡体顶部卸载一般情况下只能减小下滑力,

并不能解决滑坡下滑和位移的问题。若将卸载的挖方填于坡脚阻滑部分进行堆载,两种方法同时使用的方式也可达到斜坡加固整治的目的。

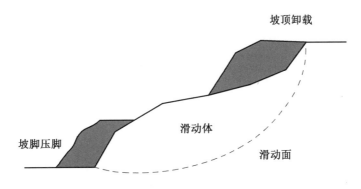

图 8.26　斜坡卸载和压脚布置示意图

值得注意的是,斜坡卸载与边坡刷方的原理并不相同。斜坡卸载主要针对坡体上部,减轻潜在滑动面较陡部分以上的土体,以降低下滑力;边坡刷方则是因为斜坡过陡且岩土体结构不稳定,此时可通过放缓边坡以提高稳定性。此外,对于有卸荷膨胀效应的滑带土,由于削坡卸载会造成滑带土体松散,遇到水分补给时会导致阻滑力减小,可能引起斜坡滑动,因此此类边坡不可采用削坡卸载法。

3. 坡体加固或改善斜坡岩土体受力性能

对较易出现滑动失稳的斜坡,应进行坡体加固或改善坡内岩土体自身的受力性能。其中,坡体加固的主要方式有岩土体锚固、拦石网及坡体植树造林等;改善斜坡土体受力性能的主要方式有灌浆法、焙烧法、电渗排水法及钻孔爆破法等。下面对上述方法进行简单介绍。

（1）坡体加固。

① 岩土体锚固。锚杆是将拉力传至岩土层中的杆件,通过将锚杆埋入岩土体,可用于调动和提高岩土体自身强度与自稳能力,这种受拉杆件称为锚杆。若其材质不是钢筋而是钢绞线或高强钢丝束作为杆体材料时,则将其称为锚索。锚杆或锚索对岩土体所起到的作用称为锚固。锚固设计首先应根据工程地质勘查与分析研究,确定潜在滑移块体的位置、形态、规模、大小及稳定状态,然后确定斜坡工程性质与稳定性的重要程度,选择合理的破坏准则与安全系数,最后决定锚杆布局、安设角度及预应力值,设计锚杆和锚杆体的类型和尺寸,验算锚杆稳定性和设计锚头等主要内容。下面介绍预应力锚杆加固边坡原理。

预应力锚杆穿过斜坡滑动面,外端固定于坡面,内端锚固于滑动面以内的稳定岩土体中。锚杆所提供的预应力主动改变了边坡岩土体的受力状态及滑动面上力的不平衡条件,因此既提高了岩土体的稳定性,也增大了滑动面的抗滑力,从而提高了斜坡的稳定性。锚杆的锚固力直接改变了滑面上的应力状态和滑动稳定条件,由图 8.27 可知,由预应力锚杆锚固力所增加的抗滑阻力增量 Q_{tf} 为

$$Q_{tf} = Q_{tn} \tan \varphi + Q_{tv} = Q_t [\sin (\alpha + \theta) \tan \varphi + \cos (\alpha + \theta)] \tag{8.61}$$

式中,Q_t 为锚杆设计拉力值;Q_{tn}、Q_{tv} 为 Q_t 沿滑面的法向分力和沿滑面的切向分力;α 为滑动面倾角;θ 为锚杆与水平方向的夹角;φ 为滑动面上的内摩擦角。

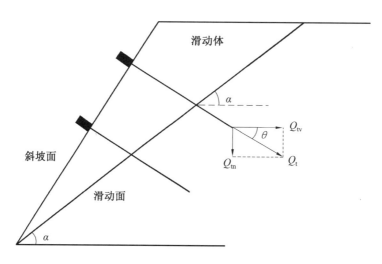

图 8.27　预应力锚杆抗滑作用示意图

由式（8.61）可知，预应力锚杆一方面直接在滑动面上产生抗滑阻力 Q_{tv}，另一方面通过增大滑动面上的正应力来增大抗滑摩擦阻力。总之，预应力锚杆通过提高斜坡岩土体的整体性和增加滑面上的抗滑阻力达到加固岩体的目的，提高边坡的稳定性。斜坡锚固工程设计应首先解决边坡允许的最小安全系数 $[F_s]_{min}$ 的取值问题，根据工程类比法或参照有关规范确定 $[F_s]$，然后将其代入加固后斜坡的安全系数计算式，求出所需施加的锚固力 Q_t。

②拦石网。拦石网是一种柔性防护措施，一般由钢丝绳网制作而成，通过覆盖与拦截两种基本方式治理各类陡坡坠石灾害。主动拦石网采用锚固和支撑绳固定方式将钢丝绳网和钢丝网覆盖在具有潜在地质灾害的斜坡坡面上，以此实现斜坡坡面加固或限制落石运动范围。主动拦石网如图 8.28 所示。被动拦石网采用锚固、支撑绳、钢柱、拉锚绳及减压器等固定方式在斜坡坡面上形成钢丝绳网栅栏，其中减压器挂于支撑绳与拉锚绳上，能通过变形或位移等方式吸收能量，以此拦截高处坠落的岩石块体。被动拦石网如图 8.29 所示。

图 8.28　主动拦石网　　　　　图 8.29　被动拦石网

③坡体植树造林。在斜坡上植树造林提高绿化程度是滑坡防治的治本工程。在斜坡表面覆盖植被对提高斜坡的稳定性、减少斜坡的含水量及大气降水入渗等方面效果显著。植树造林的作用主要表现在固土、截流、蒸腾三大方面。固土作用源于呈网状的植物根系，盘根错节的植物根系对土体起到了加筋作用，可增大岩土体的抗剪强度，对有浅层滑动趋势的黏土质斜坡有显著增强效果；截流作用源于树冠对大气降水的阻隔与缓冲作用，减少了大

气降水对斜坡的渗入量、冲击或坡面冲刷;通过植物的蒸腾作用,根系从岩土体内吸收水分,以此降低岩土体含水量,进而提高其力学性能。总之,植被覆盖作为一种自然防护,具有维护费用低、保护坡面土、阻止水土流失及减缓风化速度等优势,应大力推广。

(2)改善斜坡岩土体受力性能。

① 灌浆法。灌浆法是通过液压或气压将浆液强行注入坡体的裂缝或孔隙,浆体凝固后可提高被灌浆对象的物理力学性质,主要适用于崩塌堆积体、松动岩体、岩溶角砾岩堆积体等。浆液的隔水性好,进入缝隙后可堵塞地下水渗流通道,且凝固浆体可挤占水分在岩体中的位置,提高岩体强度。此外,固结后的浆液可在破碎或含贯通裂隙的岩体中形成稳定骨架。灌浆法应用于斜坡体时,通过对潜在固结灌浆,可提高岩土体抗剪强度及滑体稳定性。使用灌浆法前必须准确了解滑动面的深度与形状,灌浆管必须贯穿滑动面并进入一定深度。斜坡土质为渗透性极差的黏塑性岩土时效果较差,在灌浆施工前应进行灌浆试验和效果评估,灌浆施工完成后必须进行校验(如开挖或钻孔取样测试)。地质条件较为复杂的地区一般先进行现场灌浆试验,确定如孔距、排距、孔深、布孔形式、灌浆次序、压力等技术参数。灌浆通过钻孔进行,浅层固结灌浆孔多用风钻钻孔,而深层孔多用潜孔钻或岩芯钻钻孔。

② 焙烧法。焙烧法是利用导洞或钻孔火烧坡体前缘,使其固化形成天然挡墙。焙烧法的基本原理如下:土壤随着焙烧温度的逐渐升高,加热到 $105 \sim 110$ ℃ 时,引起土颗粒间的自由水蒸发;加热至 $700 \sim 800$ ℃ 时,矿物成分中的结晶水和束缚水脱离。温度继续升高时,将会引起矿物成分等的分解。岩土体经历高温后,其内部孔隙率增大,并降低其可塑性及压缩性,提高其渗透性。焙烧导洞的分置及形式应经过详细的工程地质调查,准确地确定坡体的地质条件,并综合评估其技术可行性及经济合理性。

③ 电渗排水法。电渗排水法是在现场预埋电极并通电,使岩土体中的孔隙水在电极之间移动,将孔隙水排除后会引起岩土体固结,进而增加抗剪强度提高边坡的稳定性。电渗排水法与其他排水法的目的是一致的,不同之处在于水分并非因重力作用而排出,而是因直流电的电渗作用而向外排水。若将电极安放于土体中并通电,岩土体中的水分将会从正极转移向负极,水分集中到该负极的管中之后用水泵抽走。这种方法适用于排出粒径在 $0.05 \sim 0.005$ mm 的粉质土中的孔隙水。但由于电渗排水耐久性较差,只能作为临时排水措施,因此在斜坡治理中应用较少。

④ 钻孔爆破法。钻孔爆破法是通过钻孔在孔底埋置炸药,通过爆破的方式破坏滑动面的完整性,使滑动面不能形成连续的低强度带,以此提高抗滑力。爆破法结合灌浆法,加固滑坡效果较为明显,即在已成钻孔内用炸药爆破以破坏滑动面,随后将浆液灌入被破坏的滑动面附近岩土体中,使浆液填充其中裂缝或孔隙,增强滑动带的强度,以此提高边坡的稳定性。

思　考　题

1. 斜坡变形破坏的基本类型都包括什么,什么因素可以影响斜坡的稳定性?
2. 斜坡稳定性评价的计算方法都有哪些,它们都在什么条件下适用?
3. 边坡失稳的防治措施都有哪些?请举例说明如何恢复坡体力学平衡条件。
4. 请简要叙述人工开挖斜坡的应力分布特征。

第9章 主要地质灾害类型

地质灾害是自然地质作用和人类活动相互作用最终对人类赖以生存的社会环境产生一定影响的灾害性事件。我国地质灾害种类多,按致灾地质作用的性质和发生处所进行划分,常见地质灾害共有12类、48种。其中,工程上有显著影响的地质灾害类型主要有泥石流、岩溶、地面沉降、岩爆和地震等。

9.1 泥石流工程地质

9.1.1 概述

泥石流是指在山区或者其他沟谷深壑地区,因为暴雨、暴雪或其他自然灾害引发的一种含有大量泥沙和石块的暂时性急水流。

泥石流具有突然性、流速快、流量大、物质容量大和破坏力强的特点。同时,泥石流的发生具有季节性和周期性。泥石流产生的原因众多,按其成因一般可分为降雨型泥石流、融冻型泥石流和冰川型泥石流三类。三类泥石流因所诱发的气候环境不同而广泛分布于我国不同地域,因此,不同类型的泥石流的发生具有不同的地域性。同时,由于引发机理不同,因此泥石流的产生还具有时序性。例如,降雨型泥石流一般发生在我国的西南地区,且集中在夏季;融冻型泥石流一般发生在我国的东北地区,主要出现在春融期;冰川型泥石流一般发生在我国的西北地区,主要是由夏季的高山冰雪融水造成的。

由于泥石流发生时的破坏性以及泥石流本身所具有的地域性和时序性,因此全球性的泥石流灾害时有发生,进而对人类的生命财产和生产生活造成巨大损失。例如,1921年发生于阿拉木图地区的泥石流,由于高山冰雪融化,再加上暴雨,因此短时间内形成间隔30~60 s的波浪式泥石流,街道成为深河床,最终导致400人丧生;1970年发生于秘鲁境内的泥石流,由于火山喷发,因此冰雪融化,从而形成泥石流地质灾害,最终造成秘鲁境内5万多人死亡,80万人无家可归。

1985年夏,发生于我国东川地区的泥石流灾害空前,导致该地区的铁路系统多处被埋,东川市也被泥石流包围,处于瘫痪状态。1989年7月,由暴雨引起的山体滑坡导致华蓥山地区形成的泥石流灾害,冲毁了多处厂矿、村庄,最终造成215人死亡。由于泥石流常常对于线路工程和山区城市的安全构成严重的威胁(图9.1、图9.2),因此开展泥石流工程地质的研究意义重大。

　　图 9.1　泥石流掩埋房屋　　　　　　　　图 9.2　泥石流破坏铁路路基

9.1.2　泥石流形成条件

　　泥石流是一种破坏性较大的自然地质灾害,它的形成过程一般需要满足三个基本条件,即地形地貌条件、地质条件和相应的气象水文条件。

1. 地形地貌条件

　　地形地貌条件是引发泥石流地质灾害形成的主要原因之一。该地形一般处于高山地带,地形陡峭且沟比较深,这种地形便于水流或者松散固体物质的汇集或堆积。在地貌上,泥石流的地貌上游区称为形成区,中游区称为流通区,下游区称为堆积区(图 9.3)。

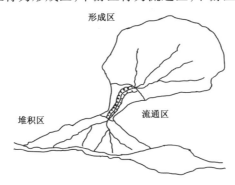

　　图 9.3　泥石流地形地貌

　　泥石流形成区的地形一般是三面环山,一面空旷,且位于该出口的地形陡峭,山上的土石比较松散,植物长势不好,这样的地形才有利于松散物质和水流的汇集或者堆积。在流通区的地形上,地势多为狭窄而陡峭的峡谷,谷底是斜坡且倾斜度较大,使得在泥石流形成的过程中,流经此处能加快泥石流的流冲速度,增大其破坏性。堆积区是泥石流物资停积的场所,一般多位于山口外或山间盆地边缘,地形较为平缓。在此,泥石流的动能急剧变小,泥石流所夹杂的物质最终停积下来,形成扇形、锥形或带形的堆积体。

2. 地质条件

　　地质条件为泥石流的形成提供了丰富的固体物源和强大的动能。首先,泥石流的形成区一般构造复杂并且岩石破碎,通常泥石流源地常见的基岩往往是片岩、千枚岩、泥页岩和凝灰岩等软弱岩层,高地震、崩塌、滑坡多发,这为泥石流提供了丰富的固体物质;其次,该地区一般新构造运动比较活跃,并且地形陡峻、高差对比大,这为泥石流的发育提供了充足的势能储备。例如,小江流域发育在著名的小江深大断裂带上,新老构造错综复杂、岩层破碎,不足 90 km 的江段上便发育有上百条泥石流沟。

3. 气象水文条件

泥石流的产生一般需要强大的水动力条件来进行激发。这一时期,高温天气产生强烈的地表径流,如暴雨、冰和水体溃决、雪融化和水体溃决等,使泥石流具备启动和携运固体物质的能力。其中,泥石流启动能力的大小不仅与地表径流量有关,还与地形的起伏程度有关。

9.1.3 泥石流的特征

泥石流的特征取决于泥石流的形成条件,它包括泥石流形成时的密度、结构、流态、直进性及脉动性。研究泥石流的特征,不仅有利于弄清泥石流的活动规律,还可以进行更加精确的预测预报,并采取更为有效的防治措施。

1. 密度

泥石流的密度主要取决于两方面:一是泥石流中固体物与水体含量的相对比例;二是固体物中细粒成分所占的比例。泥石流的固体物在堆积过程中一般是机械堆积、粒度成分悬殊,因此分选比较差,密度一般为 $1.2 \sim 2.4$ t/m³。

2. 结构

泥石流在发展及堆积过程中主要为石块、砂砾以及泥浆体共同组成的格架结构。一般石块在浆体中呈悬浮、支撑、沉底状态。

3. 流态

泥石流的流态受水体量与固体物质的比值及固体物质颗粒级配的制约。根据泥石流流动速度的大小,一般可分为紊动流、扰动流和蠕动流三种流态。紊动流一般是稀性泥石流的常见流态;扰动流是黏性泥石流的常见流态,并且它的流变方程以宾汉体流变方程为基础;蠕动流的流速及流动梯度都较小,一般也是一种黏性泥石流。三种流态随沟床变化可相互转换。

4. 直进性及脉动性

直进性和脉动性是泥石流的流动特性。对于直进性而言,一般流体的黏度越大,流体的直进性越强,进而流体的冲击力也越大。泥石流的脉动性是指泥石流呈阵性运动,其过程类似于正弦曲线。流体的阵前锋为高大的泥石流,龙头具有极大的冲击力。

9.1.4 泥石流的分类

泥石流根据不同的分类标准可以划分为不同的类型,类型不同,其运动学特征也有所不同,导致最终的危害程度也有明显差异。

一般最简洁的划分方法是从泥石流的物质组成角度进行分类,可以将泥石流分为泥水流、水石流和泥石流。工程地质中的泥石流分类一般可从两个方面进行,即泥石流的流域形态和泥石流的流体性质。通常根据泥石流形成后的流域形态可将泥石流分为标准型泥石流、河谷型泥石流和山坡型泥石流;根据流体性质可将泥石流划分为黏性泥石流和稀性泥石流。下面就泥石流的流域形态划分和流体性质划分做简要阐述。

1. 泥石流的流域形态划分

(1) 标准型泥石流。

一般泥石流发生后的流域面积较大,流域大都呈扇形。从流域的分布来看,可以明显地区分出泥石流的形成区、流通区和堆积区(图 9.4(a))。

(2) 河谷型泥石流。

流域一般呈狭长形,形成区一般为河流上游沟谷,物源分散,而堆积区不能明显分开(图 9.4(b))。

(3) 山坡型泥石流。

流域一般呈漏斗状,无明显的流通区形成,面积较小,与堆积区相连(图 9.4(c))。

(a) 标准型泥石流　　　　　(b) 河谷型泥石流　　　　　(c) 山坡型泥石流

图 9.4　泥石流流域形态

2. 泥石流的流体性质划分

泥石流按流体性质可以分为黏性泥石流和稀性泥石流两类。黏性泥石流一般固体物含量较高、细粒多、密度大、浮托力强,具有较大的直进性,并且堆积物中不会表现出明显的分选性,此类泥石流的破坏力极强。稀性泥石流的固体物含量较低(质量分数小于40%),细粒含量较少,此类泥石流具有极强的冲刷力,且堆积物中有明显的分选现象发生。

9.1.5　泥石流的预测预报

泥石流的预测预报是一项世界性难题,对泥石流进行精确的预测预报是减小泥石流灾害的重要途径。其中,泥石流的预测预报可分为局部范围内的单体泥石流预测预报和大范围区域性的泥石流预测预报。开展对泥石流预测预报的关键在于认识泥石流的形成机理及其演变规律。

一般将研究区内泥石流在空间范围上的危险性分布情况称为泥石流的空间预测;将泥石流在时间上的发生可能性变化称为泥石流的时间预报。

对于小范围的泥石流预测预报,一般是通过泥石流本身所具有的特征值分析来预测研究对象在时间和空间上危险性变化。泥石流的特征值一般包括泥石流的密度、流速、流量和方量等,这些特征值可以通过特定的仪器来进行现场测量,从而更精确地预测泥石流在时间和空间上发生的可能性。可通过单因子或多因子综合判定出泥石流的危险情况。

评价步骤一般包括确定主因素、分项给极差、赋值、写出参评因子反应矩阵、求危险度。

对于大范围的区域性泥石流预测预报,目前应用最广泛的是将 3S 技术和数理统计技术相结合。首先利用数理统计方法计算出研究区内相应的数理模型,并进行优化处理;然后将优化模型嵌入地理信息系统中,借助 GIS 优越的空间计算和分析功能开展大范围区域性泥石流灾害的预测预报,并在此基础上研制出适用于各种研究目标和作用对象的软件系统。

9.1.6 泥石流的防治措施

泥石流的防治对象主要是作用于泥石流的三个区,其防治的总原则可归纳为:全流域规划、统筹兼顾;大流域着眼、小流域入手;突出重点、抓住要害。

1. 形成区防治

泥石流形成区的防治措施可从泥石流产生的基本条件(固体物、水体)和触发条件(地表径流强度)两方面考虑。例如,在上游进行植树造林、开展护坡,以减小松散固体物的来源,并控制地表径流强度。

2. 流通区防治

在流通区通过设置拦截物(如拦沙坝)调整沟道的形状,以减小沟床的纵比降,从而实现流体速度的减小,削弱流体的运动能量。

3. 堆积区防治

堆积区的主要防治原则是合理疏导。既要将固体物质滞留在适当的位置,又要将泥石流中的水分适当排出,可以设置明硐、建设导流堤、排导沟等构筑物。

在做好上述工作的同时,提高现有防治工程的设防标准、建立健全城镇泥石流监测预警体系是积极防御的重大举措。

舟曲特大泥石流灾害的发生,为国家和人民带来了沉重的打击和物质损失,它的发生再次为人们敲响了警钟,必须加强和提升城镇的泥石流防治工程,以便于有效预防泥石流的发生,从而减小该地质灾害带来的损失。要通过对各个城镇容易发生泥石流的地方进行考证,提高该地区的设防标准。注重以人为本,把人民的生命安全放在首位。

在做好泥石流防御工程的基础上,还要做好泥石流的监测和预警工作,使泥石流带来的损失降到最低。

在我国的泥石流发生中,大部分的泥石流是因为长期持续性的暴雨导致山体滑坡而引发的。就目前而言,我国的监测预警系技术水平还比较落后。对此,应该大力发展该方面的科学技术,做出新型的有效的监测预测系统,并在有记录的泥石流发生区的指导下,加强与当地气象部门的交流沟通,以确保泥石流监测预警系统能够得到有效的完善和利用。此外,还应该对地震引发泥石流的地区做好泥石流来时的逃生救援演习,以保证当泥石流来之前、发出预警后,群众能懂得逃生,从而达到增加人民生命安全的保障,最终将国家经济损失降到最低的目的。

9.2　岩溶工程地质

9.2.1　概述

地下水和地表水对可溶性岩石的破坏和改造作用称为岩溶作用。国际上一般将岩溶作用及其所产生的地貌现象和水文地质现象称为岩溶,又称喀斯特。

岩溶所产生的典型岩溶现象可分为两类:一类主要表现在地表形态上;另一类主要表现在地下形态上。地表形态上的主要有:以石林、石笋、峰林等为代表的正形态(图 9.5(a));以溶沟、天坑、溶水洞为代表的负形态以及溶蚀平原(图 9.5(b));地下形态上的主要有地下溶洞、地下暗河等(图 9.6)。

(a) 典型正形态:石林　　　　　　　(b) 典型负形态:天坑

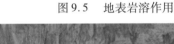

图 9.5　地表岩溶作用

图 9.6　地下岩溶作用:溶洞

世界大陆约 75% 的岩石为沉积岩,其中约有 15% 的岩石为碳酸盐岩。碳酸盐岩中约 4 000 万 km^2 为可溶性岩石。我国碳酸盐岩分布面积约 334 万 km^2,约占国土面积的 36%,主要分布于我国的川、黔、桂、湘、鄂等地区。同时,我国地跨热带、亚热带和温带等不同气候区,这就造成了不同气候区背景下独特的岩溶类型及特征。

9.2.2　岩溶溶蚀机理

多年的研究总结和工程实践表明,岩溶发育主要包括三个基本条件:具有可溶性岩石;具有溶蚀能力的水;具有良好的水循环条件。在岩溶发展过程中,造成岩溶过程的主要因素是水,水的侵蚀、溶蚀作用是经常性、缓慢的长期作用结果。

碳酸盐为难溶盐,溶解度很低,如 250 ℃ 时,溶解度为 14.2 mg/L。由于水的化学成分复杂,因此碳酸盐岩受到长期多变溶蚀效应的作用,溶蚀效应由表及里。

一般认为 $CaCO_3$ 在水中溶解的实质是 CO_3^{2-} 与 H^+ 结合生成 HCO_3^-,因此 H^+ 的浓度是溶解的关键。天然水中,H^+ 浓度很低,因此 $CaCO_3$ 在天然纯水中溶解很少,形成岩溶作用主要是因为水中含有过量的 CO_2,其与水结合电离出 H^+,促使 $CaCO_3$ 溶解。任何能在水中产生 H^+ 的物质均可能使 $CaCO_3$ 溶解,而水中的 CO_2 主要取决于外界环境的补给,如大气、土壤的生物作用。大气、生物、岩石、水构成一个岩溶动态系统,因此岩溶是一个复杂的物理化学动态过程。

9.2.3 影响岩溶发育的因素

岩溶在形成过程中的发育程度受到多种因素的影响,从岩溶发育的机理分析,影响岩溶发育的因素主要是岩溶产生的三个基本条件。因此,凡是影响岩溶产生的三个基本条件的因素均是影响岩溶发育的因素。

1. 碳酸盐岩岩性的影响

碳酸盐岩是指碳酸盐矿物质量分数超过 50% 的一类沉积岩,主要化学成分是 $CaCO_3$、$MgCO_3$、SiO_2 等。碳酸盐岩能否被溶解或溶解程度如何,主要取决于岩石的性质,如岩石的物质成分、化学成分、矿物成分及结构。

自然界中常见的碳酸盐岩主要有灰岩、白云岩、白云质灰岩、硅质灰岩、泥质灰岩等。不同岩石的溶解性不同,一般可用以下两个指标表示,即

$$比溶蚀度\ K_V = \frac{试样溶蚀量}{标准试样溶蚀量}$$
$$比溶解度\ K_{CV} = \frac{试样溶蚀速度}{标准试样溶蚀速度}$$

(9.1)

K_V 及 K_{CV} 越大,说明岩石的溶蚀强度和溶蚀速度也越大。同时,通过造岩矿物的室内试验分析得知:方解石含量越高,K_V 越大;反之,白云石含量越高,K_V 越小。酸不溶物(如硅质)含量越高,K_V 及 K_{CV} 越小。

岩石的溶解性除与岩石的成分有关外,还与岩石的结构有密切联系。矿物结晶越小,K_V 越大。一般来说,泥晶 > 粒屑 > 亮晶。

2. 气候的影响

气候对岩溶发育的影响主要体现在降水和温度方面。水直接参与岩溶作用,充足的降水是保证岩溶作用强烈进行的必要条件。同时,水是溶蚀作用的介质和载体,充足的降水保证了水体良好的循环交替条件,促进岩溶作用的强烈进行。温度是影响溶解度的关键因素,温度升高,水中 CO_2 的溶解度减小,不利于岩溶作用。然而,温度升高的同时,生物新陈代谢加快,可以释放更多的 CO_2 并带入水中。同时,温度升高,化学反应速度大大加快,有利于岩溶作用。总之,温度的升高有利于岩溶作用的进行。

3. 地形地貌的影响

地形地貌条件通过影响水的入渗和循环交替条件,进而影响岩溶发育的规模、速度、

类型及空间分布。例如,区域地貌格局宏观上控制了某地区的地表水文网及地下水排泄基准面的性状,从而控制地表地下水的运动趋势,进而控制岩溶发育的总体形式。地形平缓地貌较地形较陡地貌,地表径流缓慢,入渗量较大,有利于岩溶发育。

4.地质构造的影响

成岩、构造、风化、卸荷等作用形成的各种破裂面,为地下水入渗和流动提供了通道,同时为地下水有效向深部渗入并形成深部岩溶提供了条件。断裂构造的存在,在一定程度上控制了岩溶的发育。例如,沿断裂面岩溶发育强烈。

同时,岩层组合特征对岩溶的发育也会有显著影响。当仅为厚而纯的碳酸盐岩时,最有利于岩溶发育;当非可溶性岩层与碳酸盐岩互层时,在同一时期,岩溶呈多层发育。一般岩溶作用较弱,往往因非可溶岩隔水作用,形成局部地下水系统,从而可能形成多层岩溶现象。

9.2.4　岩溶区水库渗漏问题及防治

在岩溶地区修建储水输水等建筑物如水库,水体可能沿其岩溶通道向周边产生渗漏,有时会严重影响工程的正常使用。岩溶渗漏问题是水利水电等工程中的主要工程地质问题之一。这里以水库渗漏为例,介绍岩溶渗漏的一些基本问题。

1.水库渗漏的分类

水库渗漏按不同的分类方法可分为不同的形式:按照渗漏通道可分为裂隙分散式渗漏和管道集中式渗漏(图9.7);按照库水漏失的特点可分为暂时性渗漏和永久性渗漏;按照渗漏部位可分为绕坝渗漏(坝区)和临谷渗漏(库区)。

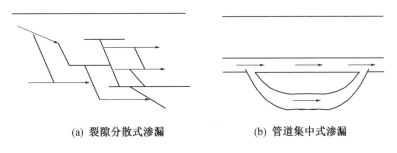

(a) 裂隙分散式渗漏　　　　　　(b) 管道集中式渗漏

图9.7　水库渗漏形式

2.岩溶渗漏的防治措施

岩溶渗漏的防治措施归纳起来有两方面:一是降低岩体透水性;二是封堵渗漏通道。常用灌浆、铺盖、堵截等措施。

(1)灌浆。

灌浆是指通过钻孔向岩体灌注水泥、沥青、黏土等浆液,充填裂隙、洞穴,降低岩体的透水性,形成防渗墙,达到防渗目的。

(2)铺盖。

铺盖是指在地表水(如库水)入渗地层(如坝上伏)铺设一定高度的黏土等隔水层,阻止水体向地下入渗。

（3）堵截。

堵截是指用块石、混凝土等材料对规模较大的渗漏通道进行填塞封堵，截断水流。

由于岩溶洞体中的水位时常变化，因此有时封堵不当，在洪水期水位突然上升的情况下，形成较高的水气压力，或地下水位下降形成负压，即可能对堵体及洞体产生破坏作用，形成塌陷等，从而加剧渗漏作用。对此，可以采取疏导措施。

9.2.5 岩溶地基稳定性问题

在岩溶地区进行工程建设常常会因为地基稳定性不足而导致工程变形破坏现象的发生。总结起来，岩溶地基稳定性问题主要表现在四个方面：地基承载力不足、地基不均匀沉降、地基滑动、地表塌陷。

导致岩溶区地基失稳的原因很多，如潜蚀、真空吸蚀、振动、土体软化、建筑荷载等，目前对此认识尚不一致。同时，各地条件不同，产生塌陷的原因也不同，也可能是以一种原因为主导、多种因素综合作用的结果。

1. 潜蚀论

潜蚀论是1898年俄国学者巴浦洛夫提出的，在国内外地质界长期被接受并加以应用。在覆盖型岩溶区，下伏地层存在溶蚀空洞，地下水经覆盖层向空洞渗流。在一定的水压力作用下，地下水对土体或空隙中的充填物进行冲蚀、掏空，从而在洞体顶板处的土体开始形成土洞，随着土洞的不断扩大，最终引发洞顶塌落。当土层较厚或有一定深度时，可以形成塌落拱而维持上伏土层的整体稳定；当土堆较薄时，土洞不能形成平衡。

2. 真空吸蚀论

真空吸蚀论是我国徐卫国等于1979年提出的，国内也普遍接受这一论点。岩溶网络中存在封闭空腔（溶洞或土洞），当地下水位大幅度下降到空腔盖层底面下时，地下水由承压转为无压，空腔上部便形成低气压状态的真空，并产生抽吸力，吸蚀顶板的土颗粒。同时，受内外压作用，覆盖层表面出现一种"冲压"作用，从而加速土体破坏。

3. 压强差

压强差是指岩溶空腔与松散介质（或土洞）接触面上下侧水、气流体因岩溶管道水位变化而产生相应的压强差值。

除此之外，岩土体的自重效应、浮力效应、土体强度效应等也在岩溶塌陷中得到应用。

9.3 地面沉降工程地质

9.3.1 概述

地面沉降是指在一定的地表面积内所发生的地表水平面降低的现象，是一种缓变型的地质灾害。地面沉降具有发生范围大且不易察觉的特点，多发生在经济活跃的大、中城市，对人们的生产生活、交通和旅游环境影响极大。

自意大利的威尼斯最早发现地面沉降以来，世界上许多国家如日本、美国、墨西哥，以及欧洲及东南亚的一些国家中，位于沿海或低平原上工业发展速度快、人口密度高的城市或地区均先后出现了较严重的地面沉降问题。这表明在特定地质环境中地面沉降与人类工程活动的相关性,以及这一问题所具有的普遍性。其结果不仅是沉降地区一系列工程设施被破坏或产生直接自然灾害,而且将使地质环境或其他环境条件发生潜在的变化,以致给人类正常的生产生活带来严重威胁。

地面沉降的影响因素是多方面的。一般认为,引起地面沉降的因素可分为自然动力地质因素和人类工程活动因素两类(图 9.8)。地面沉降可以是单一因素诱发的结果,也可以是多种因素综合作用的结果。

从自然地质因素来看,地表松散或半松散地层等在重力作用下,当松散层变成致密的坚硬或半坚硬岩层时,地面会因地层厚度的减小而沉降,地质构造作用,如地震等,也可能导致地面凹陷而发生沉降。但是,随着人类社会经济的发展,人类各种不合理的经济活动、生产活动和人类工程建设导致人类城市的生态系统退化,地面沉降显得越来越频繁,沉降面积也越来越大。在人口密集的城市,地面沉降现象尤为严重。在人为因素中,大量开采地下水,已被公认为人类活动中造成大幅度地面沉降的最主要原因。此外,大规模开采地下固体矿藏特别是沉积矿床,如煤矿、铁矿,将形成大面积的地下采空区,导致地面变形。同时,重大的工程建筑物对地基施加的静荷载,使地基土体发生变形,这些都会导致地面沉降的发生。

(a) 自然动力地质因素　　　　　　　　　(b) 人类工程活动因素

图 9.8　地面沉降现象

9.3.2　地面沉降的诱发因素

导致地面发生沉降的因素可称为诱发因素。不同因素诱发地面沉降的范围、速率及持续程度不同。

1. 自然动力地质因素

自然动力地质因素包括地球内营力作用,如新构造运动,地震、火山活动及某些外营力作用,如溶解、冻融、蒸发等因素,其中较显著的有以下两种。

(1)地壳近期的断陷下降运动。

一般来说,地壳近期的断陷下降运动的速率较低,但具有长时期的持续性。在一些新构造运动活跃的地质构造单元,如断陷盆地或沉降带内,其沉降速率可达到几毫米／年。这种下降速率对一些跨越不同地质构造单元的大型线性工程的稳定性(如输油管道)可能产生不良影响。

（2）地震或火山活动导致地面的陷落或下沉。

日本东京几次大地震后均引起沉降速率的增加。但是,地震和火山活动一般只引起暂时性的地面垂直或水平位移,而不会导致长期持续下降。

2. 人类工程活动因素

人类工程活动因素包括工程建筑物的静、动荷载,如开采地下油、气、水资源及固体矿藏等因素。大量开采地下水溶性气体、石油或地下水等活动被公认为人类工程活动中造成大幅度、急剧地面下沉的主要因素。在我国靠近沿海城市的油气田区,如我国的华北、胜利油田区,开展地面沉降问题的研究更为重要。

9.3.3 地面沉降的防治措施

地面沉降是一种连续、渐进、累积式的地质灾害。人类现在甚至将来所能采用的应对地面沉降的手段最多只能减缓或终止正在下沉的势头,但不能将下沉的地面恢复至原貌,所以如果任地面沉降发展,后果将是灾难性的。因此,制定并落实一系列合理、全面、系统的地面沉降防治体系势在必行,其应包括以下几个方面。

1. 加强地面沉降监测

调查和长期监测是研究地面沉降事件发生、发育过程唯一可行的工作方法。通过监测获得的信息可以服务于未来规划的实施和相关政策的制定。

2. 控制地下水开采量

过量抽取地下水是导致地面沉降的最主要原因,这种事实已被国内外学者公认。因此,减轻地面沉降灾害的措施中主要是人为控制地下水的开采量,这已被我国很多城市的实践证明是有效的措施。

3. 加强科学研究

加强科学研究包括加强孔隙水运移问题的研究;开展缩减开采地下水水量及回灌地下水来缓减地面沉降的实际效果的定量研究;推进地面沉降三维可视化技术的运用等,用科学的方法指导沉降防护。

4. 管理和立法

地面沉降监测与防治措施的制定应以成本效益最优化为原则,必须在政府强有力的支持下,在法律、行政措施的前提下,才能保证地面沉降监测与防治的成效。

9.4 岩爆工程地质

9.4.1 概述

岩爆,又称冲击地压,是指围岩处于高应力场条件下所产生的岩片（块）飞射抛撒及洞壁片状剥落等现象。

岩爆是深井矿山面临的主要安全隐患之一。岩体内开挖地下厂房、隧道、矿山地下巷道、采场等地下工程引起挖空区围岩应力重新分布和集中,当应力集中到一定程度后就有可能产生岩爆。在地下工程开挖过程中,岩爆是围岩各种失稳现象中反应最强烈的一种。由于它的突发性,因此在地下工程中对施工人员和施工设备威胁最严重,如果处理不当会给施工安全、岩体及建筑物的稳定带来很大困难,甚至造成重大工程事故。轻微的岩爆仅有岩片剥落,无弹射现象;严重的岩爆事件可测得 4 ~ 5 级的地震,烈度有时可达 7 ~ 8 度,使地面建筑遭受破坏,并伴有很大的声响。岩爆可瞬间突然发生,也可以持续几天到几个月。发生岩爆的条件是岩体中有较高的地应力,并且超过了岩石本身的强度,同时岩石具有较高的脆性度和弹性。在这种条件下,一旦地下工程活动破坏了岩体原有的平衡状态,岩体中积聚的能量释放就会导致岩石破坏,并将破碎岩石抛出。虽然岩爆只在地下工程一定范围的围岩中发生,但它对施工安全与建筑物的稳定有重要影响。因此,它是地下工程的一大地质灾害(图 9.9)。

图 9.9　地下洞室开挖所导致的岩爆现象

据我国煤矿岩爆事件不完全统计,自中华人民共和国成立以来,在我国的多个重要煤矿中,岩爆发生的地点一般存在于 200 ~ 1 000 m 深处地质构造复杂、煤层突然变化、水平煤层突然弯曲变成陡倾的一些部位。在一些严重的岩爆发生区,曾有数以吨计的岩块、岩片和岩板抛出。同时,我国水电工程的一些地下洞室中也曾发生过岩爆,地点大多在高地应力地带的结晶岩和灰岩中,或位于河谷近地表处。另外,在高地应力区开挖隧道,如果岩层比较完整、坚硬,也常发生岩爆事件。

9.4.2　岩体中的地应力特征

岩体的自重和历史上地壳构造运动引起并残留至今的构造应力等因素导致岩体具有初始地应力。就岩体工程而言,若不考虑岩体地应力这一要素,就难以进行合理的分析和得出符合实际的结论。因此,对地应力的分析和研究是研究地下工程围岩稳定性的基础。

1. 地应力的成因

近些年,实测和理论分析的不断研究表明,地应力是由多种原因构成的。地应力的形成主要与地球的各种动力运动过程有关,包括板块边界受压、地幔热对流、地球内应力、地心引力、地球旋转、岩浆侵入和地壳非均匀扩容等。另外,温度不均、水压梯度、地表剥蚀或其他物理化学变化等也可引起相应的应力场。其中,构造应力场和自重应力场为现今地应力场的主要组成部分。

（1）大陆板块边界受压引起的力场。

中国大陆板块受到外部两块板块的推挤，即印度洋板块和太平洋板块的推挤，同时还受到西伯利亚板块和菲律宾板块的约束。在这样的边界条件下，板块发生变形，产生水平受压应力场。例如，印度洋板块和太平洋板块的移动促成了中国山脉的形成，控制了我国地震的分布。

（2）地幔热对流引起的应力场。

由硅镁质组成的地幔温度很高，具有可塑性，并可以上下对流和蠕动。当地幔深处的上升流到达地幔顶部时，分为两股方向相反的平流，经一定流程直到与另一对流圈的反向平流相遇，一起转为下降流，回到地球深处，形成一个封闭的循环体系。地幔热对流引起地壳下面的水平切向应力。

（3）地心引力引起的应力场。

由地心引力引起的应力场称为自重应力场，自重应力场是各种应力场中唯一能够计算的应力场。地壳中任一点的自重应力等于单位面积上覆岩层的重力。

自重应力为垂直方向应力，它是地壳中所有各点垂直应力的主要组成部分。但是，垂直应力一般并不完全等于自重应力，这是因为板块移动等其他因素也会引起垂直方向的应力变化。

（4）岩浆侵入引起的应力场。

岩浆侵入挤压、冷凝收缩和成岩，均在周围地层中产生相应的应力场，其过程也是相当复杂的。熔融状态的岩浆处于静水压力状态，对其周围施加的是各个方向相等的均匀压力，但是炽热的岩浆侵入后即逐渐冷凝收缩，并从接触界面处逐渐向内部发展。不同的热膨胀系数及热力学过程会使侵入岩浆自身及其周围岩体应力产生复杂的变化过程。

（5）地温梯度引起的应力场。

地层的温度随着深度增加而升高，温度梯度引起地层中不同深度产生相应膨胀，从而引起地层中的正应力。

另外，岩体局部寒热不均，产生收缩和膨胀，也会导致岩体内部产生局部应力场。

（6）地表剥蚀产生的应力场。

地壳上升部分岩体因为风化、侵蚀和雨水冲刷搬运而产生剥蚀作用。剥蚀后，由于岩体内颗粒结构的变化和应力松弛赶不上这种变化，因此岩体内仍然存在比由地层厚度所引起的自重应力还要大得多的水平应力值。在某些地区，大的水平应力除与构造应力有关外，还与地表剥蚀有关。

2. 高地应力判别标准

岩爆产生的原因是地层中存在较高的初始地应力。因此，判断是否产生岩爆，首先要确定天然岩体中是否存在过高的初始地应力。

高地应力是一个相对的概念。由于不同岩石具有不同的弹性模量，因此岩石的储能性能也不同。一般来说，地区初始地应力大小与该地区岩体的变形特性有关，岩质坚硬，则储存弹性能多，地应力也大。因此，高地应力是相对于围岩强度而言的。也就是说，当围岩内部的最大地应力与围岩强度的比值达到某一水平时，才能称为高地应力或极高地应力，即

$$P = \frac{R_{\mathrm{b}}}{\sigma_{\max}} \tag{9.2}$$

式中，P 为围岩强度比；R_{b} 为岩石单轴抗压强度；$\sigma_{\max}$ 为初始最大地应力。

目前在地下工程的设计施工中，都把围岩强度比作为判断围岩稳定性的重要指标，有的还作为围岩分级的标准。从这个角度讲，应该认识到埋深大不一定就存在高地应力问题，而埋深小但围岩强度很低的场合，如大变形的出现，也可能出现高地应力的问题。因此，在研究是否出现高或极高地应力问题时必须与围岩强度联系起来进行判定。

以围岩强度比 P 为指标的地应力分级标准见表 9.1，可以参考。不要认为初始地应力大就是高地应力，因为有时初始地应力虽然大，但与围岩强度相比却不一定高。因此，在埋深较浅的情况下，虽然初始地应力不大，但因围岩强度极低，也可能出现大变形等现象。

表 9.1　以围岩强度比 P 为指标的地应力分级标准　　　　　　　MPa

	极高地应力	高地应力	一般地应力
我国工程岩体分级标准	< 4	4 ~ 7	> 7
法国隧道协会	< 2	2 ~ 4	> 4
日本新奥法指南	> 2	4 ~ 6	> 6
日本仲野分级	< 2	2 ~ 4	> 4

高地应力和极高地应力都会导致岩爆现象的发生。一般高地应力情况下，对于硬质岩体，开挖过程中可能会出现洞壁岩体剥离和掉块现象；对于软质岩体，开挖过程中岩心会有饼化现象发生，有时会发生显著位移。

对于极高地应力的初始应力场，硬质岩的开挖过程会有岩块弹出，软质岩会发生大位移，且持续时间较长。

3. 岩爆发生的判据

从一些国家的规定和研究成果来看，岩爆发生的判据大同小异，这对在地下工程勘测设计阶段，根据所揭示的地质条件来判断岩爆的发生与否具有参考价值。我国工程岩体分类标准采用的判据如下。

（1）当 $R/\sigma_{\max} > 7$ 时，无岩爆。

（2）当 $R/\sigma_{\max} = 4 \sim 7$ 时，可能会发生轻微岩爆或中等岩爆。

（3）当 $R/\sigma_{\max} < 4$ 时，可能会发生严重岩爆。

9.4.3　岩爆产生的条件及特点

产生岩爆的原因很多，其中最主要的原因是在岩体中开挖洞室，改变了岩体赋存的空间环境，最直观的结果是为岩体产生岩爆提供了释放能量的空间条件。

1. 岩爆机理

地下开挖岩体或其他机械扰动改变了岩体的初始应力场，引起挖空区周围的岩体应力重新分布和应力集中，围岩应力有时会达到岩块的单轴抗压强度甚至会超过它几倍，这是岩体产生岩爆必不可少的能量积累动力条件。在具备上述条件的前提下，还要从岩性和结构特征方面分析岩体的变形和破坏方式，最终要看岩体在宏观大破裂之前还储存有多少剩余弹性变形能。

岩体由初期逐渐积累弹性变形能,到伴随岩体变形和微破裂开始产生、发展,使岩体储存弹性变形能的方式转入边积累边消耗,再过渡到岩体破裂程度加大,导致积累弹性变形能条件完全消失,弹性变形能全部消耗。至此,围岩出现局部或大范围解体,无弹射现象,仅属于静态下的脆性破坏。该类岩石矿物颗粒致密度低,坚硬程度比较弱,隐微裂隙发育程度较高。当岩石矿物结构致密度、坚硬度较高,且在隐微裂隙不发育的情况下时,岩体在变形破坏过程中所储存的弹性变形能不仅能满足岩体变形和破裂所消耗的能量,满足变形破坏过程中发生热能、声能的要求,而且还有足够的剩余能量转换为动能,使逐渐被剥离的岩块瞬间脱离母岩弹射出去,这是岩体产生岩爆弹射极为重要的一个条件。

2. 岩爆条件

岩体能否产生岩爆还与岩体积累和释放弹性变形能的时间有关。当岩体自身的条件相同时,围岩应力集中速度越快,积累弹性变形能越多,瞬间释放的弹性变形能也越多,岩体产生岩爆程度越强烈。

因此,岩爆产生的条件可归纳为以下几个方面。

(1)地下工程开挖、洞室空间的形成是诱发岩爆的几何条件。

(2)围岩应力重分布和集中将导致围岩积累大量弹性变形能,这是诱发岩爆的动力条件。

(3)岩体承受极限应力产生初始破裂后剩余弹性变形能的集中释放量,即决定岩爆的弹射程度。

(4)岩爆通过何种方式出现,取决于围岩的岩性、岩体结构特征、弹性变形能的积累和释放时间的长短。

3. 岩爆发生特点

岩爆发生的场合很多,其中地下洞室的开挖导致的岩爆是工程中常见的岩爆现象。这种工况下的岩爆具有如下特点。

(1)突发性。

在未发生前,并无明显的征兆,甚至可能听不到响声。一般认为不会掉落石块的地方,也会突然发生岩石爆裂声响,石块有时应声而下,有时暂不坠下。

(2)部位集中性。

虽然岩爆发生地点也有距新开挖面较远的个别案例,但大部分均发生在新开挖的工作面附近。常见的岩爆部位多为拱部或拱腰部位。

(3)时间集中性与延续性。

岩爆一般在开挖后陆续出现,多在爆破后 24 h 内发生,延续时间一般为 1 ~ 2 个月,有的延长 1 年以上,事前一般无明显预兆。

(4)弹射性。

岩爆时,岩块自洞壁围岩母体弹射出来,一般呈中厚、边薄的不规则片状。

9.4.4 岩爆的危害及防治

岩爆是深埋地下工程在施工过程中常见的动力破坏现象,当岩体中聚积的高弹性应变能大于岩石破坏所消耗的能量时,岩体结构的平衡破坏,多余的能量导致岩石爆裂,使岩石碎片从岩体中剥离、崩出。

1. 岩爆危害

岩爆往往造成开挖工作面的严重破坏、设备损坏和人员伤亡,已成为岩石地下工程和岩石力学领域的难题。轻微的岩爆仅剥落岩片,无弹射现象,严重的可引发 4 ~ 5 级的地震。发生岩爆的原因是岩体中有较高的地应力,并且超过了岩石本身的强度,同时岩石具有较高的脆性度和弹性。这时,一旦地下工程破坏了岩体的平衡,强大的能量会把岩石破坏,并将破碎岩石抛出。预防岩爆的方法一般采用应力解除法、注水软化法和使用锚栓 - 钢丝网 - 混凝土支护相结合的方法。

2. 岩爆防治措施

采取积极主动的预防措施和强有力的施工支护,确保岩爆地段的施工安全,将岩爆发生的可能性及岩爆的危害降到最低。在高应力地段施工中可采用以下技术措施。

（1）在施工前,针对已有勘测资料,首先进行概念模型建模及数学模型建模工作,通过三维有限元数值运算、反演分析及对隧道不同开挖工序的模拟,初步确定施工区域地应力的数量级,以及施工过程中哪些部位和里程容易出现岩爆现象,优化施工开挖和支护顺序,为施工中岩爆的防治提供初步的理论依据。

（2）在施工过程中,加强超前地质探测,预报岩爆发生的可能性及地应力的大小。采用超前钻探、声反射、地温探测方法,同时利用隧道内地质编录观察岩石的特性,将几种方法综合运用判断可能发生岩爆的高地应力范围。

（3）可以在掌子面上利用地质钻机或液压钻孔台车打设超前钻孔,以转移隧道掌子面的高地应力或注水降低围岩表面张力。必要时,若预测到的地应力较高,可在超前探孔中进行松动爆破或将完整岩体用小炮爆裂,或向孔内压水,以避免应力集中现象的出现。

（4）在施工中应加强监测工作,通过对围岩和支护结构的现场观察,对辅助洞拱顶下沉、两维收敛以及锚杆测力计、多点位移计读数的变化,可以定量化地预测滞后发生的深部冲击型岩爆,用于指导开挖和支护,以确保安全。

（5）在开挖过程中采用"短进尺、多循环"的操作方法,同时利用光面爆破技术,严格控制用药量,以尽可能减少爆破对围岩的影响并使开挖断面尽可能规则,减小局部应力集中发生的可能性。

（6）加强施工支护工作。支护的方法是在爆破后立即向拱部及侧壁喷射钢纤维或塑料纤维混凝土,再加设锚杆及钢筋网。必要时,还要架设钢拱架和打设超前锚杆进行支护。衬砌工作要紧跟开挖工序进行,以尽可能减少岩层暴露的时间,减少岩爆的发生和确保人身安全,必要时可采取跳段衬砌。同时,应准备好临时钢木排架等,在听到爆裂响声后立即进行支护,以防发生事故。

9.5　地震工程地质

9.5.1　概述

地震是指能量在地球(地壳)介质内突然释放导致地球介质的震动或波动,按照成因可分为自然地震和人工诱发地震两类。

1. 自然地震

自然地震中最突出的是构造地震,此外还有火山地震和陷落地震。构造地震是由构造运动,主要是断裂活动引起的地震,约占全球天然地震的90%。其中,主要的构造地震点一般集中在环太平洋附近,又称环太平洋地震带。

在构造运动中,地壳(或岩石圈)发生形变,当变形超出了岩石的承受能力,岩石就发生断裂,在构造运动中长期积累的能量迅速释放,能量以地震波的形式造成岩石振动,从而引发地震。火山地震一般是由火山活动时岩浆冲击或热应力作用引起的地震,仅限于火山活动地带,震源深度浅,影响范围小,约占全球天然地震总数的7%。陷落地震的产生是由岩层大规模陷落、崩塌引起的,强度小,多发生在石灰岩或其他可溶岩地区,只占天然地震总数的3%。

2. 人工诱发地震

人工诱发地震包括水库诱发地震、深井注水诱发地震和核爆诱发地震。

(1)水库诱发地震。

水库诱发地震是因水库蓄水而诱使坝区、水库库盆或近岸范围内发生的地震,比较常见的是岩溶塌陷型水库诱发地震和断层破裂型水库诱发地震。岩溶塌陷型水库诱发地震最常见,多为弱震或中强震。目前,我国在岩溶地区的大型水库有8个,其中有4个诱发过地震。断层破裂型水库诱发地震发生的概率虽然较低,但有可能诱发中强震或强震,我国的新丰江水库和印度的柯依纳水库诱发地震都属于这种类型。

(2)深井注水诱发地震。

深井注水诱发地震主要用于地震工作的研究。1970年,日本防灾研究所在长野市皆神山北麓的松代地震断层附近钻了一口1 800 m的深井,进行了注水诱发地震试验。同时,深井注水诱发地震也会出现在大型钻井和钻油工程中。

(3)核爆诱发地震。

核爆诱发地震发生的频次和规模都比较小,一般发生于较大规模的地下核试验中。例如,1964年,美国内华达地下核试验曾触发了大量的地震活动。

近年来,构造地震对工程建设有着显著影响,地震对工程的影响不仅体现在地震对工程设施的直接作用,同时还体现在由地震所衍生的次生灾害对工程的影响。例如,2008年我国发生的汶川地震给国家造成了重大损失,其中一大原因来源于地震所产生的崩塌、滑坡对当地山区城镇的掩埋。

9.5.2　地震和地震描述

地球上对工程建设有危害作用的大都是构造地震,这种地震是板块介质因变形而积累的能量在地球内突然释放而导致的结果,一般发生在硬脆性介质中。这种介质能积聚很高的弹性应变能,当其超过岩体强度极限时,会导致突然脆性破裂,大量释放应变能而产生强震。

对地震进行具体描述是土木工程选址和抗震的关键。一般对地震的描述可分为地震的空间描述和强度描述。

1. 地震的空间描述

地震的空间描述是对地震发震机理的一种几何描述,可分为地震的空间参数、地震的震中距离分类和地震的震源深度分类。

(1) 地震的空间参数。

地震的空间参数主要包括地震的震源、震中、震源深度、震源距离、震中距离等(图 9.10)。其中,震源是地震能量释放之处;震中是震源在地表的投影位置;震源深度代表震中至震源的铅垂距离;震源距离表示震源至地面观测点的距离;震中距离是震中至地面观测点的距离。

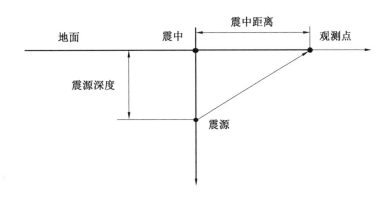

图 9.10　地震空间参数描述

(2) 按照地震的震中距离分类。

按照地震的震中距离分类,国际上一般将地震划分为地方震、近震和远震。

(3) 地震的震源深度分类。

从震源度的角度对地震进行划分,又可分为浅源地震、中源地震和深源地震三类。

地震等级划分见表 9.2。

表 9.2　地震等级划分

地震划分	地方震	近震	远震
震中距离 Δ/km	< 100	100 ~ 1 000	> 1 000
地震划分	浅源地震	中源地震	深源地震
震源深度 h/km	< 60	60 ~ 300	> 300

2. 地震的强度描述

地震的强度一般包括地震烈度和地震震级两方面,用于衡量一次地震的大小。

(1) 地震烈度。

一次地震作用下地面和大多数建筑物所遭受的宏观地震影响的强弱程度称为地震烈度。国际上普遍把地震宏观影响程度由弱到强划分为若干等级,列成表格,以统一的尺度衡量地震影响的强烈程度,这样的表格称为地震烈度表。当前国际上的地震烈度表普遍采用 12 度划分(日本按 7 度划分)。

我国地震烈度表是以"人的感觉""一般房屋"的震害程度和"其他现象"三方面作为评定地震烈度的依据,同时给出地震动水平方向"加速度"和"速度"与烈度的对应范围,以此作为参考物理指标。烈度评定时,1～5度以人的感觉为主;6～10度以房屋震害为主,人的感觉仅作为参考;11、12度以房屋和地表现象为主,11、12度的评定需要做专门研究。

（2）地震震级。

按地震时震源所释放出的能量大小确定的地震强度等级,称为地震震级。震级测定一般包括两种方式:一种是通过仪器测定地震波的能量,用地震波的能量估算地震释放的能量,划分地震强度等级;另一种是用震源参数计算地震能量的释放。

国际上一般将震级按照适用范围划分为四个方面,即里氏震级、面波震级、体波震级和矩震级。其中,里氏震级主要适用于地方震和近震;面波震级主要适用于远震;体波震级主要适用于深源地震;当震级达到饱和时,为克服震级饱和问题,采用震源参数定义的矩震级来进行震级测定。

对于不同的地震大小,我国《建筑抗震设计规范》（GB 50011—2010）提出了相应的抗震设防标准:小震不坏,中震可修,大震（罕遇地震）不倒。该规范规定,在建筑设计使用年限（50年）内,超越概率为63%的地震为小震,超越概率为10%的地震为中震,超越概率为2%～3%的地震为大震。

9.5.3　场地地震效应

地震效应一般是指地震作用的后果。场地地震效应是地震在工程场地上造成的各种震害和破坏,可以概括为地面震动效应和地面破坏效应两种类型。

1.地面震动效应

地面震动效应是指场地地基在地震扰动作用下发生的地震动力作用强度超过工程设施的抗震能力,工程设施在地震作用下直接发生破坏,一般包括场地共振效应、场地放大效应和场地滤波效应三方面。

（1）场地共振效应。

建筑场地本身由一定质量的岩土体构成,存在一定的强度、刚度和阻尼。因此,建筑场地具有一定的周期和频率,一般情况下不受外界扰力、时间推移和工程建筑的影响,是场地地基条件的一种固有性质。

当地震波传来时,若某一周期的地震波和建筑场地的自振周期相近,由于共振作用,这种地震波的振幅将得到放大,使震害加重。各类场地都有各自的固有周期,如果基岩地震中某个频率成分的振动周期与场地固有周期接近或相等,则这个分量的振动将会被场地覆盖层放大而形成共振,表现为场地的卓越振动。如果建筑物的自振周期又与场地的固有周期相近,则又会引起建筑物和场地覆盖层的共振,导致建筑物发生强烈振动。

（2）场地放大效应。

场地放大效应主要与场地所处的类型有关,不同的场地类型会产生不同的放大效应,一般包括自由地面对地震动的放大效应、埋藏基岩凹陷对地震动的放大效应和地面隆起地形对地震动的放大效应。

①自由地面对地震动的放大效应。地震波在地表反射时,自由地表特殊的边界条

件、入射波位移和反射波位移因同相叠加导致自由地表地震动加强,特别是地震波垂直入射到地面时,入射波和反射波叠加导致地震动强度加倍。

② 埋藏基岩凹陷对地震动的放大效应。场地覆盖层下伏基岩的起伏对覆盖层地震动的强度变化有显著影响。埋藏基岩面的隆起相当于凸透镜,基岩地震波透过隆起的基岩面入射到覆盖层中时,波射线形成发散,导致覆盖层中凸起基岩面附近地震波动能量的减弱,从而对应部位的地面震动强度也会降低。相反,当基岩地震波透过下凹的基岩面入射到覆盖层中时,波射线发生汇聚,地震动能量显著加强,从而其对应的覆盖层和地面上的地震动强度也显著增强。

③ 地面隆起地形对地震动的放大效应。对地震动有显著放大效应的地形主要有条状突出的山嘴、高耸孤立的山丘、非岩质陡坡、高耸突出的人工堤坝、河流渠道岸坡或路堤边坡等四周或侧向临空的地形。按波动理论的观点,地形隆起的高度与地震波波长的关系对隆起地形的放大效应具有控制作用。

（3）场地滤波效应。

工程场地特定的工程地质条件决定了场地的特定频率特性,根据共振原理,基岩地震波动中与场地固有频率相近的频率成分会得到放大,而偏离场地固有频率的成分会受到不同程度的压抑,从而使场地地面震动表现为场地固有频率占优势的地震动过程。场地对基岩地震波动频率成分的这种调制作用称为场地的滤波效应。

研究表明,坚硬地基的地震动中较短周期(较高频)成分占优势,而软弱地基的地震动则以较长周期的低频成分为主。坚硬地基的地震动对短周期的刚性建筑危害较大,而软弱地基的地震动对长周期的柔性建筑不利。

2. 地面破坏效应

地面破坏效应是地震扰动造成了场地的地面破坏和地基失效等灾害现象,进而导致工程设施的破坏。地面破坏效应的类型主要包括地表破裂效应、斜坡破坏效应和地基破坏效应三方面。

（1）地表破裂效应。

地表破裂效应是指强震导致地表岩、土体破裂和位移,从而引起附近建筑物的变形和破坏。其中,构造性强震地表破裂与深部的发震构造密切相关,主要发生在极震区和高烈度区,受控于发震断裂的错动方式,其平面展布具有鲜明的方向性,力学属性明确,与震源应力场具有生成联系。非构造性强震地表破裂主要是强烈的地震动使地表某一部分土体沿重力方向发生相对位移而形成的,所以又称重力性地表破裂。非构造性强震地表破裂与特定的地质条件和地形地貌有关。

（2）斜坡破坏效应。

斜坡破坏效应是指斜坡或倾斜地面土体变形导致的地表破裂。在地震动力作用下,倾斜地面或边坡发生失稳滑动,在滑动土体的后缘会产生与斜坡走向近一致的拉张裂缝。强震作用下,山坡、岸坡岩土体斜坡会产生失稳现象,主要有崩塌和滑移。在雨季发生强震时,滑塌堆积物还会形成泥石流,进而导致失稳岩土体影响范围内的人类生产生活设施遭受破坏,这就是斜坡地震破坏效应。斜坡地震变形破坏类型见表9.3。

表 9.3　斜坡地震变形破坏类型

主要类型	主要特点和定义
崩塌	岩、土体在地震后崩落于坡脚。规模巨大者称为山崩,发育在高山峡谷地区,个别石块称为滚石
剥落	风化岩体小块崩落,规模小,路堑、渠道边坡多见
滑坡	岩、土体相对地保持整体状态沿某一滑移面整体滑动
坍滑	残坡积物沿基岩面自下而上牵引滑动,俗称"山扒皮",坡体长度远大于厚度,横剖面呈阶梯状
流滑	土体以塑性蠕动方式缓慢滑动,多发生在平缓的斜坡地区,主要原因是土体结构中存在易液化层、饱水可塑性黏土或淤泥层,因这些土层失效而导致上部土层的滑动
泥石流	我国西部山区雨季多见,地震后山崩,崩塌物来源广泛,在适当地形地貌条件下形成

（3）地基地震破坏效应。

地震使松散土体压密下沉、砂体液化、淤泥流塑变形等,导致地基沉陷和变形,地基承载力丧失（地基失效）,从而使上部建筑遭到破坏,这就是地基地震破坏效应。地基地震破坏效应有以下三种情况。

① 砂土地基液化,发生在存在可液化土层的地基中。

② 地震水平滑移,主要发生在可能侧向流变或滑动的地基中。

③ 地基强烈沉降与不均匀沉降,前者主要发生在软弱层、疏松砂砾、人工填土等地基中;后者主要发生在地基岩性或厚度横向差异显著的地基中。

9.5.4　地基液化

地基液化是指地震作用下岩土体产生反复动剪应力,孔隙体积减小,孔隙水压力迅速上升,进而导致土骨架有效应力急剧降低,土体丧失抗剪强度的现象,主要分为砂土液化和黄土液化。

1.砂土液化

饱水松砂在持续地震动作用下,砂土颗粒重新排列趋于密实,颗粒间的孔隙体积不断减小。在瞬间发生的地震动力作用期间,空隙水来不及排出,从而使孔隙体积减小,带来的后果是孔隙水压力上升。当孔隙水压力上升到超过颗粒间接触的有效应力时,砂土之间的接触压力及接触摩擦就不存在了,于是砂土丧失抗剪能力。这时,砂土颗粒就像浮在水中一样,这就是砂土液化。

地基中砂土发生液化时,在高孔隙水压力作用下,地面可能发生喷砂冒水现象。另外,由于砂土层丧失了抗剪能力,因此无法承载上覆土层和建筑物的荷载,会发生地面震陷、建筑物沉陷、倾倒等灾害,甚至会引发场地土体的大规模变形位移,造成更为严重的工程灾害,如岸坡失稳、河道变窄、基桩倾斜折断、桥梁和水工构筑物坍塌等后果。

2.黄土液化

黄土颗粒具有一定的粒径级配,主要由可溶盐结晶胶结形成具有一定黏结力的多孔隙结构。在一定强度的持续动力荷载作用下,易溶盐加速溶解,从而导致大、中孔隙结构强度降低而崩溃,孔隙体积迅速减小,孔隙水压力迅速上升,土骨架有效应力急剧降低,土体抗剪强度丧失,从而导致黄土层液化。研究表明,黄土比砂土具有更高的潜在液化势。

9.5.5　地震灾害分级与响应

地震灾害分为特别重大、重大、较大、一般四级。特别重大地震灾害是指造成 300 人以上死亡(含失踪),或者直接经济损失占地震发生地省(区、市)上一年国内生产总值 1% 以上的地震灾害。当人口较密集地区发生 7.0 级以上地震,人口密集地区发生 6.0 级以上地震时,初判为特别重大地震灾害。重大地震灾害是指造成 50 人以上、300 人以下死亡(含失踪)或者造成严重经济损失的地震灾害。当人口较密集地区发生 6.0 级以上、7.0 级以下地震,人口密集地区发生 5.0 级以上、6.0 级以下地震时,初判为重大地震灾害。较大地震灾害是指造成 10 人以上、50 人以下死亡(含失踪)或者造成较重经济损失的地震灾害。当人口较密集地区发生 5.0 级以上、6.0 级以下地震,人口密集地区发生 4.0 级以上、5.0 级以下地震时,初判为较大地震灾害。一般地震灾害是指造成 10 人以下死亡(含失踪)或者造成一定经济损失的地震灾害。当人口较密集地区发生 4.0 级以上、5.0 级以下地震时,初判为一般地震灾害。

根据地震灾害分级情况,将地震灾害应急响应分为 Ⅰ 级、Ⅱ 级、Ⅲ 级和 Ⅳ 级。

(1)应对特别重大地震灾害,启动 Ⅰ 级响应,由灾区所在省级抗震救灾指挥部领导灾区地震应急工作。国务院抗震救灾指挥机构负责统一领导、指挥和协调全国抗震救灾工作。

(2)应对重大地震灾害,启动 Ⅱ 级响应,由灾区所在省级抗震救灾指挥部领导灾区地震应急工作。国务院抗震救灾指挥部根据情况,组织协调有关部门和单位开展国家地震应急工作。

(3)应对较大地震灾害,启动 Ⅲ 级响应,在灾区所在省级抗震救灾指挥部的支持下,由灾区所在市级抗震救灾指挥部领导灾区地震应急工作,中国地震局等国家有关部门和单位根据灾区需求,协助做好抗震救灾工作。

(4)应对一般地震灾害,启动 Ⅳ 级响应,在灾区所在省、市级抗震救灾指挥部的支持下,由灾区所在县级抗震救灾指挥部领导灾区地震应急工作,中国地震局等国家有关部门和单位根据灾区需求,协助做好抗震救灾工作。

地震发生在边疆地区、少数民族聚居地区和其他特殊地区,可根据需要适当提高响应级别。地震应急响应启动后,可视灾情及其发展情况对响应级别及时进行相应调整,避免响应不足或响应过度。

9.6　地质灾害危险性评价与选址规划

随着我国国民经济的持续增长,工程建设行业蓬勃发展,在保障农林用地的前提下,可用的工程建设用地指标较少,特别是我国西南地区的丘陵山区用地更是紧张。在此情况下,工程建设中不可避免地存在高挖低填的处理方式,进而造成崩塌、滑坡、泥石流等各类地质灾害,对人民生命财产、工程建设安全造成巨大损失。因此,开展工程建设选址问题的研究变得尤为重要。

工程建设选址不仅要考虑土地利用规划、交通等条件,还要从防范地质灾害的角度进行先期的考量,避免潜在的地质灾害可能对未来工程建设造成的危害。目前在工程项目选址阶段,国土资源部门进行了明确的规定,即位于地质灾害低易发区以上区域要进行工程建设必须的地质灾害危险性评估工作。

目前地质灾害危险性评估通常采用定性和定量相结合的形式。由于地质灾害的发生具有一定的偶然性,诱发因素众多,因此是否充分、正确识别各种诱发因素对评估结论至关重要。目前,与地质灾害评估相关的学术理论和方法不断发展且日益丰富,但从国家层面尚无正式发布的国家级行业规范可以遵循。目前,针对较大规划区或工程建设选址阶段而进行的地质灾害危险性评估确实发挥了其应有的作用,基本做到了对拟选址区域的地质灾害现状基本情况的总体把控。

思 考 题

1. 泥石流的形成条件主要涉及哪几个方面? 不同形成条件在泥石流形成过程中主要起什么作用?

2. 简述泥石流的分类及各自的形态特征。

3. 在岩溶区进行水库修建需要注意哪些工程问题? 涉及哪些具体工程措施?

4. 简述岩暴的形成机制。

5. 地震的类型可分为哪两类? 不同类型的地震是如何对工程基础设施造成破坏作用的?

第10章　地下工程围岩稳定性

10.1　地下工程围岩应力分布特性

在岩土体内,为各种目的经人工形成的地下建筑物称为地下工程,其中经人工开凿形成的地下空间称为地下洞室,包括地下房屋和地下构筑物、地下铁道、公路隧道、水下隧道、地下共同沟和过街地下通道等。地下工程的共同特点是在岩土体内开挖出具有一定断面形状和尺寸,并具有较大延伸长度的洞室。

地下工程是与地质条件关系密切的工程建筑。地下工程位于地表下一定深度,修建在各种不同地质条件的岩土体内,所遇到的工程地质问题十分复杂。

地下洞室开挖之前,岩体处于一定的应力平衡状态,开挖会使洞室周围岩体发生卸荷回弹和应力重新分析。如果围岩足够强固,不会因卸荷回弹和应力状态的变化而发生显著变形和破坏,开挖出的洞室是稳定的;相反,如果围岩无法适应回弹应力和重分布应力的作用,随着时间的推移,开挖出的洞室会逐渐丧失其稳定性。此时,如果不加固或加固而未保证质量,都会引起破坏事故,对地下洞室的施工和运营造成危害。在国内外地下建筑史中,因围岩失稳而造成的事故屡见不鲜。此外,对围岩应力估计过高或对岩体强度估计不足也常使地下洞室的设计过于保守,提高工程造价,造成不必要的浪费。可见,为保证地下建筑既安全又经济,工程地质工作者必须了解和掌握有关围岩应力重分布、围岩变形破坏机制及分析和评价围岩稳定性的基本原理,以便在工程地质勘查过程中,为正确解决地下建筑的设计和施工中的各类问题,提供充分而可靠的地质依据。

20 世纪 80 年代以来,随着经济及科技实力的不断增强,我国铁路、公路、水利水电及跨流域调水等领域已建成了一大批特长隧道。长大隧道在克服高山峡谷等地形障碍、缩短空间距离及改善陆路交通工程运行质量等方面具有不可替代的作用。数量多、长度大、断面大、埋深大是 21 世纪我国隧道工程发展的总趋势。

纵观隧道的修建历史,制约长大隧道发展的因素可分为两类:一类是施工技术,如掘进技术、通风技术及支护衬砌技术等;另一类是开挖可能遭遇的施工地质灾害的超前预报及其控制技术。施工地质灾害包括硬岩岩爆、软岩大变形、高压涌突水、高地温及瓦斯突出等。

长大隧道,尤其是越岭和跨江越海隧道,由于埋深大、水文地质工程地质条件复杂,因此施工地质灾害的发生很普遍。深埋长大隧道投资巨大、建设周期长,系统开展施工地质灾害致灾机理及超前预报和控制技术的研究和应用具有重要的意义。

地下开挖使洞室周围岩体失去了原有的支撑,破坏了原有的受力平衡状态,围岩就要向洞内空间松胀位移,其结果又改变了相邻岩体的相对平衡关系,从而引起岩体内一定范围内应力、应变及能量的调整,以达到新的平衡,形成新的应力状态。把地下开挖以后因围岩质点应力、应变调整而引起天然应力大小、方向和性质改变的作用称为应力重分布作用,经应力重分布作用后形成的新的应力状态称为重分布应力状态,并把重分布应力影响范围内的岩体称为围岩。研究表明,围岩内重分布应力状态与岩体的力学属性、天然应力及洞室断面形状等因素密切相关。下面重点讨论圆形水平洞室围岩的重分布应力。

10.1.1 弹性围岩重分布应力

1. 圆形水平洞室

假定一半径为 R_0 的圆形水平洞室,深埋于均质、连续和各向同性的弹性岩体中,洞室开挖后围岩仍保持弹性。如果洞室半径相对于洞长很小时,可按平面应变问题考虑,设岩体中的铅直与水平天然应力分别为 σ_v 和 σ_h,则可概化出如图 10.1 所示的力学模型,围岩中任意一点 $M(r,\theta)$ 的重分布应力状态可用弹性理论求得,即

$$
\begin{cases}
\sigma_r = \dfrac{\sigma_h + \sigma_v}{2}\left(1 - \dfrac{R_0^2}{r^2}\right) - \dfrac{\sigma_h - \sigma_v}{2}\left(1 + 3\dfrac{R_0^4}{r^4} - 4\dfrac{R_0^2}{r^2}\right)\cos 2\theta \\[2mm]
\sigma_\theta = \dfrac{\sigma_h + \sigma_v}{2}\left(1 + \dfrac{R_0^2}{r^2}\right) - \dfrac{\sigma_h - \sigma_v}{2}\left(1 + 3\dfrac{R_0^4}{r^4}\right)\cos 2\theta \\[2mm]
\tau_{r\theta} = \dfrac{\sigma_h - \sigma_v}{2}\left(1 - 3\dfrac{R_0^4}{r^4} + 2\dfrac{R_0^2}{r^2}\right)\sin 2\theta
\end{cases}
\tag{10.1}
$$

式中,σ_r、σ_θ、$\tau_{r\theta}$ 分别为 M 点的径向应力、环向应力和剪应力;θ 为 M 点的极角,自水平轴(x 轴)起始,反时针方向为正;r 为极距;R_0 为水平洞室的半径。

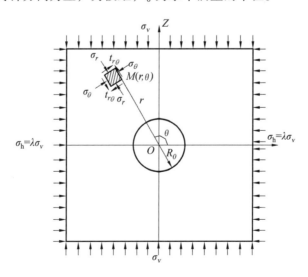

图 10.1 圆形洞室围岩重分布应力的力学模型

由式(10.1)可知,当天然应力 σ_h、σ_v 和 R_0 一定时,围岩内的重分布应力 σ_r、σ_θ 和 $\tau_{r\theta}$ 是点的位置 $M(r,\theta)$ 的函数。令 $r = R_0$,则由式(10.1)得洞壁上的应力为

$$\begin{cases} \sigma_r = 0 \\ \sigma_\theta = \sigma_h + \sigma_v - 2(\sigma_h - \sigma_v)\cos 2\theta = \sigma_h(1 - 2\cos 2\theta) + \sigma_v(1 + 2\cos 2\theta) \\ \tau_{r\theta} = 0 \end{cases} \quad (10.2)$$

式(10.2)表明,洞壁上的 $\tau_{r\theta}$、$\sigma_r = 0$,仅有 σ_θ 作用,为单向应力状态,其大小与 σ_h、σ_v 和 θ 有关。

当 $\lambda = 1$ 时,有 $\sigma_h = \sigma_v = \sigma_0$,则式(10.1)变为

$$\begin{cases} \sigma_r = \sigma_0\left(1 - \dfrac{R_0^2}{r^2}\right) \\[2mm] \sigma_\theta = \sigma_0\left(1 + \dfrac{R_0^2}{r^2}\right) \\[2mm] \tau_{r\theta} = 0 \end{cases} \quad (10.3)$$

式(10.3)表明,天然应力为静水压力状态时,圆形洞室围岩内的重分布应力 $\tau_{r\theta} = 0$, σ_r、σ_θ 均为主应力,且 σ_θ 恒为最大主应力、σ_r 恒为最小主应力,其变化曲线如图 10.2 所示。当 $r = R_0$(洞壁)时,$\sigma_r = 0$,$\sigma_\theta = 2\sigma_0$。随着离洞壁距离 r 的增大,σ_r 逐渐增大,σ_θ 逐渐减小。当 $r = 6R_0$ 时,有 $\sigma_r \approx \sigma_\theta \approx \sigma_0$,即都接近于天然应力状态。因此,一般认为地下开挖引起围岩重分布应力的范围为 $6R_0$,该范围以外的应力不受开挖影响,这一范围内的岩体就是围岩。

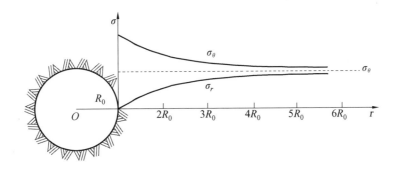

图 10.2　σ_r、σ_θ 随 r 增大的变化曲线

由式(10.3),取 $\lambda = \sigma_h/\sigma_v$ 为 $1/3,1,2,3,\cdots$ 不同数值时,可求得洞壁上 $0°、90°、180°$、$270°$ 四点的应力 σ_θ,洞壁上特征部位的重分布应力 σ_θ 值见表 10.1,σ_θ 随 λ 的变化曲线如图 10.3 所示。结果表明,当 $\lambda < 1/3$ 时,洞顶底都将出现拉应力;当 $1/3 < \lambda < 3$ 时,洞壁上全为压应力;当 $\lambda > 3$ 时,洞壁两侧出现拉应力,洞顶底则出现较高的压应力集中。

表 10.1　洞壁上特征部位的重分布应力 σ_θ 值

λ	$\theta = 0°,180°$	$\theta = 90°,270°$
0	$3\sigma_v$	$-\sigma_v$
$\dfrac{1}{3}$	$\dfrac{8}{3}\sigma_v$	0
1	$2\sigma_v$	$2\sigma_v$

续表10.1

λ	$\theta = 0°,180°$	$\theta = 90°,270°$
2	σ_v	$5\sigma_v$
3	0	$8\sigma_v$
4	$-\sigma_v$	$11\sigma_v$
5	$-2\sigma_v$	$14\sigma_v$

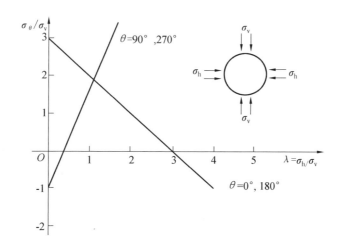

图10.3　σ_θ 随 λ 的变化曲线

2. 其他洞形

为最有效和经济地利用地下开挖空间,地下洞室的断面形状常根据实际需要,开挖成非圆形的各种不同形状。在这些非圆形洞室的急剧变化部位和拐点处,常存在较大的应力集中。为研究各种不同形状洞室洞壁上重分布应力的变化情况,在此引进应力集中系数的概念,即把地下挖开后,洞壁上一点的应力与开挖前该点天然应力的比值称为应力集中系数。由式(10.2)可知,洞壁上一点的重分布应力可表示为

$$\sigma_\theta = \alpha\sigma_h + \beta\sigma_v \qquad (10.4)$$

式中,α、β 为应力集中系数,对于圆形洞室洞壁上一点,有 $\alpha = 1 - 2\cos 2\theta$,$\beta = 1 + 2\cos 2\theta$。

各种洞形洞壁的应力集中系数见表10.4,这些系数是根据弹性理论及光弹试验求得的。在已知天然应力时,利用这些系数和式(10.4)即可求得不同洞形洞壁上的应力。由表10.4可知,不同洞形洞壁上的应力有如下特点:椭圆形洞室长轴两端点压应力集中最大,易出现压碎破坏,而短轴两端易出现拉断破坏;正方形洞室的4个角点压应力集中最大,围岩易产生破坏;矩形长边中点应力集中较小,短边中点围岩应力加大。由这些特点可知,当岩体天然应力 σ_v、σ_h 相差不大时,以圆形洞室受力情况最好;当 σ_v、σ_h 相差较大时,应尽量使洞室长轴平行于最大天然应力分量;在天然应力较大的情况下,应尽量采用曲线形洞室,以避免角点上过大的应力集中。

表 10.2　各种洞形洞壁的应力集中系数

编号	洞室形状	计算公式	各点应力集中系数			备注
			点号	α	β	
1	圆形	$\sigma_\theta = \alpha\sigma_h + \beta\sigma$	A	3	-1	资料取自萨文《孔口应力集中》一书
			B	-1	3	
			m	$1-2\cos 2\theta$	$1+2\cos 2\theta$	
2	椭圆形	$\sigma_\theta = \alpha\sigma_h + \beta_v$	A	$2a/b+1$	-1	
			B	-1	$2a/b+1$	
3	方形	$\sigma_\theta = \alpha\sigma_h + \beta\sigma$	A	1.616	-0.87	
			B	-0.87	1.616	
			C	4.230	0.256	
4	矩形 b/a=3.2	$\sigma_\theta = \alpha\sigma_h + \beta\sigma$	A	1.40	-1.00	
			B	-0.80	2.20	
5	矩形 b/a=5	$\sigma_\theta = \alpha\sigma_h + \beta\sigma$	A	1.20	-0.95	
			B	-0.80	2.40	
6	地下厂房 h/b=0.36 H/h=1.43	$\sigma_\theta = \alpha\sigma_h + \beta\sigma$	A	2.66	-0.38	据云南昆明水电勘测设计院《第四发电厂地下厂房光弹试验报告》(1971)
			B	-0.38	0.77	
			C	1.14	1.54	
			D	1.90	1.54	

10.1.2　塑性围岩重分布应力

大多数岩体往往受结构面切割而使其整体性丧失,强度降低,在重分布应力作用下,很容易产生塑性变形而改变其原有的物性状态。由弹性围岩重分布应力特点可知,地下开挖后洞壁的应力集中最大。当洞壁应力超过了岩体的屈服极限时,洞壁围岩就由弹性状态转化为塑性状态,并在围岩中形成一个所谓的塑性松动圈。但是,这种塑性松动圈不会无限扩大,因为随着 r 增大,σ_r 由零逐渐变大,应力状态由洞壁的单向应力状态逐渐转化为双向应力状态,到一定距离,围岩也就由塑性状态逐渐转化为弹性状态,最终在围岩中形成塑性圈和弹性圈。

塑性圈的出现,使圈内一定范围内的应力释放而明显降低,而最大应力集中由原来的洞壁移至塑性圈与弹性圈的交界处,使弹性区的应力明显升高。弹性区以外则是应力基本未产生变化的天然应力区(或称原岩应力区)。各区(圈)应力变化如图 10.4 所示。

为求解塑性圈围岩的分布应力,假定在均质、各向同性、连续的岩体中开挖一半径为 R_0 的水平圆形洞室,开挖后形成的塑性松动圈半径为 R_1,岩体中的天然应力为 $\sigma_h = \sigma_v = \sigma_0$,

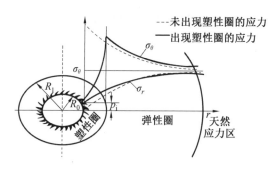

图 10.4   各区(圈)应力变化

圈内岩体强度服从莫尔强度条件。在以上假设条件下,可求得洞壁支护力为 p_i 时,塑性松动圈内的重分布应力为

$$
\begin{cases}
\sigma_r = (p_i + c \cdot \cot \varphi)\left(\dfrac{r}{R_0}\right)^{\frac{2\sin \varphi}{1-\sin \varphi}} - c \cdot \cot \varphi \\
\sigma_\theta = (p_i + c \cdot \cot \varphi)\left(\dfrac{1 + \sin \varphi}{1 - \sin \varphi}\right)\left(\dfrac{r}{R_0}\right)^{\frac{2\sin \varphi}{1-\sin \varphi}} - c \cdot \cot \varphi \\
\tau_{r\theta} = 0
\end{cases}
\tag{10.5}
$$

塑性圈与弹性圈交界面($r = R_1$)上的重分布应力(σ_{rpe}、$\sigma_{\theta pe}$、τ_{rpe})可利用该面上弹性应力与塑性应力相等的条件得

$$
\begin{cases}
\sigma_{rpe} = \sigma_0(1 - \sin \varphi) - c \cdot \cos \varphi \\
\sigma_{\theta pe} = \sigma_0(1 + \sin \varphi) + c \cdot \cos \varphi \\
\tau_{rpe} = 0
\end{cases}
\tag{10.6}
$$

式(10.5)和式(10.6)中,c、φ 为岩体剪切强度参数;σ_{rpe}、$\sigma_{\theta pe}$ 和 τ_{rpe} 分别为 $r = R_1$ 处的径向应力、环向应力和剪应力。

弹性圈内的应力分布如 10.1.1 节所述。由此可得围岩重分布应力如图 10.4 所示。

由式(10.5)可知,塑性圈和应力与岩体天然应力无关,而取决于支护力(p_i)和圈内岩体的强度(c、φ)。由式(10.6)可知,塑、弹性区交界面上的应力取决于天然应力和岩体强度,而与支护力无关。这说明支护力不能改变交界面上的应力,只能控制塑性松动圈半径(R_1)的大小。

10.2   围岩的变形与破坏机制

地下洞室促使围岩性状发生变化的因素主要是卸荷回弹、应力重分布及水分重分布。

洞室开挖后,在重分布应力的作用下,围岩发生塑性变形或破坏。当围岩应力已经超过岩体的极限强度时,围岩将立即发生破坏。当围岩应力的量级介于岩体的极限强度和长期强度之间时,围岩需经瞬时的弹性变形及较长时期蠕动变形的发展方能达到最终的破坏,通常可根据围岩变形历时曲线变化的特点加以预报。当围岩应力的量级介于岩体的长期强度及蠕变临界应力之间时,围岩除发生瞬时的弹性变形外,还要经过一段时间的蠕动变形才能达到最终的稳定。当围岩应力小于岩体的蠕变临界应力时,围岩将于瞬时的弹性变形后立即稳定下来。

围岩变形破坏的形式与特点,除与岩体内的初始应力状态和洞形有关外,主要取决于围岩的岩性和结构(表 10.3)。

表 10.3 围岩的变形破坏形式

围岩岩性	岩体结构	变形、破坏形式	产生机制
脆性围岩	块体状结构及厚层状结构	张裂崩落	拉应力集中造成的张裂破坏
		劈裂剥落	压应力集中造成的压致拉裂
		剪切滑移及剪切碎裂	压应力集中造成的剪切碎裂及滑移拉裂
		岩爆	压应力高度集中造成的突然而猛烈的脆性破坏
	中薄层状结构	弯折内鼓	卸荷回弹或压应力集中造成的弯曲拉裂
	碎裂结构	碎裂松动	压应力集中造成的剪切松动
塑性围岩	层状结构	塑性挤出	压应力集中作用下的塑性流动
		膨胀内鼓	水分重分布造成的吸水膨胀
	散体结构	塑性挤出	压应力作用下的塑流
		塑流涌出	松散饱水岩体的悬浮塑流
		重力坍塌	重力作用下的坍塌

围岩变形破坏是由外向内逐步发展的结果,常可在洞室周围形成松动圈,围岩内的应力状态也将因松动圈内的应力被释放而重新调整,形成一定的应力分带。

围岩表部低应力区的形成往往又会促使岩体内部的水分由高应力区向围岩的表部转移,这不仅能进一步恶化围岩的稳定条件,而且能使某些易于吸水膨胀的表部围岩发生强烈的膨胀变形。

10.2.1 脆性围岩的变形破坏

脆性围岩变形破坏的形式和特点除与由岩体初始应力状态及洞形所决定的围岩应力状态有关外,还主要取决于围岩的结构。

1. 张裂坍落

当在应力条件为 $\lambda < 1$ 且具有厚层状或块状结构的岩体中开挖宽高比较大的地下洞室时,在其顶拱常产生切向拉应力。如果此拉应力值超过围岩的抗拉强度,在顶拱围岩内就会产生近于垂直的张裂缝。被垂直裂缝切割的岩体在自重作用下变得很不稳定,特别是当有近水平方向的软弱结构面发育,岩体在垂直方向的抗拉强度很低时,往往造成顶拱的塌落。但在 $\lambda \neq 0$ 的条件下,由张裂所引起的顶拱坍落一般仅局限于一定范围之内,随着顶拱坍落所引起的洞室宽高比的减小,顶拱处的切向拉应力也越来越小,甚至最终变为压应力,使顶拱坍塌自行停止下来。但是,在有些情况下,如当傍河隧洞平行穿越河谷的卸荷影响带,或当越岭隧洞的进出口段的地质地貌条件有利于侧向卸荷作用发展时,岩体内的天然应力比值 λ 常接近或等于零。在这种情况下,隧洞的顶拱将始终承受一个大小约等于垂直应力的

切向拉应力的作用而不受洞形变形的影响。由于岩体的抗拉强度很低,因此这类地区又常发育有近于垂直及其他方向的裂隙,在这类隧洞的顶拱常发生严重的张裂塌落。

2. 劈裂

劈裂破坏多发生在地应力较高的厚层状或块体状结构的围岩中,一般出现在有较大节向压应力集中的边壁附近。在这些部位,过大的切向压应力往往使围岩表部发生一系列平行于洞壁的破裂,将洞壁岩体切割成为板状结构。当切向压应力大于劈裂岩板的抗弯折强度时,这些裂板可能被压弯、折断,并造成塌方。

3. 剪切滑动或剪切破坏

在厚层状或块体状结构的岩体中开挖地下洞室时,在切向压应力集中较高,且有斜向断裂发育的洞顶或洞壁部位往往发生剪切滑动类型的破坏,这是因为在这些部位沿断裂面作用的剪应力一般较高,而正应力却较小,所以沿断裂面作用的剪应力往往会超过其抗剪强度,引起沿断裂面的剪切滑动。

围岩表部的应力集中有时还会使围岩发生局部的剪切破坏,造成顶拱坍塌或边墙失稳。

4. 岩爆

岩爆是围岩的一种剧烈的脆性破坏,常以"爆炸"的形式出现。岩爆发生时能抛出大小不等的岩块,大型者常伴有强烈的震动、气浪和巨响,对地下开挖和地下采掘造成很大的危害。

岩爆的产生需要具备两方面的条件:高储能体的存在,且其应力接近于岩体强度,这是岩爆产生的内因;某附加荷载的触发则是其产生的外因。就内因来看,具有储能能力的高强度、块体状或厚层状的脆性岩体,就是围岩内的高储能体,岩爆往往也发生在这些部位。从岩爆产生的外因方面看,主要有两个方面:一是机械开挖、爆破及围岩局部破裂所造成的弹性振荡;二是开挖的迅速推进或累进性破坏所引起的应力突然向某些部位的集中。

在一些深矿坑中,常发生被称为冲击地压的大型岩爆。例如,在煤矿中,这类岩爆多发生于距坑道壁有一定距离的区域内。在附加的动荷载作用下,那里的煤被突然粉碎,而这一区域与坑道壁间的煤则大块地被抛到巷道中,并伴随着强烈的震动、气浪和巨响,破坏力极大。这类岩爆发生之前,常可发现支护上或煤柱中压力的增大,有时还会出现霹雳声或振动,但有时则没有明显预兆。四川绵竹天池煤矿就曾多次发生这类岩爆,最大的一次将20余吨煤抛出20多米远。

在深埋隧道或其他类型地下洞室中发生的岩爆多为中小型岩爆。其中,有一类岩爆发生时发出如机枪射击的噼噼啪啪的响声,称为岩石射击,四川南桠河三级电站隧洞(埋深为350~400 m)开挖过程中通过花岗岩整体结构岩体段时就曾发生过这类岩爆。开挖后不久,洞壁表部岩体发出噼噼啪啪的响声,同时有"洋葱"状剥片自岩壁上弹射出。

5. 弯折内鼓

在层状岩层,特别是在薄层状岩层中开挖地下洞室,围岩变形破坏的主要形式是弯折内鼓。从力学机制来看,这类变形破坏主要是卸荷回弹和应力集中使洞壁处的切向压应力超过薄层状岩层的抗弯折强度造成的。但在水平产状岩层中开挖大跨度的洞室时,顶拱处的弯折内鼓变形也可能只是重力作用的结果。

由卸荷回弹和应力集中所造成的这类变形破坏主要发生在初始应力较高的岩体内。在区域最大主应力垂直于陡倾薄层状岩层的走向地区,平行于岩层走向开挖地下洞室时,两壁附近的薄层状围岩往往发生如图 10.5 所示的弯曲、拉裂和折断,最终挤入洞内而坍倒。显然,这种弯折内鼓型变形破坏的产生是与卸荷回弹相联系的,主要发生在薄层状岩体的层面,平行分布于有较大压应力集中的洞室周边。

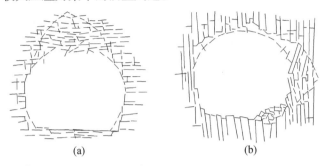

(a)　　　　　　　　　　　(b)

图 10.5　走向平行于洞轴的薄层状围岩的弯折内鼓破坏

值得注意的是,一些局部构造条件有时也有利于这类变形破坏的产生。平行于洞室侧壁的断层,使洞壁和断层之间的薄层岩体内应力集中有所增高,因此洞壁附近的切向应力将高于正常情况的平均值,造成弯折内鼓破坏(图 10.6)。

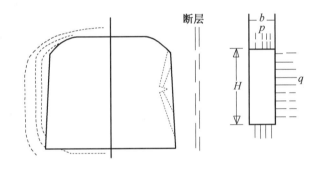

图 10.6　有利于产生弯折内鼓破坏的局部构造条件

在平缓层状岩层中开挖大跨度地下洞室时,顶拱的问题往往比较严重,因为平缓岩层在洞顶形成类似组合梁结构,如果层面间的结合比较弱,特别是当有软弱夹层发育时,抗拉强度会大为削弱,在这种条件下,洞室的跨度越大,在自重作用下越易于发生向洞内的弯折变形。

综上可见,脆性围岩的变形破坏主要与卸荷回弹及应力重分布相联系,水分重分布对其虽也有一定影响,但不起主要作用。

与应力重分布相联系的变形破坏又可分为两类:一类变形破坏是洞室周边拉应力集中造成的,在一般情况下($\lambda \neq 0$),这类变形破坏由于其所引起的洞形变形会使洞周边拉应力趋向减小,因此通常仅局限在一定范围之内;另一类变形破坏则是洞室周边压应力集中引起的,此类变形破坏的形式除与岩体结构有关外,还与轴向应力 σ_2 的相对大小有关,如当轴向应力的大小与切向应力相近时,围岩的变形破坏形式表现为劈裂,当其与径向应力相近时则表现为剪切破坏,除此之外,值得注意的是此类变形破坏所引起的洞形变化通常趋向于使破坏部分的切向应力集中程度进一步增大,因此若不及时采取防治措施,这类破坏作用必将累进性地加速发展,造成严重的后果。

10.2.2 塑性围岩的变形破坏

塑性围岩的变形破坏除与应力重分布可能有关外,水分重分布对其也有重要影响。

1. 挤出

洞室开挖后,当围岩应力超过塑性围岩的屈服强度时,软弱的塑性物质就会沿最大应力梯度方向向消除阻力的自由空间挤出。易于被挤出的岩体主要是那些固结程度差、富含泥质的软弱岩层,以及挤压破碎或风化破碎的岩体,未经构造或风化扰动且固结程度较高的泥质岩层则不易被挤出。挤出变形能造成很大的压力,足以破坏强固的钢支撑,但其发展通常都有一个时间过程,一般要几周至几个月之后方能达到稳定。

2. 膨胀

膨胀可分有吸水膨胀和减压膨胀两类不同的机制。

洞室开挖后,围岩表部减压区的形成往往促使水分由内部高应力区向围岩表部转移,结果可使某些易于吸水膨胀的岩层发生强烈的膨胀变形。这类膨胀变形显然与围岩内部的水分重分布相联系。除此之外,开挖后暴露于表部的这类岩体有时也会从空气中吸收水分而膨胀。

遇水后易于强烈膨胀的岩石主要有富含黏土矿物(特别是蒙脱石)的塑性岩石和硬石膏。有些富含蒙脱石的黏土质岩石,吸水后体积可增大14%～25%,硬石膏水化后转化为石膏,其体积可增大20%。这类岩石的膨胀变形能造成很大的压力,足以破坏支护结构,给各类地下建筑物的施工和运营带来很大的危害。

减压膨胀型变形通常发生在一些特殊的岩层中。例如,一些富含橄榄石的超基性岩胀,但在有侧限而不能自由膨胀的天然条件下,新生成的矿物只能部分地膨胀,并于地层内形成一种新的体积 – 压力平衡状态。洞体开挖所造成的卸荷减压必然使附近这类地层的体积随之而增大,从而对支护结构造成强大的膨胀压力。

3. 涌流和坍塌

涌流是松散破碎物质和高压水一起呈泥浆状突然涌入洞中的现象,多发生在开挖揭穿了饱水断裂破碎带的部分。

坍塌是松散破碎岩石在重力作用下自由垮落的现象,多发生在洞体通过断层破碎带或风化破碎岩体的部分。在施工过程中,如果对于可能发生的这类现象没有足够的预见性,往往也会造成很大的危害。

10.3 围岩稳定性影响因素和地下工程围岩稳定性评价

10.3.1 影响围岩稳定性的因素

影响围岩稳定性的因素是多方面的,但其中最主要的有地质构造、岩体特性及结构、地下水和构造应力等。

1. 地质构造

褶曲和断裂破坏了岩层的完整性,降低了岩体的强度。经受的构造变动次数越多、越强烈,岩层节理越发育,岩石也越破碎。在褶曲的核部,岩层受到张力和压力作用,比翼部破碎得多;在断层附近,地层的相对位移会使破碎带达很大宽度;在倒转岩层中,不仅节理裂隙十分发育,而且往往出现大的逆断层。因此,可把构造变动的强烈程度作为衡量围岩稳定状况的一个主要因素(表10.4)。

表 10.4　围岩受地质构造影响程度等级划分

等级	地质构造作用特征
轻微	围岩地质构造变动小,无断裂;层状岩一般呈单斜构造,节理不发育
较重	围岩地质构造变动较大,位于断裂或折曲轴的邻近段,可有小断层,节理较发育
严重	围岩地质构造变动强烈,位于折曲轴部或断裂影响带内;软岩多见扭曲及拖拉现象;节理发育
很严重	位于断裂破碎带内,节理很发育;岩体破碎呈碎石、角砾状

2. 岩体特性及结构

从岩性角度,可以将岩体分为硬质岩、中等坚硬岩及软质岩三类(表10.5)。软质岩即塑性岩体,通常具有风化速度快、力学强度低,以及遇水易于软化、膨胀或崩解等不良性质,故对地下工程围岩的稳定性最为不利。硬质岩和中等坚硬岩通常属于脆性岩体。由于岩体本身的强度远高于结构面的强度,因此这类岩体的强度主要取决于岩体结构,岩性本身的影响不十分显著。完整性好的岩体具有良好的稳定性。

表 10.5　岩石强度分类

类别	强度特征	代表性岩石
A	硬质岩 ($R_b > 80$ MPa)	新鲜的,中、细粒花岗岩、花岗片麻岩、花岗闪长岩、辉绿岩、安山岩、流纹岩等;石英砂岩、石英岩、硅质灰岩、硅质胶结砾岩、厚层石灰岩等
B	中等坚硬岩 ($R_b = 30 \sim 80$ MPa)	新鲜的,中厚层—薄层石灰岩、大理岩、白云岩、砂岩及钙质胶结砾岩,某些粗粒火成岩、斑岩、微—弱风化的硬质岩等
C	软质岩 ($R_b < 30$ MPa)	新鲜的,泥质岩、泥质砂岩、页岩、泥灰岩、绿泥片岩、千枚岩、部分凝灰岩及煤系地层、中—强风化的硬质及中坚硬岩等

按岩体结构,通常可将围岩岩体划分为整体状结构、块状结构、镶嵌状结构、层状结构、碎裂状结构及散体状结构等几类。其中,以散体状结构及碎裂状结构的岩体稳定性最差,薄层状结构次之,而厚层状结构、块状结构及整体状结构岩体则通常具有很高的稳定性。

岩体强度是反映岩体的特性及其结构特征的综合指标,通常用岩体完整性系数与岩石单轴饱和抗压强度的乘积即准抗压强度来表示。

3. 地下水

地下水常是造成围岩失稳的重要因素之一,在破碎软弱的围岩中其影响尤为显著。地下水可使岩石软化,强度降低,加速岩石风化,还能软化和冲走软弱的结构面的充填物,减少摩阻力,促使岩块滑动。在膨胀性岩体中,地下水可造成膨胀地压。

4. 构造应力

原岩应力,特别是构造应力的方向及大小是控制地下工程围岩变形破坏的重要因素,洞室设计中如何考虑原岩应力的影响,正确认识并适应或利用它,使其有利于围岩的稳定,是一个非常重要的问题。一般而言,为避免地下洞室的顶拱和边墙分别出现过大的切向压应力和切向拉应力的集中,洞室轴线的选择应尽可能地与该地最大主应力方向一致。在一些特殊的情况下,当地下工程的断面呈扁平形态时,为避免顶拱出现拉应力,改善顶拱围岩的稳定条件,应尽量使洞室轴线垂直于最大主应力方向。

10.3.2 围岩稳定性的定量评价

对于高地应力区内的地下工程,或埋藏深、规模大的地下工程,由于围岩应力的作用显著增强,不稳定的地质标志比较难以掌握,因此除一般的地质工作外,还必须进行岩体力学方面的测试和计算,以便最终对围岩的稳定性做出定量评价,所采用的方法通常有解析分析法、赤平极射投影分析法及物理与数值模拟研究法等。

有关围岩稳定性的定量评价方法在"岩体力学"课程中有较多介绍,这里仅对几个与建模及围岩稳定性分析和评价有关的问题做简要的讨论。

1. 原型调研及模型的建立

为评价拟建地下工程围岩的稳定性,首先通过勘探、测试和试验,正确阐明工程区的岩体力学条件。研究工作主要如下。

(1)通过应力实测及数值反演分析,定量地掌握工程区地应力场的基本特征。

(2)通过地表调查、平洞编录和专门的节理裂隙统计,掌握区内岩体结构的定量化模式。

(3)通过现场及室内试验,掌握区内各岩体及各类结构面的变形及强度特性,取得用于计算的有关参数。

围岩稳定性的数值模拟研究通常采用两维的有限元分析模型,按平面应变问题处理。在上述工作基础上,通过适当的简化,正确地确定模型的范围和边界、内部结构与各部分的力学参数及边界的位移和受力条件是建模的关键。建模过程中对地质条件的简化处理必须遵循不使结构偏于不安全的原则。

模型的范围和边界的确定应视具体条件而定。当拟建地下洞室位于地表附近,岩体内的应力分布明显地受地形影响时,应根据实际地形按图 10.7 所示方式确定模型的边界。相反,当地下洞室深埋地下,且地表比较平坦时,模型边界的确定则可按图 10.8 所示方式进行。

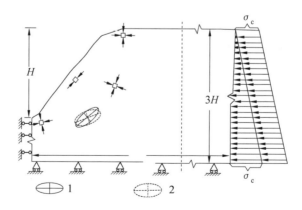

图 10.7 浅埋地下洞室的计算模型及边界受力条件

1— 实测的应力椭圆;2— 计算的应力椭圆

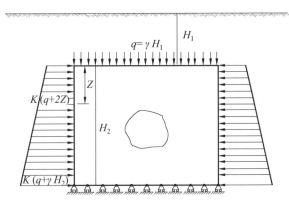

图 10.8　深埋地下洞室的计算模型及边界受力条件

2. 模拟研究的方法

计算模型建立之后,可采用已有的有限元计算程序,通过线弹性、弹塑性或黏弹塑性有限元分析,系统地研究围岩应力以及围岩变形破坏的发展,定量地评价围岩的稳定性。目前所采用的分析方法通常包括如下要点。

(1) 按线弹性解,定量地计算围岩的应力和位移。值得指出的是,为计算洞室开挖后围岩的绝对位移,需对无洞和有洞的模型分别进行计算,然后求出围岩内各点的位移差值。

(2) 根据一定的破坏准则,比较围岩不同部位的应力与强度,找出初始的超载破坏区。

(3) 通过降低破坏区岩石力学参数,并使超载应力向邻区转移的迭代,追索累进性破坏的进程。

(4) 研究不同加固措施和施工方案对围岩稳定性的影响。

采用上述方法,通过对不同的洞室设计、支护及施工方案的模拟计算,不仅可以对不同方案洞室的稳定性做出比较和评价,从而为设计优化提供科学依据,还可以选出最佳的支护和施工方案。

10.4　围岩稳定性的定量评价和预报方法

地下工程施工的依据是设计文件,而工程设计必须基于工程地质勘查,这就要求在工程设计与施工之前,对拟建地下工程区进行详细勘查,准确掌握工程地质条件。

由于地下工程自身特点,并受客观地质条件的复杂性、地质勘查精度和经费的限制、地质工作者认识能力的局限性和施工方法等诸多条件的限制,因此施工前的工程地质勘查工作一般只能获得地下工程区有关地质体的规律性和定性的认识,而想在本阶段完全查明工程岩体的状态、特性,准确预报可能引发地下工程地质灾害的不良地质体的位置、规模和形态是十分困难的,也是不现实的。仅根据地表工程地质勘查,获得的资料与实际地质条件通常不相符合,准确率也较低。以作为地下工程典型代表的隧道工程为例,除个别长大隧道设计精度稍高外,90% 以上的设计与实际地质条件不符或者严重不符。美国科罗拉多隧道在隧道掘进过程中遇到的小断层和大节理远比地面测绘时多,地面测绘遇到的小断层仅为开挖揭露的 1% ~ 9%,即使稍大的断层,也仅有 2% ~ 7%。长为 31.7 km、直径为 5.5 m 的西班牙 Talave 输水隧道,通过糜棱岩总宽度达 567 m。

在复杂地质条件下,或当地质条件发生变化时,施工技术人员难以准确判断掌子面前方地质条件,施工带有很大盲目性,经常出现预料不到的塌方、冒顶、涌水、涌沙、突泥、岩爆、瓦爆炸等事故。例如,哥伦比亚某水工隧道,施工至 DK6 + 097 时,发生突水和泥石流;西班牙 Talave 输水隧道,施工中发生 220 000 m^3 的涌水和 20 000 m^3 的破碎围岩涌入隧道,造成巨大经济损失;我国的军都山隧道、大瑶山隧道等,在施工过程中发生了诸如涌水、涌沙、突泥和塌方等严重的地质灾害。这些事故一旦发生,轻则影响工期、增加工程投资,重则砸毁机械设备、造成人员伤亡,事故发生后的处理工作难度较大。

巨大的损失和教训使人们认识到,准确预报地下工程掌子面前方的工程地质条件、围岩的可能变形破坏模式、规模等,是地下工程安全和快速施工的关键。

10.4.1 地质超前预报分类

地下工程地质超前预报,就是利用一定的技术和手段,收集地下工程所在岩土体的有关信息,运用相应的理论和规律对这些资料和信息进行分析、研究,对施工掌子面前方岩土体情况、不良地质体的工程部位及成灾可能性做出解释、预测和预报,从而有针对性地进行地下工程的施工。施工地质超前预报的目的是查明掌子面前方的地质构造、围岩性状、结构面发育特征,特别是溶洞、断层、各类破碎带、岩体含水情况,以便提前、及时、合理地制定安全施工进度、修正施工方案、采取有效的对策,避免塌方、涌(突)水(泥)、岩爆等灾害,确保施工安全,加快施工进度,保证工程质量,降低建设成本,提高经济效益。

综上所述,隧道是地质条件最为复杂的地下工程,其施工地质超前预报是当今地下工程施工地质超前预报的重点、难点和热点。下面以隧道工程为例,讨论地下工程的施工地质超前预报问题。

(1)根据预报所用资料的获取手段,地质超前预报的常用方法有地质法地质超前预报和物探法地质超前预报。

地质法地质超前预报包括地面地质调查法、钻探法、断层参数法、掌子面地质编录法、隧道钻孔法、导洞法等。

物探法地质超前预报法包括电法、电磁法、地震波法、声波法和测井法等。

(2)根据预报采用资料和信息的获得部位,地质超前预报的常用方法可分为地面地质超前预报和隧道掌子面地质超前预报。

地面地质超前预报指通过地面工作对隧道掌子面前方做出的预报,以地质方法和物探方法为主,以化探方法为辅。在隧道埋深不是很大的情况下(< 100 m),地面预报能获得较为理想的预报结果。

隧道掌子面超前预报主要指借助洞口到掌子面范围地质条件的变化规律,参考勘查设计资料和地面预报成果,采用多种方法和手段,获得相应的地质、物探或化探成果资料,经综合分析处理,对掌子面前方的地质条件及其变化做出预报。

(3)根据预报地质体与掌子面的距离,地质超前预报的常用方法可分为长距离地质超前预报和短距离地质超前预报。

长距离地质超前预报的距离一般大于 100 m,最大可达 250 ~ 300 m 甚至更远。其任务主要是较准确地查明工作面前方较大范围内规模较大、严重影响施工的不良地质体的性质、位置、规模及含水性,并按照不良地质体的特征,结合预测段内出露的岩石及涌水量的预测,初步预测围岩类别。

短距离地质超前预报的距离一般小于 20 m。其任务是在长期超前预报成果的基础上，依据导洞工作面的特征，通过观测、鉴别和分析，推断掌子面前方 20～30 m 范围内可能出现的地层、岩性情况，推断掌子面实见的各种不良地质体向掌子成前方延伸的情况；通过对掌子面涌水量的观测，结合岩性、构造特征，推断工作面前方 20～30 m 范围内可能的地下水涌出情况；在上述推断基础上，预测工作面前方 20～30 m 范围内的隧道围岩类别，提出准确的超前支护建议，并对施工支护提出初步建议。短期预报的目标是为隧道施工提供较为准确的掌子面前方近距离内的具体地质状况和围岩类别情况。

（4）根据预报阶段，施工地质超前预报可分为施工前地质超前预报和施工期地质超前预报，二者所处阶段、预报精度和直接服务对象不同。

施工前地质超前预报主要为概算和设计服务，其实质上是传统意义上的工程地质勘查。

施工期地质超前预报是在地施工前地质预报所提供资料的基础上进行的，它直接为工程施工服务。通常意义上的施工期地质超前预报即施工阶段的地质超前预报，但需明确的是，勘查设计阶段的地质工作也属于超前预报，是地下工程施工地质超前预报的重要组成部分。

10.4.2 地质超前预报的内容

1. 地质条件的超前预报

由于地下工程的设计和施工受围岩条件的制约，因此地质条件是施工地质超前预报的首要内容和任务，预报内容包括地层岩性及其工程地质特性、地质构造及岩体结构特征、水文地质条件、地应力状态，特别应注意以下方面的内容。

（1）地层岩性及其工程性质。

岩性是地质超前预报必需内容，其中尤应注意对软岩及具有泥化、膨胀、崩解、易溶和含瓦斯等特殊岩土体及风化破碎岩体的预报，如灰岩、煤系地层、含油层、石膏、岩盐、芒硝、蒙脱石等，它们常导致岩溶、塌方、膨胀塑流及腐蚀等事故发生。

（2）断层破碎带与岩性接触带。

断层不同程度地破坏了岩体的完整性和连续性，降低了围岩的强度，增强了导水性和富水性。施工实践表明，严重的塌方、突水和涌泥（洞内泥石流）多与断层及其破碎带有关。例如，达开水库输水隧道断层引起的塌方占总塌方量的 70%；南梗河三级水电站引水隧道和南非 Orange – Fish 引水隧道等洞内突水和碎屑流都与断层有关。断层往往是地应力易于集中的部位，围岩发生大变形，并使支护受力增大和不均匀，往往引起衬砌破坏，对施工和运营安全构成很大威胁。例如，刚竣工的国道 212 线木寨岭隧道，其中受断裂破碎带影响，围岩发生强烈变形，曾四次换拱加强支护仍不能稳定（每次变形约达 1.0 m）。因此，断层及其破碎带的规模、位置、力学性质、新构造活动性、产状、构造岩类别、胶结程度和水文地质条件等是主要预报内容。

岩性接触带包括接触破碎变质带和岩脉侵入形成的挤压破碎带、冷凝节理、接触变质带等。它们易软化，工程地质条件差，并常被后期构造利用而进一步恶化。岩脉本身易风化、强度低，是隧道易于变形破坏的重要部位。例如，军都山隧道、陆浑水库泄洪洞和瑞士弗卡隧道等,遇到煌斑岩脉时,都发生了大塌方。

(3)岩体结构。

实践表明,贯穿性节理是地下工程塌方和漏水的重要原因之一。受多组结构面切割,当其产状与隧道轴向组合不利时,易产生塌方、顺层滑动和偏压。因此,必须准确预报掌子面前方岩体结构面的部位、产状、密度、延展性、宽度及充填特征,通过赤平极射投影、实体比例投影和块体理论,预报可能发生塌方的位置、规模及隧道漏水情况。

向斜轴部的次生张裂隙向上汇聚,形成上小、下大的楔型体,对围岩稳定十分不利。例如,达开水库输水隧道的9处塌方都发生在较缓的向斜轴部。

(4)水文地质条件。

大量工程实践表明,地下水是隧道地质灾害的主要因素之一,水文地质条件是地下工程地质超前预报的重要内容。其工作要点是:向斜盆地形成的储水构造;断层破碎带、不整合面和侵入岩接触带;岩溶水;强透水和相对隔水层形成的层状含水体。

(5)地应力状态。

地应力是隧道稳定性评价和支护设计的重要条件,高地应力和低地应力对围岩稳定性不利。然而,隧道工程很少进行地应力量测,因此在施工过程中,应注意高、低地应力有关的地质现象,据此对地应力场状态做出粗略的评价并预报相应的工程地质问题,如高地应力区的岩爆和围岩大变形,低地应力区塌方、渗漏水甚至涌水等。

2. 围岩类别的预报

围岩分类是通过对已掘洞段或导洞工程地质条件的综合分析,包括软硬岩划分、受地质构造影响程度、节理发育状况、有无软弱夹层和夹层的地质状态、围岩结构及完整状态、地下水和地应力等情况,结合围岩稳定状态及中长期预报成果,根据隧道工程类型的划分标准,准确预报掌子面前方的围岩类别。

3. 地质灾害的监测、判断与防治

各类不良地质现象的准确识别及各类地质灾害的监测、判断和防治是地下工程施工地质工作中最重要的内容。

隧道施工中,塌方、涌水突泥、瓦斯突出、岩爆和大变形等地质灾害的发生,是多种因素综合作用的结果,既有地质因素,也有人为因素。人为因素可以避免,但其前提是在充分和正确认识围岩地质条件的基础上。为此,应在掌握围岩地质条件的特征和规律基础上,预报可能存在的不良的地质体和可能发生地质灾害的类型、位置、规模和危害程度,并提出相应的施工方案或抢险措施,从而最大限度地避免各类地质灾害的发生,为进一步开挖施工和事故处理提供科学依据。

10.4.3 地质超前预报常用方法

1. 地质预报法

(1)地面地质调查。

地面地质调查主要针对有疑问的地段或问题开展补充地质测绘、必要的物探或少数钻孔等。地质调查的重点是查明地层岩性、构造地质特征、水文地质条件及工程动力地质作用等。

（2）隧道地质编录。

隧道地质编录是隧道施工期间最主要的地质工作，它是竣工验收的必备文件，还可为隧道支护提供依据。

隧道地质编录应与施工配合，内容包括两壁、顶板和掌子面的岩性、断层、结构面、岩脉、地下水，同时根据条件和要求，开展必要的简单现场测试以及岩土样和地下水试样的采集。编录成果用图件、表格和文字的形式表示，供计算分析和预报之用。

（3）资料分析及地质超前预报。

通过及时分析处理地质编录资料，并与施工前隧道纵横剖面对比，对围岩类别进行修正，在此基础上对可能出现的工程地质问题进行超前预报。

2. 超前勘探法

（1）平行导坑法。

平行导洞一般距主洞 20 m 左右。导洞先行施工，对导洞揭露出的地质情况进行收集整理，并据此对主体工程的施工地质条件进行预报。与此类似，利用已有平行隧道地质资料进行隧道地质预报是隧道施工前期地质预报的一种常用方法，特别是当两平行隧道间距较小时预报效果更佳。例如，秦岭隧道施工中对此进行了有益的尝试，利用二线隧道施工所获取的岩石（体）强度资料对一线隧道将遇到的岩体强度进行预测，为一线隧道掘进机施工提供科学的依据；军都山隧道也部分使用了平行导坑预报方法。

（2）先进导洞法。

先进导洞法是将隧道断面划分成几个部分，一部分先行施工，用来进行资料收集，其预报效果比平行导坑法更好。例如，意大利 Ponts Gardena 隧道用该方法取得很大成功，用隧道掘进机开挖 9.5 m 的导洞，然后扩挖施工，预报采用几何投影方法进行。

（3）超前水平钻孔法。

超前水平钻孔法是最直接的隧道施工地质超前预报方法之一，不仅可直接预报前方围岩条件，而且特别是对富水带超前探测、排放，控制突水和洞内泥石流的发生有重要作用。该法是在掌子面上用水平钻孔打数十米或几百米的超前取心探孔，根据钻取的岩心状况、钻井速度和难易程度、循环水质、涌水情况及相关试验，获得精度很高的综合柱状图，获取隧道掌子面前方岩石（体）的强度指标、可钻性指标、地层岩性资料、岩体完整程度指标及地下水状况等诸多方面的直接资料，预报孔深范围内的地质状况。

3. 物探法

（1）电法。

电法勘探分为电剖面法和电测深法，根据工程具体情况进行选择。电法勘探是在地表沿洞轴线进行的，因此不占用施工时间。

（2）电磁波法。

电磁波法包括频率测深法、无线电波透视法和电磁感应法。其中，在隧道施工地质超前预报中应用最多的是电磁感应法，尤其是地质雷达。瞬变脉冲电磁主要用于地面勘探，目前在隧道预报中较少使用。

地质雷达（Ground Penetration Radar，GPR）探测的基本原理是电磁波通过天线向地下发射，遇到不同阻抗界面时，将产生反射波和透射波，雷达接收机利用分时采样原理和数据组合方式把天线接收到的信号转换成数字信号，主机系统再将数字信号转换成模拟信号或彩色线迹信号,并以时间剖面显示出来,供解译人员分析,进而用解析结果推断诸如地下水、断层及影响带等对施工不利的地质情况。

（3）地震波法。

地震波法主要通过测试受激地震波在岩体中的传播情况来判定前方岩体的情况,分为直达波法、折射波法、反射波法和表面波法。其中,反射波法在隧道超前预报中应用最普遍,其次为表面波法,直达波法和折射波法应用相对较少。

反射波法可在地面布置,也可在隧道内开展。地面进行适合缓倾角地质界面的探测,得出构造界面距地面的距离,确定施工掌子面前能存在断层的位置。在我国,隧道内的反射地震波法称为 TVSP(Tunnel Vertical Seismic Profiling) 和 CTSP(Cross Tunnel Seismic Profiling)。前者是将地震波震源(激发器)与检波布置于隧道的同一壁,并相距一定距离;后者是将激发器和接收器分别布置于隧道不同壁。在国外,隧道内的反射地震波法称为 TSP(Tunnel Seismic Profiling),它可以同时采用上述两种布置方法。

TSP 地质超前预报系统主要用于超前预报隧道掌子面前方不良地质的性质、位置和规模,设备限定有效预报距离为掌子面前方 100 m(最大探测距离为掌子面前方 500 m),最高分辨率为 1 m 地质体,通过在掘进掌子面后方一定距离内的浅钻孔(1.0 ~ 1.5 m)中施以微型爆破来人工制造一列有规则排列的轻微震源,形成地震源断面(图 10.9)。

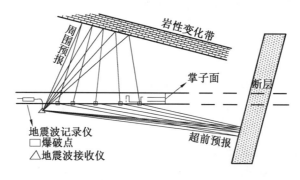

图 10.9　TSP 测试原理

震源发出的地震波遇到地层层面、节理面,特别是断层破碎带界面和溶洞、暗河、岩溶陷落柱、淤泥带等不良地质界面时,将产生反射波。这些反射波信号传播速度、延迟时间、波形、强度和方向均与相关面的性质、产状密切相关,并通过不同数据表现出来。因此,用这种方法可确定施工掌子面前方可能存在的反射界面(如断层)的位置、与隧道轴线的交角及与隧道掘进面的距离,同样也可以将隧道周围存在的岩性变化带的位置探测出来。

思　考　题

1. 简述弹性围岩和塑性围岩的应力分布特征有何不同。

2. 脆性围岩的变形破坏都包括哪些? 简述岩爆发生的条件以及岩爆发生时所产生的现象。

3. 简述如何进行围岩稳定性的定量评价。

4. 围岩受地质构造影响程度等级划分可分为几个等级? 各等级下地质构造作用特征是什么?

5. 举例说明地质超前预报常用方法有哪些。

第11章　工程地质测试技术

11.1　概　　述

为保证各类工程及周围地质环境安全,确保工程的顺利进行及安全运行,必须进行地质测试、检测和监测。地质测试技术以岩土力学理论为指导法则,以工程实践为服务对象,而岩土力学理论又是以岩土测试技术为试验依据和发展背景的。无论设计理论与方法如何先进、合理,如果测试技术落后,则设计计算所依据的岩土参数都无法准确测求,不仅岩土工程设计的先进性无从体现,而且岩土工程的质量与精度也难以保证。因此,测试技术是从根本上保证岩土工程设计安全、正确、合理、经济的重要手段。在整个岩土工程中,它与理论计算和施工检验是相辅相成的。地质工程测试技术不仅在岩土工程建设实践中十分重要,而且在岩土工程理论的形成和发展过程中也起着决定性的作用。测试技术也是确保岩土工程施工质量的重要手段。地质工程的测试、检测与监测是从事地质工程勘测工作者所必需的基本知识,同时也是从事岩土工程理论研究所必须具备的基本手段。除地应力测量技术外,下述原位测试技术在工程地质中也常用。

11.2　岩土体物理力学性质原位测试技术

岩土体原位测试技术是指在岩土工程勘查现场,在不扰动或基本不扰动岩土层的情况下对岩土层进行测试,以获得所测的岩土层的物理力学性质指标及划分土层的一种现场勘测技术,其主要手段包括荷载试验、静力触探试验、动力触探试验、标准贯入试验、十字板剪切试验、旁压试验、现场波速测试、岩石原位应力试验等,它和对岩土样品进行室内试验同属于岩土性能测试范畴。原位测试目的在于获得有代表性的、反映现场实际的基本工程设计参数,包括地质剖面的几何参数、岩土原位初始应力状态和应力历史、岩土工程参数等,在工程上有重要的意义和较广泛的应用。原位测试与钻探、取样、室内试验的传统方法比较起来具有下列明显优点。

(1)可在拟建工程场地进行测试,无须取样,避免了因取样而带来的一系列问题,如原状样扰动问题。

(2)原位测试所涉及的岩土尺寸较室内试验样品要大得多,因此更能反映岩土的宏观结构(如裂隙等)对岩土性质的影响。

以上优点决定了岩土体原位测试所提供的岩土的物理力学性质指标更具有代表性和可靠性。此外,大部分岩土体原位测试技术具有快速、经济、可连续性等优点,因此岩土原位测试技术应用越来越广。

原位测试工作主要是在建筑工程设计之前的岩土工程勘查阶段进行的,着眼于获取岩土参数,提供给设计部门使用。应用原位测试方法时,应根据岩土条件、设计对参数的要求、地区经验和测试方法的适用性等因素选用不同的原位测试方法,原位测试的仪器设备应定期检验和标定。分析原位测试成果资料时,应注意仪器设备、试验条件、试验方法等对试验的影响,结合地层条件,剔除异常数据。根据原位测试成果,利用地区性经验估算岩土工程特性参数和对岩土工程问题做出评价时,应与室内试验和工程反算参数做对比,检验其可靠性。

11.2.1　荷载试验

荷载试验是在保持地基土的天然状态下,在一定面积的刚性承压板上向地基土逐级施加荷载,并观测每级荷载下地基土的变形,它是测定地基土的压力与变形特性的一种原位测试方法。测试所反映的是承压板下 1.5～2.0 倍承压板直径或宽度范围内,地基土强度、变形的综合性状。

荷载试验按试验深度分为浅层平板荷载试验和深层平板荷载试验;按承压板形状分为圆形荷载试验、方形荷载试验和螺旋板荷载试验;按荷载性质分为静力荷载试验和动力荷载试验;按用途分为一般荷载试验和桩荷载试验。浅层平板荷载试验适用于浅层地基土;深层平板荷载试验适用于埋深等于或大于 3 m 和地下水位以上的地基土;螺旋板荷载试验适用于深层地基土或地下水位以下的地基土。荷载试验可适用于各种地基土,特别适用于各种填土及含碎石的土。

1. 仪器设备

荷载试验设备主要由承压板、加荷装置和沉降观测装置组成。

承压板一般为厚钢板,形状为圆形和方形,面积为 0.1～0.5 m^2。对承压板的要求是有足够的刚度,在加荷过程中其本身的变形要小,而且其中心和边缘不能产生弯曲和翘起。

加荷装置可分为荷载台式和千斤顶式两种(图 11.1、图 11.2),荷载台式为木质或铁质荷载台架,在荷载台上放置重物(如钢块、铅块或混凝土试块等重物);千斤顶式为油压千斤顶加荷,用地锚提供反力。采用油压千斤顶必须注意两点:一是油压千斤顶的行程必须满足地基沉降要求,二是入土地锚的反力必须大于最大荷载,以免地锚上拔。由于荷载试验加荷较大,因此加荷装置必须牢固可靠、安全稳定。

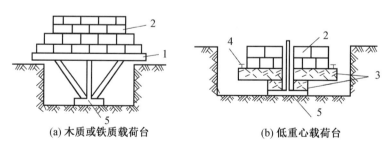

(a) 木质或铁质载荷台　　　　　(b) 低重心载荷台

图 11.1　荷载台式加荷装置
1— 荷载台;2— 钢锭;3— 混凝土平台;4— 测点;5— 承压板

沉降观测装置可用百分表、沉降传感器或水准仪等。只要满足所规定的精度要求及线形特征等条件,即可任选一种来观测承压板的沉降变形。

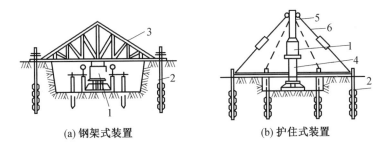

图 11.2　千斤顶式加荷装置

1— 千斤顶;2— 地棒;3— 钢架;4— 立柱;5— 分立柱;6— 拉杆

2.试验要点

(1) 荷载试验应布置在有代表性的地点,每个场地不宜少于三个,当场地内岩土体不均时,应适当增加。浅层平板荷载试验应布置在基础底面标高处。

(2) 浅层平板荷载试验的试坑宽度或直径不应小于承压板宽度或直径的三倍;深层平板荷载试验的试井直径应等于承压板直径;当试井直径大于承压板直径时,紧靠承压板周围土的高度不应小于承压板直径。

(3) 试坑或试井底的岩土体应避免扰动,保持其原状结构和天然湿度,并在承压板下铺设不超过20 mm的中砂垫层找平,尽快安装试验设备。螺旋板头入土时,应按每转一圈下入一个螺距进行操作,减少对土的扰动。

(4) 荷载试验宜采用圆形刚性承压板,根据土的软硬或岩体裂隙密度选用合适的尺寸。土的浅层平板荷载试验承压板面积不应小于0.25 m²,对软土和粒径较大的填土不应小于0.5 m²。土的深层平板荷载试验承压板面积宜选用0.5 m²。岩石荷载试验承压板的面积不宜小于0.07 m²。

(5) 荷载试验加荷方式应采用分级维持荷载沉降相对稳定法(常规慢速法)。有地区经验时,可采用分级加荷沉降非稳定法(快速法)或等沉速率法。加荷等级宜取 10 ~ 12级,并不应少于 8 级,荷载量测精度不应低于最大荷载的 ±1%。

(6) 承压板的沉降可采用百分表、沉降传感器或电测位移计量测,其精度不应低于±0.01 mm。10 min、15 min、15 min 测读一次沉降,以后间隔 30 min 测读一次沉降,当连续 2 h 每小时沉降量小于等于 0.1 mm 时,可认为沉降已达相对稳定标准,再施加下一级荷载。当试验对象是岩体时,间隔 1 min、2 min、2 min、5 min 测读一次沉降,以后每隔 10 min 测读一次,当连续三次读数差小于等于 0.01 mm 时,可认为沉降已达相对稳定标准,再施加下一级荷载。

(7) 当出现下列情况之一时,可终止试验。

① 承压板周边的土出现明显侧向挤出,周边岩土出现明显隆起或径向裂缝持续发展。

② 本级荷载的沉降量大于前级荷载沉降量的 5 倍,荷载与沉降曲线出现明显陡降。

③ 在某级荷载下 24 h 沉降速率不能达到相对稳定标准。

④ 总沉降量与承压板直径(或宽度)之比超过 0.06。

11.2.2　静力触探试验

静力触探试验是用静力将探头以一定的速率压入土中,利用探头内的力传感器,通过电子量测仪器将探头受到的贯入阻力记录下来。由于贯入阻力的大小与土层的性质有关,因此通过贯入阻力的变化情况,可以达到了解土层的工程性质的目的。

静力触探试验可根据工程需要采用单桥探头、双桥探头或带孔隙水压力量测的单、双桥探头,可测定比贯入阻力(p_s)、锥尖阻力(q_c)、侧壁阻力(f_s)和贯入时的孔隙水压力(u)。静力触探试验适用于软土、一般黏性土、粉土、砂土和含少量碎石的土。

下面就静力触探试验的设备构造及试验方法做简要介绍。

1. 静力触探试验的设备构造

静力触探设备试验由加压装置、反力装置、探头及量测记录仪器四部分组成,本小节主要介绍前三种。

(1)加压装置。

加压装置的作用是将探头压入土层中,按加压方式可分为下列几种。

① 手摇式轻型静力触探。手摇式轻型静力触探利用摇柄、链条、齿轮等用人力将探头压入土中。用于较大设备难以进入的狭小场地的浅层地基土的现场测试。

② 齿轮机械式静力触探。齿轮机械式静力触探主要组成部件有变速马达(功率为2.8 ~ 3 kW)、伞形齿轮、丝杆、稻香滑块、支架、底板、导向轮等。其结构简单、加工方便,既可单独落地组装,也可装在汽车上,但贯入力小,贯入深度有限。

③ 全液压传动静力触探。全液压传动静力触探分单缸和双缸两种,主要组成部件有油缸和固定油缸底座、油泵、分压阀、高压油管、压杆器和导向轮等。目前,国内使用全液压传动静力触探仪比较普遍,一般最大贯入力可达200 kN。

(2)反力装置。

静力触探的反力用以下三种形式解决。

① 利用地锚做反力。当地表有一层较硬的黏性土覆盖层时,可以使用2 ~ 4个或更多的地锚做反力,视所需反力大小而定。锚的长度一般为1.5 m左右,叶片的直径可分成多种,如25 cm、30 cm、35 cm、40 cm,以适应各种情况。

② 利用重物做反力。如地表土为砂砾、碎石土等,地锚难以下入,此时采用压重物来解决反力问题,即在触探架上压以足够的重物,如钢轨、钢锭、生铁块等。软土地基贯入30 m以内的深度,一般需压重物40 ~ 50 kN。

③ 利用车辆自重做反力。将整个触探设备装在载重汽车上,利用载重汽车的自重做反力。贯入设备装在汽车上工作方便,工效比较高,但由于汽车底盘距地面过高,因此钻杆施力点距离地面的自由长度过大,当下部遇到硬层而使贯入阻力突然增大时易使钻杆弯曲或折断,应考虑降低施力点距地面的高度。

触探钻杆通常用外径为ϕ32 ~ 35 mm、壁厚为5 mm以上的高强度无缝钢管制成,也可用ϕ42 mm的无缝钢管。为方便使用,每根触探杆的长度以1 m为宜,钻杆接头宜采用平接,以减小压入过程中钻杆与土的摩擦力。

(3)探头。

将探头压入土中时,由于土层的阻力,因此探头受到一定的压力。土层的强度越高,探头所受到的压力越大。通过探头内的阻力传感器(简称传感器)可以将土层的阻力转换为电信号,然后由仪表测量出来。为实现这个目的,需运用三个方面的原理,即材料弹性变形的胡克定律、电量变化的电阻率定律和电桥原理。

传感器受力后要产生变形。根据弹性力学原理,若应力不超过材料的弹性范围,其应变的大小与土的阻力大小成正比,而与传感器截面积成反比。因此,只要能测量出传感器的应变大小,即可知土阻力的大小,从而求得土的有关力学指标。

如果在传感器上贴上电阻应变片,当传感器受力变形时,应变片也随之产生相应的应变从而引起应变片的电阻变化。根据电阻定律,应变片的阻值变化与电阻丝的长度变化成正比,与电阻丝的截面积变化成反比,这样就能将传感器的变形转化为电阻的变化。但由于传感器在弹性范围内的变形很小,引起电阻的变化也很小,不易测量出来,因此在传感器上贴一组电阻应变片,组成一个电桥电路,使电阻的变化转化为电压的变化,通过放大,就可以测量出来。静力触探就是通过探头传感器实现一系列量的转换,即土的强度—土的阻力—传感器的应变—电阻的变化—电压的输出,最后由电子仪器放大和记录下来,达到测定土强度和其他指标的目的(图 11.3)。

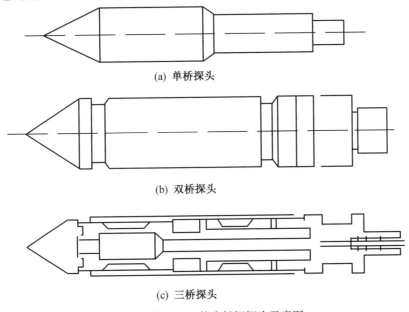

(a) 单桥探头

(b) 双桥探头

(c) 三桥探头

图 11.3　静力触探探头示意图

2. 试验方法

现场试验步骤如下。

(1) 将仪表与探头接通电源,打开仪表和稳压电源开关,使仪器预热 15 min。

(2) 根据土层软硬情况,确定工作电压,将仪器调零,并记录孔号、探头号、标定系数、工作电压及日期。

(3) 先压入 0.5 m,稍停后提升 10 cm,使探头与地温相适应,记录仪器初读数 ε_0。试验中每贯入 10 mm 测记读数 ε_1 一次。以后每贯入 3 ~ 5 m,提升 5 ~ 10 cm,以检查仪器初读数 ε_0。

(4) 探头应匀速垂直压入土中,贯入速度控制在 1.2 m/min。

(5) 接卸钻杆时,切勿使入土钻杆转动,以防止接头处电缆被扭断,同时应严防电缆受拉,以免拉断或破坏密封装置。

（6）防止探头在阳光下暴晒,每结束一孔,应及时将探头锥头部分卸下,将泥沙擦洗干净,以保持顶柱及外套筒能自由活动。

11.2.3 圆锥动力触探试验

圆锥动力触探是利用一定的锤击能量,将一定尺寸、一定形状的圆锥探头打入土中,根据打入土中的难易程度(可用贯入度、锤击数或单位面积动贯入阻力来表示)来判别土层的变化,对土层进行力学分层,并确定土层的物理力学性质,对地基土做出工程地质评价。通常用打入土中一定距离所需的锤击数来表示土层性质,也有用动贯入阻力来表示土层性质的。圆锥动力触探的优点是设备简单、操作方便、工效较高、适应性强,并具有连续贯入的特点。对难以取样的砂土、粉土、碎石类土等土层和对静力触探难以贯入的土层,圆锥动力触探是十分有效的勘探测试手段。圆锥动力触探的缺点是不能采样对土进行直接鉴别描述,试验误差较大,再现性较差。若将探头换为标准贯入器,则称为标准贯入试验。利用圆锥动力触探试验可以解决以下问题。

（1）划分不同性质的土层。当土层的力学性质有显著差异,而在触探指标上有显著反映时,可利用动力触探进行分层和定性地评价土的均匀性,检查填土质量,探查滑动带、土洞和确定基岩面或碎石土层的埋藏深度等。

（2）确定土的物理力学性质。确定砂土的密实度和黏性土的状态,评价地基土和桩基承载力,估算土的强度和变形参数等。

1. 圆锥动力触探试验设备

（1）动力触探类型及规格。

圆锥动力触探试验的类型可分为轻型、重型和超重型三种,其设备规格和适用的土层应符合表 11.1 的规定。

表 11.1　动力触探、标准贯入试验的设备规格及适用的土层

类型		轻型	重型	超重型
落锤头	锤的质量 /kg	10	63.5	120
	落距 /cm	50	76	100
	直径 /mm	40	74	74
	锥角 /(°)	60	60	60
探杆直径 /mm		25	42	50 ~ 60
指标		贯入 30 cm 的锤击数 N_{10}	贯入 10 cm 的锤击数 $N_{63.5}$	贯入 10 cm 的锤击数 N_{120}
主要适用岩土		厚度不大于 4 m 的填土、砂土、黏性土	沙土、中密以下的碎石土、极软岩	密实和很密的碎石土、软岩、极软岩

（2）试验仪器设备。

圆锥动力触探试验设备主要分为以下四个部分。

① 探头。探头为圆锥形,锥角为 60°,探头直径为 40 ~ 74 mm。

② 穿心锤。穿心锤为钢质圆柱形,中心圆孔略大于穿心杆 3 ~ 4 mm。

③ 提引设备。轻型动力触探采用人工放锤,重型及超重型动力触探采用机械提引器放锤,提引器主要有球卡式和卡槽式两类。

④ 探杆。轻型探杆外径为 25 mm；重型探杆外径为 42 mm；超重型探杆外径为 60 mm。

2. 技术要求

圆锥动力触操试验技术要求应符合下列规定。

（1）采用自动落锤装置。

（2）触探杆最大偏斜度不应超过 2%，锤击贯入应连续进行。同时，防止锤击偏心、探杆倾斜和侧向晃动，保持探杆垂直度，锤击速率宜为 15 ~ 30 击 /min。

（3）每贯入 1 m，宜将探杆转动一圈半。当贯入深度超过 10 m 时，每贯入 20 cm 宜转动探杆一次。

（4）对轻型动力触探，当 $N_{10} > 100$ 或贯入 15 cm 锤击数超过 50 次时，可停止试验；对重型动力触探，当连续三次 $N_{63.5} > 50$ 时，可停止试验或改用超重型动力触探。

11.2.4　标准贯入试验

标准贯入试验是动力触探的一种，它利用一定的锤击动能（重型触探锤质量为 63.5 kg，落距 76 cm），将一定规格的对开管式的贯入器打入钻孔孔底的土中，根据打入土中的贯入阻力，判别土层的变化和土的工程性质。贯入阻力用贯入器贯入土中 30 cm 的锤击数 N 表示（又称标准贯入锤击数 N）。

标准贯入试验要结合钻孔进行，国内统一使用直径为 42 mm 的钻杆，国外也有使用直径 50 mm 的钻杆或为 60 mm 的钻杆。标准贯入试验的优点在于设备简单、操作方便、土层的适应性广，除砂土外，对硬黏土及软土岩也适用，而且贯入器能够携带扰动土样，可直接对土层进行鉴别描述。标准贯入试验适用于砂土、粉土和一般黏性土。

1. 试验仪器设备

标准贯入试验设备基本与重型动力触探设备相同，主要由标准贯入器、触探杆、穿心锤、锤垫及自动落锤装置等组成。不同的是标准贯入使用的探头为对开管式贯入器，对开管外径为 (51 ±1) mm，内径为 (35 ± 1) mm，长度大于 457 mm，下端接长度为 (76 ±1) mm、刃角为 18° ~ 20°、刃口端部厚为 1.6 mm 的管靴，上端接一内外径与对开管相同的钻杆接头，长为 152 mm（图 11.4）。

2. 试验要点

（1）标准贯入试验孔采用回转钻进，并保持孔内水位略高于地下水位。当孔壁不稳定时，可用泥浆护壁，钻至试验标高以上 15 cm 处，清除孔底残土后再进行试验。

（2）采用自动脱钩的自由落锤法进行锤击，并减小导向杆与锤间的摩阻力，避免锤击时其偏心和侧向晃动，保持贯入器、探杆、导向杆连接后的垂直度，锤击速率应小于 30 击 / min。

（3）贯入器打入土中 15 cm 后，开始记录每打入 10 cm 的锤击数，累计打入 30 cm 的锤

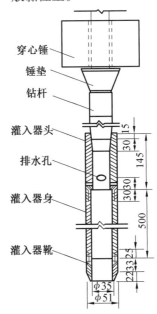

穿心锤
锤垫
钻杆

灌入器头
排水孔
灌入器身

灌入器靴

15
30
145
3030
500
2233 25
φ35
φ51

图 11.4　标准贯入试验设备

击数为标准贯入试验锤击数 N。当锤击数已达 50 击,而贯入深度未达 30 cm 时,可记录 50 击的实际贯入深度,按下式换算成相当于 30 cm 的标准贯入试验锤击数 N,并终止试验,即

$$N = 30 \times \frac{50}{\Delta S} \tag{11.1}$$

式中,ΔS 为 50 击时的贯入度,cm。

(4) 拔出贯入器,取出贯入器中的土样进行鉴别描述。

11.2.5　十字板剪切试验

十字板剪切试验是将插入软土中的十字扳头以一定的速率旋转,在土层中形成圆柱形的破坏面,测出土的抵抗力矩,从而换算其土的抗剪强度。十字板剪切试验可用于原位测定饱和软黏土($\varphi_b = 0$)的不排水抗剪强度和估算软黏土的灵敏度,试验深度一般不超过 30 m。

为测定软黏土不排水抗剪强度随深度的变化,十字板剪切试验的布置对均质土试验点竖向间距可取 1 m,对非均质或夹薄层粉细砂的软黏性土宜先做静力触探,结合土层变化,选择软黏土进行试验。

目前我国使用的十字板有机械式和电测式两种。机械式十字板每做一次剪切试验均要清孔,费工费时,工效较低;电测式十字板克服了机械式十字板的缺点,工效高,测试精度较高。

机械式十字板力的传递和计量均依靠机械的能力,需配备钻孔设备,成孔后下放十字板进行试验。

电测式十字板是用传感器将土抗剪破坏时力矩大小转变成电信号,并用仪器量测出来,常用的为轻便式十字板,静力触探两用,不用钻孔设备。试验时直接将十字板头以静力压入土层中,测试完后,再将十字板压入下一层上继续试验,实现连续贯入,比机械式十字板测试效率提高 5 倍以上。

试验仪器主要由以下四部分组成。

(1) 测力装置。测力装置为开口钢环式测力装置。

(2) 十字板头。国内外多采用矩形十字板头,径高比为 1:2 的标准型。十字板头板厚宜为 2 ~ 3 mm,常用的规格有 50 mm × 100 mm 和 75 mm × 150 mm 两种。前者适用于稍硬黏性土。图 11.5 所示为十字板头。

(3) 轴杆。一般使用的轴杆直径为 20 mm。

(4) 设备。设备主要有钻机、秒表及百分表等。

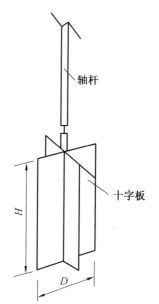

图 11.5　十字板头

11.2.6　其他的土体原位测试技术

1. 旁压试验

旁压试验是通过旁压器在竖直的孔内加压,使旁压膜膨胀,并由旁压膜(或护套)将压力传给周围土体(或软岩),使土体产生变形直至破坏,并通过量测装置测得施加的压

力与岩土体径向变形的关系,从而估算地基土的强度、变形等岩土工程参数的一种原位试验方法。旁压试验适用于黏性土、粉土、砂土、碎石土、残积土、极软岩和软岩等。

旁压试验可理想化为圆柱孔穴扩张课题,典型的旁压曲线如图 11.6 所示。旁压曲线可分为三段:AB 段为初始段,反映孔壁扰动土的压缩;BC 段为似弹性阶段,压力与体积变化成直线关系;CD 段为塑性阶段,压力与体积变化呈曲线关系,随着压力的增大,体积变化越来越大,最后急剧增大,达破坏极限。AB 与 BC 段的界限压力 p_0 相当于初始水平应力;BC 与 CD 段的界限压力 p_f 相当于临界塑压力。

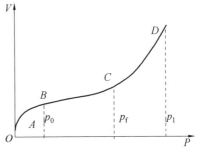

图 11.6　典型的旁压曲线

旁压试验与静力荷载试验比较起来,其优点是:可以在不同的深度上进行试验,特别是地下水以下的土层;所求的地基承载力数值与平板荷载试验相近,试验精度高;设备轻便、测试时间短。其缺点是受成孔质量影响较大。

2. 扁铲侧胀试验

扁铲侧胀试验(简称扁胀试验)是用静力(有时也用锤击动力)把一扁铲形探头贯入土中,达到试验深度后,利用气压使扁铲侧面的圆形钢膜向外扩张进行试验,测量膜片刚好与板面齐平时的压力和移动 10 mm 时的压力,然后减少压力,测得膜片刚好恢复到与板面齐平时的压力。这三个压力经过刚度校正和零点校正后,分别用 p_0、p_1、p_2 表示。根据试验成果可获得土体的力学参数,它可以作为一种特殊的旁压试验。它的优点在于简单、快速、重复性好和便宜,近年来在国外发展很快。扁胀试验适用于一般黏性土、粉土、中密以下砂土、黄土等,不适用于含碎石的土、风化岩等。

3. 现场波速测试

土的动弹性参数,在工程抗震设计和动力基础反应等方面有广泛的用途,其测定方法可分为室内试验和现场波速测试两大类,后者应能保持岩土体的天然结构构造和初始应力状态,测试成果实际应用价值大,因此更受到工程勘查单位的重视。

现场波速测试的基本原理,是利用弹性波在介质中的传播速度与介质的动弹模量、动剪切模量、动泊松比及密度等的理论关系,从测定的传播速度入手求取土的动弹性参数。在地基土振动问题中弹性波有体波和面波,体波分为纵波(P 波)和横波(S 波),面波分为瑞利波(R 波)和勒夫波(Q 波)。在岩土工程勘查中主要利用的是直达波的横波速度,所以测定波速前,先要钻探成孔。波速测试适用于测定各类岩土体的压缩波、剪切波或瑞利波的波速,可根据任务要求,采用单孔法、跨孔法或面波法。

11.3　岩体原位测试

岩体原位测试是在现场制备岩体试件模拟工程作用对岩体施加外荷载,进而求取岩体力学参数的试验方法,是岩土工程勘查的重要手段之一。岩体原位测试的最大优点是对岩体扰动小,尽可能地保持了岩体的天然结构和环境状态,使测出的岩体力学参数直观、准确;其缺点是试验设备笨重、操作复杂、工期长、费用高。另外,原位测试的试件与工程岩体相比,其尺寸小得多,所测参数也只能代表一定范围内的力学性质。因此,要取得整个工程岩体的力学参数,必须有一定数量试件的试验数据用统计方法求得。本书仅介绍一些常用岩体原位测试方法的基本原理。

1. 岩体的变形试验

岩体变形试验测试参数的方法有静力法和动力法两种。

静力法的基本原理是:首先在选定的岩体表面、槽壁或钻孔壁面上施加一定的荷载,并测定其变形;然后绘制出压力 – 变形曲线,计算岩体的变形参数。根据其方法不同,静力法又可分为承压板法、狭缝法、钻孔变形法及水压法等。

动力法是用人工方法对岩体发射或激发弹性波,并测定弹性波在岩体中的传播速度,然后通过一定的关系式求岩体的变形参数。据弹性波的激发方式不同,动力法又分为声波法和地震法。

承压板法是通过刚性承压板对半无限空间岩体表面施加压力并量测各级压力下岩体的变形,按弹性理论公式计算岩体变形参数的方法。该方法的优点是简便、直观,能较好地模拟建筑物基础的受力状态和变形特征。

狭缝法又称刻槽法,一般是在巷道或试验平硐底板或侧壁岩面上进行。其基本原理是:在岩面开一狭缝,将液压枕放入,再用水泥砂浆填实;待砂浆达到一定强度后,对液压枕加压;利用布置在狭缝中垂线上的测点量测岩体的变形,进而利用弹性力学公式计算岩体的变形模量。该方法的优点是设备轻便,安装较简单,对岩体扰动小,能适应各种方向加压,且适合于各类坚硬完整岩体,是目前工程上经常采取的方法之一。它的缺点是当假定条件与实际岩体有一定出入时,将导致计算结果误差较大,而且随测量位置不同,测试结果有所不同。

2. 岩体的强度试验

岩体的强度试验所获参数是工程岩体破坏机理分析及稳定性计算不可缺少的,目前主要依据现场岩体力学试验求得。特别是在一些大型工程的详勘阶段,大型岩体力学试验占有很重要的地位,是主要的勘查手段。原位岩体强度试验主要有直剪试验、单轴和三轴的抗压试验等。由于原位岩体试验考虑了岩体结构及其结构面的影响,因此其试验成果较室内岩块试验更符合实际。

岩体原位直剪试验一般在平硐中进行,如在试坑或在大口径钻孔内进行时,则需设置反力装置。其原理是在岩体试件上施加法向压应力和水平剪应力,使岩体试件沿剪切面剪切。直剪试验一般需制备多个试件,在不同的法向应力作用力下进行试验。岩体直剪试验又可细分为抗剪断试验、摩擦试验及抗切试验。

岩体原位三轴试验一般是在平硐中进行的,即在平硐中加工试件,并施加三向压力,使其剪切破坏,然后根据摩尔理论求岩体的抗剪强度指标。

3. 岩体的应力测试

岩体的应力测试,就是在不改变岩体原始应力条件的情况下,在岩体原始的位置进行应力量测的方法。岩体应力测试适用于无水、完整或较完整的均质岩体,分为表面、孔壁和孔底应力测试。一般是先测出岩体的应变值再根据应变与应力的关系计算出应力值。测试的方法有应力解除法和应力恢复法。

应力解除法的基本原理是:首先岩体在应力作用下产生应变,当需测定岩体中某点的应力时,可将该点的单元岩体与其分离,使该点岩体上所受的应力解除,此时由应力作用产生的应变即相应恢复,应用一定的量测元件和仪器测出应力解除后的应变值即可由应变与应力关系求得应力值。

应力恢复法的基本原理是:在岩面上刻槽,岩体应力被解除,应变也随之恢复;然后在槽中埋入液压枕,对岩体施加压力,使岩体的应力恢复至应力解除前的状态,此时液压枕施加的压力即应力解除前岩体受到的压力。通过量测应力恢复后的应力和应变值,利用弹性力学公式即可解出测点岩体中的应力状态。

4.岩体现场简易测试

岩体现场简易测试主要有岩体声波测试、岩石点荷载强度试验及岩体回弹捶击试验等几种。其中,岩石点荷载强度试验及岩体回弹捶击试验是对岩石进行试验,而岩体声波测试是对岩体进行试验。

(1)岩体声波测试。

岩体声波测试是利用对岩体试件激发不同的应力波,通过测定岩体中各种应力波的传播速度来确定岩体的动力学性质。此项测试具有轻便简易、快速经济、测试内容多而且精度易于控制等优点,因此具有广阔的发展前景。

(2)岩石点荷载强度试验。

岩石点荷载强度试验是将岩块试件置于点荷载仪的两个球面圆锥压头间,对试件施加集中荷载直至破坏,然后根据破坏荷载求岩石的点荷载强度。此项测试技术的优点是可以测试岩石试件及低强度和分化严重岩石的强度。

(3)岩体回弹捶击试验。

岩体回弹捶击试验的基本原理是利用岩体受冲击后的反作用,使弹击锤回跳的数值即为回弹值。此值越大,表明岩体弹性越强、越坚硬;反之,说明岩体软弱,强度越低。用回弹仪测定岩体的抗压强度具有操作简便及测试迅速的优点,是岩土工程勘查对岩体强度进行无损检测的手段之一。特别是在工程地质测绘中,使用这一方法能较方便地获得岩体抗压强度指标。

11.4　工程地质监测技术

动态土的性质是分析与设计受如地震震动、机器振动及交通荷载等动荷载影响的建筑物的重要参数,上述每一因素都会使土与建筑物系统承受不同的振幅与频率,并且在大的加载振幅和频率范围内需要考虑土的动力学性质。

近年来,随着国家建设工程的发展,隧道变形、地面沉降、路基坍塌及崩塌滑坡地质灾害等问题突出,急需要对该类工程地质问题进行有效的监测与治理,监测方法包括宏观地质监测法、摄影测量法、测量机器人监测系统、大地测量法、全球定位系统方法、地理信息系统方法、遥感方法、孔测斜仪法、声发射方法、时域反射系统方法等。光纤传感监测技术是在 20 世纪 70 年代随着光导纤维及光纤通信技术的发展而迅速发展起来的,是一种以光为载体、以光纤为媒介,感知和传输外界信号的新型监测技术。光纤传感监测技术具有高精度、远程实时、长距离、耐久性长及抗电磁干扰等突出特点,能够弥补传统监测技术和方法不能满足大型基础工程健康诊断监测要求的不足。

我国是发生地质灾害较严重的国家之一,崩塌、滑坡和泥石流等突发性地质灾害发生频度和造成的损失不断加大。因此,变形监测研究的重要性显得更加突出,推动了变形监测理论和技术方法的迅速发展。

11.4.1　北斗卫星导航技术

1.关于北斗卫星导航系统

北斗卫星导航系统(BeiDou Navigation Satellite System,BDS)是我国自行研制的全球卫星导航系统,是继美国全球定位系统(GPS)、俄罗斯格洛纳斯卫星导航系统(GLONASS)之后的第三个成熟的卫星导航系统。BDS和美国GPS、俄罗斯GLONASS、欧盟GALILEO是联合国卫星导航委员会已认定的卫星导航系统。

北斗卫星导航系统由空间段、地面段和用户段三部分组成,可在全球范围内全天候、全天时为各类用户提供高精度、高可靠的定位、导航、授时服务,并具短报文通信能力,2012年已经具备亚太区区域导航、定位和授时能力,2020年基本已经实现覆盖全球区域。北斗卫星导航系统定位精度为10 m,测速精度为0.2 m/s,授时精度为10 ns,支持报短文通信。

2.关于我国自然灾害情况

我国是世界上自然灾害较严重的少数几个国家之一。我国的自然灾害种类多,发生频率高,灾情严重。我国自然灾害的形成深受自然环境与人类活动的影响,有明显的南北不同和东西分异。东部沿海季风区自然灾害频发,是灾情比较严重的地区;内陆地区,特别是山地丘陵地区地质灾害较为严重。

我国幅员辽阔,地理气候条件复杂,自然灾害种类多且发生频繁,除现代火山活动导致的灾害外,几乎所有的自然灾害,如水灾、旱灾、地震、台风、风雹、雪灾、山体滑坡、泥石流、病虫害、森林火灾等,每年都有发生。自然灾害表现出种类多、区域性特征明显、季节性和阶段性特征突出、灾害共生性和伴生性显著等特点。

3.北斗卫星导航系统在减灾救灾方面的应用

北斗卫星导航系统兼具导航、定位、授时、短报文等多种功能于一体,在自然灾害救灾预警发布、灾情管理服务、灾害应急响应、救灾物资调配、灾情核查评估等业务工作中发挥重要作用。

(1)避免地面通信网络中断情况。

重特大自然灾害发生后,容易造成灾区地面通信网络中断,灾情难以第一时间上报给上级民政减灾救灾部门。向基层城乡社区报灾人员配发具有短报文功能的北斗卫星导航系统终端,可以通过北斗短报文,第一时间将灾后情况快速上报,为救灾决策提供支持。同时,北斗卫星导航系统终端的应用有助于上级民政部门及时采取救灾措施,调度人员和物资。

(2)消除灾情报送网络的盲区或盲点。

由于基层灾情报送网络的覆盖面有限,在地形复杂的偏远山区、牧区及边疆省份部分地区存在通信盲区,手机及地面宽带网络不能有效覆盖,因此推广应用北斗卫星导航系统终端有助于消除全国民政灾情报送网络的盲区或盲点。

（3）实现对救灾物资调运进度的有效监控。

在重特大自然灾害发生后，救灾物资调运过程监控如果依靠传统电话联络，将无法实时监控救灾物资运输调度的位置与状态，如果为救灾物资调运车辆配备北斗卫星导航系统终端，则可以实现对救灾物资调运进度的有效监控。

（4）与移动手持终端应用程序（App）结合提升灾害信息服务水平。

灾害发生后，需要安全、可靠、稳定的集成化信息服务平台，以支持灾害现场应急救援信息保障。将北斗卫星导航系统与移动手持终端 App 结合，可以实现面向灾区应急救援人员及灾区社会群众的救灾预警信息、灾情信息的定向快速发布，提升灾害信息服务的水平。

北斗卫星导航系统对于各类自然灾害的应用如下。

（1）大风。

利用北斗卫星导航探空仪可以实时测量大气的风速和风向，最大可测风速为 150 m/s，风速测量精度为 1 m/s，风向测量精度为 3°。

为渔船提供导航、遇险求救、渔讯等增值信息服务，每当台风即将来临时，通过北斗通信终端向渔民发送台风预警预报信息。同时，在台风登陆时，在现有电力、通信、道路等基础设施损害严重的情况下，利用北斗卫星导航系统的定位、授时、短报文等功能，以及北斗卫星通信手段，可以在救灾过程中提供位置、时间、通信等服务。

（2）洪涝。

洪涝灾害是比较常见的自然灾害之一。

气象卫星遥感水情监测和北斗卫星大气水汽监测，可以预报短期强降水汛期期间卫星气象中心利用气象卫星和多种高分辨率卫星资料监测到的全国范围和七大江河流域的水情变化。同时，通过北斗卫星可以监测预报局部地区大气水汽的短期强降水情况。

北斗卫星导航系统还可以无人值守实时测量水位的高度，对河流水库的水位进行监测。

北斗卫星导航系统在洪涝灾害时报警的应用，实现警报发放无盲区、控制超远距离，并将警报发放结果及时回传到控制中心，这一系统在防灾救援中能及时有效地提供警报信号，特别是在洪涝、自然灾害来临时，能针对受灾区域精准发放灾情信号，引导人民群众及时防范和疏散。

（3）地震。

高精度的卫星导航接收机可以对大地形变进行实时测量。在地质活跃区域建立形变监测点可以有效地监控地表的活动状态。同时，卫星导航接收机还能够监测电离层电子浓度，电离层电子活跃度的变化与地壳运动有一定的联系，也能够作为预测地震的一种手段。

大地震发生后灾区的手机通信基站被破坏，电缆、光缆被截断，有线、无线通信全部中断。在这种情况下，我国自主研制的北斗卫星导航定位系统成功为灾区一线和指挥部建立了实时通道，在决策、搜救、医疗等过程中发挥了关键作用。北斗卫星导航定位系统自身具有的覆盖范围广、受地面影响小、定位报告快等优势得到充分发挥，可称为救援指挥部和前方救援人员最有力的通信助手。救援部队使用北斗卫星定位导航系统辅助救灾的指挥工作，救灾部队携带的北斗系统陆续发回各种灾情和救援信息。北斗卫星终端用户向卫星发射短信息后，卫星可以将信息通过北斗地面控制中心和北斗星通运营中心发往全国各地的救灾指挥中心，指挥中心将命令处理后通过卫星播发给各终端，整个过程时间达到秒级，这充分保障了救援工作通信的实时性和一致性。

（4）滑坡泥石流监测。

我国是一个崩塌、滑坡、泥石流等地质灾害发生十分频繁和灾害损失极为严重的国家，尤其是中西部地区。利用北斗卫星导航系统可以对这些地质灾害进行监测。高精度的北斗卫星接收机配合连续基准站，可以对易发灾害的地区进行实时、高精度的监测。北斗 CORS 地质沉降监测方法是利用 CORS 连续运行卫星定位参考站技术，采用双差解算模式，在优化载波相位差分数据处理方法的基础上，同时处理基准站和监测站载波相位等数据，得到精确的监测点相对于基准点的形变量，达到地质沉降形变监测目的。

北斗卫星导航系统具有定位快、全天候、自动化、测站间无须通视、同时测定三维坐标、测量精度高等特点，是普通人工借助光学仪器测量地质沉降的技术无法比拟的，高精度北斗监测地质沉降技术具有很强的先进性和实用性。

野外监测点一般是移动通信无法覆盖的地方，北斗卫星导航系统的卫星通信功能可以解决监测数据传输的问题。这样，监测站可以实现无人值守的全自动化，建立在任何一个可能发生事故的地区。

4. 地质灾害检测平台

中国地质环境监测院针对常见的地面沉降、滑坡等地质灾害研制了应用于北京、长三角地区、三峡库区、四川等多个地区基于北斗卫星导航系统的地质灾害实时监测系统，建立了能够满足地质灾害实时监测需求、有效管理各类地质监测信息的综合监测管理系统，实现了监测数据的自动采集、实时传输与存储、快速分析与处理，同时能够管理各类地质灾害监测数据与信息（图 11.7）。

图 11.7　基于北斗卫星导航系统的地质灾害实时监测系统结果框架示意图

系统分为三层：底层是野外地质灾害监测点，负责自动采集该地的地质灾害监测数据，并将数据通过北斗用户终端发送给所属的地区级分中心；中间层是地区级地质灾害监测分中心，负责监测管辖范围内的地质灾害并对数据进行分析和处理；顶层是国家级地质灾害监测总中心，利用北斗民用管理平台直接监控各分中心及各监测点的运行状态，同时获取该系统内各监测点的数据。

北斗卫星导航系统拥有良好的覆盖性和监控功能,为地质灾害监测系统提供了通信链路。针对不同方向的应用,其主要的实时监测系统分为以下三个方面。

(1) 滑坡实时监测系统。

基于北斗一号卫星导航系统的滑坡实时监测系统在部分地区取得了很好的应用效果,该系统由野外信息采集监测站、数字化滑坡自动监测点、北斗导航卫星通信系统和地质灾害监测分析中心四部分组成。

北斗卫星滑坡自动化远程监测系统的主要工作流程是由野外监测站采集地下水位、降雨量、水温、地表位移、深部变形等地质环境特征数据,根据需要定时操控或由远程遥控,利用北斗卫星导航系统将数据直接发送至地质灾害监测中心,由监测中心对数据进行分析处理,同时可通过北斗系统向野外系统发送反馈信息和控制指令。

基于北斗卫星的滑坡实时监测系统是一套实时、远程控制的自动化监控系统。该系统可以在传统通信手段使用不便的地区,利用北斗卫星导航系统及时、准确、方便地获取各个滑坡危险地区实时监测数据,对今后滑坡灾害的调查分析和预报具有重要的意义。

(2) 地应力实时监测系统。

基于北斗一号卫星导航系统的地应力实时监测系统由中心站控制处理单元、北斗一号卫星通信单元和野外数据采集单元组成(图 11.8)。

图 11.8　基于北斗一号卫星的地应力实时监测系统结构图

(3) 抗震救灾应急指挥系统。

抗震救灾应急指挥系统以北斗卫星导航系统为平台,集计算机技术、测绘技术、卫星导航定位技术、通信和图像传输等技术于地理信息系统,在掌上平板(PAD)实现抗震救灾分队与指挥部信息共享,建立了抗震救灾应急指挥系统。通过北斗卫星导航系统可以为抗震救灾提供导航、定位及实时灾情上报,协助抗震人员实施各种抗震救灾行动,从而大大提高抗震救灾能力,最大限度地减少地震带来的财产损失和人员伤亡,实时将灾区信息标绘在电子地图上并迅速发送到指挥部,及时提供准确的灾区信息,为抗震救灾决策提供科学依据,为夺取抗震救灾决定性胜利提供可靠的技术保障。

北斗卫星导航系统良好的导航定位功能可以为灾区的现场工作组和救援人员提供实时的定位服务,尤其是在边远山区,可以为灾情信息采集提供高效、实时的技术保障,以便及时制定应对措施。

11.4.2　其他工程地质监测技术

1. 大地精密测量法

大地精密测量法利用精密水准仪通过几何水准测量获得垂直位移量,并利用精密全站仪通过交会法、导线法等得到水平位移量,由此得知滑坡体的三维位移量、位移趋势以及地表形变范围。因为该方法具备操作简便、易于实现和成果准确可靠等优点,所以长期以来备受滑坡工程监测人员的青睐。但是,大地精密测量法也存在一定的局限,如易受地形通视条件限制及天气状况影响、监测周期长、连续观测的能力差等。

2. 近景摄影测量法

近景摄影测量法的测量方式比较多。例如,利用普通相机或数码相机照相,输入计算机先进行像点测量,再通过程序计算获取三维坐标,根据坐标判断形变;用专用量测相机对滑坡监测范围进行拍摄,并构成立体像对,结合坐标量测仪测出观测点的像坐标,然后结合坐标法测定地面变形。

近景摄影测量用于滑坡监测的优势在于,观测人员无须到达观测现场,且观测站点也不要求绝对稳定,只要取景理想即可。但是,该方法仍然会受到天气状况的影响,并且位移监测的绝对精度较低。

近景摄影测量法在滑坡监测中应用优点及局限条件有如下结论。

(1)近景摄影滑坡监测是面的监测,从地质灾害预警和应急处理角度考虑,滑坡体的滑动多是整体的岩土体变形,近景摄影监测数据可以达到滑坡监测要求。

(2)近景摄影滑坡监测存储的是三维数据,通过建立不同时期的滑坡体三维模型进行比对而达到监测目的,其输出结果立体、形象、生动且具有可溯源性,随时可对滑坡历史场景中的任意点、任意区域进行分析对比。

(3)近景摄影滑坡监测在应用过程中受到地形条件、摄影角度、摄影光线、地貌植被等条件的限制,在一些情况下难以完成滑坡监测任务。

3. GPS 定位技术

GPS 作为 20 世纪的一项高新技术,具有定位速度快、全天候、自动化、测站之间无须通视等特点,对经典大地测量及地球动力学研究的诸多方面产生了极其深刻的影响,在滑坡监测方面的应用也越来越广泛。GPS 静态定位技术(GPS 定位技术)可以达到毫米级的精度,在变形监测方面有很好优越性,完全可以满足高精度滑坡监测的要求,其主要包括内容监测网的技术设计、外业观测、数据处理、变形分析等。

武汉大学测绘学院徐绍铨教授于 1999 年 2—7 月份在三峡库区链子崖至巴东库段布设 60 个 GPS 监测点,进行 GPS 滑坡监测试验,通过三期实测试验与研究,证明在三峡库区滑坡监测时完全可用 GPS 定位技术来代替常规的外观测量方法,且在精度、速度、时效性、效益等方面都优于常规方法。

国土资源部于 1999 年首次采用 GPS 定位技术对三峡库区崩滑地质灾害监测进行了试验性研究,分析了 GPS 监测的最佳时段、最佳时段长度、最佳截止高度角的选取及适宜采用的软件和星历等问题。结果表明,利用 GPS 定位技术进行崩滑地质灾害监测能够满足其精度要求,该项技术是可行的。

4. 时间域反射技术

时间域反射技术(Time Domain Reflectometry,TDR)又称时间域反射测试技术,是一种远程遥感测试技术,产生于 20 世纪 30 年代,其雏形来自众所周知的雷达监测系统,通过测定能量在被测对象上反射的回波时间对其进行定位。该技术最初用于电力和电信工业中;20 世纪 70 年代初期,广泛应用于农业、水利等行业;20 世纪 80 年代初期,开始用于工程地质勘查和监测工作,尤其在煤田地质方面应用较为广泛;直到 20 世纪 90 年代中期,

TDR 才开始用于地质灾害的监测工作。

时间域反射技术作为一种新型的滑坡深部位移监测手段,以快速、精确、远程控制等优点而日益受到有关研究人员的关注,它可以及时了解和掌握滑坡深部的位移与变形的动态变化过程,从而实现对滑坡变形的动态实时监测。

时间域反射技术用于滑坡监测时,向埋入监测孔内的电缆发射脉冲信号,当遇到电缆在孔中产生变形时,就会产生反射波信号,经过对反射信号的分析,可确定电缆发生形变的程度和位置。通过与传统的滑坡监测方法相比较,发现这种方法具有成本低、节省监测时间、定位准确等特点。

另外,时间域反射技术监测滑坡的有效性是以其测试电缆的变形为前提的,若电缆未产生破坏,很难监测滑坡的位移,并且这项技术在测定滑坡具体位移时,其精度不高也是缺点之一。

5. 三维激光扫描技术

三维激光扫描技术是继 GPS 空间定位技术后的又一项测绘技术革新。地面三维激光影像扫描仪是一种集成了多种高新技术的新型测绘仪器,采用非接触式高速激光测量方式,为高精度自然表面的快速生成提供了新的高自动化的方法,具有非接触、快速获取 3D 点云数据等优点。通过滤波与内插技术可以以点云形式获取地形及复杂物体三维表面的阵列式几何图形数据,为滑坡体监测提供了可供选择的新方案。

地面三维激光扫描技术应用到滑坡灾害监测中,有着广阔的潜力。地面三维激光扫描技术的测量方式和数据结构完全不同于传统的测量手段,其数据处理也完全不同于已有的理论方法,具体应用到滑坡的变形监测与预测预报时还存在许多理论问题和实际问题有待解决,需要继续研究。

该技术通过激光束扫描目标体表面,获得含有三维空间坐标信息的点云数据,精度较高,应用于地质灾害监测时可以进行灾害体测图工作,其点云数据可以作为地质灾害建模、地质灾害监测的基础数据。

6. 核磁共振技术

核磁共振(Nuclear Magnetic Resonance,NMR)技术是当前世界上的尖端技术,被应用到物理学、化学、生物学、医学等很多领域,在地质领域也有一些应用,利用地面核磁共振(Surface Nuclear Magnetic Resonance,SNMR)勘测滑坡的水文地质条件就是其在地质领域应用研究的新方向。

核磁共振技术是国际上较为先进的一种直接找水的地球物理新方法。它应用核磁感应系统,通过从小到大地改变激发电流脉冲的幅值和持续时间,探测由浅到深的含水层的赋存状态。我国于近期开始引进和研究,目前已经在三峡库区的部分滑坡体进行了应用试验,效果较好。

应用于地质灾害监测可以确定地下是否存在地下水、含水层位置及每一含水层的含水量和平均孔隙度,进而可以获知如滑坡面的位置、深度、分布范围等信息,从而对滑坡体进行稳定性评价,并对滑坡体的治理提出科学依据。

中国地质大学利用地面核磁共振感应系统(NUMIS)系统在三峡滑坡监测中得到了良好的地质效果。

7.合成孔径干涉雷达技术

合成孔径雷达差分干涉测量(D-INSAR)是近年来在干涉雷达基础上发展起来的一种微波遥感技术,具有高灵敏度、高空间分辨率、宽覆盖率、全天候等特点,且对地表微小形变具有厘米甚至更小尺度的探测能力,使其在对地震形变、地表沉陷及火山活动等大范围地表变形的测量研究中迅速得到广泛的应用。D-INSAR 技术的特点对于滑坡灾害研究具有非常重要的意义,目前已成为国内外的研究热点,具体研究现状可参考相关文献。

GPS 定位技术和合成孔径干涉雷达技术应用于滑坡体监测,主要依赖于二者都可以向全球用户全天候地连续提供监测数据。然而,这两种技术各自的优缺点又十分明显。例如,GPS 定位技术有很高的时间分辨率,但是其空间分辨率却很低;合成孔径干涉雷达技术有较高的空间分辨率,但是其时间分辨率却不理想。为此,可以把这两种技术相结合,相互补偿,以达到较高的监测精度。

8.分布式光纤传感技术

分布式光纤传感技术是工程测量领域的一项高新技术,光纤传感器采用光作为信息的载体,用光纤作为传递信息的介质,具有抗电磁干扰、耐腐蚀、灵敏度高、响应快、质量轻、体积小、外形可变、传输带宽大及可复用实现分布式测量等突出优点。我国在 2004 年将分布式光纤传感技术应用于滑坡监测,并取得了显著的效果。其中,光纤布拉格光栅传感技术(Fiber Bragg Grating,FBG)与布里渊光时域反射传感技术(Brillouin Optic Time Domain Reflectometry,BOTDR)是最具代表性的两种分布式光纤传感技术。FBG 通过测量其反射光波长的变化获得应变或温度值;BOTDR 通过测定后向布里渊散射光的频移实现分布式温度、应变测量。FBG 传感器灵敏度高,但只能实现离散点的准分布式测量;BOTDR 可实现分布式、长距离、不间断测量,但其空间分辨率不高。如何实现这两种技术的融合也是分布式光纤传感测量技术在滑坡监测领域的一个发展方向。

11.5 工程地质信息技术

工程地质测量工作质量的高低会对后续工程建设方案的制定与应用产生直接影响。由于受到工程周围地质复杂性的影响,勘查过程中较容易受到客观因素的影响而对最终的勘查结果产生误差影响,因此多数工程选择将计算机信息技术应用于地质勘查工作中以达到提高地质勘查精度的效果。本节主要结合计算机信息技术在工程地质勘查中的应用优势,进一步阐述计算机信息技术在工程地质勘查中的具体应用,以供参考。

11.5.1 计算机信息技术在工程地质勘查中的应用优势

1.实现数据转化功能

施工人员在应用计算机信息技术的基础上,结合工程地质勘查所得的数据结果构建信息资料库,便于后续施工查阅相关的地质资料进行决策与管理。目前,多数工程通过应用计算机信息技术构建得出的信息资料库以图文信息为主,在资料信息进行有效录入之后,可以进一步地实现数据的转化功能,相关人员可以结合计算机信息技术的共享功能实现对资料信息在线分享与交流的要求,确保工程的地质信息得到及时反馈,辅助工作人员制定科学、合理的施工方案。

2.实现数据自动计算与处理功能

工程地质勘查工作涉及的工作内容较繁杂,稍有不慎,就会出现严重的工作失误,造成后续施工缺乏科学性依据。而通过应用计算机信息技术可以有效实现数据自动计算与处理功能,解决传统人工计算或者计算机系统带来的计算方面的误差影响。需要注意的是,在应用计算机信息技术进行数据处理工作时,应该充分对版本兼容问题进行反复校对,避免出现反复计算的情况,影响工程地质勘查的精确度。

3.工作效率高

传统的勘查技术要求工作人员在具体工作中注意对勘查点的数量控制,并且要对测量仪的位置进行多次移动,如此一来会降低工作人员的工作效率,并且容易产生数据上的误差情况。然而,工作人员通过使用计算机信息技术可以在短时间内对具体勘查的地质数据点进行全面化分析和研究,并得出地质周围的实际情况、是否存在施工隐患问题等,极大程度上达到了节省人力资源的成本开销和提升勘查工作效率的目的,具有较强的应用优势。

11.5.2　计算机信息技术在工程地质勘查中的具体应用

1.大数据在地质灾害领域应用中的特点

(1)地质大数据的多样性。

地质数据是一个多维数据集,涵盖地质学、矿物学、遥感学及地球物理学等多个专业,这些专业之间存有一定关联性,在某种特定条件下相互之间可以相互转换。目前已建成的数据库有区域地质数据库、地球化学数据库、遥感调查数据库、钻井数据库和水环灾害数据库。面对这些大量数据,不仅要对现有数据进行实时更新,还要向更广阔的领域进行数据扩充,从而实现数据价值的最大化。目前,我国部分研究仅限于对当前数据分析,对我国地质条件、气候因素及地球物理学等专业知识缺乏高度的综合认知。因此,综合大数据全面收集这一多样性的特点,对现有情况进行最全面的分析与总结。

(2)地质大数据的高效性。

如今,我国在科技水平迅速发展的同时,也相继引进了一些更为先进的技术及方法,相关行业的数据存储也是倍增。如此一来,地质大数据的生成也十分快捷,呈现高效性趋势。大数据快速发展这一现状对数据分析及处理带来了严峻挑战,此时不仅要全面做好大数据的分析,同时还要运用全新的技术手段对这些数据进行梳理和反馈。例如,监测滑坡地质灾害,有必要及时获取位移、降雨量参数。通过对这些数据整理和分析,预测出下一次山体滑坡的时间和强度,以便提前做好相应的预防,降低灾害造成的损失。

(3)地质大数据的价值性。

基于大数据具有海量存储这一特征,通过对这些数据实施进一步的挖掘和分析,从而获取具有一定价值的数据信息。关于大数据的价值包括两个方面:一是通过对海量数据进行筛查和挖掘,从中获取极少部分有利用价值的信息资料;二是减少资金投入比例,依靠网络提供的信息得出相应的价值。但是,一般来说,价值的定义是通过分析数据可以得出如何抓住机会和收获价值,而对于地质资料而言也是无可厚非的,同样具有适用性。到目前为止,由于地质灾害异常信息的验证率很低,对地质灾害预测的准确率就更低,因此只能引进先进的技术手段,打破传统技术的瓶颈,这对保障人民生命财产安全和实现国家经济价值意义重大。

2. 大数据在地质灾害成灾规律研究中的应用

针对大数据所具备的多样性、高效性及价值性的特点,大数据在地质灾害成灾规律的研究中意义重大。研究中,把充分获取的各项灾害数据通过分析后转化成某种原因的阐释,阐明这些地质灾害是如何分布及形成的。众所周知,这些地质数据中错综复杂,种类繁多。通过对这些数据进一步的梳理和挖掘,抽丝剥离,找出隐藏在大数据中的赋存规律,以此把它当作新的知识对已有知识体系进行丰富,为地质灾害的预防发挥积极作用。

成灾规律其实是人们对地质灾害分布特征的一个重新认知,其与大数据之间关系紧密,而数据量、数据种类及对数据的处理技术都将影响认知能力及认知范围。大数据的应用为灾害的成灾规律研究开辟了一条新的路径。因此,对成灾规律的研究和总结,充分掌握各类大数据是首要的必然条件,也是研究地质灾害成灾规律的基本要求。

3. 大数据在地质灾害防治中的应用

(1)矿井采空区失稳及塌陷监测。

基于对采空区的地表下沉、变形状况及上覆岩层位移变化的监测,通过对比分析位移和变形海量数据,建立参数变化阈值与采空区失稳塌陷的关系,构建失稳及塌陷预警模型,利用移动互联网终端随时主动跟踪监测数据的变化,进而实现及时预警。

(2)矿井地下水位和水质监测。

基于对矿井地下水位及地下水质的实时监测,从而分析在地质条件、采矿条件都相同的情况下,矿井地下水位的回弹及地下水的流经变化,从而建立矿井水情变化监测系统及数据库信息,结合移动互联网的终端对其进行实时跟踪监测,以便及时预警、提前防治。

(3)矿井温度及自燃监测。

基于对矿区钻孔、地表裂缝、矸石山表层、内部温度及 CO 浓度变化等长期的监测,对温度异常区域、可能出现自燃的区域及范围进行研究分析,从而构建采空区域与矸石山温度异常及自燃状态预警模型,充分利用大数据、云计算技术,开展火区状态变化及爆炸危险性评估,并结合移动互联网终端对其实施动态监测,及时预警,从而采取一定防、灭火措施或自燃采空区的封闭措施。

(4)有毒、有害气体监测。

基于对矿井预留钻孔、抽采钻孔、地表裂缝及露天矿回填区域等存在的有害气体成分及气体浓度进行监测,结合当前的大数据分析及云计算技术,对这些气体的成分及浓度变化进行研究分析,对有毒、有害气体泄漏的危险性进行评估,从而建立居民生活区以及规划区危险预警模型,结合移动互联网终端对其进行实时监测,实现及时预警,并提前采取通风或其他技术措施进行防治。

(5)矿区生态环境监测。

基于对矿区地下水的流动、地表的塌陷及变形以及矿井关闭措施不到位,而引发的次生灾害进行实时监测,结合大数据分析和云计算技术,对各项指标的变化及生态影响因素进行研究分析,从而建立矿区生态环境及矿区综合预警模型,结合移动互联网终端对这些数据变化进行实时监测,以此实现及时预警。

3. 多源遥感技术的应用

我国的多源遥感技术经过多年的发展与实践,取得了比较明显的勘查成效。将多源遥感技术应用于工程地质的勘查工作中,可以为施工人员提供不同时间的分辨率与空间分辨率。较传统的单源遥感技术而言,多源遥感技术在信息交互方面具有更强的优势,可以满足多种信息数据相互融合的需求,为工程施工后续的施工决策与管理提供可行性依据。

通过在工程地质勘查中使用多源遥感技术,可以达到高效收集工程地质资料的目的,并在信息获取模式方面得到了全面的发展与创新。举例说明,以遥感影像与 DEM 数据为主的多源遥感技术可以帮助工作人员直观地观测到地质内部结构的信息条件,便于施工人员及时掌握施工区域的地质情况,具有一定的应用价值。

4. GPS 技术的应用

GPS 即全球定位系统,是主要由环球通信卫星与卫星接收装置两部分组成的硬件设备,可以有效地满足点与点之间不互相通视的要求,同时也可以有效地满足布设出来的 GPS 网状结构对最终测量结果影响较小的要求。从工作原理的角度上来看,GPS 属于基于无线电卫星基础进行定位工作的导航系统,可以帮助使用者精确地把握被测量点的具体位置、时间及相应的三维坐标参数。工程地质往往会受到人为因素或者自然因素的影响,在实际施工中出现地基变形的情况,严重时甚至会出现位移的情况。

人们往往很难用肉眼观测出比较细微的变化,一旦人们能够用肉眼观测出工程地基出现变形或者位移的情况,则极大程度上说明了工程变形的程度已经达到了十分严重的地步,实际补修起来难度颇大。而 GPS 测绘技术具有三维定位的功能,能够有效地监测出被测物的形态变化,具有较强的监测功能。因此,GPS 测绘技术可以作为监测工程地质情况或者周围岩石形态变化的主要手段,便于掌控工程地质的内在状态与外在变化。

5. 三维数据信息技术的应用

数据选择方面,施工人员可以选择借助计算机信息化技术中的 SPOT 与 Landsat TM 数据处理技术实现对不良地质类型及具体分布情况的勘查与掌握。在具体的信息提取与数据处理工作中,施工人员可以借助 GPS 获得相关的位置信息,根据具体的位置信息寻找出存在地质问题的点位置,并在此基础上结合具体的地质情况进行相关数据的处理和选择工作。另外,在工程地质勘查信息资料库的构建中,施工人员可以借助遥感技术满足工程地质勘查对于信息收集方面的要求,建立三维数据分析环境,判断工程数据的精准度与合理性是否达到规定的标准要求,为后续施工环节提供可靠的决策依据。

思　考　题

1. 土体的原位试验都包括哪些? 岩石的原位试验又包括哪些?
2. 常用的原位测试方法各适用于什么范围? 主要有哪些应用?
3. 简述北斗导航技术在减灾救灾方面的应用。
4. 计算机信息技术在工程地质勘查中的具体应用有哪些? 大数据在地质灾害领域有哪些应用特点?

参考文献

［1］李智毅,杨裕云. 工程地质学概论［M］. 武汉:中国地质大学出版社,1994.

［2］唐辉明. 工程地质学基础［M］. 北京:化学工业出版社,2008.

［3］张咸恭,王思敬,张倬元. 中国工程地质学［M］. 北京:科学出版社,2000.

［4］胡广韬,杨文远. 工程地质学［M］. 北京:地质出版社,1984.

［5］石振明,孔宪立. 工程地质学［M］. 北京:中国建筑工业出版社,2011.

［6］张倬元,王士天,王兰生,等. 工程地质分析原理［M］. 北京:地质出版社,2016.

［7］长春地质学院,成都地质学院. 地质学基础［M］. 北京:地质出版社,1984.

［8］莱尔. 地质学原理［M］. 徐韦曼,译. 北京:北京大学出版社,1959.

［9］李四光. 中国地质学［M］. 扩编版. 北京:地质出版社,1999.

［10］JAMES G,AARON C W,WOODFORD A O,et al. Principles of geology［M］. San Francisco:W. H. Fremmi,1958.

［11］HANKON F. Structural geology［M］. 2nd ed. London:Cambridge University Press, 2016.

［12］何培玲,张婷. 工程地质［M］. 北京:北京大学出版社,2006.

［13］中国科学院地质研究所. 岩体工程地质力学问题［M］. 北京:科学出版社,1984.

［14］李造鼎. 岩体测试技术［M］. 北京:冶金工业出版社,1993.

［15］刘佑荣,唐辉明. 岩体力学［M］. 武汉:中国地质大学出版社,1999.

［16］徐志英. 岩石力学［M］. 北京:水利电力出版社,1993.

［17］李兴唐,许兵,黄鼎成,等. 区域地壳稳定性研究理论和方法［M］. 北京:地质出版社,1987.

［18］刘国昌. 区域地壳稳定工程地质［M］. 吉林:吉林大学出版社,1993.

［19］王思敬,黄鼎成. 中国工程地质世纪成就［M］. 北京:地质出版社,2004.

［20］孙叶,谭城轩,李开善,等. 区域地壳稳定性定量化评价［M］. 北京:地质出版社,1998.

［21］李智毅,杨裕云,王智济. 工程地质学基础［M］. 武汉:中国地质大学出版社,1990.

［22］北京地质学院工程地质教研室. 工程地质学［M］. 北京:中国工业出版社,1964.

［23］殷跃平,胡海涛. 重大工程选址区区域地壳稳定性评价专家系统［M］. 北京:地震出版社,1992.

［24］罗国煜. 工程地质学基础［M］. 南京:南京大学出版社,1990.

［25］胡聿贤. 地震工程学［M］. 北京:地震出版社,1988.

［26］大陆地震活动和地震预报国际学术讨论会. 大陆地震活动和地震预报国际学术讨论会论文集［C］. 北京:地震出版社,1984.

［27］GORDON R G,STEIN S. Global tectonics and space geodesy［J］. Science,1992, 256:333-342.

[28] JACQUELYNE K M,TILLING R I. The dynamic earth the story of plate tectonics [M]. Washington D C:Online Pamphlet Edition,2006.

[29] 张永兴. 岩石力学 [M]. 北京:中国建筑工业出版社,2004.

[30] 蔡美峰. 岩石力学与工程 [M]. 北京:科学出版社,2002.

[31] 肖树芳,杨淑碧. 岩体力学 [M]. 北京:地质出版社,1987.

[32] 沈明荣. 岩体力学 [M]. 上海:同济大学出版社,1999.

[33] 陈庆宣. 运用地质力学研究区域地壳稳定性·地质力学文集 [M]. 北京:地质出版社,1989.

[34] 彭建兵,毛彦龙,范文. 区域稳定动力学研究:黄河黑山峡大型水电工程例析 [M]. 北京:科学出版社,2001.

[35] BARKA A A, KADINSKY C K,程绍平. 土耳其走滑断层几何学和它在地震活动性上的影响 [J]. 地震地质译丛,1989(2):3-16.

[36] 李祥根. 中国新构造运动概论 [M]. 北京:地震出版社,2003.

[37] 卢振恒,任利生,徐锡伟,等. 活动断层调查研究的技术方法与应用 [M]. 北京:地震出版社,2007.

[38] 苏利娜. 基于 GPS 时间序列的震后形变分析和机制研究 [D]. 北京:中国地震局地质研究所,2019.

[39] 张庆云. InSAR 同震形变提取关键技术研究及其应用 [D]. 哈尔滨:中国地震局工程力学研究所,2019.

[40] 中国地震学会地震地质专业委员会. 中国活动断层 [M]. 北京:地震出版社,1994.

[41] 徐锡伟,于贵华,冉勇康,等. 中国城市活动断层概论·20 个城市活动断层探测成果 [M]. 北京:地震出版社,2015.

[42] 王思敬. 典型人类工程活动与地质环境相互作用研究 [M]. 北京:地震出版社,1995.

[43] 张建毅. 工程场地活动断层避让距离研究 [D]. 哈尔滨:中国地震局工程力学研究所,2015.

[44] ZUBKOV A V. Principle of formation of the Earth's crust under natural stress conditions [J]. Doklady Earth Sciences,2018,483(1):1410-1412.

[45] HAST N. The existence of horizontal stress fields and orthogonal fracture systems in the Moon's crust [J]. Modern Geology,1973(4):73-84.

[46] HAST N. The state of stress in the upper part of the Earth's crust as determined by measurements of absolute rock stress [J]. Die Naturwissenschaften,1974,61(11):468-475.

[47] KEATES J S,BTAY J W. 岩石边坡工程 [M]. 卢世宗,译. 北京:冶金工业出版社,1983.

[48] 凌贤长,蔡德所. 岩体力学 [M]. 哈尔滨:哈尔滨工业大学出版社,2002.

[49] 宋胜武,冯学敏,向柏宇,等. 西南水电高陡岩石边坡工程关键技术研究 [J]. 岩石力学与工程学报,2011,30(1):1-22.

[50] 谢定义,姚仰平,党发宁,等. 高等土力学 [M]. 北京:高等教育出版社,2008.

[51] 崔政权,李宁. 边坡工程:理论与实践最新发展 [M]. 北京:中国水利水电出版社,

1999.

[52] 王国体. 边坡稳定和滑坡分析应力状态方法 [M]. 北京:科学出版社,2012.

[53] 孙世国,王思敬,李国和,等. 开挖对岩体稳态扰动与滑移机制的模拟试验研究 [J]. 工程地质学报,2000(3):312-315.

[54] 邵江. 开挖边坡的渐进性破坏分析及桩锚预加固措施研究 [D]. 成都:西南交通大学,2007.

[55] 张永兴. 边坡工程学 [M]. 北京:中国建筑工业出版社,2008.

[56] 郑颖人,陈祖煜,王恭先,等. 边坡与滑坡工程治理 [M]. 2版. 北京:人民交通出版社,2010.

[57] 殷宗泽. 土工原理 [M]. 北京:中国水利水电出版社,2007.

[58] 佴磊,徐燕,代树林,等. 边坡工程 [M]. 北京:科学出版社,2010.

[59] FELLENIUS W. Calculation of the stability of earth dams [J]. Proceedings of the Second Congress on Large Dams,1936,4:445-463.

[60] BISHOP A W. The use of the slip circle in the stability analysis of earth slopes [J]. Geotechnique,1955,5(1):7-17.

[61] 潘家铮. 建筑物的抗滑稳定的滑坡分析 [M]. 北京:水利出版社,2008.

[62] MORGENSTERN N R,PRICE V E. The analysis of the stability of general slip surface[J]. Geotechnique, 1965,15(1):79-93.

[63] SPENCER E. The thrust line criterion in embankment stability analysis[J]. Géotechnique, 1973,23(1):85-100.

[64] SARMA S K. Stability analysis of embankments and slopes [J]. Geotechnique, 1979,105(GT12):1511.

[65] 中华人民共和国住房和城乡建设部. 建筑边坡工程技术规范:GB 50330—2013[S]. 北京:中国建筑工业出版社,2013.

[66] 殷世华. 岩土工程安全监测手册 [M]. 北京:中国水利水电出版社,2013.

[67] 郑颖人,赵尚毅,李安洪,等. 有限元极限分析法及其在边坡工程中的应用 [M]. 北京:人民交通出版社,2011.

[68] ZIENKIEWICZ O C,HUMPHESON C,LEWIS R W. Associated and non-associated visco-plastictiy and plasticity in soil mechanics[J]. Geotechnique,1975,25(4):671-689.

[69] 郑颖人,赵尚毅. 有限元强度折减法在土坡与岩坡中的应用 [J]. 岩石力学与工程学报,2004(19):3381-3388.

[70] 廖红建. 岩土工程数值分析 [M]. 北京:机械工业出版社,2009.

[71] 龚晓南. 土工计算分析法 [M]. 北京:中国建筑工业出版社,2000.

[72] 王恭先,徐峻岭,刘光代. 滑坡学与滑坡防治技术 [M]. 北京:中国铁道出版社,2008.

[73] 杨志法,张路青,祝介旺. 四项边坡加固新技术 [J]. 岩石力学与工程学报,2005(21):30-36.

[74] 黄雪峰,马龙,陈帅强,等. 预应力锚杆内力传递分布规律与时空效应 [J]. 岩土工程学报,2014,36(8):1521-1525.

[75] 王恭先. 滑坡防治方案的选择与优化 [J]. 岩石力学与工程学报,2006(S2):3867-3873.

[76] SCHUSTER R L,KRIZEDR J. 滑坡的分析与防治 [M]. 铁道部科学研究院西北研究所,译. 北京:中国铁道出版社,1987.

[77] WAN T Y,MITCHELL J K. Electro-osmotic consolidation of soils [J]. Journal of the Geotechnical Engineering Division,1976,GT5(5):473-491.

[78] 周德培,张俊云. 植被护坡工程技术 [M]. 北京:人民交通出版社,2003.

[79] 浙江省地方标准. 地质灾害危险性评估规范:DB33/T881—2012 [S]. 杭州:浙江省质量技术监督局,2012.

[80] 中国地质环境监测院. 全国地质灾害防治规划研究 [M]. 北京:地质出版社,2008.

[81] 崔鹏,韦方强,谢洪,等. 中国西部泥石流及其减灾对策 [J]. 第四纪研究,2003(2):142-151.

[82] 李鸿琏,蔡祥兴. 中国冰川泥石流的一些特征 [J]. 水土保持通报,1989,9(6):1-9.

[83] LI T,XI Y,HOU X. Mechanism of surface water infiltration induced deep loess landslide [J]. Journal of Engineering Geology,2018,26(5):1113-1120.

[84] LIU C,CHEN H Q,HAN B,et al. Technical support system on emergency response for mega geo-hazards [J]. Geological Bulletin of China,2010,29(1):147-156.

[85] LIU C Z. Epistemology and methodology on geo-hazard research [J]. Journal of Engineering Geology,2015,23(5):809-820.

[86] LIU C Z. Analysis methods on the risk identification of landslide disasters [J]. Journal of Engineering Geology,2019,27(1):88-97.

[87] 刘传正. 地质灾害防治研究的认识论与方法论 [J]. 工程地质学报,2015,23(5):809-820.

[88] 刘传正. 崩塌滑坡灾害风险识别方法初步研究 [J]. 工程地质学报,2019,27(1):88-97.

[89] 刘传正. 加强沟通联动完善地质灾害防治体系 [J]. 中国应急管理,2019,13(2):34-37.

[90] 胡厚田,白志勇. 土木工程地质 [M]. 北京:高等教育出版社,2017.

[91] 戚玉亮. 地应力测量与围岩稳定性智能预测 [D]. 青岛:山东科技大学,2007.

[92] 黄波. 成像测井地应力分析方法研究 [D]. 北京:中国地质大学,2008.

[93] 刘允芳,刘元坤. 单钻孔中水压致裂法三维地应力测量的新进展 [J]. 岩石力学与工程学报,2006,S2:3816-3822.

[94] 郝天舒. 水压致裂法测量地应力的误差分析 [D]. 包头:内蒙古科技大学,2015.

[95] 刘允芳. 水压致裂法三维地应力测量 [J]. 岩石力学与工程学报,1991,3:246-256.

[96] 蔡美峰. 地应力测量原理和方法的评述 [J]. 岩石力学与工程学报,1993,3:275-283.

[97] 景锋. 中国大陆浅层地壳地应力场分布规律及工程扰动特征研究 [D]. 武汉:中国科学院研究生院,2009.

[98] 马凤良,何绍勇,尹向阳. 水压致裂法测量地应力 [J]. 西部探矿工程,2009,1:86-88.

[99] 郑西贵,花锦波,张农,等. 原孔位多次应力解除地应力测试方法与实践 [J]. 采矿与安全工程学报,2013,5:723-727.

[100] 郝朋伟. 套筒致裂法三维地应力测试技术及应用研究 [D]. 北京:中国矿业大学,2014.

[101] 景锋,梁合成,边智华,等. 地应力测量方法研究综述 [J]. 华北水利水电学院学报,2008,2:71-75.

[102] 黄春林,李永倩,杨志,等. BOTDR 技术在山体滑坡监测中的应用研究 [J]. 工程抗震与加固改造,2009,31(6):124-128.

[103] 王秀美,贺跃光,曾卓乔. 数字化近景摄影测量系统在滑坡监测中的应用 [J]. 测绘通报,2002(2):28-30.

[104] 徐绍铨,李英冰. GPS 用于滑坡监测的试验与研究 [J]. 全球定位系统,2003,28(1):2-8.

[105] 张清志,郑万模,刘宇平,等. GPS 在滑坡监测中的应用:以四川省丹巴县亚喀则滑坡为例 [J]. 沉积与特提斯地质,2010,30(1):109-112.

[106] 张青,史彦新,朱汝烈. TDR 滑坡监测技术的研究 [J]. 中国地质灾害与防治学报,2001,12(2):64-66.

[107] 张青,史彦新. 基于 TDR 的滑坡监测系统 [J]. 仪器仪表学报,2005,26(11):1199-1202.

[108] 赵国梁,岳建利,余学义,等. 三维激光扫描仪在西部矿区采动滑坡监测中的应用研究 [J]. 矿山测量,2009:29-31.

[109] 卫军光. 夏店煤矿瓦斯地质规律研究与瓦斯预测 [D]. 焦作:河南理工大学,2011.

[110] 李振宇,高秀花,潘玉玲. 核磁共振测深方法的新进展 [J]. CT 理论与应用研究,2004,13(2):6-10.

[111] 王桂杰,谢谟文,邱骋,等. D-INSAR 技术在大范围滑坡监测中的应用 [J]. 岩土力学,2010,31(4):1337-1344.

[112] 张洁,胡光道,罗宁波. InSAR 技术在滑坡监测中的应用研究 [J]. 工程地球物理学报,2004,1(2):147-153.

[113] 史彦新,张青,孟宪玮. 分布式光纤传感技术在滑坡监测中的应用 [J]. 吉林大学学报(地球科学版),2008,38(5):820-824.

[114] 刘洋. 基于 GIS 的矿井水文地质信息管理系统及在芦岭煤矿的应用 [D]. 合肥:合肥工业大学,2014.

[115] 高静. 小庄煤矿煤层顶板突水危险性预测 [D]. 西安:西安科技大学,2015.

名词索引